Ihre digitalen Extras zum Download:

Die folgenden digitalen Extras stehen für Sie zum Download bereit:

- CrossNachhaltigkeits-Check
- Denkmodelle als Inspirationsquelle zum Innovieren
- Abbildungen, Auflistungen und Checklisten
- 50 Standpunkte zu nachhaltigerem Wirtschaften
- Weiterführende Links

Den Link sowie Ihren Zugangscode finden Sie am Buchende.

Nachhaltigkeit als Unternehmensstrategie

Bernd Hinrichs

Nachhaltigkeit als Unternehmensstrategie

Roadmap für nachhaltiges Wirtschaften und Innovation

1. Auflage

Haufe Group
Freiburg · München · Stuttgart

Bibliografische Information der Deutschen Nationalbibliothek

Die Deutsche Nationalbibliothek verzeichnet diese Publikation in der Deutschen Nationalbibliografie; detaillierte bibliografische Daten sind im Internet über http://dnb.dnb.de/ abrufbar.

Print: ISBN 978-3-648-14811-2 Bestell-Nr. 10623-0001
ePub: ISBN 978-3-648-14812-9 Bestell-Nr. 10623-0100
ePDF: ISBN 978-3-648-14813-6 Bestell-Nr. 10623-0150

Bernd Hinrichs
Nachhaltigkeit als Unternehmensstrategie
1. Auflage, Januar 2021

www.haufe.de
info@haufe.de

Bildnachweis (Cover): © Sergey Nivens, Adobe Stock

Produktmanagement: Dr. Bernhard Landkammer
Lektorat: Juliane Sowah

MIX
Papier aus verantwortungsvollen Quellen
FSC® C110508

Inhaltsverzeichnis

Vorwort

Warum sich überhaupt mit Nachhaltigkeit beschäftigen?
In der heutigen Zeit gelten Unternehmungen als erfolgreich, wenn sie maximale Gewinne und Einkommen erwirtschaften sowie das Finanzkapitel steigern. Auch dann noch, wenn durch ihre Geschäftstätigkeit die sozialen und ökologischen Probleme verschärft werden – indem sie bewusst die Umwelt zerstören bzw. belasten, Arbeitsplätzen vernichten, soziale Standards missachten oder Abhängigkeiten schaffen und ausnutzen. Durch unser Wirtschaften stößt die Gesellschaft immer mehr an die plane taren Grenzen oder hat diese sogar schon überschritten. Die auf Profit ausgerichteten Märkte scheinen immer weniger in der Lage zu sein, eine Balance herzustellen. Die Art und Weise, wie wir heute leben und wirtschaften, steht deshalb mehr denn je auf dem Prüfstand.

Warum sich also überhaupt mit Nachhaltigkeit beschäftigen? Sie halten dieses Buch in Händen und fragen sich das womöglich nicht erst seit heute. Die Antwort auf diese Frage ist aus meiner Sicht eigentlich ganz einfach: um bessere Entscheidungen für eine nachhaltigere Wirtschaft und damit für eine enkelgerechte Zukunft zu treffen! Denn unser heutiges Engagement für eine nachhaltigere Wirtschaft beruht auf den Entschlüssen, die wir vor zehn, fünf oder zwei Jahren getroffen haben! Und unser Engagement für eine nachhaltigere Wirtschaft in drei, fünf oder zehn Jahren beruht auf den Entscheidungen, die wir heute treffen! Es liegt also in unserer Hand. Wir alle treffen jeden Tag in unterschiedlichsten Rollen Entscheidungen – mal große und mal kleine – für uns und für andere. Auch etwas nicht zu tun ist eine Entscheidung. Nicht immer mag uns die Tragweite bewusst sein. Nachhaltigkeit erfordert deshalb Selbstreflexion und die Bereitschaft, Verantwortung für die eigenen Entscheidungen zu übernehmen. Mit diesem Buch möchte ich genau das erreichen: dass Sie Ihr Handeln und Ihre Entscheidungen selbst reflektieren, Perspektiven abwägen und auf der Lesereise und darüber hinaus verantwortungsvoll entscheiden – mit einem nachhaltigen Verständnis von Wirtschaften und mit viel Freude bei der Umsetzung.

1 Nachhaltigkeit & Unternehmensstrategie

Einer guten, differenzierenden und Orientierung schaffenden strategischen Ausrichtung zu folgen bedeutet, andere Aktivitäten als die Wettbewerber oder Aktivitäten anders als die Wettbewerber auszuführen und sich dadurch einen relativen Vorteil zu verschaffen. Eine Nachhaltigkeitspositionierung mit einem klaren Bekenntnis zu einem nachhaltigeren Wirtschaften hat das Potenzial, sich diesen Vorteil zu verschaffen. Durch die Konzentration der Kräfte auf die Lösung gesellschaftlicher und ökologischer Herausforderungen können neue Märkte erschlossen, Geschäftsmodelle neu gedacht und der eigene ökologische Fußabdruck reduziert werden. Sie ermöglicht sinnstiftende Beschäftigungsmöglichkeiten, Einkommen und die Existenzsicherung von Unternehmungen in der Zukunft.

Wozu sind Unternehmen eigentlich da?
»Der Einfluss der Wirtschaft und der von Unternehmen auf das Leben des Menschen und auf das Ökosystem des Planeten Erde ist gewichtig, entsprechend hoch ist ihre Verantwortung« (Kambly, 2016). Unternehmen sind soziale Systeme und gesellschaftliche Akteure. Sie agieren als Arbeitgeber, als Ausbilder, als Steuer- und Sozialbeitragszahler, als Produzent und Dienstleister sowie als Sozial- und Kooperationspartner. Sie sind ein essenzieller Teil des Wirtschaftskreislaufes und als solcher eng mit Lieferanten, Kunden, Arbeitnehmern, Kapitalgebern und dem Staat verbunden. Ihnen obliegt die Entscheidung, mit welchen Mitteln die Produkte, Leistungen und Lösungen hergestellt werden. Sie beschaffen das notwendige Kapital, die Arbeitskräfte, die Rohstoffe und organisieren die Produktion. Sie übernehmen aber auch die Haftung und das Risiko für ihre Güter und Dienstleistungen.

Unternehmungen müssen zur Sicherung ihrer Existenz Gewinne erwirtschaften. Sie stehen im Wettbewerb mit anderen Anbietern und müssen sich bei den Kunden behaupten. Durch diesen Wettbewerb sind Unternehmungen gefordert, sich ständig weiterzuentwickeln, Innovationen hervorzubringen und ihr Angebot und ihre Organisation den Erfordernissen des Marktes anzupassen. Sie sind somit verantwortlich für den technischen Fortschritt und der Ort, an dem aus Ideen Einkommensquellen werden.

Unternehmungen sind – wie die Politik und die Wissenschaft auch – bei der Lösung gesellschaftlicher Nachhaltigkeitsprobleme gefordert, beispielsweise bei der Vereinbarkeit von Beruf und Familie, bei der Bildung von Menschen, bei der Gewährleistung von Gesundheit am Arbeitsplatz, bei der Wahrung der Gleichberechtigung der Geschlechter, bei der Förderung der Attraktivität der Region oder bei der Integration von Menschen in das Arbeitsleben. Sie stehen im Ringen um ein ökologisch, sozial und ökonomisch nachhaltiges Gleichgewicht an vorderster Front und werden zunehmend mit der Frage konfrontiert, welchen Beitrag der Mikrokosmos ›Unternehmung‹ für den Makrokosmos ›Lebensgefüge Erde‹ leisten kann und muss.

Nachhaltigkeit als Unternehmensstrategie verlangt strategisches Denken!
Strategisches Denken ist eine bestimmte Art, die Welt zu betrachten. Diese Art zu Denken führt dazu, sich durch jedes erdenkliche Dickicht durchschlagen und den direkten Weg zum Ziel finden zu können. Es bedeutet, Muster zu erkennen, die Orientierungspunkte liefern. Mit Hilfe dieser Muster können die verschiedensten Szenarien durchgespielt und der hypothetische Eintritt von verschiedenen Ereignissen mit ihren jeweiligen Auswirkungen verifiziert werden. Es bedeutet, über den eigenen Tellerrand hinauszusehen und eventuelle Hindernisse adäquat einschätzen zu können. Sobald sich das erstrebenswerteste Zielbild herausgeschält hat, werden die möglichen Schritte bestimmt. Sämtliche Wege werden ausgeschlossen, die direkt ins Nirgendwo führen, sofort auf Widerstand stoßen oder nur Verwirrung stiften würden. Auf diese Weise fallen alle nicht umsetzbaren Möglichkeiten weg, bis zum Schluss nur noch der mit dem Zielbild in Übereinstimmung stehende Weg übrigbleibt. Mit der strategischen Ausrichtung als Führungsinstrument im Gepäck beginnt ihre Implementierung und Umsetzung. Strategisches Denken bedeutet, sich fortlaufend immer wieder Gedanken über die vielen, sich neu ergebenden Möglichkeiten zu machen. Es bedeutet, bereit zu sein, die falschen auszusortieren und auf diese Weise die richtige herauszufinden.

Warum Nachhaltigkeit als Unternehmensstrategie?
Zeit wird zu einer immer knapperen Ressource. Zwar hat der Mensch heute nicht weniger Zeit als früher, die Anzahl der Dinge, die pro Zeiteinheit produziert, transportiert oder erledigt werden müssen, steigt aber kontinuierlich an. Gleichzeitig wächst die Menge der neu produzierten Informationen exponentiell. Auch die zunehmende Komplexität sozialer, wirtschaftlicher und technischer Systeme macht die Sache nicht einfacher. Und dann noch ein Thema, zu dem es seit vielen Jahren kein gemeinsames Verständnis gibt. Ganz im Gegenteil. Ein Thema, über das viel gesprochen und geschrieben wurde und wird: Nachhaltigkeit. Es scheint, dass der Begriff mehr als beliebig genutzt wird, so, wie es jedem Einzelnen gerade passt.

! **Mein Verständnis von Nachhaltigkeit:**

Nachhaltig ist ein Verhalten, ein Wirtschaften, eine Entscheidung oder eine Entwicklung, wenn dadurch die Bedürfnisse der heutigen Generation erfüllt werden, ohne die Möglichkeiten künftiger Generationen zu gefährden, ihre eigenen Bedürfnisse zu befriedigen und ihren Lebensstil wählen zu können (vgl. Brundtland-Bericht, 1987). Nachhaltigkeit kann aber nur erreicht werden, wenn die Funktionsweise und die Leistungsfähigkeit des Ökosystems berücksichtigt werden und die Ökonomie in diese Systeme eingebettet ist. Nur so bleiben die Lebensgrundlagen für Menschen, Tiere und Pflanzen erhalten.

Die Wahrnehmung des Menschen ist notwendigerweise selektiv, weil wir aus der Vielzahl der Themen und Situationen stets bestimmte, unseren Bedürfnissen und Erfahrungen entsprechende Informationen auswählen. Zudem sorgt unser Gehirn vor allem bei Informations- oder Reizüberflutungen dafür, ›Überflüssiges‹ zu filtern. Selektive Wahrnehmung beruht auf der Fähigkeit, Muster zu erkennen, um neue Informationen besser in bereits vorhandene Strukturen einordnen zu können. Nur so gelingt es uns, die Fülle an Informationen überhaupt zu bewältigen. Und wie könnte es anders sein: Argumente, die die eigene Position stützen, werden stärker wahrgenommen als solche, die sie beschädigen.

In der Auseinandersetzung mit der Informationsvielfalt rund um das Thema Nachhaltigkeit hat die – oftmals unbewusste – Anwendung des Prinzips der selektiven Wahrnehmung bei mir zu vier interessanten Beobachtungen geführt:

[1.] Die erste Beobachtung war, dass der Mechanismus der Mustererkennung dazu führt, alle Informationen über Nachhaltigkeit in ein Muster, Raster, Struktur- oder Denkmodell einsortieren zu wollen. In einem iterativen Prozess entstand auf der Basis bereits angelegter Strukturen ein Denkmodell, dass ob der neuen Informationen immer wieder angepasst und neu justiert werden musste. Solange, bis alle neuen Impulse mittels der Mustererkennung aufgenommen und blitzartig einem Element des Denkmodells zugeordnet werden konnten. Dieses Denkmodell wird in dem vorliegenden Buch als *Roadmap für nachhaltiges Wirtschaften & Innovation* bezeichnet und in Kapitel 2 | Einführung in das Denkmodell erläutert.

[2.] Die zweite Beobachtung bestand darin, dass sich durch die Anwendung des Denkmodells der Blick auf die Nachrichten dieser Welt verändert oder neu fokussiert hat. Die Meldung, dass »in Deutschland im vergangenen Jahr deutlich mehr neue Autobahnen oder Bundesstraßen gebaut oder erweitert wurden als Bahnstrecken, geht aus der Antwort der Bundesregierung auf eine Anfrage der Grünen-Fraktion hervor. Demnach wurden im vergangenen Jahr 61 Kilometer Autobahnen neu gebaut und 38 Kilometer ausgebaut. Bei Bundesstraßen waren es 122 Kilometer Neubau und zwölf Kilometer Erweiterungen. Laut Regierung gehen die Angaben auf vorläufige Zahlen der Länderverwaltungen zurück. Bei der Bahn kamen im Zuge von Ausbauten sechs Kilometer dazu« (Tagesschau.de, 2020a). Wenn Ihr Selektionsmechanismus aktuell nicht auf das Thema Nachhaltigkeit oder damit in Verbindung stehender Begriffe programmiert ist, dann nehmen Sie diese Information vielleicht zur Kenntnis, mehr aber auch nicht. Wenn aber Ihr Herz für das Thema Nachhaltigkeit schlägt, dann sind Sie bei dieser Meldung hellwach und fragen sich: Wie kann das sein? Diese Informationen verbleiben viel länger in dem menschlichen Gedächtnis und wir können bewusster auf sie zurückgreifen.

[3.] Die ersten beiden Beobachtungen führten gewissermaßen zu der dritten Beobachtung. Nach dem sprichwörtlichen Gesetz der Anziehung gesellt sich Gleiches gerne zu Gleichem. Demnach sieht der Mensch nur das, was er kennt und was in sein Selbstbild passt. In der Interaktion mit anderen Menschen oder im Arbeitsleben nimmt der Mensch nur das wahr und zieht genau das an, was er auch aussendet. Das Gleiche gilt aber auch für Unternehmungen. Auch sie strahlen eine bestimmte Energie aus, die Menschen, Mitarbeitende und Führungskräfte anzieht, die gut zu der Unternehmung passen – und umgekehrt. Diese Energie ist nicht messbar oder greifbar. Sie ist vielmehr ein Energiefeld, das eine Anziehungskraft ausübt. Beispielsweise wirkt es auf Menschen anziehend, wenn Unternehmungen auf der Basis von konservativen Werten agieren und auf eine bis ins Detail geregelte Art und Weise zusammenarbeiten. Vergleichbares lässt sich beobachten, wenn die Mitarbeitenden nach modernen Prinzipien geführt werden oder sie den Sinn ihrer eigenen Arbeit im Tagesgeschäft erleben und erfahren. In den letzten Jahren sind es vermehrt diese sinnstiftenden Beschäftigungsmöglichkeiten, von denen sich Menschen angezogen fühlen. Nachhaltig wirtschaftende Unternehmungen können diesen Effekt nutzen, um im Kampf um qualifizierte Mitarbeitende zu punkten. Wie bei gleichpoligen Magneten stößt es zugleich die Menschen ab, die nicht kompatibel mit diesem Energiefeld sind.

[4.] Die vierte Beobachtung ist vielmehr eine Erkenntnis – ein Aha-Effekt. Unternehmen und Organisationen stehen im Ringen um eine Balance ihres ökologischen, sozialen und ökonomischen Engagements immer mehr im Fokus der Öffentlichkeit und vorwiegend im Fokus ihrer eigenen Stakeholder bzw. Anspruchsgruppen. Nachhaltigkeit oder eine auf nachhaltiges Wirtschaften ausgerichtete Positionierung von Unternehmungen gewinnt dadurch zunehmend an Bedeutung. Im Kern geht es dabei um die Frage, wodurch sich Unternehmen in ihrem wahrhaftigen, transparenten und Vertrauen schaffenden Engagement für ein nachhaltigeres Wirtschaften zu ihren Wettbewerbern differenzieren können. Nachhaltiges Wirtschaften ist demzufolge nicht nur ein Teil der Unternehmensstrategie. Ganz im Gegenteil: Nachhaltiges Wirtschaften ist grundlegend für die Unternehmensstrategie. Nachhaltigkeit ist für die strategische Ausrichtung von Unternehmungen eine elementare Haltung und ein handlungsleitendes Prinzip. Sie manifestiert sich u. a. in den Überzeugungen, Werten und Glaubenssätzen, in der Mission und Vision, in den kulturprägenden Praktiken und natürlich in dem Geschäftsmodell.

Standpunkt 1 | *Nachhaltigkeit ist eine Haltung und nachhaltigeres Wirtschaften ein handlungsleitendes Prinzip! Beide Aspekte müssen in der Unternehmensstrategie verankert sein, um Wirkung entfalten zu können!*

Wenn Nachhaltigkeit als innere Überzeugung oder als Haltung bei den Menschen in Unternehmungen verankert ist und dadurch handlungsleitend wird, dann ist es nur schwer vorstellbar, dass daneben ein anderes, konträres oder konkurrierendes Handlungsprinzip gelebt werden kann – und umgekehrt. Unternehmungen, die Nachhaltigkeit nur als Aushängeschild nutzen und nicht als Handlungsprinzip leben bzw. es einem anderen Handlungsprinzip unterordnen, werden auch andere, von anderen Werten, Zielen und kulturprägenden Praktiken getragene Entscheidungen treffen. Das führt im Ergebnis dazu, dass in diesen Unternehmungen separate, spezifische Nachhaltigkeitsstrategien als Teil der Unternehmensstrategie formuliert werden. Die für die Umsetzung verantwortlichen Nachhaltigkeits- oder CSR-Manager werden aber scheitern, wenn alle anderen sie nur als moralische Störenfriede sehen und nicht erkennen, welchen Beitrag sie für ein nachhaltigeres Wirtschaften leisten könnten. Die Wirkungen gut gemeinter Maßnahmen verflüchtigen sich dann wie Tropfen auf einem heißen Stein.

Nachhaltigkeit als handlungsleitendes Prinzip bedeutet, dass wir aufgefordert sind, zukunftsfähige und enkelgerechte Entscheidungen zu treffen. Zukunftsfähig und enkelgerecht sind unsere Entscheidungen dann, wenn wir dadurch befähigt werden, so zu handeln und zu wirtschaften, dass die Chancen der nachfolgenden Generationen nicht gemindert werden. Mit anderen Worten:

!

Enkelgerechte Entscheidungen

Nachhaltigkeit bewahrt dauerhaft die natürliche Regenerationsfähigkeit unserer ökologischen, ökonomischen und sozialen Systeme.

Das heißt: Das Niveau der Abbaurate erneuerbarer Ressourcen darf ihre Regenerationsrate nicht übersteigen. Das Niveau der Emissionen darf nicht höher liegen als die Kapazität der Ökosysteme, diese Emissionen aufzunehmen oder umzuwandeln. Und der Verbrauch nicht regenerierbarer Ressourcen muss durch eine entsprechende Erhöhung des Bestandes an regenerierbaren Ressourcen kompensiert werden.

Bei diesem Verständnis von Nachhaltigkeit liegt die Herausforderung darin, global zu denken und lokal zu agieren. Zukunftsfähige und enkelgerechte Entscheidungen müssen die Entwicklungsstufen und die daraus resultierenden Bedürfnisse anderer Gesellschaften miteinbeziehen. Sie dürfen nicht zu Lasten anderer Gesellschaften gehen. Eine Entscheidung ist die Wahl einer Handlung aus mindestens zwei vorhandenen, potenziellen Handlungsmöglichkeiten unter Berücksichtigung von übergeordneten Zielen. Sie werden von Menschen für sich oder für Organisationen getroffen und entfalten oftmals ihre Wirksamkeit erst in der Zukunft. Die Entscheidungstheorie versucht u. a. herauszufinden, unter welchen Bedingungen Menschen Entscheidungen treffen. Beispielsweise wird analysiert, welchen Einfluss unsere Gefühle wie Angst, Freude, Traurigkeit oder Wut auf unsere Entscheidungen haben. Aber noch viel wichtiger erscheint die Frage, wie und von wem Menschen überzeugt werden können, damit sie nachhaltigere Entscheidungen treffen. Wüssten wir die Antwort auf diese Frage, dann würden wir sicher heute schon nachhaltigere Entscheidungen treffen.

Damit Nachhaltigkeit als Haltung gelebt und zu einem handlungsleitenden Prinzip werden kann, braucht es Wissen. Üblicherweise wird unter Wissen ein für Menschen verfügbarer Bestand von Fakten, Theorien und Regeln verstanden, der sich durch den höchstmöglichen Grad an Gewissheit auszeichnet. Nicht immer sind als Wissen deklarierte Sachverhaltsbeschreibungen wahr oder falsch, vollständig oder unvollständig. Daher wird aus Wissen nicht selten Überzeugung, Glaube oder Meinung, die für uns Menschen dann handlungsleitend sind. Je mehr wir beispielsweise über unser nicht nachhaltiges Wirtschaften und den daraus resultierenden Folgen wissen, umso mehr reift in uns die Überzeugung, dass wir als Einzelner doch nichts bewirken können. Und schon haben wir es uns wieder in unserer Komfortzone gemütlich gemacht. Das muss aber nicht so sein. Hierzu ein kleiner Exkurs:

Franz Müntefering wurde anlässlich seiner Wahl zum SPD-Parteivorsitzenden auf dem Sonderparteitag in Berlin im Jahr 2004 mit den Worten zitiert, »Opposition ist Mist« (WELT.de, 2004). Leicht abgewandelt wird daraus auch schnell ›Wissen ist Mist‹. Denn nach der Lektüre des Buches »Wir sind das Klima« von Jonathan Safran Foer (Foer, 2019) wurde das darin beschriebene Wissen und seine darin zum Ausdruck gebrachten Überzeugungen für mich handlungsleitend. Ich hatte verstanden, dass ich mit ganz wenig oder nur geringem Aufwand meinen CO_2-Fußabdruck reduzieren könnte. Ich hatte verstanden, dass die Produktion und der Verzehr von Fleisch – je nach Berechnungsmethode – zwischen 15 und 50 Prozent des weltweiten CO_2-Ausstoßes ausmachen. Wenn ich einen Beitrag leisten wollte, dann bestand er darin, weniger tierische Nahrungsmittel zu verzehren. Dabei war es für mich auch nicht wirklich wichtig zu wissen, ob der Anteil der Land- und Viehwirtschaft am weltweiten CO_2-Ausstoß 15 oder 50 Prozent ausmacht. Wichtig war für mich vielmehr, dass ich von heute auf morgen durch die Umstellung meiner Ernährung den CO_2-Ausstoß vermindern könnte! Ich warne daher vor der Lektüre dieses Buches, denn danach wissen Sie Bescheid.

Standpunkt 2 | *Wissen ist Mist! Denn dann haben wir keine Ausreden mehr und sind für unser Handeln selbst verantwortlich!*

Allein das Wissen führt aber nicht zu einem veränderten Verhalten. Aus dem Wissen muss erst noch eine regelmäßige Handlung werden. Als ich das Buch etwa zur Hälfte gelesen hatte, wurde mir langsam bewusst, worauf die ganze Sache hinauslaufen würde. Für mich drängte sich bei der weiteren Lektüre eine Entscheidung zwischen zwei Handlungsmöglichkeiten auf: entweder das Buch zur Seite legen und so tun, als ob ich nichts gewusst habe, oder aber weiterlesen und mich zukünftig vegetarisch ernähren. Ich habe mich für die zuletzt genannte Handlungsmöglichkeit entschieden, wegen der Folgen für das Klima und zugunsten des Tierwohls.

Mit diesem Buch soll Wissen über Nachhaltigkeit kartiert und kompakt angeboten werden, damit Orientierung überhaupt erst entstehen kann. Verteilt über die einzelnen Abschnitte bringe ich meine spezifischen Ansichten, Überzeugungen und Erfahrungen oder die von Dritten als Standpunkte ein. Sie markieren die Knotenpunkte entlang eines roten Fadens durch den Dschungel der Vielfalt. Damit sollen Argumente für die Bedeutung eines nachhaltigeren Wirtschaftens als Instrument der Zukunftssicherung von Unternehmungen herausgestellt und Impulse, Anregungen und Inspirationen für die Gestaltung eines nachhaltigeren, unternehmerischen Engagements geliefert werden. Weil ich es mir zur Aufgabe gemacht habe, Unternehmern, Menschen in Unternehmungen mit Führungsverantwortung und allen, denen Nachhaltigkeit eine Herzensangelegenheit ist, dabei zu unterstützen, durch – und nicht trotz – Nachhaltigkeit erfolgreich zu sein bzw. erfolgreicher zu werden. Und zwar mit mehr Freude an der Arbeit! Ein besseres Verständnis von Nachhaltigkeit und ein nachhaltigeres Wirtschaften kann aber nur erreicht werden, wenn die limitierenden Engpässe eines Systems bestimmt und aufgelöst werden. Wenn Zeit, ein selektives oder fragmentiertes Wissen über Nachhaltigkeit, unterschiedliche Werte und Überzeugungen über die Bedeutung von Nachhaltigkeit als Instrument der Zukunftssicherung von Unternehmungen oder eine nur schwach ausgeprägte Vorstellungskraft bei der Gestaltung eines nachhaltigeren Wirtschaftens limitierende Faktoren sind, dann kann sich auch kein nachhaltiges Engagement wirkungsvoll entfalten.

Der Buchtitel ›Nachhaltigkeit als Unternehmensstrategie‹ soll daher zum Ausdruck bringen, dass die Nachhaltigkeitsstrategie von Unternehmungen und die Unternehmensstrategie inhaltlich identische Werke sind. Demzufolge sind auch Strategiemanagement und Nachhaltigkeitsmanagement synonyme Begriffe für die Entwicklung, Implementierung und Erreichung eines in die Zukunft gerichteten Zielbildes. Aufbauend auf diesem Verständnis ist Führung ein Prozess zur Umsetzung definierter Ziele, die im Besonderen Indikatoren für die Umsetzung ökologischer und sozialer Aspekte im Blick haben muss. Damit wird die Unternehmensstrategie zu einem Führungsinstrument für ein nachhaltigeres Wirtschaften und eine insgesamt wirkungsvollere Führung. Der renommierte Umweltschützer David Brower sagte einmal: »Auf einem toten Planeten gibt es keine Geschäfte zu machen.« (Wiseman, 2014) Vor diesem Hintergrund ist der Umgang mit den Chancen und Herausforderungen auf dem Weg zu einem nachhaltigeren Wirtschaften alternativlos. Die Umsetzung einer auf Nachhaltigkeit ausgerichteten Unternehmensstrategie gleicht einem grundlegenden, fundamentalen, dauerhaften und für viele auch einem schmerzhaften Transformationsprozess.

Warum also Nachhaltigkeit als Unternehmensstrategie?

Weil es eine großartige Chance ist, sich einen relativen Wettbewerbsvorteil zu verschaffen. Weil es ein gutes Gefühl hervorruft, einen eigenen Beitrag für die Gestaltung einer nachhaltigeren Zukunft geleistet zu haben. Weil zwei unterschiedliche Handlungsprinzipien innerhalb einer Organisation die Menschen aufzehren würde. Weil es alternativlos ist.

Hinweis: Aus Gründen der besseren Lesbarkeit steht im gesamten Text die männliche Form stellvertretend für Personen aller Geschlechter.

Unternehmen müssen lernen, die Gesellschaft und deren Probleme zum Ausgangspunkt des Wirtschaftens zu machen. Nur dies ermöglicht echte unternehmerische Nachhaltigkeit.

Prof. Dr. Thomas Dyllick, Universität St. Gallen

2 Einführung in das Denkmodell

›Nachhaltigkeit‹ oder Begriffe wie ›Nachhaltige Entwicklung‹ oder ›Nachhaltiges Wirtschaften‹ sind oft und überall verwendete Begriffe mit viel Interpretationsspielraum. Fast jede Organisation, jede Regierung, aber auch jeder einzelne Mensch hat dazu bisweilen eine ganz eigene Vorstellung. Und der Nachhaltigkeitsdiskurs mit zahlreichen Akteuren aus Wissenschaft, Politik, Gesellschaft und Wirtschaft dauert an, Ergebnis und Ende offen. Das macht es jedem Einzelnen auch schwer, sich eine konkrete Vorstellung von Bedeutung und Zielen der Nachhaltigkeit zu machen.

Nachhaltigkeit – eine Definition !

Nach zahlreichen und facettenreichen Begriffsdefinitionen wird heutzutage unter Nachhaltigkeit ein »Prinzip verstanden, nach dem nicht mehr verbraucht werden darf, als jeweils nachwachsen, sich regenerieren oder künftig wieder bereitgestellt werden kann« (Bibliographisches Institut GmbH, 2020).

Die Anwendung dieses Handlungsprinzips setzt voraus, dass der Verbrauch und die Regenerationsfähigkeit der jeweiligen Systeme bekannt sind, damit die Gesellschaft ihr Handeln danach ausrichten kann. Vor diesem Hintergrund beauftragte der Club of Rome 1971 das Massachusetts Institute of Technology (MIT) mit einer Studie, die – vereinfacht gesagt – der Frage nachgehen sollte, welche globalen Auswirkungen das individuelle, lokale Handeln aller hat. Zwei zentrale Schlussfolgerungen dieser Studie waren:

1. »Wenn die gegenwärtige Zunahme der Weltbevölkerung, der Industrialisierung, der Umweltverschmutzung, der Nahrungsmittelproduktion und der Ausbeutung von natürlichen Rohstoffen unverändert anhält, werden die absoluten Wachstumsgrenzen auf der Erde im Laufe der nächsten hundert Jahre erreicht.
2. Unsere gegenwärtige Situation ist so verwickelt und so sehr Ergebnis vielfältiger menschlicher Bestrebungen, dass keine Kombination rein technischer, wirtschaftlicher oder gesetzlicher Maßnahmen eine wesentliche Besserung bewirken kann. Ganz neue Vorgehensweisen sind erforderlich, um die Menschheit auf Ziele auszurichten, die anstelle weiteren Wachstums auf Gleichgewichtszustände führen. Sie erfordern ein außergewöhnliches Maß von Verständnis, Vorstellungskraft und politischem und moralischem Mut. Wir glauben aber, dass diese Anstrengungen geleistet werden können, und hoffen, dass diese Veröffentlichung dazu beiträgt, die hierfür notwendigen Kräfte zu mobilisieren.« (Meadows et al., 1972)

Die Ergebnisse dieser Studie wurden in aktualisierten Berechnungen in ihrer Tendenz immer wieder bestätigt. Nicht zuletzt deshalb hat das Bewusstsein der Menschen für Nachhaltigkeit in den letzten Jahren zugenommen. Auch im politischen Diskurs wurde um die Umsetzung von Nachhaltigkeitsaspekten gerungen. Beispielsweise wurden im Jahre 2015 mittels einer »UN-Resolution die Ziele für eine nachhaltige Entwicklung verabschiedet, besser bekannt unter dem Namen SDGs, den 17 Sustainable Development Goals mit ihren 169 Zielvorgaben« (Deutsche Gesellschaft für die Vereinten Nationen e. V., 2015). Auch wenn die SDGs keinen verbindlichen Charakter haben, wird intensiv an ihrer Umsetzung gearbeitet. Ob dieses Engagement und die sonstigen, zahlreichen Aktivitäten ausreichen werden, können wohl am besten die nachfolgenden Generationen beurteilen, u. a. die Generation unserer Enkel.

Jedes Engagement ist daher wichtig und wird gebraucht. Sei es auf persönlicher, gesellschaftlicher, wissenschaftlicher, politischer oder unternehmerischer Ebene. Allerdings sind die Wirkhebel auf diesen Ebenen unterschiedlich verteilt. Einen großen Hebel hält sicherlich die Politik in ihren Händen, wenn es darum geht, Vorgaben und Regularien für Nachhaltigkeit zu definieren und für deren Umsetzung zu sorgen. Diese hierzu erforderlichen politischen Meinungsbildungsprozesse können jeden Tag beobachtet werden. Sie dauern lange, sind nicht immer konstruktiv und führen gewöhnlich zu Kompromissen. Ein weiterer Hebel für mehr Nachhaltigkeit kann in dem nachhaltigeren Engagement von Unternehmungen verortet werden. In vielen Unternehmungen hat der Geist der Nachhaltigkeit schon Einzug gehalten mit zahlreichen, positiven Beispielen. Unternehmungen wie VAUDE, GLS Bank, Patagonia, Rapunzel oder GLOBAL ICE TEC leben – stellvertretend für viele andere Unternehmungen – Nachhaltigkeit als handlungsleitendes Prinzip und haben erkannt, dass Nachhaltigkeit mehr ist als nur ein Teilaspekt, eine Fußnote in der Unternehmensstrategie.

Nachhaltigkeit als Unternehmensstrategie setzt sich aus unternehmerischer Perspektive systematisch mit den ökologischen, sozialen und ökonomischen Aspekten von Nachhaltigkeit auseinander. Mit der Roadmap für nachhaltiges Wirtschaften & Innovation entsteht nach und nach ein ganzheitliches und facettenreiches Bild von einem nachhaltigeren Wirtschaften. Denkanstöße, Denkhilfen, Hintergrundinformationen, Praxisbeispiele und Lösungsansätze sollen in diesem Denkmodell eingefügt werden und Orientierung für all jene schaffen, die in der Vielfalt von Nachhaltigkeit nach Ankerpunkten suchen, um ihr eigenes, aktuelles und zukünftiges Engagement für ein nachhaltigeres Wirtschaften besser verorten zu können.

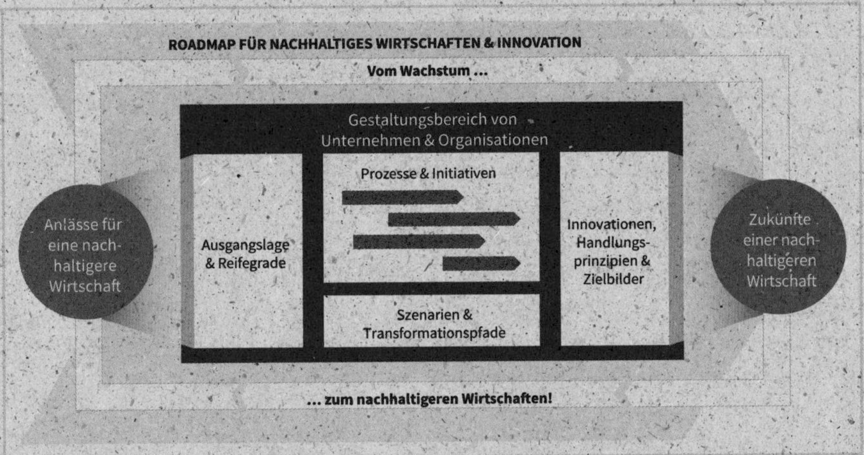

Abb. 1: Roadmap für nachhaltiges Wirtschaften & Innovation

Die Struktur der Roadmap für nachhaltiges Wirtschaften & Innovation folgt den Prinzipien des Veränderungsmanagements (in Anlehnung an das Strukturmodell der Beratergruppe Neuwaldegg, Wien). Demnach können Veränderungsprozesse erst dann wirklich erfolgreich gestaltet und umgesetzt werden, wenn allen Beteiligten klar ist, wohin die Reise gehen soll (= Innovationen, Handlungsprinzipien & Zielbilder) und welches der Ausgangspunkt für die Reise ist (= Ausgangslage & Reifegrade). Wichtig ist auch, dass Klarheit darüber herrscht, welche Umfeldentwicklungen zu beachten sind und welche Reiserouten am besten genutzt werden können, um das Reiseziel auch zu erreichen (= Szenarien & Transformationspfade). Wenn diese Aspekte im Unternehmen geklärt sind, kann der Reiseplan im Detail angefertigt werden (= Prozesse & Initiativen). Bleibt die Frage, warum sich Unternehmungen und die darin agierenden Menschen überhaupt auf eine Reise begeben sollten. Veränderung ist die einzig wirkliche Konstante in der heutigen Zeit. Sie wird besser angenommen, wenn der Anlass und der Zweck einer Reise (= Vom Wachstum ... zum nachhaltigeren Wirtschaften) bewusst sind. Die Roadmap für nachhaltiges Wirtschaften & Innovation mit ihren zentralen Elementen ergeben die einzelnen Gliederungsebenen, die in weitere Abschnitte unterteilt sind. In einem abschließenden Kolloquium – das einem Zwiegespräch gleicht – wird ein Fazit gezogen, ob ein nachhaltigeres Wirtschaften für sich genommen ein Widerspruch darstellt. Mit einem abschließenden Ausblick auf die Auswirkungen der aktuellen Covid-19-Pandemie (2020) auf ein nachhaltigeres Wirtschaften sowie einer Übersicht über die 50 Standpunkte aus diesem Buch endet die Reise. Die Erläuterung der weiteren Inhalte beginnt mit dem dritten Kapitel.

Im Folgenden werden die Kapitel 3 bis 10 in Kurzfassung beschrieben.

3 | Roadmap für nachhaltiges Wirtschaften & Innovation

In Kapitel 3 wird der Begriff ›Roadmap‹ – oder auch Plan für die zukünftige Entwicklung von Unternehmungen – als Transformationsdesign für nachhaltiges Wirtschaften verstanden. Das, was gestaltet werden soll, ist eine mehr oder weniger weitreichende Transformation unserer Art zu leben und zu arbeiten. Hierzu wird ein Verständnis von Nachhaltigkeit angeboten, damit die Vielfalt von Nachhaltigkeit beherrschbar bleibt und wir in der Lage sind, Inhalte in das Denk- bzw. Strukturmodell einzusortieren. Es sind aber nicht nur die Akteure aus dem Bereich Wirtschaft, denen im Transformationsprozess hin zu einer nachhaltigeren Wirtschaft eine besondere Rolle zukommt. Auch die Akteure in Gesellschaft, Politik und Wissenschaft sind gefordert, diese Transformation mitzugestalten.

4 | Vom Wachstum zum nachhaltigeren Wirtschaften

Kapitel 4 schlägt eine Brücke vom Anlass für eine nachhaltigere Wirtschaft hinüber zu den Zukünften einer nachhaltigeren Wirtschaft. Dabei geht es primär um die Frage, warum es so wichtig und – meine Überzeugung – alternativlos ist, Nachhaltigkeit in das Zentrum unseres Denkens und Handelns zu stellen. Eine nachhaltigere Wirtschaft ist mit Veränderungen verbunden, deren Ausmaß wir heute noch nicht wirklich greifen können. Folglich geht es auch um die Frage, was es für uns Menschen und insbesondere für Unternehmungen bedeutet, nachhaltiger zu wirtschaften. Schon heute wissen wir recht genau, was es bedeutet, wenn wir weiter dem Pfad eines ungebremsten Wirtschaftswachstums folgen. Es gibt deshalb nachvollziehbare Gründe, warum wir, die Gesellschaft und die Wirtschaft diesen Pfad verlassen sollten. Einen vormals eingeschlagenen Weg zu wechseln ist herausfordernd und erfordert vorstellbare Zukunftsbilder. Aus diesem Grund werden drei Diskursstränge über die Zukünfte der Nachhaltigkeit mit den Imaginationen ihrer verschiedenen Diskurspositionen vorgestellt. Sie werden u. a. durch Begriffe wie ›Green Economy‹, ›Postwachstumsökonomie‹ bzw. ›Degrowth‹, ›Gemeinwohlökonomie‹ oder ›Nachhaltigkeit als Dystopie‹ manifestiert und sind unterschiedlich wirksam und anschlussfähig.

5 | Innovationen, Handlungsprinzipien & Zielbilder

Aber was bedeuten diese in den unterschiedlichen Diskurspositionen zum Ausdruck kommenden ›Zukünfte einer nachhaltigeren Wirtschaft‹ für Unternehmungen, die Teil eines bestehenden Wirtschaftssystems sind? Welche Richtungen können sie vor diesem Hintergrund einschlagen oder diesen Wandel unterstützen? Welche innovativen Ansätze können sie daraus ableiten? Und: Wie wirksam sind diese Lösungsansätze für ein nachhaltigeres Wirtschaften? Welche erstrebenswerten Zielbilder (u. a. mögliche Positionierungen) lassen sich daraus formulieren und in die Unternehmensstrategie integrieren? In Kapitel 5 geht es um all diese Fragen. Beginnend mit einem Bezugsrahmen für die Wirksamkeit von unternehmerischen Maßnahmen wird die Nutzung nachhaltiger Handlungsprinzipien (oder auch Nachhaltigkeitsstrategien) für ein nachhaltigeres Engagement reflektiert – einschließlich spezifischer Denkmodelle, die bei der Entwicklung von Lösungsansätzen als Inspirationsquelle dienen können. In der Kombination von Handlungsprinzipien, Denkmodellen und Geschäftsmodellen entstehen Innovationen für ein nachhaltigeres Wirtschaften. Nicht alle Lösungsansätze lassen sich schnell und einfach umsetzen. Deshalb ist es wichtig, dass sie durch die Unternehmensstrategie legitimiert sind und durch strategische Projekte, Programme oder Prozesse Aufmerksamkeit erhalten.

6 | Ausgangslage & Reifegrade für nachhaltigeres Wirtschaften
Nachhaltigkeit als Unternehmensstrategie manifestiert sich in der Positionierung von Unternehmungen. In Kapitel 6 stehen deshalb die Unternehmungen im Mittelpunkt. Es sollen Reifegrade und Entwicklungsstufen bestimmt werden, in denen ein wahrhaftiges, transparentes und Vertrauen schaffendes Engagement für ein nachhaltigeres Wirtschaften einsortiert werden kann. Es soll geklärt werden, wie stark bei den Unternehmern, Entscheidern, Führungskräften und Mitarbeitenden Nachhaltigkeit verankert ist oder bei ihnen zumindest eine Bereitschaft besteht, sich mit nachhaltigerem Wirtschaften auseinanderzusetzen. Die Bereitschaft zu Veränderungen steigt immer dann signifikant, wenn wir massiv aufgefordert werden, unsere Komfortzone zu verlassen. Das können persönliche, wirtschaftliche, gesellschaftliche oder ökologische Ereignisse sein. Als Analogie kann die Situation mit dem Mythos vom Frosch verglichen werden: »Wirft man einen Frosch in kochendes Wasser, springt er sofort wieder heraus. Setzt man ihn hingegen in einen Topf mit kaltem Wasser, den man langsam zum Kochen bringt, versucht er nicht zu flüchten, weil er die Temperaturveränderung kaum spürt. Bis es zu spät ist und der Frosch stirbt.« (Schmid, 2017) Eine fantastische Geschichte, im wahrsten Sinne des Wortes, mit der man gleichermaßen dazu motivieren kann, dem Klimawandel entschlossener entgegenzuwirken, das stetige Wachstum der Staatsverschuldung, der Sozialausgaben oder der Agrarsubventionen zu bremsen.

Wir müssen also eine Vorstellung davon entwickeln, wie hoch die Temperatur in unserer Komfortzone bereits angestiegen ist, um rechtzeitig aussteigen bzw. etwas verändern zu können. Um die Reifegrade und Entwicklungsstufen von Unternehmungen beurteilen zu können, wird eine Typologie unternehmerischer Nachhaltigkeit genutzt und diese mit den sichtbaren, betrieblichen Nachhaltigkeitsleistungen verwoben. An der Art und Weise, wie Nachhaltigkeitsleistungen gegenüber den Anspruchsgruppen kommuniziert werden (Stichwort ›Greenwashing‹), wie umfassend eine Stakeholder-Orientierung bereits Raum gegriffen hat und wie partiell oder ganzheitlich Nachhaltigkeit in der Organisation verankert ist, kann abgeleitet werden, wo Unternehmungen heute in Sachen Nachhaltigkeit stehen.

7 | Szenarien & Transformationspfade
Wenn wir uns in den vorangegangenen Abschnitten vergegenwärtigt haben, welche Innovationen, Handlungsprinzipien und Zielbilder sich aus den Zukünften der Nach-

haltigkeit ableiten lassen und welche unterschiedlichen Ausgangslagen wir in den Unternehmungen vorfinden, dann werden in Kapitel 7 Szenarien für ein nachhaltigeres Wirtschaften skizziert und auf dieser Basis mögliche Transformationspfade beschrieben. Unternehmungen agieren in einem Wirtschaftsgefüge, in dem zukunftsgerichtete Entscheidungen häufig unter Unsicherheiten getroffen werden müssen. Szenarien helfen, die Entwicklungen in den Märkten und die Umfeldbedingungen besser einzuschätzen. Szenarien unterstützen aber auch den Innovationsprozess, indem sie helfen, die Passung einer Lösung zu verifizieren (u. a. Time-for-Market und Time-to-Market). Eine Transformation von einem heutigen Status quo hin zu einem nachhaltigeren Wirtschaften bedeutet für Unternehmungen, dass sie die Art und Weise, wie sie ihr Geschäfts bislang betrieben haben, verändern müssen. In diesem Zusammenhang wird der Begriff ›Ambidexterität‹, ›Beidhändigkeit‹, von Bedeutung sein. Mit anderen Worten: Auf welchem Transformationspfad kann ›altes‹, weniger nachhaltiges Geschäft durch neues, nachhaltigeres Geschäft substituiert werden?

8 | Prozesse & Initiativen

Nachhaltigkeit als Unternehmensstrategie ist keine neue Managementdisziplin. In Kapitel 8 werden daher Prozesse und Initiativen aufgegriffen, die ein nachhaltigeres Wirtschaften in Unternehmungen unterstützen oder erst ermöglichen. Die Positionierung als nachhaltig wirtschaftende Unternehmung beginnt mit der Verankerung von Nachhaltigkeit als Unternehmensstrategie. Strategie- und Nachhaltigkeitsmanagement werden als Synonyme verwendet und beschreiben ein Vorgehens- und Ergebnismodell einer auf Nachhaltigkeit ausgerichteten Unternehmensstrategie und ihrer Implementierung. Dieses strategische Nachhaltigkeitsmanagement verfolgt über die Grenzen der Unternehmungen hinweg ökologische, soziale und ökonomische Ziele. Daneben werden Prozesse für die Identifikation und Gestaltung von Lösungen entlang der gesamten Wertkette (u. a. für die Gestaltung nachhaltigerer Produkte, Leistungen und Lösungen) betrachtet. Da das Denkmodell dem Management von Veränderungen entlehnt ist, werden hier auch Prozesse des Change-Managements betrachtet.

9 | Kolloquium und Ausblick

Mit Blick auf die vorangegangenen Kapitel und Abschnitte soll in Kapitel 9 zusammenfassend in einem Zwiegespräch geklärt werden, ob nachhaltigeres Wirtschaften per se ein Widerspruch ist. Im Kern geht es um die Frage, ob unternehmerischer Erfolg durch – und nicht trotz – nachhaltigeres Wirtschaften erreicht werden kann. Es geht darum, ob die Existenz von Unternehmungen langfristig besser durch ein nachhaltigeres Wirtschaften gesichert werden kann als ohne. In einer Art ›Argumentenbilanz‹ werden die Aspekte zusammengetragen, die dafür und dagegen sprechen. Dieses Buch ist während der Covid-19-Pandemie im Jahre 2020 entstanden. Weite Teile der Gesellschaft und der Wirtschaft wurden bereits oder werden voraussichtlich noch lahmgelegt, weltweit und mit teils dramatischen Auswirkungen. In einem Ausblick soll daher ein Blick auf die Frage geworfen werden, ob diese Pandemie die Kraft hat, unser

Handeln wirklich nachhaltig zu verändern. Oder ob Nachhaltigkeit über viele Jahre ein Schattendasein fristen wird, weil die enormen wirtschaftlichen und kulturellen Folgen zunächst – zumindest halbwegs – behoben sein müssen, damit wir uns wieder den Luxus leisten können, nachhaltiger zu wirtschaften.

10 | 50 Standpunkte zur nachhaltigeren Wirtschaft
Die 50 Standpunkte in Kapitel 10 sind als Thesen formuliert und basieren auf Wissen, Überzeugungen und Erfahrungen. Sie sind für sich genommen kleinste Geschichten im unerschöpflichen Strom von Wissen durch die Zeit. Alle Standpunkte wiederum ergeben zusammen die große Geschichte für Unternehmenserfolg durch nachhaltigeres Wirtschaften. Sie werden aus der Perspektive eines Reisenden erzählt, der die Standpunkte als ›Learnings‹ für die eigene Reise nutzen kann. Sie sollen in Erinnerung bleiben und motivieren, die Dinge anders, neu oder besser zu machen. Die Reise vom Wirtschaftswachstum zum nachhaltigeren Wirtschaften beginnt genau in dem Augenblick und kann zu der eigenen Erfolgsgeschichte werden. Daher sind in diesem Abschnitt nochmals alle Standpunkte entlang eines roten Fadens aufgelistet.

Worum es in diesem Buch nicht geht
In diesem Buch geht es nicht um eine umfassende, statistische Analyse der historischen, aktuellen und zukünftigen Entwicklungen mit Bezug auf den Klimawandel, den Ressourcenverbrauch oder sonstige Umfeldentwicklungen mit ihren Auswirkungen auf unseren Planeten Erde und auf das Miteinander in unseren Gesellschaften. Auch stehen die Bereiche Politik, Wissenschaft und Gesellschaft nicht im Mittelpunkt der Überlegungen, sehr wohl aber ihre Wechselwirkungen zu den Bereichen Wirtschaft und Unternehmungen. Es geht auch nicht darum, ein großes Zukunftsbild für die Rettung unseren Planeten zu entwerfen, sondern darum, dass Unternehmungen ihre Verantwortung für ein nachhaltigeres Wirtschaften annehmen. Es geht nicht darum zu erläutern, wie Nachhaltigkeitsleistungen gemessen und gesteuert werden können, sondern darum, dass sie gemessen und gesteuert werden. Auch werden die vielen, auf Nachhaltigkeit ausgerichteten Organisationen und Labels mit ihren Zertifikaten und Standards sowie die zweifellos wichtigen und bedeutenden nationalen und internationalen Publikationen nur dann aufgelistet, wenn ein spezifischer Kontext besteht.

Warum Nachhaltigkeit als Unternehmensstrategie?

Weil Nachhaltigkeit …

- wirklich alle Unternehmensbereiche betrifft!
- interdisziplinäres Denken fordert und fördert!
- für alle Stakeholder von Bedeutung ist!
- die Bereitschaft zur Übernahme von Verantwortung braucht!
- eine Haltung und ein handlungsleitendes Prinzip sind!

3 Roadmap für nachhaltiges Wirtschaften & Innovation

Der Begriff ›Roadmap‹ – oder auch ›Plan für die zukünftige Entwicklung von Unternehmungen‹ – wird hier als Transformationsdesign für nachhaltiges Wirtschaften verstanden. Das, was gestaltet werden soll, ist eine mehr oder weniger weitreichende Transformation unserer Art zu leben und zu arbeiten. Hierzu wird ein Verständnis von Nachhaltigkeit angeboten, damit die Vielfalt von Nachhaltigkeit beherrschbar bleibt und wir in der Lage sind, Inhalte in das Denk- bzw. Strukturmodell einzusortieren. Es sind aber nicht nur die Akteure aus dem Bereich Wirtschaft, denen im Transformationsprozess hin zu einem nachhaltigeren Wirtschaften eine besondere Rolle zukommt. Auch die Akteure in Gesellschaft, Politik und Wissenschaft sind gefordert, diese Transformation mitzugestalten.

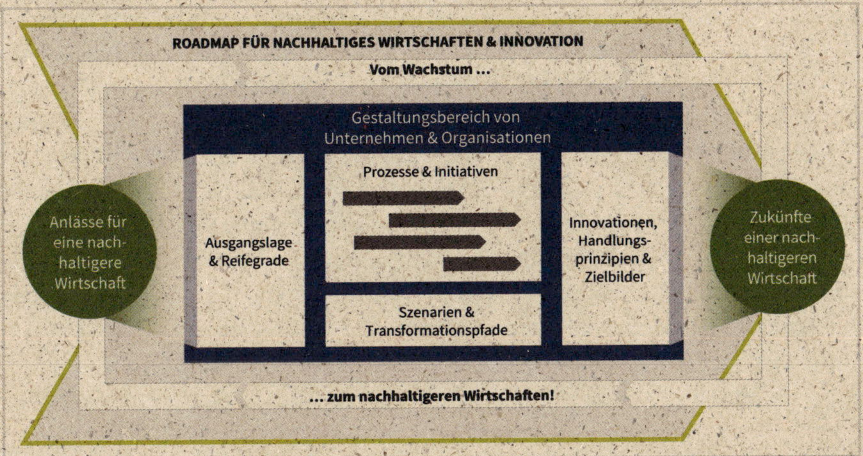

Abb. 2: Roadmap | Transformationsdesign

Transformation findet auf vielen Ebenen statt. Dahinter verbirgt sich immer ein grundlegender und dauerhafter Wandel mit vielfältigen Veränderungen. In dem folgenden Abschnitt geht es zunächst um einen übergeordneten, ganzheitlichen Wandel und vielmehr noch um die Frage, wie dieser Wandel gestaltet werden kann. Transformation in Bezug auf den Gestaltungsbereich von Unternehmungen wird in Kapitel 7 erläutert.

3.1 Transformationsdesign und die Suche nach Ausgängen

Die Autoren Bernd Sommer und Harald Welzer definieren den Begriff ›Transformationsdesign‹ als die Heuristik einer reduktiven, zukunftsfähigen Moderne. »Heuristik bezeichnet die Kunst, mit begrenztem Wissen und wenig Zeit dennoch zu wahrscheinlichen Aussagen oder praktikablen Lösungen zu kommen. Es bezeichnet ein analytisches Vorgehen, bei dem mit begrenztem Wissen Aussagen über ein System mittels mutmaßender Schlussfolgerungen über das System getroffen werden.« (Wikipedia, 2020c) Dem »Transformationsdesign kommt somit die Aufgabe zu, nach Ausgängen aus jenem Korridor zu suchen, der die Zivilisierungsrichtung umdreht und Demokratie, Staatlichkeit, Freiheit sukzessive mehr unter Stress geraten lässt. Allerdings finden sich solche Ausgänge nicht leicht, sind doch nicht nur unsere äußeren Lebens- und Überlebensbedingungen, die Infrastrukturen und Institutionen durch das expansive Kulturmodell geprägt, sondern auch die Innenwelten, also die ›mentalen Infrastrukturen‹, Wahrnehmungsweisen, Gewohnheiten, Routinen, Problemlösungsstrategien, Selbstbilder« (Welzer & Sommer, 2020).

Dem Transformationsdesign kommt folglich die Aufgabe zu, einen Perspektivwechsel herbeizuführen, indem die ›Designer‹ bestehende Muster und Strukturen aufzeigen, Stellschrauben identifizieren und neue Narrative, Entwürfe von Zukünften entwerfen. Sie sollen in interdisziplinären und mit Hilfe kollaborativ arbeitender Kooperationen aufklären, interagieren und kommunizieren. Vor allem aber sollen sie Produktinnovationen (u.a. durch den Einsatz von Umwelttechnologien und neuen Materialien), Nutzungsinnovationen (u.a. vorhandene Objekte, Infrastrukturen neu, besser oder anders gestalten) und Systeminnovationen (u.a. durch die Überwindung von Pfadabhängigkeiten und durch ganzheitlich gedachte Mobilitätskonzepte) hervorbringen. Offen bleibt, welches Individuum, welche Organisationen oder Institutionen die Verantwortung im Transformationsdesign für die Umsetzung dieser skizzierten Aufgabe übernehmen sollten. Verantwortung kann durch gesellschaftliche Forderungen wie Gesetze oder moralische Normen auferlegt sein. Sie kann aber auch freiwillig entstehen, indem ein Individuum oder eine Gruppe einfach eine Aufgabe übernehmen. Beispiele hierfür sind Initiativen und Bewegungen wie die Gemeinwohlökonomie oder die Transition-Town-Bewegungen, auf die im weiteren Verlauf noch eingegangen wird (siehe Kapitel 4.3: Zukünfte einer nachhaltigeren Wirtschaft). In unserer modernen und komplexen Gesellschaft gibt es eine Vielzahl von mehr oder weniger formalen Gruppierungen, die als Institutionen das gesellschaftliche Leben prägen und Verantwortung übernehmen könnten oder dies bereits tun. Hierzu zählen der Staat, Verbände, Vereine, Kirchen, Unternehmen, wissenschaftliche Institute, Parteien und diverse Körperschaften des öffentlichen Rechts sowie eine unüberschaubare Anzahl anderer Nicht-Regierungs-Organisationen. Daraus erwächst aber das Problem, dass Verantwortung einzelnen Individuen oder Gruppen nicht eindeutig zugeschrieben werden kann, weil ihr Einfluss vermeintlich so gering ist, dass sie berechtigt ablehnen, für die Handlungsfolgen eintreten zu wollen. Deutlich wird dieses Dilemma bei der Diskussion um die Ursachen für den Klimawandel. Ob der Einzelne sein Mobilitätsverhalten ändert oder seine Ernährung auf weniger Fleischkonsum umstellt, hat keinen unmittelbaren Einfluss auf das Klima. Nur wenn die Gesamtheit der Menschen sich im Verhalten verändert, wird sein Einfluss spürbar. Also hält der Einzelne sich zurück und wartet, bis – hoffentlich – die Politiker hierzu eine schmerzfreie Lösung anbieten.

Ein Wissenschaftlerteam um die US-Professorin Angela Duckworth ist auf der Suche nach Antworten auf die Frage, wie man Menschen dazu bringt, ihr Verhalten zu verändern. Sie kommt zu dem vorläufigen Ergebnis, »dass das größte Problem der Menschheit wir Menschen selbst sind. Viele, ganz viele – auch existenzgefährdende – Probleme ließen sich lösen, wenn wir nur unser eigenes irrationales Handeln ändern würden. Eine ganze Armada an Psychologen versucht beispielsweise, unsere rätselhafte Untätigkeit anlässlich der Klima-Katastrophe zu erklären. [...] Nach ersten Erkenntnissen sind Verhaltensänderungen grundsätzlich möglich, wenn die Veränderung an sich mit einer klaren Zielsetzung, Selbsterkenntnis, Freude, ein bisschen Wettbewerb und vielleicht auch mit etwas Belohnung verknüpft ist. Leider wurde der Schlüssel für die Initialisierung dieses Erkenntnisprozesses noch nicht gefunden.« (Haas, 2018) So wird die Verantwortung für die Suche nach den oben genannten Ausgängen immer wieder hin und her geschoben und bestenfalls nur vertagt. Dahinter verbirgt sich aber die Hoffnung auf eine gestaltbare und bessere Zukunft. Diese wird es aber nicht ohne Reaktionen auf bestehende und geplante Veränderungen geben.

Merkenswert !

Die Entwicklung besserer Lebensbedingungen muss mit der Erhaltung bestehender Lebensbedingungen in Einklang gebracht werden. Bei der Gestaltung von Zukunft muss Gerechtigkeit, insbesondere Verteilungsgerechtigkeit, ein Schlüsselattribut sein, damit ein Wandel, eine Anpassung an das Neue, gelingen kann.

Dies erfordert von allen Beteiligten einen achtsamen Umgang mit Widerständen, weil wir Menschen nur Veränderungen lieben, wenn wir sie selbst wollen. Die Herausforderung besteht allerdings darin, dass die für die Zukunftssicherung erforderlichen Maßnahmen nicht einfach nur Geschenke für ein besseres Leben sind, sondern mit Blick auf die begrenzt verfügbaren Ressourcen mit Verzicht und Einschränkungen verbunden sein können und wahrscheinlich auch sein werden. Transformationsdesign bedeutet also nicht, einfach nur ein Füllhorn von Annehmlichkeiten über die Menschheit auszuschütten, sondern einen Transformationsprozess zu gestalten, in dem die Kommunikation über die Anforderungen, Erfordernisse und Grenzen sowie die Bereitschaft zur Übernahme von Verantwortung eine zentrale Rolle spielen werden. Diese Zusammenhänge sind in der nachfolgenden Abbildung illustriert.

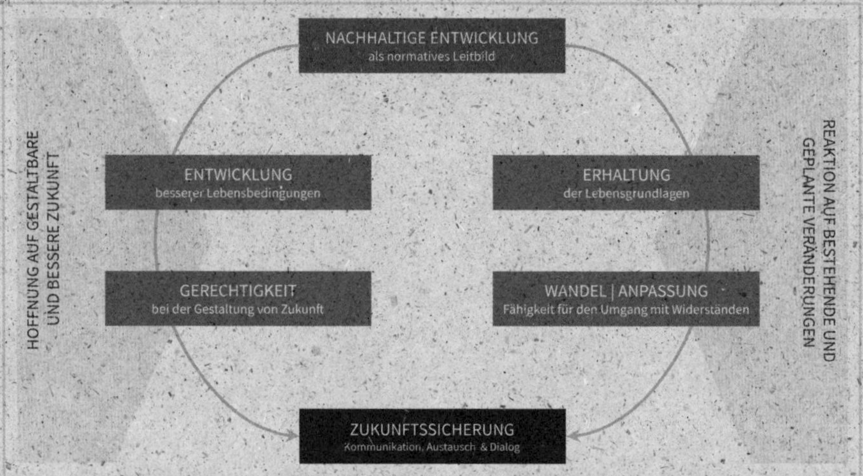

Abb. 3: Transformationsdesign

Information und Kommunikation – in welcher Form auch immer gestaltet – wird allein nicht reichen, um den Wandel voranzutreiben. Die Zukunftssicherung braucht ein Wertesystem, dass es uns Menschen leichter macht, Veränderungen anzunehmen. Zusätzlich – und mehr als nur flankierend – braucht es rechtliche und verbindliche Normen. Die verhaltensändernde Wirkung von Ereignissen (u. a. durch Starkregen mit Überschwemmungen oder Schlammlawinen), Katastrophen (u. a. die Zerstörung der Reaktoren von Fukushima und Tschernobyl) oder Pandemien (u. a. die Covid-19-Pandemie) sind zwar nicht planbar oder gar wünschenswert, bewirken aber ein Umdenken in Gesellschaft, Politik und Wirtschaft.

Transformationsdesign im wirtschaftlichen Kontext sucht nach Ausgängen aus der Herrschaft des Wirtschaftswachstums hin zu einer nachhaltigeren Wirtschaft mit einem geringeren, stagnierenden oder gar einem rückläufigen Wirtschaftswachstum. Machen wir uns in diesem Zusammenhang bewusst, dass im Jahr 2020 alle in Europa lebenden Menschen im erwerbstätigen Alter kein anderes Wirtschaftssystem kennengelernt haben als eines, das auf Wachstum ausgerichtet ist. Gehen wir in dem Leben eines heute 65-jährigen Erwerbstätigen in die Zeit zurück, in der er vielleicht eine Ausbildung begonnen hat. Dann landen wir im Jahr 1970. Die ersten 15 Lebensjahre waren gerade in Deutschland schon durch das Wirtschaftswachstum der 60er Jahre geprägt. In den dann folgenden 50 Jahren war es das erklärte Ziel der Regierungen fast aller Länder in Europa und weltweit, den Wohlstand der Menschen durch ein kontinuierliches Wirtschaftswachstum zu fördern. Mit allen uns bekannten Vorzügen und Nachteilen.

Standpunkt 3 | *Die meisten Menschen können sich eine Gesellschaft ohne Wirtschaftswachstum schlicht nicht vorstellen. Und wenn Nicht-Wachstum mit Wohlstandsverlusten verknüpft wird, dann entstehen Ängste und Widerstand!*

Das soll nicht heißen, dass sich die Menschen nicht ein anderes Wirtschaftssystem wünschen. Die meisten Menschen können sich schlicht kein anderes System vorstellen. Mit anderen Worten: Es gab bislang keinerlei Anreize, die Vorstellungskraft von einem Wirtschaftssystem ohne Wachstum zu trainieren. Und wenn Vorstellungskraft nicht aus dem eigenen Erfahren, gepaart mit viel Fantasie und bildhaftem Vorstellungsvermögen, resultiert, dann entsteht kein Vertrauen. Dann entsteht kein Vertrauen in ein Wirtschaftssystem, in dem Begriffe wie Grund- und Maximaleinkommen, Konsumverzicht, Mindestrente und mehr Zeit für soziales Miteinander keine positiven Gefühle auslösen. Für die Förderung einer nachhaltigen Entwicklung als Leitmotiv ist es also bedeutsam, nicht nur von einem großen Leidensdruck angetrieben zu werden, sondern von einer inspirierenden Vorstellung von unserem Zukunfts-WIR. Transformationsdesign konzentriert sich als übergeordneter Zweck auf eine nachhaltigere Wirtschaft und postuliert damit gleichzeitig, dass es dafür auch einen Anlass geben muss. Damit ist der Korridor für das Transformationsdesign abgesteckt, in dem nach nachhaltigeren Zukunftsbildern bzw. nach Ausgängen gesucht werden kann. Hierzu ein kurzer Ausblick auf ein nachfolgendes Kapitel:

Transformationsdesign von Verhaltensänderungen !

Im Kapitel 7.1.4 ist ein Szenario beschrieben, in dem Menschen quasi von einem Tag auf den anderen einen nachhaltigen Lebensstil pflegen und nachhaltig konsumieren (siehe Abb. 45: Die sieben Stufen des nachhaltigen Konsums). Für die Wirtschaft ein Schreckens- und für unsere Umwelt ein Traum- Szenario. Dieses doch eher unwahrscheinliche Szenario macht deutlich, dass nachhaltiger Konsum einen Ausgang aus dem vom Wirtschaftswachstum und Überforderung der Öko- und Sozialsysteme geprägten Korridor darstellt. Um diesen Ausgang nutzen zu können, braucht es Zeit. Zeit, damit sich die Menschen, die Akteure aus Politik, Wirtschaft und Gesellschaft auf diesen Wandel einstellen können. Nachhaltiger Konsum muss zum Leitbild aller Beteiligten werden. Und genau das ist die Aufgabe von Transformationsdesign: Sie muss mit positiv belegten Imaginationen von einem nachhaltigen Konsum zu einem Umdenken beitragen, auch bei Unternehmungen. Dafür müssen auch Argumente und gangbare Entwicklungswege für die Befürworter eines fortwährenden Wirtschaftswachstums aufgezeigt werden..

Mit der Fokussierung auf eine nachhaltigere Wirtschaft werden der Möglichkeitsraum und die Anzahl der Beteiligten eingeschränkt – was zumindest in Teilen die Komplexität reduziert. Jede Unternehmung, die Verantwortung für ein nachhaltigeres Wirtschaften übernehmen will oder muss, kann in seinem eigenen Verantwortungsbereich, in seinem Unternehmen oder seiner Organisation den Transformationsprozess selbst designen. Eine andere Bezeichnung dafür ist ›Strategie- oder Nachhaltigkeitsmanagement‹ (siehe auch Kapitel 8.1: Strategiemanagement).

3.2 Verständnis von Nachhaltigkeit

Die Begriffe Nachhaltigkeit oder auch nachhaltige Entwicklung und nachhaltiges Wirtschaften sind – wie bereits erwähnt – oft und überall verwendete Formulierungen mit viel Interpretationsspielraum. Dieser Spielraum wird von den Menschen genutzt, um sich durch die eigene Wahrnehmung und das eigene Denken eine plausible Wirklichkeit zu konstruieren. Daraus entstehen dann insgesamt tausendfach einzig richtige Wirklichkeiten. Bei Wikipedia können Sie nachlesen, dass »Nachhaltigkeit ein Handlungsprinzip ist, dass bei der Ressourcennutzung die natürliche Regenerationsfähigkeit der beteiligten Systeme (vor allem von Lebewesen und Ökosystemen) gewährleisten soll« (Wikipedia, 2020b). Zur Konkretisierung von Nachhaltigkeit werden häufig die drei Dimensionen Ökologie (u. a. Tragfähigkeit des Planeten Erde), Ökonomie (u. a. wirtschaftliche Zukunftsfähigkeit) und Soziales (u. a. Gerechtigkeit für die Menschen) herangezogen, die im Verhältnis zueinander sehr unterschiedlich gewichtet werden (können). Nachhaltigkeit, nachhaltige Entwicklung oder nachhaltiges Wirtschaften finden dann statt, wenn diese drei Dimensionen berücksichtigt werden.

Standpunkt 4 | *Nachhaltigkeit bedeutet, die eigene Geschäftstätigkeit unter ökologischen, sozialen und ökonomischen Aspekten neu, anders, besser oder auch nicht mehr zu denken oder zu gestalten!*

Nachhaltigkeit ist eine Denkhaltung, ein Handlungsprinzip und eine bestimmte Art und Weise zu leben. Nachhaltigkeit ist eine durch Werte manifestierte Haltung, die den Handlungen, Zielsetzungen, Aussagen und Urteilen der Menschen zugrunde liegt. Nach diesem Verständnis von Nachhaltigkeit kommt es nicht selten zu inneren Konflikten, zu einem Wertekonflikt. Dieser innere Konflikt entsteht immer dann, wenn wir etwas tun, das gegen unsere Werte verstößt. Beispielsweise, wenn wir in einem Unternehmen arbeiten, dass nicht recyclingfähige Produkte herstellt oder Produkte von Menschen unter denkbar schlechten Arbeitsbedingungen anfertigen lässt – wir uns aber für den Umweltschutz und das Gemeinwohl einsetzen. Unser Engagement für mehr Nachhaltigkeit oder das Praktizieren von Nachhaltigkeit kann eng mit dem Begriff ›Innovation‹ verknüpft werden. Innovation bedeutet ›Neuerung‹ oder ›Erneuerung‹ und wird häufig synonym für neue Ideen und Erfindungen sowie deren wirtschaftliche Umsetzung verwendet. Vor diesem Hintergrund bedeutet …

- **ökologische Nachhaltigkeit**, innovative Lösungen umzusetzen, die u. a. unsere Lebensgrundlagen langfristig lebenswert erhalten, unsere Luft, unsere Böden, unsere Waldgebiete und unsere Gewässer vor Belastungen durch Schadstoffe oder Emissionen schützen, den Klimawandel verlangsamen, den Ressourcen- und Energieverbrauch verringern oder die schrumpfende Biodiversität aufhalten.
- **soziale Nachhaltigkeit**, innovative Lösungen umzusetzen, die u. a. das Wohlergehen von Gesellschaften und ihren Mitgliedern langfristig sichern und stärken, die

soziale »Verwerfungen« helfen zu vermeiden oder auszulösen, die Grundbedürfnisse der Menschen sichern, die Armut bekämpfen, einen gerechten Zugang zu Bildung ermöglichen, bezahlbaren Wohnraum schaffen, Chancengleichheit auf dem Arbeitsmarkt gewährleisten oder Mitbestimmung ermöglichen.
- **ökonomische Nachhaltigkeit**, innovative Lösungen umzusetzen, die u.a. die Unternehmen zukunftssicherer machen, den Einsatz effizienterer, umweltfreundlicherer und ressourcensparender Abbau-, Förder- und Produktionsverfahren fördern, neue Produkte, Leistungen, Lösungen und Geschäftsmodelle hervorbringen, mehr erneuerbare Energien nutzen oder vermehrt Rohstoffe im Sinne der Kreislaufwirtschaft bewahren.

Beschäftigt man sich intensiv mit Nachhaltigkeit, begegnet man vielen Institutionen, Organisationen und Initiativen, die sich auf regionaler, nationaler oder internationaler Ebene mit Nachhaltigkeit auseinandersetzen. In allen Bereichen unseres gesellschaftlichen, wissenschaftlichen, politischen und wirtschaftlichen Lebens ist Nachhaltigkeit immer allgegenwärtiger und schlägt sich in einer Vielfalt von Begriffen nieder. Diese Vielfalt schafft Raum für Ausreden, in dem ein vermeintlich oder tatsächlich tadelnswerter Umstand – beispielsweise ein verwerfliches, nicht nachhaltiges Engagement – kaschiert oder positiver dargestellt werden soll. Wir nutzen diese Begriffsvielfalt und das damit einhergehende, teilweise sehr unterschiedliche Verständnis von Nachhaltigkeit dafür, uns nicht den von uns geschaffenen Wirklichkeiten stellen zu müssen.

Standpunkt 5 | *Nachhaltigkeit ist alles, nur nicht griffig! Nachhaltigkeit ist Vielfalt. Diese Vielfalt nutzen wir, uns unsere eigene Wirklichkeit zu kreieren. Eine Wirklichkeit mit bequemen Ausreden, nicht nachhaltig agieren zu müssen!*

Für ein besseres Verständnis von Nachhaltigkeit ist es hilfreich, sich eine Struktur oder ein Raster anzulegen, in dem die Vielfalt der Begriffe verortet werden können. Jede Struktur ist eine Vereinfachung der Realität und zugleich eine Reduktion der Komplexität. Im Folgenden wird die Roadmap für nachhaltiges Wirtschaften & Innovation als Ordnungsrahmen für die Vielfalt der Begriffe genutzt. Die Auflistung der Begriffe erhebt keinen Anspruch auf Vollständigkeit. Auch die Zuordnung von Begriffen ist nicht immer trennscharf möglich. Deshalb sind einige der nachfolgend alphabetisch aufgelisteten Begriffe mehrfach zugeordnet und alle Begriffe im Glossar erläutert (siehe Kapitel 11.2: Glossar).

Transformationsdesign und die Suche nach Ausgängen
Das Transformationsdesign sucht u.a. nach Alternativen zum Wirtschaftswachstum. In einem auf den unterschiedlichsten Ebenen geführten Diskurs über Nachhaltigkeit wird eine mehr oder weniger weitreichende Transformation unserer Art zu leben und

zu arbeiten diskutiert. Daher können hier Begriffe einsortiert werden, die unmittelbar Einfluss auf die Gestaltung eines übergeordneten Transformationsprozesses haben:

> 1,5-Grad-Ziel | Brundtland-Kommission und Brundtland-Bericht ›Our Common Future‹ | Corporate Social Responsibilty (CSR) | CSR-USG (USG = Umsetzungsgesetz) | Dekarbonisierung | Diskursströmungen & Diskurspositionen | Erdgipfel von Rio | Ethik & Moral | Intergovernmental Panel on Climate Change (IPCC) | Kommunikationsdesign | Kyoto-Protokoll | Leitplankenmodell | Modelle der Nachhaltigkeit | Nachhaltigkeitsstrategie der Bundesregierung | Ökosysteme und Ökosystemmanagement | Resilienz bzw. Widerstandsfähigkeit | Rio +20: UN Conference on Sustainable Development (UNCSD) | Shareholder Value | Stakeholder Value | System Value | Sustainable Development Goals (17 SDGs) | Umweltpsychologie | United Nations Millennium Declaration | Welt im Wandel – Gesellschaftsvertrag für eine Große Transformation (WBGU-Gutachten) | World Conservation Strategy

Vom Wachstum zur nachhaltigeren Wirtschaft | Anlässe & Zukünfte
Wenn Nachhaltigkeit den Zustand und nachhaltige Entwicklung den Prozess von etwas Altem hin zu etwas Neuem beschreibt, dann ist der Anlass für eine nachhaltigere Wirtschaft der Ausgangspunkt und sind die Zukünfte einer nachhaltigeren Wirtschaft der Endpunkt eines revolvierenden Transformationsprozesses. Alle Begriffe, die mit der Veränderungsnotwendigkeit und mit Imaginationen von Zukünften im weitesten Sinne in Verbindung gebracht werden können, haben hier ihren Platz:

> Blue-Economy | Buen Vivir | Carlowitz, Freiherr von | Climate Security | Club of Rome: Grenzen des Wachstums | CO_2-/Biodiversitätsoffsets | Diskursströmungen & Diskurspositionen | Earth Overshoot Day | Fridays for Future | Gemeinwohlökonomie | Globale Apartheit | Green Economy (Green Growth) | Grüner Kapitalismus | Menschliches Wohlergehen | Naturentfremdung | Ökologischer Fußabdruck | Planetary Boundaries | Postwachstumsökonomie (Degrowth) | Ressourcenkonflikte | Schrumpfende Biodiversität | Social Entrepreneurship | Transition-Town-Initiativen | Treibhauseffekt

Innovationen, Handlungsprinzipien & Zielbilder
Zielbilder von Unternehmungen sind Imaginationen von Zukünften. In den Zukunftsbildern werden häufig der Zweck (u. a. die Mission und das Warum/Wofür), die angestrebte Marktpositionierung, die Vision (abgeleitet von videre = sehen), differenzierende Merkmale zum Wettbewerb, die zukünftigen Geschäftsfelder (inkl. Leistungsportfolio) sowie die maßgeblichen Überzeugungen (inkl. ökologischer und sozialer Aspekte) beschrieben. Grundlegend für die Inhalte einer auf Nachhaltigkeit ausgerichteten Unternehmensstrategie sind Ideen. Ideen entstehen nicht selten aus Zufällen oder aus der Anwendung von Handlungsprinzipien und Denkmodellen. Aus

ihnen werden im Zeitablauf Innovationen. Begriffe, die sich mit der Kreation und der Weiterentwicklung von Ideen bis zu ihrer Umsetzung auf den unterschiedlichsten Ebenen befassen, werden hier gelistet:

> Cradle to Cradle | Design Thinking | Energy Harvesting | Geoengineering | Business Model Canvas | Handlungsprinzipien | Industriedesign | Konsistenz | Nutzungsinnovationen | Öko-Effizienz | Pay-per-Use (Nutzenbasierte Abrechnung) | Produktinnovationen | Rebound-Effekt | Reduce-Reuse-Recycle | Suffizienz | Systeminnovationen | Unternehmens-/Nachhaltigkeitsstrategie | Upcycling | Zero Waste

Ausgangslage von Unternehmungen
In einem Transformationsprozess von […] hin zu […] ist es wichtig zu wissen, welche Voraussetzungen in einem Unternehmen oder in einer Organisation gegeben sind. Die Analyse der Ausgangslage und der Reifegrade von Unternehmungen sollte Klarheit darüber schaffen, welche Stärken, Fähigkeiten und Chancen in dem Transformationsprozess genutzt und welche Schwächen und Risiken berücksichtigt werden sollten. Eine transparente Ausgangslage ermöglicht es, Hypothesen über die Reaktionsmuster der Stakeholder und mögliche Widerstände aufzustellen. Begriffe, die das Engagement von Unternehmungen für eine nachhaltigere Wirtschaft beschreiben, können hier einsortiert werden:

> CSR-Berichterstattung | CSR-Ratings | CSR-Richtlinie-Umsetzungsgesetz (CSR-RUG) | Deutscher Nachhaltigkeitskodex | Dreidimensionale Wertschöpfung | Eco-Management and Audit Scheme (EMAS) | Gemeinwohlökonomie | Greenwashing | Klimaneutralität | Nachhaltigkeitsleistungen | Shareholder Value | Siegel (Gütesiegel oder Label) | Stakeholder Value | Umweltstandards | Wesentlichkeitsanalyse/-matrix | Zertifikate

Szenarien & Transformationspfade
Eine Transformation von einer spezifischen Ausgangslage hin zu einem nachhaltigeren Wirtschaften bedeutet für viele Unternehmungen, dass sie ihr bestehendes Geschäft künftig nicht mehr auf die alte, nicht nachhaltige Art und Weise betreiben können. Es erfordert zukunftsgerichtete Entscheidungen, die aber nur unter Unsicherheit getroffen werden können. Um zukünftige Entwicklungen besser einschätzen zu können, müssen Projektionen und Szenarien über Veränderungen in dem relevanten Umfeld (u. a. Gesetze & Regeln, Kunden & Bedarfe, Markt & Wettbewerb, Technologien & Systeme, Natur & Umwelt) entwickelt und zu Annahmen gemacht werden. Auf dieser Basis können Transformationspfade definiert werden, die den Umgang mit dem alten und dem neuen Geschäft klären. Alle hierzu im Kontext stehenden Begriffe können hier einsortiert werden:

> Ambidexterität oder Beidhändigkeit | Anschlussfähigkeit | Business-as-usual-Szenario | Create Shared Values (CSV) | Engpassorientierung (Minimumgesetz) | Erfolgs- und Hemmfaktoren | Grad der Nachhaltigkeit | Ökosystemleistungen | Pfadabhängigkeiten | Projektionen | Soziale Dienste

Prozesse & Initiativen
Jedes Unternehmen und jede Organisation hat seine spezifische Ausgangslage, seine eigene Geschwindigkeit im Umgang mit Veränderungen und braucht seinen eigenen Plan, um nachhaltigeres Wirtschaften durch Prozesse und Initiativen umzusetzen. Gemeint sind damit u. a. Prozesse für die Identifikation und Gestaltung von nachhaltigeren Produkten, Leistungen, Lösungen und Verfahren. Aber auch Prozesse in einem strategischen Nachhaltigkeitsmanagement, die – auch über die Grenzen des Unternehmens hinweg – ökologische, soziale und ökonomische Ziele sowie die Gestaltung von Veränderungsprozessen verfolgen. Begriffe, die diese Aspekte zum Ausdruck bringen, können hier einsortiert werden:

> Business-Process-Engeniering | Change-Agenten | Change-Management | Inkrementelle & radikale Innovation | Kollaboration & Open Innovation | Kontinuierlicher Verbesserungsprozess (KVP) | Organisationsentwicklung | Qualitätsmanagement | Stage-Gate-Prozess | Sanierungsmanagement | Strategiemanagement | Veränderungsintensität und -fähigkeit

Für ein besseres Verständnis von Nachhaltigkeit können die drei bereits genannten Dimensionen Ökologie, Soziales und Ökonomie herangezogen werden, die integrativ betrachtet aber sehr unterschiedlich gewichtet werden. Nachhaltige Entwicklung als übergeordnetes Leitmotiv findet dann statt, wenn diese drei Dimensionen berücksichtigt werden. Zur Veranschaulichung der Beziehung dieser drei Dimensionen zueinander sind verschiedene Modelle der Nachhaltigkeit entwickelt worden und sollen hier in Anlehnung an die Ausführungen von Heike Molitor und Pierre L. Ibisch (vgl. Molitor & Ibisch, 2018) kurz skizziert werden.

3.2.1 Modelle der Nachhaltigkeit

Zur Veranschaulichung von Nachhaltigkeit und nachhaltiger Entwicklung haben sich mehrere Modelle etabliert, von denen hier einige vorgestellt werden. Häufig werden dabei die drei bereits erläuterten Dimensionen der Nachhaltigkeit (Ökologie, Soziales, Ökonomie) herangezogen, die integrativ betrachtet, aber sehr unterschiedlich gewichtet werden.

Leitplankenmodell

Von den nachfolgend beschriebenen Nachhaltigkeitsmodellen ist das Konzept ›Nachhaltigkeit als Leitplankenmodell‹ zweifelsohne das weitreichendste Modell. Es wurde von dem Wissenschaftlichen Beirat Globale Umweltveränderungen (WBGU), einem Beratungsorgan der Bundesregierung, entwickelt und verfolgt die Idee, dass die zukünftige Entwicklung der Menschheit nur innerhalb eines begrenzten Entwicklungskorridors erfolgen kann.

Merkenswert !

Die Tragfähigkeit der Ökosysteme auf der einen Seite und die Einhaltung der universalen Menschenrechte auf der anderen Seite bilden die Grenzen (Leitplanken) eines Korridors, in dem wirtschaftliches und soziales Handeln stattfinden darf.

Diese Grenzen werden durch ökologische und soziale Parameter abgesteckt, die zur Sicherung langfristig stabiler Lebensbedingungen notwendig sind. Werden die Grenzen überschritten, droht der Zusammenbruch des Systems. Die Leitplanken für eine nachhaltige Entwicklung zu erkennen und zu definieren ist sicherlich schwierig, die Umsetzung und Einhaltung dieser Grenzen sind nicht minder herausfordernd.

Drei-Säulen-Modell

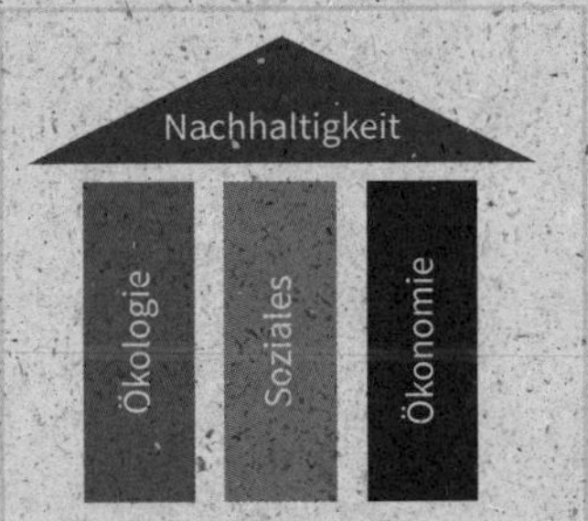

Abb. 4: Drei-Säulen-Modell

Das ›Drei-Säulen-Modell‹ hingegen kann im Vergleich zu den anderen Modellen als das schwächste Konzept angesehen werden. Es folgt der Idee, dass ökologische, soziale und ökonomische Ziele für den Erhalt der Gesellschaft gleichzeitig, harmonisch und gleichberechtigt umgesetzt werden können. Es geht davon aus, dass die Stärkung einzelner Säulen die Schwächung anderer kompensieren kann.

Wechselwirkungen zu den anderen Säulen und unauflösbare Konfliktpotenziale werden nicht thematisiert. Nachhaltigkeit ist in diesem Modell eine regulative Idee zum langfristigen Umgang mit Kapital. Es ist das in Deutschland politisch vorherrschende Konzept, da es die Gleichrangigkeit der drei Dimensionen postuliert.

Drei-Kreise-Modell

Bei dem ›Drei-Kreise-Modell‹ sind Wirtschaft, Gesellschaft und Umwelt gleichberechtigte, weitgehend unabhängige Systeme (siehe Abb. 5 in Kapitel 3.2.2, mittlere Grafik). An den Schnittmengen der einzelnen Kreise werden die Interessen zum Ausgleich gebracht.

! **Merkenswert**

Unser Leben in unserer Gesellschaft ist dann lebenswert, wenn die Dimensionen Ökologie und Soziales in Einklang gebracht werden. In der Schnittmenge von Ökologie und Ökonomie sind wir als Gesellschaft überhaupt erst lebensfähig. Ein faires Miteinander ist dann möglich, wenn ökonomische und soziale Ziele miteinander vereinbar sind. Aber erst dann, wenn alle drei Dimensionen in Balance sind, sprechen wir von Nachhaltigkeit.

Um unsere materiellen und immateriellen Bedürfnisse zu befriedigen, benötigen wir nach diesem Modell eine prosperierende Wirtschaft und eine solidarische Gesellschaft. Natürliches Kapital kann in diesem Modell durch künstliches Kapital ersetzt werden. Für jedes Umweltproblem gibt es eine ihm entsprechende technische Lösung (vgl. Stiftung Umweltbildung Schweiz, 2012).

Kapitalstockmodell

Darüber hinaus gibt es noch das ›Kapitalstockmodell‹, das 1994 von der Weltbank entwickelt wurde. Nach diesem Modell gibt es drei Kapitalstöcke: Umwelt, Wirtschaft und Gesellschaft. Der Kapitalstock der nachhaltigen Entwicklung speist sich aus der Summe der drei Kapitalstöcke. Das auf der Erde vorhandene Kapital darf nicht einfach aufgezehrt, sondern muss kontinuierlich erneuert werden. Das Prinzip der nachhaltigen Entwicklung gilt dann als umgesetzt, wenn es langfristig gelingt, so zu leben, dass das Kapital nicht angegriffen wird. Zudem spielt die Austauschbarkeit der Kapitalstöcke bei der starken bzw. schwachen Nachhaltigkeit eine unterschiedliche Rolle: »die starke Nachhaltigkeit verlangt, dass sich keiner der drei Kapitalstöcke langfristig verringert, während bei der schwachen Nachhaltigkeit dies nur für die Kapitalstöcke in ihrer Gesamtheit gilt. Sie erlaubt u.a., den Kapitalstock der Umwelt im gleichen Ausmaß zu vermindern wie die Kapitalstöcke der Wirtschaft und der Gesellschaft zum Ausgleich erhöht werden« (Frommherz & Monnet, 2012).

Systemisches Modell der Nachhaltigkeit

Bei der Beschreibung der Nachhaltigkeitsmodelle dürfen die verschachtelten bzw. integrierten Systeme natürlich nicht fehlen. Diese Modelle der nachhaltigen Entwicklung versuchen, eine Wertigkeit zwischen den einzelnen Dimensionen der Nachhaltigkeit herzustellen. Dadurch sollen die unterschiedlichen Sichtweisen auf die Realität und die Prioritäten hinsichtlich der Dimensionen der nachhaltigen Entwicklung zueinander aufgezeigt werden. Durch das Verschachteln der Dimensionen ineinander ergibt sich eine Hierarchie: Jene Dimensionen, die andere umfassen, haben einen größeren Stellenwert. In dem ›systemischen Modell der Nachhaltigkeit‹ (siehe Abb. 5 in Kapitel 3.2.2, rechte Abbildung) bilden die globalen Ökosysteme die Grundlage für die sozialen Systeme der Gesellschaft. Die Gesellschaft steht im Mittelpunkt. Ökonomie hat eine dienende Funktion für die Gesellschaft. Wirtschaftliches Handeln ist nachhaltig, wenn es sinnstiftend zu den übergeordneten Systemen beiträgt. Die Umwelt ist ein fundamentales Element und nicht nur ein Pfeiler einer nachhaltigen Entwicklung. Die Untersysteme Gesellschaft und Wirtschaft haben nicht den gleichen Stellenwert. Die Gesellschaft baut auf dieser natürlichen Grundlage auf und die Ökonomie ist ein Mittel zur Befriedigung von Bedürfnissen. Das menschliche Leben und seine Aktivitäten können nur innerhalb der Grenzen des Planeten Erde stattfinden. Der Mensch ist zugleich Teil der Gesellschaft und konstruiert die Wirtschaft. Alle Beteiligten sind von einer intakten und natürlichen Lebensgrundlage abhängig.

3.2.2 Transformationspfad einer nachhaltigen Entwicklung

Die skizzierten Modelle der Nachhaltigkeit können zwischen den Polen der schwachen und der starken Nachhaltigkeit (siehe auch Kapitel 4.3.2: Nachhaltigkeit als systemischer Ansatz) einsortiert werden. Konzepte schwacher Nachhaltigkeit gehen davon aus, dass ökologische, soziale und wirtschaftliche Strukturen grundsätzlich isoliert voneinander betrachtet und ersetzt werden können. Konzepte starker Nachhaltigkeit gehen davon aus, dass das Naturkapital über die Zeit hinweg konstant gehalten werden muss und nur sehr begrenzt substituierbar ist. Ein einmal gerodeter Wald kann nicht an anderer Stelle wieder so angepflanzt werden. Er braucht viele Jahrzehnte, wenn nicht Jahrhunderte, um die gleiche ökologische Funktion zu erfüllen wie vorher. (vgl. Molitor & Ibisch, 2018) Begreift man den Pol der schwachen Nachhaltigkeit als Ausgangspunkt und den Pol der starken Nachhaltigkeit als Ziel oder Zielbild für eine nachhaltige Entwicklung bzw. eine nachhaltige Wirtschaft, dann führt der Transformationspfad vom ›Shareholder-Value-Ansatz‹ über den ›Stakeholder-Value-Ansatz‹ zum ›System-Value-Ansatz‹.

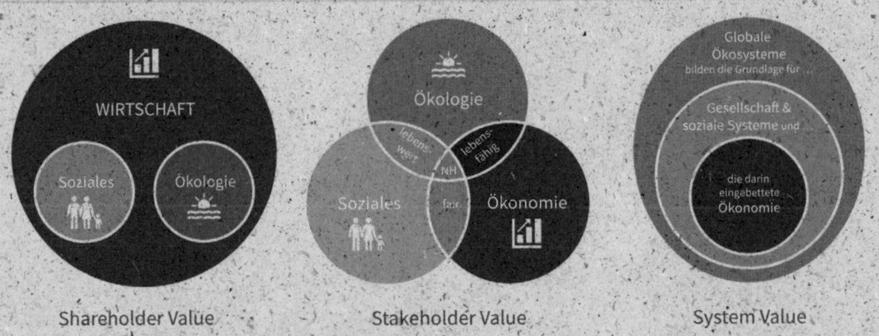

Abb. 5: Weg zur nachhaltigeren Wirtschaft

Abbildung 5 beschreibt den Entwicklungspfad von dem heutigen Status quo in vielen europäischen und industrialisierten Ländern zu einem systemischen Verständnis von nachhaltiger Entwicklung und nachhaltigem Wirtschaften. Sie kann aber auch dazu verwendet werden, eine Nachhaltigkeitspositionierung von Initiativen und Unternehmungen vorzunehmen. Letztendlich bedeutet die Positionierung auf dem skizzierten Entwicklungspfad, ob Unternehmungen grundsätzlich dazu beitragen, die Nachhaltigkeitsprobleme unserer Gesellschaften zu lösen oder zu vergrößern.

Standpunkt 6 | *Der Weg zum nachhaltigeren Wirtschaften führt vom Shareholder-Value-Ansatz über den Stakeholder-Value-Ansatz zum System-Value-Ansatz!*

Shareholder-Value-Ansatz

Bei dem Konzept ›Shareholder Value‹ ist der wirtschaftliche Erfolg das oberste Ziel von Unternehmungen. Natur, Umwelt und Menschen sind Ressourcen, die zum Wohle der Gewinnmaximierung eingesetzt werden. Der Shareholder Value, der Aktionärswert, bezeichnet den Marktwert des Eigenkapitals von Unternehmen. Er entspricht dem Unternehmenswert, gemessen am notierten Kurswert der Aktien des Unternehmens. Eine auf Mehrung des Shareholder Value angelegte Unternehmenspolitik zielt demnach auf die Steigerung des Aktienkurses ab. Dieser Ansatz kann nicht wirklich zwischen den Polen schwacher und starker Nachhaltigkeit einsortiert werden, weil Nachhaltigkeit keine, eine nur untergeordnete oder nur opportunistische Rolle spielt. Dieser Ansatz soll aber als Ausgangspunkt für Unternehmungen herangezogen werden, die Nachhaltigkeit noch nicht oder nur begrenzt in ihrer Geschäftstätigkeit verankert haben.

Stakeholder-Value-Ansatz

Bei dem ›Stakeholder-Value-Ansatz‹ sind Wirtschaft, Gesellschaft und Umwelt gleichberechtigte, weitgehend unabhängige Systeme. Zur Illustration des Ansatzes wird das Drei-Kreise-Modell genutzt (s. Abb. 5). Bei diesem Ansatz werden die Zielsetzungen aller wichtigen Anspruchsgruppen (Stakeholder) eines Unternehmens in die Geschäftspolitik integriert. Und hierzu zählen eben auch Anspruchsgruppen, die ökologische und soziale Interessen bei der Gestaltung der unternehmerischen Tätigkeit vertreten. Bestenfalls werden maßgebliche Zielgrößen für ökologische, soziale und ökonomische Aspekte definiert und systematisch nachverfolgt. Ein wesentlicher Schritt weg vom Shareholder-Ansatz besteht beispielsweise darin, dass die definierten Zielgrößen gleichrangig im Sinne einer dreidimensionalen Wertschöpfung neben ökonomischen Zielgrößen stehen. Dieser Ansatz bewegt sich etwa in der Mitte zwischen den beiden Polen schwacher und starker Nachhaltigkeit, weil es u. a. von Unternehmungen fordert, sich von dem einseitigen Ziel der Gewinnorientierung zu lösen. Aber es fordert noch nicht, die Grenzen einer Dimension – vor allem der ökologischen Dimension – zwingend anzuerkennen.

System-Value-Ansatz

Bei dem ›System-Value-Ansatz‹ hat die Wirtschaft eine dienende Funktion für die Gesellschaft. Das wirtschaftliche Handeln von Unternehmungen ist dann nachhaltig, wenn die Lösung gesellschaftlicher Nachhaltigkeitsprobleme ihr vordringlichstes Anliegen ist. Das bedeutet, dass ihre Produkte, Leistungen und Lösungen auf das Wohlergehen der Gesellschaft ausgerichtet sein und dabei ökologische Aspekte als strenge Nebenbedingung beachten müssen. Der Klimaschutz ist somit integraler Bestandteil des Kernangebotes. Social Entrepreneurship wird als Chance verstanden. Bei diesem Ansatz sind ökologische und soziale Zielgrößen in den Unternehmungen fest verankert und stehen gleichberechtigt neben den ökonomischen Zielen (u. a. Wirtschaftlichkeit, keine Gewinnmaximierung). Auch dieser Ansatz kann – ähnlich wie das Leitplankenmodell – in der Nähe des Pols der starken Nachhaltigkeit verankert werden.

Viele Missverständnisse und Kommunikationsstörungen basieren auf einem fehlenden, gemeinsamen Verständnis von Begriffen – und auf Hörfehlern. Wir nehmen uns nicht die Zeit, in einem Gespräch wirklich hinzuhören und versäumen es immer wieder, zentrale Begriffe zu klären. Deshalb ist es für Unternehmer, Führungskräfte und Entscheider so wichtig, eine gemeinsame Basis für den Umgang mit Nachhaltigkeitskonzepten zu schaffen. Die verschiedenen, hier skizzierten Ansätze sind u. a. grundlegend für die Typologie unternehmerischer Nachhaltigkeit (siehe Kapitel 6.1: Nachhaltigkeitspositionierung).

3.3 Beteiligte, Rollen und Aufgaben

Das Transformationsdesign einer nachhaltigen Entwicklung kann auf den unterschiedlichsten Ebenen und Bereichen stattfinden und gelebt werden. Jeder Einzelne kann seinen ganz persönlichen Beitrag leisten, indem er sich nachhaltig(er) verhält. Nachhaltigeres Verhalten erfordert in vielen Fällen eine Verhaltensänderung – beispielsweise weniger mit dem eigenen Auto fahren und dafür mehr öffentliche Verkehrsangebote oder mehr Strom aus regenerativen Energien nutzen. Und vieles mehr.

Standpunkt 7 | *Unser Zukunfts-Ich handelt rational und vernünftig, unser Gegenwarts-Ich bequem und unvernünftig. Weil wir nach Wohlbefinden im Hier und Jetzt streben!*

Aussagen über unser Handeln in der Zukunft treffen wir rational und vernünftig, auch wenn sie anstrengender sind. Die Entscheidung über unser Handeln im Hier und Jetzt ist dann oftmals bequem, weniger anstrengend und unvernünftig. (vgl. Micic, 2014) Zum Jahresanfang formulieren viele Menschen gute Vorsätze, von denen im Laufe des Jahres die meisten nicht umgesetzt werden. Im Kontext zum nachhaltigeren Wirtschaften bedeutet das, dass wir Menschen jeden Tag Entscheidungen über unser zukünftiges Verhalten treffen bzw. wie sich zukünftig andere Menschen zu verhalten haben. Warum ist das so wichtig? Weil nicht die Politik oder die Unternehmungen die Entscheidungen treffen. Es sind die Menschen, die in ihren jeweiligen Rollen für Unternehmungen, für politische Gremien oder für Institutionen Entscheidungen treffen. Wer aber haftet für Entscheidungen von Menschen, die nachweislich gegen Umweltgesetze verstoßen, die wissend schadhafte Produkte und schädliche Lebensmittel in Umlauf bringen, die Finanzmarktprodukte manipulieren, die Auflagen zum Schutz von Mitarbeitenden missachten?

Diesbezüglich bestehen im internationalen Vergleich sehr unterschiedliche Rechtsauffassungen. Vereinfacht dargestellt gibt es zwei gegensätzliche Pole. »Bei Verstößen werden entweder [1.] die Unternehmen zur Rechenschaft gezogen oder [2.] die verantwortlichen Entscheider in Regress genommen. Hierzu ein paradoxes Beispiel: In den USA muss der im Dieselskandal angeklagte ehemalige VW-Chef Martin Winterkorn mit sofortiger Inhaftierung rechnen, weshalb er Deutschland nicht mehr verlässt. Hierzulande ist er sicher: Es gibt nicht mal eine Anklageschrift. Das Unternehmen Volkswagen musste in Zusammenhang mit dem Dieselskandal bereits mehr als 30 Milliarden Euro an Strafen und Entschädigungen zahlen. Doch nach jahrelanger Berichterstattung über einen der größten Betrugsfälle der deutschen Wirtschaftsgeschichte bleibt folgendes Phänomen zu konstatieren: Eine Tat ohne Täter.« (Reuter, 2020) Ein kleiner Hoffnungsschimmer zeigt sich nun aber doch: Fünf Jahre nach den ersten Berichten über manipulierte Abgaswerte droht dem damaligen VW-Boss Martin Winterkorn nun doch die Anklagebank. Winterkorn muss sich vom 25. Februar 2021 an in Braunschweig wegen des Vorwurfs des Betrugs im Zusammenhang mit dem Dieselskandal bei VW vor Gericht verantworten. In einem zweiten Verfahren ist er dort zudem wegen mutmaßlicher Marktmanipulation angeklagt – der gleiche Vorwurf wie in Stuttgart. Die Staatsanwaltschaft Stuttgart hat ihr Verfahren jedoch vorläufig eingestellt. (vgl. BÖRSE Online, 2020) Es bleibt abzuwarten, ob es wirklich zu einer Verurteilung kommt. Wenn das in Kapitel 1 erwähnte Zitat von Herrn Oscar Kambly zutrifft, dann tragen die Wirtschaft, die Unternehmungen und letztendlich die Unternehmer, Führungskräfte und Entscheider in den Unternehmungen eine große Verantwortung für das Ökosystem und das Leben der Menschen.

Standpunkt 8 | *Menschen treffen andere, bessere Entscheidungen, wenn ihr Handeln für sie persönlich Konsequenzen hat!*

Auf dem Weg zu einer nachhaltigeren Wirtschaft können zahlreiche Beteiligte identifiziert werden. Mehr oder weniger sind wir alle beteiligt. Wir alle treffen Entscheidungen für uns persönlich und im Namen von Organisationen, Institutionen und Unternehmen. Wie konsequent der Weg zu einer nachhaltigeren Wirtschaft beschritten wird, hängt davon ab, ob die Beteiligten bereit sind – oder auch gezwungen werden können, – Verantwortung für die Auswirkungen ihrer Entscheidungen zu übernehmen.

Bei der Frage nach den Beteiligten, Rollen und Aufgaben geht es also im Kern um Verbindlichkeiten und Verantwortung.

Als Beteiligte in dem Transformationsprozess können im Wesentlichen vier Gruppen identifiziert werden: Einrichtungen, Institutionen und Organisationen jeweils in den Bereichen Gesellschaft, Wirtschaft, Wissenschaft und Politik. Die einzelnen Bereiche verkörpern spezifische Rollen bei der Gestaltung einer nachhaltigeren Wirtschaft. Den Politikern kommt u. a. die Rolle eines Rahmengebers zu. Durch Gesetze & Regeln wird das Zusammenleben innerhalb einer Gesellschaft organisiert und der Handlungsspielraum für Menschen und Unternehmen abgesteckt. Den Mitgliedern der Gesellschaft kommt die Rolle des Gestalters von gesellschaftlichem Leben zu. Sie sind gefordert, ihr Verhalten an den Erfordernissen einer nachhaltigeren Wirtschaft anzupassen und Feedback zu geben, ob sie mit den sozialen Systemen einverstanden sind. Die Forscher und Wissenschaftler sind in der Rolle des Entwicklers damit beschäftigt, nach Lösungen für ein nachhaltigeres Wirtschaften zu suchen und diese in Einklang mit dem menschlichen Wohlergehen zu bringen. Den Unternehmern, Führungskräften und Mitarbeitenden in dem Bereich Wirtschaft kommt die Rolle eines Garanten zu. Sie sollen eine nachhaltigere Wirtschaft garantieren, die auch zukünftig Beschäftigung, Einkommen und Wohlstand ermöglicht und aufrechterhält, ohne die Grenzen des Wachstums zu überschreiten. Das Zusammenspiel und die Interaktionen der einzelnen Bereiche sind in der nachfolgenden Übersicht skizziert.

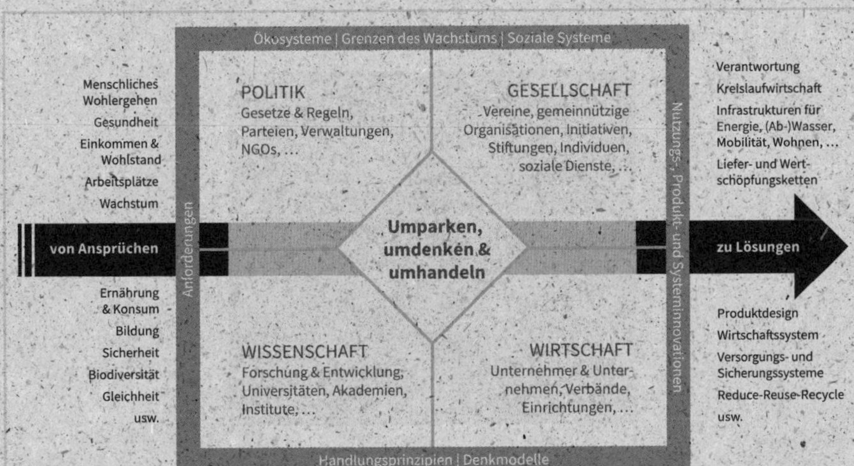

Abb. 6: Beteiligte im Transformationsprozess

Ein nachhaltigeres Wirtschaften erfordert ein Umdenken in allen Bereichen: Die Anforderungen der Menschen müssen mit den Grenzen des Wachstums in Einklang gebracht werden. Sie müssen durch die Anwendung von Handlungsprinzipien und

Denkmodellen in Nutzungs-, Produkt- und Systeminnovationen münden, die die Ökosysteme und die sozialen Systeme resilienter machen.

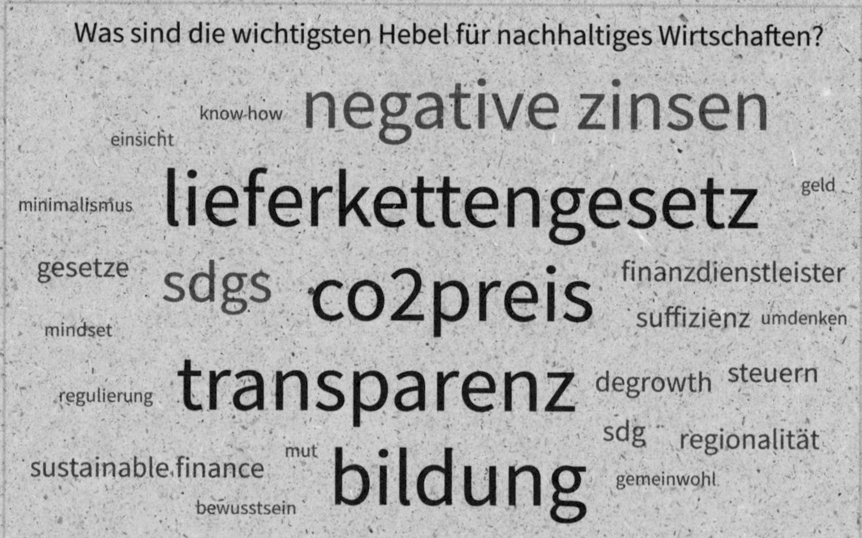

Abb. 7: Hebel für nachhaltiges Wirtschaften

In einer Onlinekonferenz des Rates für nachhaltige Entwicklung am 15.06.2020 wurde die Zuhörerschaft gefragt, »was [aus Sicht der Teilnehmer] die wichtigsten Hebel für nachhaltiges Wirtschaften sind« (Rat für nachhaltige Entwicklung, 2020). Je häufiger ein Wort genannt wurde, desto größer wurde es in einer Wortwolke angezeigt. Das Ergebnis ist eine Momentaufnahme von 337 Teilnehmenden. Mit den Worten ›Lieferkettengesetz‹, ›CO_2-Preis‹ und ›Transparenz‹ wurden drei Aufgaben benannt, die primär dem Bereich Politik zugeschrieben werden können, aber von der Wirtschaft umgesetzt werden müssen. Diese Umfrage macht deutlich, dass die einzelnen Beteiligten nicht isoliert agieren können, sondern immer nur im Kontext zu dem Verhalten Dritter. Nutzen die Politiker diese benannten Hebel, dann nicht ohne spürbare Wirkungen für die Wirtschaft und Gesellschaft. Nicht alle, aber doch viele Aspekte einer nachhaltigeren Wirtschaft verweben sich mit wirtschaftlichen Elementen. Der Staat finanziert seine Leistungen und Transferzahlungen aus Steuereinnahmen, die Menschen und Unternehmungen erwirtschaftet haben. Deshalb kommt dem Bereich Wirtschaft, kommt den Unternehmern und Entscheidern in Unternehmungen eine besondere Bedeutung zu. Sie haben die Wahl, sich auf die Umsetzung von rahmengebenden Maßnahmen vorzubereiten, sie freiwillig – und darüber hinaus – umzusetzen oder Anstrengungen zu unternehmen, sie zu verhindern. Ihre Entscheidungen sind Ausdruck ihres Beitrags für ein nachhaltigeres Wirtschaften.

Das Forum für Universität und Gesellschaft der Universität Bern hat den einzelnen Bereichen bestimmte Aufgaben – gemeinsame, übergreifende und spezifische – zugewiesen, die im Folgenden kurz skizziert werden. »Alle Bereiche werden demnach aufgefordert, die Begriffe Wachstum und Wohlstand neu zu definieren, die Abhängigkeit vom Wirtschaftswachstum zu reduzieren, ohne jedoch die Grundbedürfnisse einzuschränken sowie Nachhaltigkeit als Haltung in allen relevanten Lebens- und Arbeitsbereichen zu verankern. Und es sollen gemeinsame Ziele für Sicherheit und Frieden definiert und umgesetzt werden, damit menschliches Wohlergehen für alle möglich ist.« (Beyeler & Leutwyler, 2016)

Aufgaben der Politik

Die Politiker sollen die grundlegenden Entwicklungsziele definieren und dabei langfristig denken. Eine nachhaltige Entwicklung wird weniger erfolgreich sein, wenn einzelstaatliche Lösungen oder Regulierungen zu einem Flickenteppich mit verzerrenden Rahmenbedingungen für die Mitglieder der Gesellschaft oder für die Unternehmungen führen. Es braucht also globale Ansätze und Vereinbarungen sowie eine differenzierte nationale und internationale Umsetzung. Den Politikern kommt auch die Aufgabe zu, Transparenz und insbesondere eine ökologische Kostenwahrheit herzustellen. Das bedeutet, einen Dialog über die Internalisierung von Kosten zu führen, die heute oftmals von den Gesellschaften getragen werden. Ein Denken in Parteigrenzen sollte dabei zwingend überwunden werden.

Aufgaben der Gesellschaft

Die Mitglieder der Gesellschaft sind gefordert, ihre Werte und Ansprüche zu überprüfen und in Einklang mit einer nachhaltigen Entwicklung zu bringen. Damit einher geht auch eine Diskussion über den Grad der Individualität, den sich eine Gesellschaft leisten will und kann. Die Interessen der Individuen sollen demnach vor den Interessen der Allgemeinheit zurücktreten. Auch Themen wie die intra- und intergenerationelle Gerechtigkeit, die Bereitschaft zur Veränderung und die Bereitschaft, Verantwortung zu übernehmen sowie die Einschränkung des Bevölkerungswachstums werden Teil dieser Diskussion sein müssen, damit die Mitglieder der Gesellschaft ihren Beitrag für eine nachhaltige Entwicklung leisten können.

Aufgaben der Wissenschaft & Forschung

Den Wissenschaftlern und Forschern kommt die Aufgabe zu, Verflechtungen und gegenseitige Abhängigkeiten transparenter zu machen. Sie sollen nach Lösungen und Auswegen aus dem Dilemma von Wirtschaftswachstum und nachhaltiger Wirtschaft suchen und in der Breite interdisziplinär forschen. Dabei ist es wichtig, die Erkenntnisse nach außen zu kommunizieren und die Bildung und Ausbildung zu fördern.

Aufgaben der Wirtschaft

Die Unternehmer und Entscheider in den Unternehmungen sind aufgefordert, das Wirtschaftswachstum von dem Ressourcenverbrauch zu entkoppeln. Nur Investitionen in zukunftsweisende Technologien und Prozesse, das Denken in Kreisläufen, das Design von Produkten, Leistungen und Lieferketten sowie die Internalisierung externer Kosten führen am Ende zu einem nachhaltigeren Wirtschaften. Dabei gilt es nicht nur den Ressourcenverbrauch im Blick zu behalten, sondern auch soziale Aspekte wie Arbeitsbedingungen und Gleichberechtigung adäquat zu berücksichtigen.

Standpunkt 9 | *Die Treiber für ein nachhaltigeres Wirtschaften sind Unternehmerpersönlichkeiten. Sie machen den Unterschied!*

Die Geschwindigkeiten, mit denen diese Aufgaben abgearbeitet werden und organisierte Diskussions- und Transformationsprozesse stattfinden oder noch stattfinden werden, sind sehr unterschiedlich. Menschen verändern ihr Verhalten bekanntermaßen sehr langsam und definierte Ziele für das Jahr 2030 sind gefühlt noch weit weg. Damit Unternehmungen ihre Aufgaben erfüllen können, müssen sie aber jetzt Gewinne erzielen. Sie müssen Gewinne erwirtschaften, um ihre Existenz sichern, Innovationen finanzieren, Transformationspfade beschreiten und die Folgen der Covid-19-Pandemie kompensieren zu können. Andernfalls verschwinden sie vom Markt. In diesem Spannungsfeld bewegen sich viele Unternehmen und Organisationen.

! **Merkenswert**

Trotz aller Unwägbarkeiten sind es gerade Unternehmerpersönlichkeiten, die einen Unterschied machen. Sie sind willens und in der Position, die für ein nachhaltigeres Wirtschaften richtigen Entscheidungen zu treffen. Sie sind davon überzeugt, dass eine nachhaltigere Wirtschaft ein Umdenken und die Bereitschaft zur Verantwortungsübernahme erfordert. Sie wollen nicht warten, bis Politiker oder Märkte sie auffordern zu handeln, sondern sie tun es – aus Überzeugung und mit Haltung.

Sie führen ihr Unternehmungen und Menschen auf eine Art und Weise, die Identität schafft, mit einer klaren Vision und einer verbindlichen, auf Nachhaltigkeit ausgerichteten Unternehmensstrategie. Sie sind in der Lage, Menschen und Teams zu ›empowern‹, Kultur zu gestalten, vorzuleben und den Mitarbeitenden zum Erfolg zu verhelfen. Sie organisieren das Management und inspirieren dabei andere. Sie alle kennen solche Persönlichkeiten wie beispielsweise:

Helmut Lind	Vorstandsvorsitzender der Sparda-Bank München eG, einem bilanzierenden Unternehmen der Gemeinwohlökonomie
Yvon Chouinard	Gründer von Patagonia, einem Unternehmen, das einen weltweiten Reparaturservice für seine Outdoor-Jacken anbietet
Antje von Dewitz	Tochter des Gründers und Geschäftsführerin von VAUDE, einem bilanzierenden Unternehmen der Gemeinwohlökonomie

Günter Faltin	Gründer der Projektwerkstatt, Gesellschaft für kreative Ökonomie mbH mit der Idee ›Teekampagne‹
Christian Felber	Initiator des Projekts Bank für Gemeinwohl und der Gemeinwohlökonomie
Wolfgang Grupp	Inhaber und Geschäftsführer von TRIGEMA, das T-Shirts nach dem Prinzip der Kreislaufwirtschaft (Cradle to Cradle) herstellt
Thomas Jorberg	Vorstandssprecher der GLS Bank eG, einem Pionier für ökologisches und soziales Engagement in der Finanzwelt
Prof. Dr. Claudia Kammann	Leiterin des Instituts für angewandte Ökologie (nachhaltiger Weinanbau, Agro-Photovoltaik, Pflanzenkohle – CO2-Senkung), Hochschule Geisenheim
Marion Kropf	Geschäftsführerin von GLOBAL ICE TEC, u. a. Solarkühlschränke für Afrika
Manuela Pastore	Leiterin der Initiative ›Making More Health‹, Boehringer Ingelheim Corporate Center GmbH
Michael Rauterkus	Vorstandsvorsitzender der GROHE AG, Gewinner des CSR-Preises der Bundesregierung 2017
Ernst Schütz	Gründer und langjähriger Inhaber der Waschbär GmbH, einem Purpose-Unternehmen, das sich quasi selbst gehört
Renée Nicole Wagner	Verantwortlich für Sustainable Development und CSR-Managerin der Accor-Hotelgruppe
Joseph Wilhelm	Geschäftsführer von RAPUNZEL NATURKOST GmbH, bekannt für das ›HAND IN HAND-Fairhandels-Programm‹
Anna und Ran Yona	Geschäftsführer von Wildling Shoes GmbH, setzen auf faire und langfristige Beziehungen zu Mitarbeitenden, Lieferanten, Produzenten und ihrer Community

Warum nachhaltiger wirtschaften?

Um …

- langfristig die Existenz von Unternehmungen zu sichern!
- die Resilienz bzw. die Widerstandsfähigkeit zu stärken!
- die Chancen- und Innovationspotenziale zu steigern!
- frühzeitig Risiken zu erkennen und vorzusorgen!
- die Transformation und den Wandel finanzieren zu können!
- einen Beitrag für die Gesellschaft und die Umwelt zu leisten!

4 Vom Wachstum zum nachhaltigeren Wirtschaften

Diese Kapitelüberschrift ist Statement und Programm zugleich. In diesem Kapitel soll eine Brücke vom Anlass für eine nachhaltigere Wirtschaft hinüber zu den Zukünften einer nachhaltigeren Wirtschaft geschlagen werden. Dabei geht es primär um die Frage, warum es so wichtig und – meine Überzeugung – alternativlos ist, Nachhaltigkeit in das Zentrum unseres Denkens und Handelns zu stellen. Eine nachhaltigere Wirtschaft ist mit Veränderungen verbunden, von denen wir das Ausmaß heute noch nicht wirklich greifen können. Folglich geht es auch um die Frage, was es für uns Menschen und insbesondere für Unternehmungen bedeutet, nachhaltiger zu wirtschaften. Schon heute wissen wir recht genau, was es bedeutet, wenn wir weiter dem Pfad eines ungebremsten Wirtschaftswachstums folgen. Es gibt deshalb nachvollziehbare Gründe, warum wir, die Gesellschaft und die Wirtschaft diesen Pfad verlassen sollten. Einen vormals eingeschlagenen Weg zu wechseln ist herausfordernd und erfordert vorstellbare Zukunftsbilder. Aus diesem Grund werden in den Kapiteln 4.1, 4.2 und 4.3 drei Diskursstränge über die Zukünfte der Nachhaltigkeit mit den Imaginationen ihrer verschiedenen Diskurspositionen vorgestellt. Sie werden u. a. durch Begriffe wie ›Green Economy‹, ›Postwachstumsökonomie‹ bzw. ›Degrowth‹, ›Gemeinwohlökonomie‹ oder ›Nachhaltigkeit als Dystopie‹ manifestiert und sind unterschiedlich wirksam und anschlussfähig.

Die Menschen werden gefordert sein zu handeln. Jeder Einzelne, ausnahmslos. Menschen werden als Privatpersonen gefordert sein, mit einem nachhaltigeren Verbraucherverhalten einen Unterschied zu machen. Darüber hinaus sind viele Privatpersonen in weiteren Rollen tätig. Sie treffen als Unternehmer, Führungskräfte, Budgetverantwortliche oder als Experten von Unternehmen jeden Tag Entscheidungen, die das Wohlergehen des Ökosystems und der Menschen beeinflussen. Andere gestalten als Politiker unseren Handlungsrahmen und das Miteinander in unseren Gesellschaften. Wieder andere suchen als Wissenschaftler nach Lösungen für die Probleme unserer Gesellschaft. Und wieder andere engagieren sich in gesellschaftlichen Initiativen.

Merkenswert !

Folglich sind es nicht die anderen, die etwas tun müssen. Es geht um ein Programm, das uns Menschen von dem alles beherrschenden ›Wirtschaftswachstum‹ zu einem nachhaltigeren Wirtschaften führt, in dem jeder Einzelne eine Hauptrolle spielt.

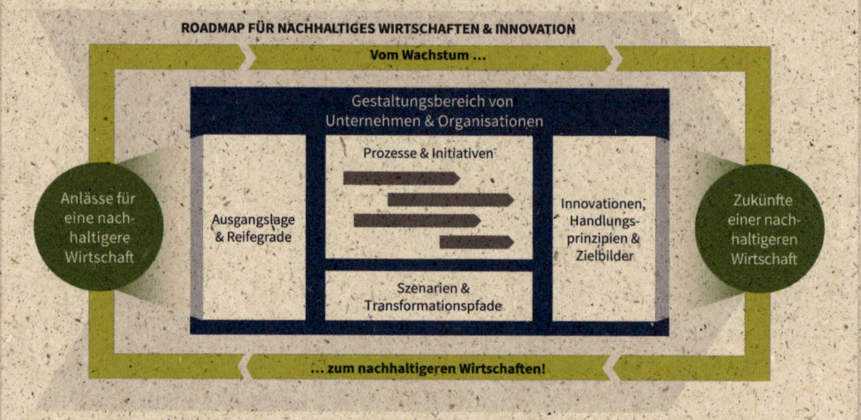

Abb. 8: Roadmap | Vom Wachstum zur nachhaltigeren Wirtschaft

Nachhaltigkeit ist keine Erfindung der Gegenwart, sondern eine seit vielen Jahrhunderten gelebte Praxis. Ein Beleg dafür ist die Arbeit der Baumeister der Oxford University: »Als sie zum Ende des 14. Jahrhunderts aus Eichenstämmen den Speisesaal der Universität errichteten, pflanzten sie zugleich neue Eichen, deren Holz Zimmerleuten im 19. Jahrhundert dazu dienen sollte, über die Jahrhunderte morsch gewordene Balken zu ersetzen. Die damaligen Baumeister dachten in Kategorien des Zukünftigen, die von heute in Kategorien der reinen Gegenwart.« (Schulz, 2013) Dieses Beispiel zeigt eindrucksvoll, dass Nachhaltigkeit als Unternehmensstrategie gleichbedeutend mit Zukunftssicherung ist. Hinter den Anlässen für ein nachhaltigeres Wirtschaften, einem Verständnis von ungebremstem Wirtschaftswachstum und den Zukünften einer nachhaltigeren Wirtschaft verbirgt sich die Motivation für unternehmerisches und sinnstiftendes Handeln. Der Strategieprozess zur Entwicklung einer auf Nachhaltigkeit ausgerichteten strategischen Ausrichtung beginnt demzufolge mit der Frage nach dem Warum und Wofür (siehe Kapitel 8.1: Strategiemanagement).

4.1 Anlässe für ein nachhaltigeres Wirtschaften

Diese Art zu denken und zu handeln, nach dem Warum und Wofür zu fragen, ist den Menschen immer mehr abhandengekommen. Vielleicht ist sie auch nur verschüttet und im Kern immer noch vorhanden. In jedem Fall haben die Menschen aus den Augen verloren, welche unmittelbaren Folgen ihr Handeln hat. Ganz nach dem Motto: aus den Augen, aus dem Sinn. Also müssen wir uns die Wirkung unseres Handelns wieder vor Augen führen. Unser Handeln wird bestimmt von Werten, Überzeugungen und verinnerlichten Praktiken, die selbst einem permanenten Wandel unterliegen. Beispielsweise ist Genügsamkeit über die Jahre Unersättlichkeit und Gier gewichen.

Wieviel Dinge braucht der Mensch? !

In den vergangenen 50 Jahren ist der Bestand an Gegenständen in deutschen Haushalten stark angestiegen. »Noch vor 100 Jahren kam ein durchschnittlicher Haushalt in Deutschland mit rund 180 Gegenständen aus. Heute sind es laut statistischem Bundesamt ca. 10.000 Gegenstände. Was diese Zahlen im Einzelfall bedeuten, hat die Greifswalder Architektin Henrike Gänß in einem Selbstversuch ermittelt, in dem sie gezählt hat, was sie alles besaß. Dabei kam sie auf 2.506 Gegenstände. Weit unter dem deutschen Durchschnitt. Trotzdem ergaben ihre Dinge nebeneinander gelegt eine Strecke von 903 Metern, füllten eine Fläche von 273 Quadratmetern und wogen rund 3,5 Tonnen. Darüber hinaus stehen die Dinge alles in allem für ein CO_2-Äquivalent von rund 30.000 Tonnen. Von den 2.506 Gegenständen waren ihr nur 577 wirklich wichtig. Ein enormer Ressourcenverbrauch für ziemlich wenig Ertrag.« (Kern, 2014)

In der heutigen Zeit geht es nicht mehr nur um die Nutzung eines Gegenstandes. Der Einkauf selbst soll zum Erlebnis werden und sein Besitz ist weitaus mehr als nur die jederzeitige Verfügbarkeit. Die Ansprüche haben sich ebenfalls deutlich verändert, um für alle Eventualitäten gerüstet zu sein und um unserer Individualität Rechnung zu tragen. Den Menschen wird suggeriert, dass sie Dinge kaufen müssen, die sie eigentlich nicht brauchen, damit sie andere beeindrucken können. All diese Gegenstände müssen zwischengelagert und in Szene gesetzt werden. Sie verbrauchen immer mehr Platz und geraten nicht selten in Vergessenheit. Aber warum ist das so? Weil die Menschen es sich leisten können. Und wenn sie sich es nicht leisten können, dann mit Geld, das ihnen nicht gehört.

Standpunkt 10 | *Die Wirkkräfte des ›Homo oeconomicus‹ waren nie so hoch wie heute. Die Anlässe für ein nachhaltigeres Wirtschaften sind gleichzeitig der Bumerang seines Erfolges!*

Oder: Wie sind wir früher nur mit einem Spindelrasenmäher zurechtgekommen? Heute besitzt jeder in der Nachbarschaft einen eigenen Benzin- oder einen Elektrorasenmäher, der vielleicht 20 bis 50 Stunden im Jahr genutzt wird. Warum hat oder braucht jeder einen eigenen Rasenmäher? Warum nicht teilen oder gemeinsam nutzen? Was hält uns davon ab? Viele Probleme ließen sich lösen, wenn die Menschen ihr eigenes irrationales Handeln ändern würden. Von anderen genau das zu verlangen ist viel leichter, als es selbst zu tun. Die Wirkkräfte des Menschen waren deshalb auch noch nie so groß wie heute. Über viele Jahrtausende haben die Menschen im Einklang mit der Natur gelebt oder waren ihr teilweise ausgeliefert. Doch die Machtverhältnisse auf unserem Planeten haben sich in den letzten 200 Jahren verändert. Wir Menschen – aktuell leben über sieben Milliarden Menschen auf der Erde, Tendenz steigend – versuchen weiterhin, die Oberhand über die Erde zu gewinnen. Mit mehr oder weniger absehbaren Folgen für das Klima, für das Miteinander in unseren Gesellschaften und Kulturen, für die Öko- und Sozialsysteme, für die Regenerationsfähigkeit von Ressourcen und natürlich für uns Menschen.

Standpunkt 11 | Wachstum, Wirtschaftswachstum bedeutet Klimawandel. Wirtschaftswachstum bedeutet soziale Verwerfungen und Verknappung natürlicher Ressourcen!

Noch mehr Wirtschaftswachstum – aus welchen Gründen auch immer – führt zu einem noch schnelleren Klimawandel, zu weiteren sozialen Verwerfungen und zu einer weiteren Verknappung natürlicher Ressourcen. Was aber noch viel mehr wiegt als festzustellen, welche Auswirkungen das Festhalten am Wirtschaftswachstum hat, ist die Tatsache, dass [1.] das verbleibende Zeitfenster immer kürzer wird, in dem etwas getan werden kann und dass [2.] die erforderlichen Maßnahmen zur Abmilderung der Folgen des Klimawandels, zur Reduzierung der sozialen Verwerfungen und des Verbrauchs natürlicher Ressourcen immer gewaltiger ausfallen müssen, um etwas zu bewirken. Die folgenden Beispiele sollen helfen, besser zu verstehen, worum es hier wirklich geht.

[1.] Faktor Zeit

2015 haben alle Staaten – weltweit – mit dem Klimaabkommen von Paris das Ziel gefasst, die Erderwärmung im globalen Mittel auf deutlich unter 2°C (möglichst 1,5°C) im Vergleich zum vorindustriellen Niveau zu begrenzen. Ein sicher ambitioniertes Ziel. Nach dem Sonderbericht des Weltklimarats (IPCC) vom Oktober 2018 »können, gerechnet ab Ende 2017, noch knapp 420 Gigatonnen (Gt) CO_2 in die Atmosphäre abgegeben werden, um das 1,5-Grad-Ziel nicht zu verfehlen. Da die Welt jedoch jedes Jahr circa 42 Gt an CO_2 ausstößt – rechnerisch entspricht dies 1.332 Tonnen pro Sekunde – dürfte dieses Budget in gut neun Jahren aufgebraucht sein. Das Budget von circa 1.170 Gt für das Zwei-Grad-Ziel wird in etwa 26 Jahren erschöpft sein.« (IPCC, 2018) Die CO_2-Uhr des MCC (Mercator Research Institute on Global Commons and Climate Change) veranschaulicht, wieviel CO_2 noch in die Atmosphäre abgegeben werden darf, um die globale Erwärmung auf maximal 1,5°C beziehungsweise 2°C zu begrenzen. (MCC, 2020) Es verbleibt immer weniger Zeit, dieses Ziel noch zu erreichen.

[2.] Faktor Maßnahmen

Der amerikanische Umweltaktivist Bill McKibben hat bereits 2012 in einer kleinen Mathematikstunde zur Erderwärmung vorgerechnet, »dass die bereits nachgewiesenen Kohle-, Öl- und Gasreserven der Unternehmungen und Länder (u. a. Venezuela oder Kuwait) das Budget von circa 1.170 GT für das Zwei-Grad-Ziel bei Weitem übersteigen. Die Zahl, die McKibben ermittelt hat, lautet 2.795 GT.« (Uken, 2012) Und diese Zahl dürfte aus heutiger Sicht noch höher sein. Diese Zahl beschreibt aber auch unser Dilemma. Denn die Zahl 2.975 GT ist bei Weitem größer als die Zahl 1.170 GT, sie ist ca. zweieinhalbmal so groß. Und das bedeutet, dass die Unternehmungen und die Länder darauf verzichten müssten, dieses vorhandene Vorkommen zu fördern. Sie müssten auf Umsatz, auf Gewinne und auf Rendite verzichten. Dieser offensichtliche Interessenkonflikt spielt auch bei den denkbaren Transformationspfaden eine Rolle (siehe Kapitel 7.2: Transformationspfade & Pfadabhängigkeiten).

Diese Beispiele sind gut geeignet, um die eigene Vorstellungskraft zu trainieren: Wie werden sich nach Ihrer Überzeugung ExxonMobil, BP, Shell, Saudi -Arabien und die USA bei diesem Szenario verhalten? Unter welchen Bedingungen werden sie wie handeln? Und auch hier werden die erforderlichen Entscheidungen von Menschen getroffen. Die Tragweite dieser Entscheidungen ist in Bezug auf den Klimawandel enorm und nicht mit den vielen Entscheidungen zu vergleichen, die wir Individuen jeden Tag treffen. Aber auch diese vielen kleinen Entscheidungen haben große Auswirkungen, wenn viele Menschen kollektiv falsche, weil schädliche, Entscheidungen treffen. Und umgekehrt gilt: Wenn viele Menschen kollektiv richtige Entscheidungen treffen, können sie erheblich zum menschlichen Wohlergehen und zur Regeneration unserer Ökosysteme beitragen. Historisch betrachtet kann die Entwicklung der vergangenen 250 Jahre vereinfacht in einer einzigen Grafik dargestellt werden:

Abb. 9: Entwicklungsgeschichte von 1750 bis 2020

Ein Beispiel für diesen Kurvenverlauf und zugleich ein maßgeblicher Einflussfaktor für den Verlauf vieler anderer Kurven ist das Bevölkerungswachstum. »Lebten im Jahr 1803 eine Milliarde Menschen auf der Erde, waren es 1928 – nach 125 Jahren – bereits zwei weitere Milliarden Menschen. Anfang des neuen Jahrtausends – nach nur weiteren 76 Jahren – kamen drei Milliarden Menschen hinzu.« (Ibisch P. L., 2018) »Heute (2020) leben 7,754 Milliarden Menschen auf der Erde. Die Vereinten Nationen erwarten, dass die Weltbevölkerung bis zum Jahr 2100 auf 10,87 Milliarden Menschen ansteigen wird.« (Statista Research Department, 2020b)

Eine kleine Nebenrechnung !

»Wenn die Welt im Jahre 2019 ein Dorf mit 100 Dorfbewohnerinnen und Dorfbewohner gewesen wäre, dann würden im Jahre 2050 bereits 128 Menschen in diesem Dorf leben. Jährlich würde ein Mensch hinzukommen.« (Deutsche Stiftung Weltbevölkerung, 2019)

Der oben skizzierte Kurvenverlauf trifft auf Deutschland im Besonderen zu und wird getragen von einem rasanten Wirtschaftswachstum. Die 1950er Jahre gehen in die Geschichte der Bundesrepublik als das Jahrzehnt des Wirtschaftswunders ein. Die Kriegsjahre sind scheinbar vergessen. Die Weichen hat Ludwig Erhard gestellt, Vordenker der Währungsreform und erster Wirtschaftsminister der Bundesrepublik Deutschland. Die als soziale Marktwirtschaft etablierte Wirtschaftsordnung sollte Wohlstand für alle bringen. Jeder, der etwas leistet, soll sich auch etwas leisten können. Damit wurde aber auch das Prinzip des Wirtschaftswachstums manifestiert. Bis heute folgen Politiker, Wissenschaftler, Mitglieder der Gesellschaft und Unternehmer, Führungskräfte und Entscheider diesem Prinzip. Sie haben es immer weiter perfektioniert. Zur Messung des Wirtschaftswachstums wird das Bruttoinlandsprodukt (BIP) genutzt. Das BIP gibt uns Auskunft über den Gesamtwert aller Güter, d. h. aller Waren und Dienstleistungen (nach Abzug aller Vorleistungen), die während eines Jahres innerhalb der Landesgrenzen einer Volkswirtschaft als Endprodukte hergestellt wurden. »Im Jahr 2019 stieg das deutsche BIP preisbereinigt um 0,6 Prozent gegenüber dem Vorjahr. Somit wuchs die deutsche Wirtschaft zwar das zehnte Jahr in Folge, gegenüber dem Vorjahr jedoch deutlich abgeschwächt. Zurückgegangen war das BIP zuletzt im Jahr 2009, als Deutschland – wie die meisten anderen Länder auch – von den Auswirkungen der globalen Finanz- und Wirtschaftskrise betroffen war.« (Statista Research Department, 2020a) Auch im Jahr 2020 wird das BIP voraussichtlich bedingt durch die Covid-19-Pandemie wieder deutlich geringer ausfallen.

Das Wirtschaftswachstum hat den Menschen in vielen Ländern Wohlstand gebracht. Wirtschaftswachstum bedeutet aber auch Klimawandel. Es bedeutet soziale Verwerfungen und Verknappung natürlicher Ressourcen. Die unmittelbaren Auswirkungen von Wirtschaftswachstum manifestieren sich u. a. in …

- einem für alle Menschen immer spürbarer werdenden Klimawandel und seinen Folgen (zunehmende Naturkatastrophen, Dürren, Überschwemmungen etc.),
- zunehmenden Belastungen der Umwelt, der Gewässer, der Böden und der Luft durch Abfall- und Schadstoffe,
- einer fortschreitenden Erosion von Böden bis hin zur Wüstenbildung,
- einer zunehmenden Vernichtung von Waldgebieten zugunsten von Viehzucht und Ackerbau, zur Sättigung des Brennholzbedarfs, zur industriellen Nutzung, zur Umsetzung großer Infrastrukturprojekte oder zum rücksichtslosen Abbau von Rohstoffen,
- einer zunehmenden Knappheit von Rohstoffen und den damit verbundenen Ressourcenkonflikten,
- einer schrumpfenden Biodiversität, die den enormen biologischen Reichtum und die Artenvielfalt unserer Erde bedroht,
- einer für viele Regionen handfesten Knappheit von Trinkwasser und allen damit verbundenen Folgewirkungen für Mensch und Tier,

- einem steigenden Nahrungsmittelbedarf, um die wachsende Bevölkerung ernähren zu können,
- einem steigenden und schier unersättlichen globalen Energiebedarf,
- einer wachsenden Polarisierung des Wohlstands mit einem Wohlstandsgefälle innerhalb vieler Länder und zwischen den Ländern.

Diese Auflistung ist und kann niemals vollständig sein. Sie soll aufzeigen, dass Wirtschaftswachstum nicht nur zu Wohlstand führt. Im Grunde ist der Umgang mit unserem Planeten Erde einfache Mathematik, eine Gleichung, die aufgeht, wenn ein Prozess auf der einen Seite weniger Ressourcen verbraucht, als im gleichen Zeitraum erneuert werden. Wie weit die Menschen sich von diesem Ideal bereits entfernt haben, zeigt eindrücklich der sogenannte »Weltüberlastungstag« oder »Earth Overshoot Day«.

Die Menschheit lebt auf Pump

»Seit den 1970er Jahren wird von der Naturschutzorganisation Global Footprint Network jährlich der Tag berechnet, an dem statistisch gesehen die vorhandenen Ressourcen des Jahres erschöpft sind. Während 1961 am Ende des Jahres noch Ressourcen übrig waren, lebte die Menschheit bereits 1971 ab dem 21. Dezember auf Pump. Seither rückt dieser statistische Tag Jahr für Jahr kontinuierlich vor. Während es 2018 noch der 1. August war, waren die natürlichen Ressourcen 2019 bereits am 29. Juli aufgebraucht. Eine Ausnahme von dieser Regel scheint das Jahr 2020 zu sein. Für dieses Jahr wurde der 22. August berechnet« (Global Footprint Network, 2020a) und ist mit großer Wahrscheinlichkeit auf die Auswirkungen der Covid-19-Pandemie zurückzuführen.

Alles, was wir aktuell verbrauchen, kann im laufenden Jahr nicht mehr erneuert werden. Auf der anderen Seite sollte nicht verschwiegen werden, dass sich das menschliche Wohlergehen insbesondere in den industrialisierten Ländern kontinuierlich verbessert hat.

Maßgebliche Bestandteile des menschlichen Wohlbefindens sind die Lebensbedingungen von Menschen und ihre Chancen auf Nutzung ihres Potenzials. Chancen, die unter den Menschen gerecht verteilt sein sollten. »Wesentliche Aspekte für objektives Wohlbefinden sind Gesundheit, Bildung, materieller Lebensstandard, soziale Beziehungen, Umwelt, Sicherheit, politische und gesellschaftliche Teilhabe, Wohnbedingungen und Freizeit. Subjektives Wohlbefinden ist vor allem mit den Lebenserfahrungen von Menschen verknüpft.« (World Health Organization | WHO, 2012) Als Indikatoren für die Verbesserung des menschlichen Wohlergehens kann angeführt werden, dass die Säuglingssterblichkeit in vielen Ländern signifikant gesunken und gleichzeitig die Lebenserwartung der Menschen gestiegen ist. Auch hat der Grad der politischen Mitbestimmung in vielen Ländern zugenommen und es werden immer weniger Opfer von Gewaltverbrechen verzeichnet. Um unseren Lebenserwerb zu sichern, müssen wir immer weniger Stunden arbeiten und die Überlebensrate bei Brustkrebserkrankungen hat deutlich zugenommen.

Doch all diese positiven Entwicklungen täuschen nicht darüber hinweg, dass es bislang keinem einzigen Land gelungen ist, »... das menschliche Wohlergehen (dargestellt als Human Development Index der UN) und den ökologischen Fußabdruck pro Person (dargestellt als Ecological Footprint per Person | gha) so in Einklang zu bringen, wie es ein nachhaltiges Wirtschaften in dem obigen Verständnis erfordern würde« (Wackernagel, Hanscom, & Lin, 2017). Viele Länder haben es demnach zwar geschafft, das menschliche Wohlergehen auf ein Level zu heben, das einem sehr hohen Reifegrad entspricht – darunter Länder wie Schweden, Frankreich und natürlich Deutschland. Offensichtlich hat es aber keines dieser Länder auch nur ansatzweise geschafft, dabei nachhaltig mit den Ressourcen dieser Erde umzugehen. Wird in diesen Überlegungen noch berücksichtigt, dass »Länder wie die USA aktuell fünf Erden, Deutschland drei Erden und Frankreich 2,7 Erden verbrauchen und Länder wie Indien gerade nur 0,7 Erden« (Fernau, 2017), dann drängt sich förmlich der Eindruck auf, dass das menschliche Wohlergehen der reicheren Länder zu Lasten der weniger entwickelten Länder erkauft wurde.

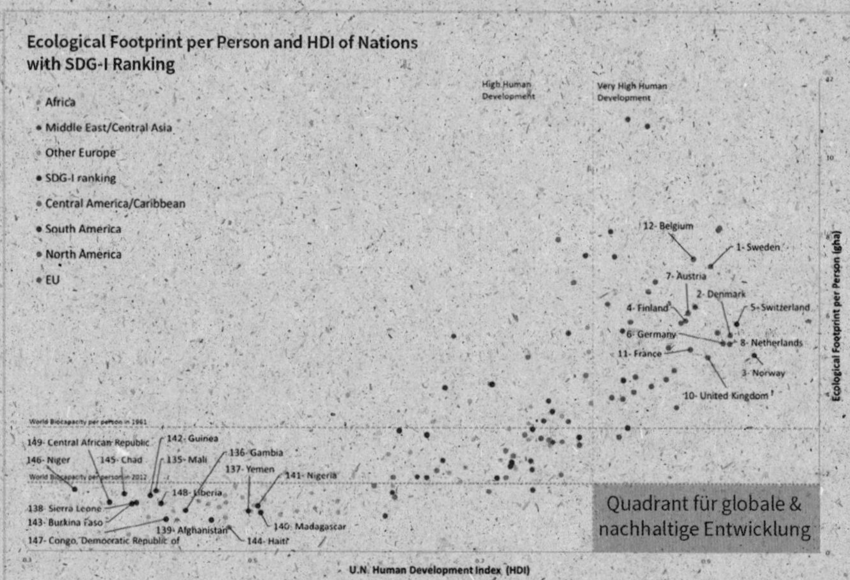

Abb. 10: Ökologischer Fußabdruck p. P. | Index menschlicher Entwicklung

Hierzu – in Anlehnung an die »Anekdote zur Senkung der Arbeitsmoral« von Heinrich Böll aus dem Jahr 1963 – eine kleine, leicht abgewandelte Geschichte: Ein Geschäftsmann fuhr in seinem Urlaub in ein kleines Dorf am Meer, um dem Alltag zu entfliehen und um seine Batterien wieder aufzuladen. Ein paar Tage beobachtete er die Dorfgemeinschaft und stellte fest, dass ein bestimmter Fischer am glücklichsten und zufriedensten von allen wirkte. Auf die Frage, woran das lag, antwortete der Fischer, dass er jeden Morgen nach dem Aufwachen mit seiner Frau und seinen Kindern frühstücke. Dann gingen seine Kinder zur Schule, er fahre zum Fischen raus und seine Frau male. Ein paar Stunden später komme er mit genügend Fisch für die Familienmahlzeiten nach Hause und mache ein Nickerchen. Nach dem Abendessen gingen er und seine Frau am Strand spazieren und beobachteten den Sonnenuntergang, während die Kinder im Meer schwammen. Der Geschäftsmann war fassungslos und wollte wissen, ob er jeden Tag genügend Fische fangen könnte, für seine Familie und auch für andere. Ja, es gibt hier viele Fische und ich liebe es zu fischen, antwortete der Fischer. Der Geschäftsmann hakte nach und vor seinem geistigen Auge entspann sich eine Erfolgsgeschichte. Wenn der Fischer also so viele Fische fangen würde, wie er könnte, dann könnte er den Fisch verkaufen und viel Geld verdienen. Schon bald könnte er sich ein zweites Boot kaufen und dann ein drittes Boot, andere Fischer beschäftigen, die ebenfalls viele Fische fangen. In ein paar Jahren könnte er sich ein Büro in einer großen Stadt einrichten und innerhalb von zehn Jahren ein internationales Fischhandelsunternehmen aufbauen.

Standpunkt 12 | *Viele Menschen streben nach mehr, nach mehr Erfolg und noch mehr Anerkennung. Sie verlieren dabei aber das Warum und Wofür immer mehr aus den Augen!*

Der Fischer sah den Geschäftsmann freundlich an und fragte ihn, warum er all das tun sollte. Der Geschäftsmann erwiderte: wegen des Geldes, um eine Menge davon zu verdienen und sich dann zur Ruhe zu setzen. Daraufhin fragte der Fischer: Und was soll ich dann in meinem Ruhestand tun? Ein wenig verärgert darüber, dass der Fischer sich nicht stärker für seine Idee begeisterte, antwortete er: Naja, was immer Sie möchten. Der Fischer überlegte und meinte, er könne ja mit seiner Familie frühstücken. Und da er so gerne zum Fischen gehe, könnte er, wenn er wollte, jeden Tag ein bisschen fischen gehen. Wahrscheinlich würde es dann nicht mehr so viele Fische geben, aber vermutlich wären noch genügend da. Vielleicht könnte er dann auch die Abende mit seiner Frau verbringen. Er könnte am Strand spazieren gehen und den Sonnenuntergang beobachten, während seine Kinder im Meer schwämmen. Sicher, alles, was Sie wollen, wobei ihre Kinder dann wahrscheinlich schon erwachsen sein dürften, sagte der Geschäftsmann. Der Fischer lächelte den Geschäftsmann an, gab ihm die Hand und wünschte ihm gute Erholung. (vgl. Strelecky, 2017)

In vielen Ländern hat sich Wirtschaftswachstum als das Hauptziel staatlicher Wirtschaftspolitik etabliert. Wirtschaftswachstum bedeutet, dass eine Volkswirtschaft mehr und/oder bessere Güter und Dienstleistungen erzeugt als im Jahr zuvor. Durch Wachstum verbessert sich der Lebensstandard für breite Bevölkerungskreise. Die Produktion steigt, das Einkommen steigt und in der Folge daraus steigen die Einnahmen des Staates. Damit steigt aber auch die Verteilungsmasse und der Handlungsrahmen des Staates. Soziale und ökologische Ziele lassen sich dadurch leichter erreichen. Das wissen auch Politiker. Es erhöht ihre Chancen auf eine Wiederwahl enorm, wenn sie den Menschen etwas geben und ihnen nicht etwas nehmen müssen.

Für Unternehmungen bedeutet das, im Wettbewerb mit anderen Marktteilnehmern bestehen zu müssen. Ein Unternehmen, das nicht mit dem Marktvolumen wächst, verliert Marktanteile. Ein Unternehmen, das wächst, steigert seine Bekanntheit, was wiederum zu mehr Kunden und höheren Umsätzen führt. Nicht selten entsteht der Eindruck, dass Unternehmen nur existieren, um Gewinne zu erwirtschaften, damit sie auch morgen noch existieren können. Wenn sie sich im Wettbewerb besser behaupten als andere Unternehmen. Ihr Antrieb ist es, besser, schneller, größer, profitabler zu sein oder zu werden als andere Marktteilnehmer. Solange Wirtschaftswachstum möglich ist, ist alles gut. Dann erleben wir in modernen Gesellschaften Stabilität. Die Alternative zu Wirtschaftswachstum als Garant für ein stabiles gesellschaftliches Miteinander ist in den Augen vieler Menschen nicht eine stagnierende Wirtschaft, sondern unkontrollierbare Schrumpfung mit unabsehbaren Folgen für alle Beteiligten. Diese Vorstellung löst bei vielen Menschen Ängste aus. Und wenn Veränderungen – mögen sie noch so sinnvoll sein – Ängste auslösen, dann ist Widerstand vorprogrammiert.

!

Merkenswert

Wir Menschen befinden uns in einer Zwickmühle: Uns fehlt es an Vorstellungskraft über eine Gesellschaft ohne oder mit einem nur begrenzten Wirtschaftswachstum.

Angesichts der Ausweglosigkeit, die sich hinter den Schlagworten Klimawandel, schrumpfende Biodiversität, zunehmende Naturkatastrophen und Trinkwasserknappheit, Bodenerosion, Wüstenbildung und natürlich unaufhörlich wachsende Bevölkerung verbergen, sind wir gefordert zu handeln. Vor diesem Hintergrund und basierend auf einer umfassenden Umfeld-, Unternehmens- und Stakeholder-Analyse müssen Unternehmungen sich in ihrer strategischen Ausrichtung positionieren, wie sie aus dieser Zwickmühle herauskommen wollen. Die verschiedenen Analysemethoden werden in Kapitel 6.2, Entwicklungsstufen und Reifegrade, sowie in Kapitel 8.1, Strategiemanagement, erläutert.

4.2 Ungebremstes Wirtschaftswachstum – Was passiert, wenn nichts passiert?

Die ganze Sorge um unseren Planeten und um unsere eigene Zukunft lastet umso schwerer auf unseren Schultern, je mehr wir uns vergegenwärtigen, wie groß diese vor uns liegende Herausforderung ist. Die Menschen gehen mit diesen Herausforderungen unterschiedlich um. Eine Möglichkeit ist, das Problem zu verdrängen: Indem wir eine plausible Wirklichkeit konstruieren, die mit unserem – nicht nachhaltigen –

Verhalten kompatibel ist, wird sie für uns erträglicher. Dieses Verhalten trägt etwas Fatalistisches in sich, da es die Einstellung »Jetzt erst recht, genießen wir das Leben, solange es noch lebenswert ist« erkennen lässt. Im Ergebnis führt dieses Verhalten zu noch mehr Wirtschaftswachstum.

Standpunkt 13 | *Menschen neigen dazu, Unangenehmes (un)bewusst zu verdrängen. Dieser Abwehrmechanismus ist gut für unser seelisches Überleben und schlecht für unseren Planeten Erde!*

Ein weiterer ursächlicher Faktor für ein ungebremstes Wirtschaftswachstum ist Resignation. Menschen, die resigniert haben, wissen um die Bedeutung ihres Handelns. Sie sind grundsätzlich bereit, Verantwortung für ihre Entscheidungen und ihr Handeln zu übernehmen. Sie haben sich intensiv mit nachhaltigerem Wirtschaften beschäftigen und stellen irgendwann einmal fest, dass die vielen Anstrengungen kaum etwas bewirken. Vielmehr muss das auf Nachhaltigkeit ausgerichtete Engagement immer wieder Rückschläge verkraften. Wenn Menschen resigniert haben, dann verhalten sie sich wie Ignoranten, nur wissender. Ihre konstruierte Wirklichkeit besteht darin, nichts bewirkt zu haben oder nichts bewirken zu können. Ignoranz und Resignation sind neben dem Streben nach Wohlstand Triebkräfte für Wirtschaftswachstum. Die oben bereits dargestellten Auswirkungen von Wirtschaftswachstum können unter der Annahme «Was passiert, wenn nichts passiert?« fortgeschrieben werden. Mit dem Ergebnis, dass die Menschheit den Planeten Erde zunehmend aus dem Gleichgewicht bringen wird und die Menschen lernen müssen, mit den Folgen umzugehen. Bestenfalls können sich die Mitglieder der Gesellschaften und ihre Vertreter auf eine halbwegs gerechte Verteilung von Ressourcen und bewohnbaren Regionen einvernehmlich verständigen.

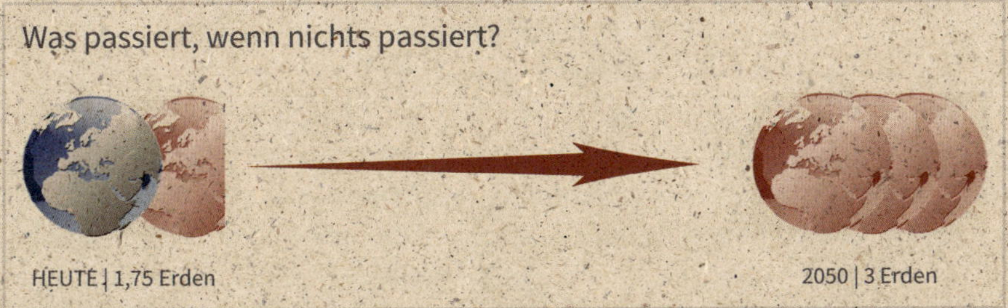

Abb. 11: Business-as-usual-Szenario

Wie dieser in Abb. 11 skizzierte Pfad aussehen könnte, beschreiben die nachfolgenden Projektionen des Business-as-usual-Szenarios. Dabei handelt es sich ausnahmslos um Aussagen von Zukunftsexperten über zukünftige Entwicklungen in einem von Wirtschaftswachstum geprägten Wirtschaftssystem. Sie sind zu einer Zeit entstanden, in der Pandemien wie die Covid-19-Pandemie nur eine in den Risikomodellen theoretisch denkbare Option waren:

- **Klimawandel:** Laut einer Prognose der US Energy Information Administration wird der globale, energiebedingte Kohlendioxid-Ausstoß im Jahr 2050 bei rund 43,1 Milliarden Tonnen liegen. Gegenüber dem Jahr 2018 würden sich die Emissionen somit um rund 22 Prozent erhöhen. (vgl. Statista Research Department , 2020c) In 30 Jahren wird weltweit der Bedarf an Kühlung den an Heizung übersteigen. Derzeit muss für die gleiche Kühlleistung das Dreifache an Energie aufgewendet werden. (vgl. Urbansky, 2018)
- **Zunehmende Umweltbelastungen:** 2030 wird es weltweit 80 Prozent mehr Plastikmüll geben als heute. (vgl. McKinsey & Company, 2018) Im Jahr 2050 werden die Ozeane mehr Plastik als Fisch enthalten (nach Gewicht), während im Jahr 2025 auf drei Tonnen Fisch eine Tonne Plastik entfallen wird. (vgl. Ellen MacArthur Foundation , 2016)
- **Bodenerosion und Wüstenbildung:** Laut einer Studie der Vereinten Nationen gehen jedes Jahr 24 Mrd. Tonnen fruchtbarer Boden durch Bodenerosion und Landwirtschaft verloren. (vgl. Watts, 2017)
- **Waldvernichtung:** 2018 gingen laut UN weltweit 8,8 Millionen Hektar Wald verloren. 80 Prozent wurden anschließend landwirtschaftlich genutzt. Ein Drittel der darauf erzeugten Erzeugnisse ging nach einer EU-Studie in den Export. (vgl. Schutzgemeinschaft Deutscher Wald, 2018) 2035 | Die CO_2-Pufferwirkung des Amazonasregenwaldes ist auf null gesunken. (vgl. Trends der Zukunft, 2020)
- **Rohstoffknappheit:** 2030 | Eine wachsende Weltbevölkerung wird voraussichtlich bis 2030 35 Prozent mehr Lebensmittel verbrauchen. Weltweit wird der Wasserbedarf um 40 Prozent und der Energiebedarf um 50 Prozent steigen. (vgl. PwC, 2016)
- **Trinkwasserknappheit:** 2050 | Vor dem Hintergrund des weltweit steigenden Wasserbedarfes – die globale Wasserentnahme wird bis 2050 um voraussichtlich 55 Prozent ansteigen – erhöhen Dürren den Druck auf unsere natürlichen Süßwasserressourcen und verschärfen damit auch die durch den Menschen verursachte Wasserknappheit. (vgl. WWF Deutschland, 2019)
- **Schrumpfende Biodiversität:** Einem 2019 veröffentlichen UN-Bericht zufolge sind etwa eine Million von geschätzt acht Millionen Tier- und Pflanzenarten, die es weltweit gibt, vom Aussterben bedroht. (vgl. Europäisches Parlament , 2020)
- **Ressourcenkonflikte:** Es wurde das »nächste Öl« genannt. In den kommenden Jahrzehnten kann die Wasserversorgung die Geopolitik, die Diplomatie und sogar Konflikte beeinflussen. (vgl.Bryan Lufkin, 2017)
- **Globales Bevölkerungswachstum:** 2100 | Laut einer Prognose der Vereinten Nationen zur Entwicklung der Weltbevölkerung in den Jahren von 2010 bis 2100 werden im Jahr 2100 10,87 Milliarden Menschen auf der Welt leben. (vgl. Statista Research Department , 2020b) Eine Studie des Institute for Health Metrics and Evaluation (IHME) der University of Washington in Seattle prognostiziert dagegen ein Ende des Wachstums: 2064 soll der Zenit mit 9,7 Milliarden Menschen auf der Erde erreicht werden, danach nimmt die Weltbevölkerung ab. Bis zum Ende des Jahrhunderts rechnet das Forscherteam mit 8,8 Milliarden Menschen auf der

Welt – zwei Milliarden weniger als 2019 von der UNO prognostiziert. (vgl. Institute for Health Metrics and Evaluation, IHME, 2020)

- **Steigender Nahrungsmittelbedarf:** 2050 | Der Nahrungsmittelbedarf wird weltweit bis 2030 um 21 Prozent und bis 2050 um 43 Prozent steigen. Trotz der wachsenden Nachfrage werden aufgrund von Effizienzgewinnen in der Landwirtschaft die benötigten Acker- und Weideflächen nur leicht zunehmen. (vgl. Roland Berger, 2016)
- **Steigender globaler Energiebedarf:** 2040 | Der globale Energiebedarf ist gegenüber 2016 um rund ein Drittel gestiegen. (vgl. BP energy economics, 2018) 2030 | Deutschland hat das Ziel, den Anteil der erneuerbaren Energien auf am Strommix auf 65 Prozent zu steigern bei weitem nicht erreicht. (vgl. Weinhold, 2019)
- **Globales Wirtschaftswachstum:** 2042 | Mit einem durchschnittlichen Wachstum von 2,6 Prozent pro Jahr wird sich die Weltwirtschaft bis zum Jahr 2042 verdoppeln. (vgl. PwC, 2017)
- **Weltweit wachsende Mittelschicht:** 2030 | Die weltweite Mittelschicht wird von drei Milliarden Menschen im Jahr 2015 auf 5,4 Milliarden Menschen im Jahr 2030 wachsen. (vgl. Kharas, 2017)
- **Urbanisierung:** 2030 | Weltweit existieren 41 Städte mit mehr als zehn Millionen Einwohnern, gegenüber 31 im Jahr 2016. (vgl. United Nations, 2016) 2050 | Im Jahr 2050 werden zwei Drittel der Weltbevölkerung in Städten leben. Während heute 55 Prozent der 7,62 Milliarden Erdenbürger Stadtbewohner sind, werden es im Jahr 2050 voraussichtlich zwei Drittel (68 Prozent) sein. (vgl. DSW, Deutsche Stiftung Weltbevölkerung , 2018).
- **Alterung:** 2050 | Fast jeder fünfte Europäer ist heute 65 Jahre oder älter (19 Prozent). 2050 werde es mehr als jeder Vierte sein (28 Prozent). (vgl. Stuttgarter Nachrichten, 2019)
- **Polarisierung des Wohlstands:** 2030 | 90 Prozent der Armen leben in Afrika, im Vergleich zu 55 Prozent im Jahr 2015. (vgl. Naidoo, 2019) Während die Globalisierung das Wachstum und den Wohlstand der beteiligten Staaten fördert, nimmt das Wohlstandsgefälle innerhalb der Gesellschaften vieler Länder immer weiter zu. (vgl. FMG, 2020) 2050 | Infolge des technologischen Fortschritts hat sich die globale Arbeitslosenquote gegenüber 2015 auf 24 Prozent vervierfacht. (vgl. Bertelsmann-Stiftung, 2016)
- **Herausforderung der Sozialsysteme:** 2050 | Die weltweite Altersvorsorge-Lücke wird von 70 Billionen US-Dollar im Jahr 2015 auf 400 Billionen US-Dollar im Jahr 2050 steigen. (vgl. Stevermann, 2019)
- **Herausforderung Wohlstandskrankheiten:** 2030 | Fast die Hälfte der Weltbevölkerung ist übergewichtig oder fettleibig, gegenüber 30 Prozent im Jahr 2014. (vgl. Scuffham, 2017)
- **Kriminalität:** 2040 | Künstliche Intelligenz und maschinelles Lernen werden es Robotern ermöglichen, selbst kriminelle Handlungen zu programmieren. Im Jahr

2040 werden mehr Verbrechen von Maschinen begangen werden als von Menschen. (vgl. Winder, 2017)
- **Mobilisierung:** 2030 | Weltweit wird die motorisierte Mobilität in Städten zwischen 2015 und 2030 um 41 Prozent zunehmen. (vgl. OECD and International Transport Forum , 2017)

Diese Auflistung von Projektionen ließe sich noch beliebig fortschreiben. Jede weitere Projektion würde ein weiteres Detail in dem Business-as-usual-Szenario beleuchten und immer weiter das Zukunftsbild eines überforderten Planeten Erde konturieren, ohne die Notwendigkeit, etwas tun zu müssen, umzukehren. Viele dieser Projektionen müssen sicherlich vor dem Hintergrund der weltweiten Covid-19-Pandemie im Jahre 2020 und vermutlich der Folgejahre mit ihren Auswirkungen neu bewertet werden – wenngleich die Erfahrungen aus der Finanzkrise 2008/2009 zeigen, dass die Wirtschaftsleistung und die damit einhergehenden Belastungen für die Erde schnell wieder das Niveau von vor der Krise erreicht oder sogar überschritten haben.

Standpunkt 14 | *»Es ist das Ende der Welt, wie wir sie kennen, und jetzt können wir deprimiert sein oder neue Chancen erkennen und anpacken!« (Minsch, 2016)*

Dieses Zitat von Herrn Dr. Jürgen Minsch ist Mahnung und Ansporn zugleich. Um die Vorstellungskraft über eine Gesellschaft ohne oder mit einem nur begrenzten Wirtschaftswachstum zu trainieren, werden in dem nachfolgenden Abschnitt denkbare Zukünfte einer nachhaltigeren Wirtschaft beschrieben. Sie haben das Potenzial, bei der Gestaltung der strategischen Ausrichtung von Unternehmungen Antworten auf die Frage nach dem Warum und Wofür geben zu können. In einem unternehmerischen Kontext beschreiben die Antworten auf diese Fragen den Zweck oder den höheren Sinn (›Purpose‹) einer Organisation und sollten sich immer auf den Kunden beziehen. Der höhere Sinn ist quasi der zentrale Polarstern für die Mitarbeitenden in Unternehmungen und verleiht ihnen Identität. Diese Art zu denken hat Simon Sinek geprägt. Mit den drei Fragen Warum bzw. Wofür, Wie und Was beschreibt er in seinem Buch »Start with Why«, »dass erfolgreiche Organisationen mit dem »Why« (warum und wofür ist es wichtig?) starten, im Anschluss das »How« (wie sollen die Ziele erreicht werden?) und erst dann das »What« (was muss gemacht werden, um die Ziele zu erreichen?) beantworten sollten« (Sinek, 2014).

4.3 Zukünfte einer nachhaltigeren Wirtschaft

Der Anlass für eine nachhaltigere Wirtschaft ist Wachstum. Insbesondere Wirtschaftswachstum bedeutet Klimawandel, soziale Verwerfungen und Verknappung natürlicher Ressourcen. Ein ungebremstes Wachstum wird unseren Planeten Erde und damit uns früher oder später überfordern. Die in dem vorherigen Abschnitt beschriebenen

Zukunftsprojektionen vermitteln uns eine vage Vorstellung davon, was passiert, wenn nichts passiert. Mit den Zukünften einer nachhaltigeren Wirtschaft wird der Bezugsrahmen bzw. der Korridor erläutert, auf den die Gesellschaft(en) zusteuern könnte(n). Unternehmungen sind bei der Formulierung ihrer Unternehmensstrategie immer häufiger gefordert, auch die Frage nach ihrem gesellschaftlichen Beitrag zu beantworten.

Merkenswert !

Mit den Zukünften einer nachhaltigeren Wirtschaft wird demzufolge der Zweck unternehmerischen Handelns definiert, wenn Nachhaltigkeit das handlungsleitende Prinzip in der strategischen Ausrichtung ist.

Zukünfte, verstanden »als Ausgänge aus jenem Korridor, der die Zivilisierungsrichtung umdreht und Demokratie, Staatlichkeit, Freiheit sukzessive mehr unter Stress geraten lässt« (Welzer & Sommer, 2020), sind denkbare und teilweise bereits erprobte Zukunftsbilder einer nachhaltigen Entwicklung bzw. einer nachhaltigeren Wirtschaft. Diese Zukünfte werden in einem anhaltenden Diskurs von Politikern, Wissenschaftlern sowie von Vertretern aus Gesellschaft und Wirtschaft kontrovers diskutiert. Ein Diskurs ist wie ein unerschöpflicher Strom von Wissen durch die Zeit. Die beteiligten Akteure, Gruppen und Institutionen bringen ihre mitunter sehr divergierenden Überzeugungen für eine nachhaltigere Entwicklung bzw. für eine nachhaltigere Wirtschaft als Diskurspositionen ein. Eine Diskursposition kann »als eine bestimmte ideologische bzw. weltanschauliche Position verstanden werden« (Paulus, 2015). In ihnen drückt sich u.a. das Verständnis von Natur, Umwelt und Gesellschaft aus. Zudem werden Annahmen über das Zusammenwirken von Ökologie, Ökonomie und Soziales (u.a. Über-/Unterordnungen, Abhängigkeiten) getroffen. Auch in der Anwendung der Handlungsprinzipien bzw. der Nachhaltigkeitsstrategien Öko-Effizienz, Konsistenz und Suffizienz (siehe Kapitel 5.2: Handlungsprinzipien) unterscheiden sich Diskurspositionen. Thematisch einheitliche und in ihrer Richtung vergleichbare Diskurspositionen können zu Diskursströmungen gebündelt werden, damit eine Navigation durch die Begriffsvielfalt einfacher wird. Der Diskurs über Nachhaltigkeit dauert nun schon so lange an, dass sich mittlerweile zahlreiche Diskurspositionen herauskristallisiert haben.

Standpunkt 15 | *Diskurspositionen der Nachhaltigkeit sind Imaginationen über Zukünfte, die bei uns allein schon durch die Vorstellung Unwohlsein und Widerstand auslösen!*

Imaginationen über Zukünfte »strukturieren die gesellschaftlich vorfindbaren Praktiken der Nachhaltigkeit, die in Politik, Wirtschaft, Zivilgesellschaft und Wissenschaft angewandt werden und die selbst wiederum strukturierend auf Imaginationen wirken. Praktiken der Nachhaltigkeit sind durch die sichtbaren Ergebnisse vorgängiger Praktiken strukturiert und befinden sich stets in Interdependenz mit gesellschaftlichen Institutionen, materiellen Infrastrukturen und dem ökologischen Weltsystem« (Elder-Vass, 2017). Damit sind Diskurspositionen der Nachhaltigkeit »Kristallisationspunkte ambivalenter Erwartungen. Sie wecken Hoffnungen auf ein ›gutes Leben‹ und erzeugen Ängste und Gefühle der Verwundbarkeit« (Adloff & Neckel, 2019).

Die einzelnen Diskurspositionen bewegen sich auf einer enormen Bandbreite. Auf der einen Seite gleichen sie einer reinen Legitimationsfassade und auf der anderen Seite einer sozio-technischen Überwachung. Dazwischen gibt es – wie so oft – zahlreiche Positionen, die sich überschneiden und in ihrer Tragweite unterschiedlich tief in das gesellschaftliche und wirtschaftliche Leben eingreifen. Im Folgenden sollen daher nur die Diskurspositionen skizziert werden, die im Kern Aussagen über Strukturen, Praktiken oder Zukunftsbilder einer nachhaltigeren Wirtschaft enthalten. Referenzierend auf den Standpunkt 6, siehe Kapitel 3.2.2, wird der System-Value-Ansatz als der zentrale Ansatz für ein nachhaltigeres Wirtschaften angesehen. Dieser systemische Ansatz kann auch als Diskursströmung ›Nachhaltigkeit (NH) als systemischer Ansatz‹ verstanden werden, in den sich wiederum eine Vielzahl einzelner Diskurspositionen einordnen lassen. Sie alle haben eine Gemeinsamkeit: Sie machen die Begrenztheit der ökologischen Systeme zum Ausgangspunkt ihrer Überlegungen und haben das Wirtschaftswachstum als einen ursächlichen Faktor für zahlreiche Dysbalancen in unserer Umwelt und in unserer Gesellschaft ausgemacht. Aus diesem Grund müssen die globalen Ökosysteme auch die Grundlage für die sozialen Systeme der Gesellschaft bilden. Die Gesellschaft steht im Mittelpunkt und die Wirtschaft hat lediglich eine dienende Funktion für die Gesellschaft. Mit anderen Worten: Neben das aktuell dominierende Wirtschaftswachstum treten weitere Indikatoren für Wohlstand und menschliches Wohlergehen. Einzelne Vertreter dieses Ansatzes sind davon überzeugt, dass dies auch mit stagnierendem oder gar rückläufigem Wachstum möglich ist.

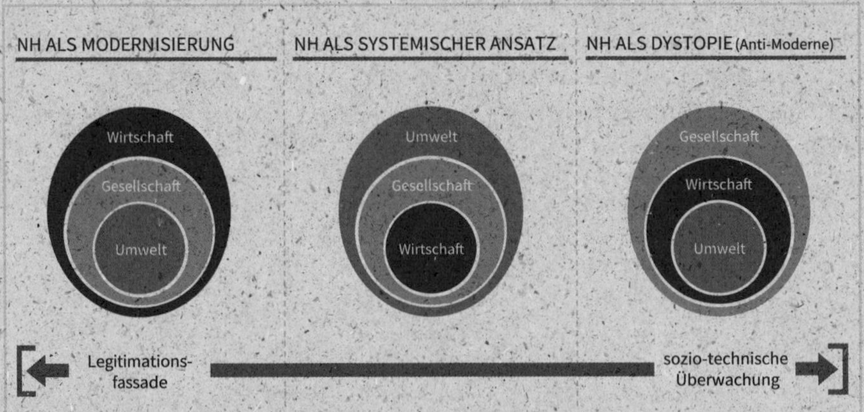

Abb. 12: Diskursströmungen (vereinfachte Darstellung)

Auf der linken Flanke kann die Diskursströmung ›Nachhaltigkeit als Modernisierung‹ angesiedelt werden. Einzelne darin verortete Diskurspositionen stehen in dem Verdacht, Nachhaltigkeit nur als Legitimationsfassade zu nutzen. Durch technologische und soziale Innovationen soll die Ökobilanz moderner Gesellschaften so entscheidend verbessert werden, dass unser Planet nicht länger überfordert wird. Der gemeinsame Nenner ist die Überzeugung, dass die Märkte und der Wettbewerb nicht als Hemmnisse eines Wandels zur Nachhaltigkeit begriffen, sondern als effizienzsteigernde, wirtschaftliche Elemente verstanden werden, die für Programme der Nachhaltigkeit nutzbar gemacht werden können. Diese Konzepte sind mit dem bestehenden, auf Wachstum ausgerichteten Wirtschaftssystem, mit den Errungenschaften einer modernen Gesellschaft (u. a. Individualität, gesellschaftliche und politische Teilhabe, Freizügigkeit) sowie mit den Vorzügen einer liberalen Demokratie und ihrer sozialen Marktwirtschaft (u. a. Konsum, Wohlstand) kompatibel. Diese müssen nicht grundlegend verändert werden. Die Befürworter dieser Diskurspositionen sind vielmehr davon überzeugt, dass die wirtschaftlichen und gesellschaftlichen Strukturen nur den ökologischen Restriktionen angepasst werden müssen, indem beispielsweise Anreize für Investitionen in innovative Technologien oder bessere Infrastrukturen für die Nutzung erneuerbarer Energien geschaffen werden.

Standpunkt 16 | *Es ist menschlich und mehr als verständlich, auf Nachhaltigkeit als Modernisierung zu setzen. Alle anderen Wege erfordern fundamentale und teils schmerzhafte Veränderungen!*

Als eine diametral entgegengesetzte Diskursströmung kann ›Nachhaltigkeit als Dystopie‹ von den anderen abgegrenzt werden. Eine dystopische oder anti-moderne Gesellschaft ist in der Regel durch eine diktatorische Herrschaftsform oder eine Form repressiver, sozialer Kontrolle charakterisiert. Dem Individuum werden durch instrumentalisierte Organe der Gesellschaft jegliche Freiheiten genommen. Die Kommunikation der Menschen untereinander ist stark eingeschränkt oder anderweitig gestört. Das kollektive Bewusstsein der eigenen Geschichte und/oder eigener Werte ist nicht mehr vorhanden. »Diese autoritäre Zukunftsvariante von Nachhaltigkeit bezieht die Möglichkeit eines ökologischen Notstands mit ein, der es notwendig mache, Demokratie zumindest partiell zu suspendieren. Politischer Souverän wäre dann, wer über den ökologischen Ausnahmezustand bestimmt. Den globalen Eliten könnte es so gelingen, sich in geschützte Enklaven zurückzuziehen, während andere Bevölkerungsgruppen den Gefahren von verseuchten Böden, Wirbelstürmen, Überschwemmungen oder Dürren ausgesetzt wären.« (Adloff & Neckel, 2019)

Innerhalb der drei Diskurströmungen werden insgesamt elf Diskurspositionen unterschieden und u. a. in Anlehnung an Frank Adloff & Sighard Neckel und ihrem Dossier zu den Zukünften der Nachhaltigkeit (vgl. Adloff & Neckel, 2019) sowie in Anlehnung an

Alexander Conrad, Jan König und Hans-Peter Benedikt und ihrem Beitrag in dem Buch »Der Mensch im globalen Ökosystem« (vgl. Conrad, König & Benedikt, 2018) charakterisiert und beschrieben.

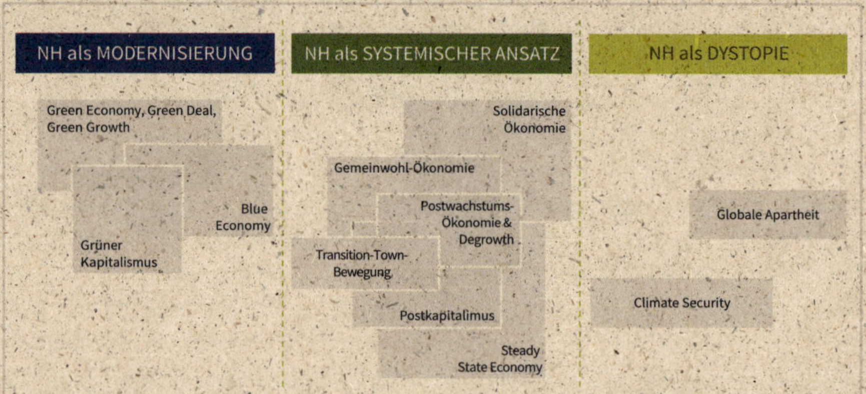

Abb. 13: Diskursströmungen im Überblick

Diese drei Diskursströmungen werden in den nachfolgenden Kapiteln weiter ausgeführt und anschließend hinsichtlich ihrer Wirksamkeit für eine nachhaltigere Wirtschaft und ihrer Anschlussfähigkeit eingeschätzt:

4.3.1 Nachhaltigkeit als Modernisierung

Technologische und soziale Innovationen verbessern die Ökobilanz so entscheidend, dass der Planet Erde nicht mehr überfordert wird. Diese Überzeugung basiert auf der Annahme, dass mittels des technologischen Fortschritts der Ressourcenverbrauch vom Wirtschaftswachstum und den damit einhergehenden Emissionen entkoppelt werden kann. Grünes Wirtschaftswachstum ist in dieser Diskursströmung unabdingbare Voraussetzung für Nachhaltigkeit und wird u. a. von der Organisation für wirtschaftliche Zusammenarbeit und Entwicklung (OECD), den Vereinten Nationen, der Weltbank und der Europäischen Union explizit als zukünftiger Entwicklungspfad angesehen. Neben diesen Institutionen sind es vornehmlich große Unternehmen und Kapitalgruppen, die ihre wirtschaftlichen Interessen auf einen grünen Weltmarkt richten. Nachhaltigkeit als Modernisierung ist deshalb so anschlussfähig, weil bestehende Strukturen nicht grundlegend verändert, sondern nur den ökologischen Restriktionen angepasst werden (u. a. liberale Demokratie, kapitalistische Marktwirtschaft, Individualismus, Konsum, Wohlstandsorientierung, Mobilität). Die Märkte und der Wettbewerb werden in diesem Konzept als effizienzsteigernde, wirtschaftliche Einrichtungen manifestiert (u. a. durch den Markt für den CO_2-Emissionshandel). Die hier verorteten Diskurspositionen sind auch deshalb so beliebt, weil sie keine gesellschaftlichen Umverteilungen einfordern. Die von den Unternehmungen verursachten ökonomischen wie ökologischen Kosten werden weiterhin von der Gesellschaft getragen (externalisierte Kosten), während die Erträge weiterhin gesellschaftlich ungleich verteilt bleiben. Daraus resultierende soziale Spannungen sollen durch kommunale ökologische und soziale Infrastrukturen weitestgehend vermieden werden und damit nachhaltige Lebensweisen ermöglichen.

Grad der Anschlussfähigkeit

!

Anschlussfähig sind solche Wirklichkeitsbeschreibungen, die von den anderen Mitgliedern einer Kommunikationsgesellschaft als möglich bzw. als sinnvoll akzeptiert werden. Dies ist meistens dann der Fall, wenn diese Beschreibungen in das Weltbild und das Denken der relevanten Gemeinschaft passen. Sie ist ein wichtiges Relevanzkriterium für Wirklichkeitskonstruktionen. (vgl. Gabler Wirtschaftslexikon, 2018)

Green Economy | Green Deal | Green Growth

Die Begriffe ›Green Economy‹, ›Green (New) Deal‹ und ›Green Growth‹ können im Wesentlichen synonym verwendet werden. Die Vertreter einer grünen Ökonomie zielen auf einen grünen Umbau der Gesellschaft und des bestehenden Wirtschaftssystems. Die Energie- und Ressourceneffizienz soll weiter gesteigert und das Naturkapital besser genutzt werden (Ökosystem-Management). Mit der Erschließung neuer, grüner Märkte durch Öko-Innovationen sollen Wettbewerbsvorteile entstehen. In der Green Economy sollen Wachstum und Umweltschutz Hand in Hand gehen. Die Wachstumsorientierung bleibt dabei bestehen. Die politischen Rahmenbedingungen sind nach Überzeugung der Anhänger einer grünen Ökonomie so anzupassen, dass aus der Finanz-, Wirtschafts- und Ökologiekrise eine Win-win-Situation entsteht. Krise wird als Chance verstanden, die zu einer Ökonomie führen kann, die menschliches Wohlergehen sowie soziale Gerechtigkeit fördert und gleichzeitig Umweltrisiken sowie ökologische Knappheit reduziert.

Standpunkt 17 | *Die Imaginationen einer Green Economy lösen Wohlbehagen aus. Und dennoch bleibt das ungute Gefühl, dass es nicht für alle Probleme dieser Welt eine technologische Lösung gibt!*

Laut Bundesministerium für Bildung und Forschung (BMBF) »verbindet die Green Economy Ökologie und Ökonomie: Wirtschaft muss international wettbewerbsfähig sein, genauso aber auch umwelt- und sozial verträglich. Die Green Economy steigert die gesellschaftliche Wohlfahrt, bekämpft Armut und strebt soziale Gerechtigkeit an. Vor dem Hintergrund anerkannter ökologischer Grenzen soll auf Basis eines umfassenden Verständnisses der Zusammenhänge in Wirtschaft, Finanzwesen und Politik ein umweltverträgliches qualitatives und somit nachhaltiges Wachstum ermöglicht werden. Ziel ist, veränderte, nachhaltige Produktions- und Konsumweisen zu entwickeln, um weltweit und insbesondere für kommende Generationen Wohlstand und eine hohe Lebensqualität zu sichern. Der Weg zur Green Economy führt über einen

Veränderungsprozess, der die gesamte Gesellschaft betrifft. Es geht um eine umfassende ökologische Modernisierung der gesamten Wirtschaft und ihrer Sektoren. Faktoren einer umweltverträglichen Wirtschaft sind Ressourcenverbrauch, Emissionsreduktion, Steigerung von Energie- und Rohstoffproduktivität sowie nachhaltiger Gestaltung von Produkten, Versorgungssystemen und Infrastrukturen. Fragen nach Lebens- und Arbeitsbedingungen, Konsummustern, Produktlebenszyklen und Finanzierungsmodellen stehen damit in direktem Zusammenhang« (Bundesministerium für Bildung und Forschung, 2020).

Blue Economy

In Abgrenzung zur Green Economy verfolgt die ›Blue Economy‹ den Ansatz, für alle Herausforderungen leistbare und gänzlich umweltfreundliche Lösungen zu finden, ohne das Ökosystem weiter zu schädigen oder die nur wenigen Menschen zugänglich sind. Nach dem Vorbild der Natur sollen die besten, klimafreundlichen, effizienten und gleichzeitig marktfähigen Technologien für den Umgang mit natürlichen Ressourcen umgesetzt werden. Die Blue Economy Alliance treibt dabei auch Veränderungen des gesamten Wirtschaftssystems voran, sammelt und veröffentlicht diese Ideen und hilft bei deren Übersetzung in Geschäftsmodelle. Zudem soll eine neue Generation von Unternehmern unterstütz werden, die nur lokale Ressourcen verwendet und Abfall zum Ausgangspunkt ihrer Geschäftsmodelle macht. Die innovative Nutzung von Abfällen und Ressourcen soll zur Errichtung einer Zero Emission Economy führen. Die Blue Economy basiert insofern auf der Funktionsweise von Ökosystemen und ahmt die Kaskadenwirtschaft der Natur nach, indem Abfall (aus Stoffwechselprozessen) stets Ausgangsmaterial für die nächste Wertschöpfungsstufe ist. Die Prinzipien einer Blue Economy sind nach Gunter Pauli (vgl. Pauli, 2020):

- Die Blue Economy führt Innovationen ein, die von der Natur inspiriert sind. Lösungen basieren in erster Linie auf technologischen Innovationen.
- Natürliche Systeme kaskadieren Nährstoffe, Materie und Energie – Abfall gibt es nicht. Jedes Nebenprodukt ist die Quelle für ein neues Produkt.
- Die Natur bietet Raum für Unternehmer, die mit weniger mehr erreichen.
- Die Schwerkraft ist die Hauptenergiequelle, Solarenergie ist die zweite erneuerbare Energiequelle.
- Wasser ist das primäre Lösungsmittel (keine komplexen, chemischen oder toxischen Katalysatoren).
- Die Natur arbeitet nur mit dem, was lokal verfügbar ist. Nachhaltiges Wirtschaften entwickelt sich nicht nur unter Berücksichtigung der lokalen Ressourcen, sondern auch der Kultur und Tradition.
- Natürliche Systeme teilen Risiken. Jedes Risiko ist ein Motivator für Innovationen.
- Die Natur ist effizient. So maximiert nachhaltiges Wirtschaften den Einsatz von verfügbarem Material und Energie, was den Stückpreis für den Verbraucher senkt.

Grüner Kapitalismus
›Grüner Kapitalismus‹ verzichtet auf gesellschaftliche Umverteilung und tastet wirtschaftspolitisch den Vorrang der Märkte nicht an. Seine ökonomischen wie ökologischen Kosten und Erträge sind daher gesellschaftlich ungleich verteilt. Vertreter des Grünen Kapitalismus sind davon überzeugt, dass diese Diskursposition alternativlos ist. Klimaschonende Innovationen werden sich nur durchsetzen und weltweit verbreiten, wenn Unternehmer damit nicht nur die Welt retten, sondern auch ihre Bilanz. »Das neue Mantra von Politik, Unternehmen und Finanzinvestoren lautet demnach: Wir können das Klima und die Umwelt vor der Katastrophe retten, ohne dass wir unser Wirtschaftssystem auf den Kopf stellen müssen. […] Vor kurzem sollte der Kapitalismus noch für die Ausbeutung von Menschen und Ressourcen, für Finanzkrisen und politische Radikalisierung verantwortlich sein. Heute trauen viele denselben Kräften zu, die Welt zu retten. Und zwar nicht nur in Deutschland: Blackrock-Vorstandschef Larry Fink gab Ende 2019 bekannt, dass der größte Vermögensverwalter der Welt seine Investitionen zunehmend an Nachhaltigkeitskriterien ausrichten werde« (Pennekamp, 2020).

4.3.2 Nachhaltigkeit als systemischer Ansatz

Nachhaltigkeit als systemischer Ansatz sucht nach Wegen, die vom Wachstum zu einem nachhaltigen Wirtschaften führen. Ihre Befürworter sind von der Existenz dieser Wege überzeugt. Diese Überzeugung wird von der Annahme getragen, dass die natürlichen und sozialen Grundlagen des planetarischen Zusammenlebens nicht durch eine weitergehende Ökonomisierung von Nachhaltigkeit geschützt werden können. Der systemische Ansatz stellt allerdings einen Bruch mit dem Postulat des Wirtschaftswachstums dar und erprobt neue Lebensformen. Als politische Maßnahmen werden nicht selten die Förderung einer solidarischen Ökonomie, die Auszahlung eines bedingungslosen Grundeinkommens und die Festlegung eines Maximaleinkommens gefordert. Weil die hier einzusortierenden Diskurspositionen sehr vielfältig und fragmentiert sind, fällt es auch schwer, sie voneinander abzugrenzen. Deshalb ist hier eine Auswahl von Diskurspositionen getroffen worden, die neben der o. g. Anschlussfähigkeit auch eine starke Nachhaltigkeit ausmachen.

Grad der Nachhaltigkeit !

Konrad Ott und Ralf Döring stellen der »Starken Nachhaltigkeit« dialektisch das Konzept der »Schwachen Nachhaltigkeit« gegenüber. Zentrales Element der schwachen Nachhaltigkeit ist, dass sie von der Substituierbarkeit von Kapitalien ausgeht. Nach Ott lässt sich die natürliche und soziale Ausstattung unserer Welt als Ensemble von Kapitalien betrachten: Sachkapitalien (u. a. Produktionsmittel, Transport und Infrastruktur), Humankapitalien (u. a. vorhandenes Wissen, soziale Institutionen) und Naturkapitalien (u. a. unsere natürliche Umwelt, Tiere, Pflanzen, Rohstoffe). Für Vertreter der schwachen Form von Nachhaltigkeit ist ein System auch dann nachhaltig, wenn das Gesamtkapital (bestehend aus natürlichen Ressourcen, Human- und Sachkapital) gleichbleibt oder wächst. Ein Rückgang an Naturkapital, also der Abbau von Rohstoffen oder der Rückgang natürlicher Lebensräume, ist auch dann noch nachhaltig, wenn der Rückgang an Naturkapital durch ein steigendes Kapital in den anderen Bereichen ausgeglichen wird. (vgl. Döring & Ott, 2001)

Transition-Town-Bewegung

Die Transition-Town-Bewegung setzt sich für die Gestaltung des Übergangs zu einer resilienten, autarken Gesellschaft ein. Es handelt sich um ein loses Netzwerk von Gruppen, die vor dem Hintergrund von Erdölknappheit (Peak Oil) und Klimawandel zukunftsfähige und ressourcenschonende Projekte vorantreiben wollen. Transition Town bedeutet so viel wie ›Stadt im Wandel‹ und umfasst sehr vielfältige Initiativen. Im Mittelpunkt dieser Initiativen stehen die Selbstversorgung durch Nahrungsmittelanbau, lokale Währungen, lokale Energieunternehmen und Energiesparpläne sowie Ausbildungsprojekte. Die Bewegung versteht sich als soziale, lernende, proaktive Gemeinschaft, die konkrete Lösungsansätze erarbeitet und durch Vernetzung verbreitet. Dadurch soll die Resilienz lokaler Gesellschaften gegenüber externen Störungen gestärkt und der CO_2-Fußabdruck minimiert werden.

»Der Erfolg von Transition-Town-Initiativen besteht vor allem in dem »Einfach machen«. Es ist ein wichtiges Motto der Transition Bewegung, genauso wichtig wie das »wie« und die »Haltung«, mit denen ihre Vertreter agieren. Im Kern handelt es sich dabei um Bottom-up-Prozesse« (Transition Initiativen D-AT-CH, 2020). Die Initiatoren von Transition-Town-Projekten setzen an den Problemen und Herausforderungen der Menschen in ihrem unmittelbaren Umfeld an. »Mittlerweile gibt es auch zahlreiche Transition-Town-Initiativen in Deutschland. Seit dem Jahr 2010 haben sich zumeist auf Initiative engagierter Bürger*innen ungefähr 120 Transition Initiativen – oft Städte im Wandel genannt – gegründet« (DNR, Deutscher Naturschutzring, 2020) und bringen unterschiedlichste Themen, oftmals auch im Schulterschluss mit Kommunen, voran.

Transition-Town-Initiativen setzen den Hebel an der Art und Weise an, wie eine Gesellschaft zusammenlebt und sich gegenseitig unterstützt. In einem Repair-Café investieren Menschen unentgeltlich Zeit und Wissen, um anderen zu helfen. Das schont finanzielle und materielle Ressourcen. Es manifestiert somit nach und nach ein Wirtschaftssystem, bei dem Wirtschaftswachstum nicht im Vordergrund steht. Und es fördert ein besseres Miteinander und die Hilfe zur Selbsthilfe. Die Diskursposition ›Transition Town‹ ist eine Blaupause für Menschen, Initiativen und Gruppen, die sich in ihrer Region für die Lösung ökologischer und sozialer Probleme engagieren wollen. Der Lösungsansatz entfaltet seine Wirkung, wenn viele Menschen mitgestalten und ein politischer Wille vorhanden ist. Dieser politische Wille muss nicht in Form von Regularien bestehen, sondern in der Unterstützung von Engagement. Oftmals reicht es schon aus, nicht zu verhindern.

Postwachstumsökonomie & Degrowth

Die Postwachstumsökonomie (PWÖ) sieht nicht nur die ökologischen Grenzen erreicht, sondern auch, dass die Ökonomie selbst an ihre Grenzen stößt und längst kein Zusammenhang mehr zwischen Wirtschaftswachstum und Wohlfahrt der Bevölkerung besteht. Vertreter der PWÖ sind davon überzeugt, dass Wachstum ökologische Probleme, soziale und politische Spannungen verursacht und durch Staatsschulden erkauft wird. Auf die begrenzte Belastbarkeit der Ökosysteme und der begrenzten Verfügbarkeit natürlicher Ressourcen muss gemäß der PWÖ mit einem Wachstumsrückgang reagiert werden. Es steht daher nicht die Frage im Mittelpunkt, ob, sondern wie die Wirtschaft schrumpfen soll. Produktion und Konsum müssen dazu reduziert werden, was aber nicht mit einer Reduktion der Lebensqualität einhergehen muss.

Empirische Ergebnisse zeigen, dass »trotz Schrumpfung der Wirtschaftsleistung sich Wohlfahrtsindikatoren wie die Lebenserwartung und das Bildungsniveau positiv entwickeln können« (Gran, 2017). Daher verfolgt die PWÖ das Ziel, die Wirtschaft gesundschrumpfen zu lassen bzw. eine Wirtschaft ohne Wachstum zu gestalten, in der der Produktionsfaktor Arbeit in dem arbeitsteiligen, globalen Produktionsprozess drastisch reduziert wird. Nur noch ca. 50 Prozent der Arbeitszeit sollen auf die klassische Erwerbsarbeit entfallen. Dieses Ziel soll unter der strengen Nebenbedingung umgesetzt werden, dass eine hohe Lebensqualität auch weiterhin möglich ist. Die PWÖ will die Probleme des Wirtschaftswachstums mit fünf Entwicklungsschritten lösen. (vgl. Utopia, 2019) Und zwar:

1. Schritt | Tempo drosseln beim Wirtschaftswachstum

2. Schritt | Mehr Selbstversorgung organisieren

3. Schritt | Mehr regionale Wirtschaft fördern

4. Schritt | Reparieren und recyceln als einen neuen Markt etablieren

5. Schritt | Das Wertesystem der Gesellschaft reformieren

Die PWÖ fordert radikale Änderungen in fast allen Bereichen des täglichen Lebens. Jeder Einzelne wird seinen bisherigen Lebensstil neu definieren müssen. Geld und Arbeit erhalten einen anderen Stellenwert in der Gesellschaft. Doch dazu müssen nicht nur Politiker umdenken.

Gemeinwohlökonomie

Die Gemeinwohlökonomie (GWÖ) bietet eine Alternative zur kapitalistischen Marktwirtschaft. Geld und Märkte sollen den Menschen dienen und nicht umgekehrt. Es geht nicht mehr um Wirtschaftswachstum, sondern um die stetige Erhöhung des

Gemeinwohls. Der Ansatz der GWÖ wurde von Christian Felber initiiert und fußt auf drei wesentlichen Punkten:

1. »Die Lücke zwischen den Werten, wie sie in zwischenmenschlichen Beziehungen gelebt werden und Werten, die in unserem derzeitigen Wirtschaftssystem gelten, soll geschlossen werden.« (Felber, 2018) »Stattdessen soll die GWÖ Kooperationen, Solidarität, Vertrauensbildung und Wertschätzung fördern, auch in der Art, wie wir leben, arbeiten und wirtschaften.« (Conrad, König & Benedikt, 2018)
2. Zudem soll sich das »Wirtschaftssystem stärker an den Verfassungswerten demokratischer Staaten orientieren. Ziel des Wirtschaftens ist hiernach nicht die Maximierung von Gewinn, sondern die Ausrichtung auf das Gemeinwohl« (Felber, 2018).
3. »Durch die Abkehr von Tauschwerten (Geld) und hin zu Nutzwerten (Befriedigung der Bedürfnisse aller) soll auch die Art und Weise, wie der Erfolg in unserem Wirtschaftssystem gemessen wird, geändert werden. Felber schlägt vor, das Bruttoinlandsprodukt als derzeitigen Gradmesser für wirtschaftlichen Erfolg durch ein Gemeinwohlprodukt (GWP) auf der Ebene einer Volkswirtschaft abzulösen, welche sich als Summe aller einzelnen Gemeinwohlbilanzen (GWB) ergibt, die einzelne Unternehmen erstellen.« (Conrad, König & Benedikt, 2018)

Die Gemeinwohlbilanz wird anhand einer Bewertungsmatrix erstellt. Bei der Bilanzierung werden die Grundprinzipien der Gemeinwohlökonomie (Menschenwürde, Solidarität und Gerechtigkeit, ökologische Nachhaltigkeit, Transparenz und Mitentscheidung) auf alle Anspruchsgruppen eines Unternehmens (Lieferanten, Eigentümer und Finanzpartner, Mitarbeitende, Kunden und Mitunternehmen sowie das gesellschaftliche Umfeld) angewendet. Aus dieser Anwendung ergibt sich eine Gemeinwohlmatrix mit insgesamt 20 Themenfeldern, die einzeln betrachtet und anhand eines Punktesystems bewertet werden.

Standpunkt 18 | *Durch die Imaginationen der GWÖ können ganz konkrete Praktiken abgeleitet werden, die wiederum für Politik und Wirtschaft handlungsleitend werden können!*

»Die GWÖ bietet weitere Ansätze und Instrumente, die nicht nur auf Unternehmungen wirken, sondern auch große gesellschaftliche Relevanz haben.« (Conrad, König & Benedikt, 2018) Und zwar:

- Rechtliche und wirtschaftliche Vorteile für Unternehmungen mit positiver Gemeinwohlbilanz
- Gemeinwohlprüfung für die Vergabe von Krediten
- Verwendung bilanzieller Überschüsse für Investitionen mit sozialem und ökologischem Mehrwert, für die Rückzahlung von Krediten, für Rücklagen (begrenzt), für die Ausschüttung an Mitarbeitende (begrenzt) und für zinsfreie Kredite an Mitunternehmen

- Einführung eines Maximaleinkommens und die Begrenzung von Privatvermögen, Schenkung und Vererbung zur Angleichung von Einkommens- und Vermögensungleichheiten
- Reduktion der Erwerbsarbeitszeit auf 30-33 Wochenstunden und die Ausweitung der Gemeinwesensarbeit in der frei gewordenen Zeit

Im deutschsprachigen Raum unterstützen mehr als 2000 Unternehmen die GWÖ. Rund 500 davon sind Mitglied oder haben bereits eine Gemeinwohl-Bilanz erstellt. (vgl. ecogood, 2020)

Postkapitalismus

Das Konzept des Postkapitalismus setzt auf neue Formen nicht-kapitalistischer Kooperationen, die Wissen und Informationen kollaborativ produzieren und kostenlos im Internet zur Verfügung stellen. Nach dieser Vorstellung entwickeln sich Güter und Dienstleitungen zu ›digitalen Commons‹ (Sammelbecken), die jenseits des Marktes angeboten werden. Damit ist die Imagination einer vernetzten Welt verbunden, die sich von marktwirtschaftlichen Zwängen befreit und durch Praktiken des digitalen Teilens und Tauschens getragen wird. Paul Mason beschreibt in seinem Buch »Postcapitalism – A Guide to Our Future« »fünf Prinzipien für den Übergang zu einer utopischen, postkapitalistischen und globalen Gesellschaft, die alle über nicht hierarchische soziale Netzwerke funktionieren sollen« (Mason, 2016):

1. Verwendung großer Mengen realer Daten, um menschliches Verhalten zu adaptieren
2. Fokussierung auf ökologische und soziale Nachhaltigkeit
3. Gestaltung des Übergangs zum Postkapitalismus nicht aus einer wirtschaftlichen, sondern aus einer menschlichen Perspektive
4. Förderung der Vielfalt von unterschiedlichen Ansätzen und nicht von monolithischen Lösungen
5. Maximierung der Informationskraft

In der Bewertung eines nachhaltigen Wachstums unterscheidet sich der Postkapitalismus deutlich vom Konzept der Postwachstumsökonomie, dessen theoretischer Kern in der Kritik am kapitalistischen Wachstumszwang liegt.

Steady State Economy

›Steady State Economy‹ – oder auch ›stationäre Wirtschaft‹ – beschreibt einen stabilen Zustand der Wirtschaft oder eine Ruhelage des Wirtschaftssystems. Eine Steady-State-Ökonomie zeichnet sich durch konstante Bestände an physischem (durch Menschen gemachtes) Kapital und einen konstanten Bevölkerungsstand aus. Das Niveau beider Bestände ist so zu wählen, dass sie sich durch möglichst niedrige Durchsatzraten auszeichnen. Dabei beginnt der Durchsatz mit Entnahmen aus der Natur und endet mit der Verschmutzung der Natur. Beides bedeutet Kosten zur Aufrechterhaltung der

Bestände und es ist deshalb sinnvoll, für jeden gegebenen Bestand den Durchsatz zu minimieren. Das Wachstum dieser Ökonomie endet an den Grenzen des Ökosystems. Der stationäre Zustand ist ein notwendiges Szenario zur Sicherung des Überlebens, weil eine Ökonomie mit einem endlichen Vorrat an Ressourcen nicht unbegrenzt wachsen kann. Daher ist es erklärtes Ziel dieser Bewegung, die wirtschaftliche Entwicklung auf einem optimalen physischen Niveau zu halten und durch dauerhaft staatliche Interventionen und Restriktionen bei der Nutzung von Ressourcen umzusetzen. Nur so kann nach Überzeugung der Vertreter einer Steady State Economy das fragile Ökosystem geschützt werden, welches nicht unbegrenzt in Anspruch genommen werden kann.

Solidarische Ökonomie

Solidarische Ökonomie hat ihren Ursprung in Lateinamerika und wurde durch die Weltsozialforen verbreitet. Die Solidarische Ökonomie stellt auf Wirtschaftsformen ab, die die menschlichen Bedürfnisse ins Zentrum des Handelns rücken. Im Mittelpunkt der Solidarischen Ökonomie steht zudem das Wirtschaften ohne Gewinnerzielungsabsichten. Wirtschaftliche Aktivitäten richten sich an den Bedürfnissen der Beteiligten (auch künftiger Generationen) aus und sollen diesen einen Nutzen stiften. Produktionsmittel befinden sich im kollektiven Eigentum. Über deren Verwendung wird im Rahmen kooperativer Entscheidungsfindungen bestimmt. Die Leitsprüche »Sinn vor Gewinn(-orientierung)«, »Nutzen statt besitzen«, »Beitragen statt Tauschen«, »Kooperation statt Konkurrenz (und Wachstumszwang)« machen zudem die Stoßrichtung und gleichzeitig das Spektrum dieses Ansatzes deutlich (vgl. Conrad, König & Benedikt, 2018). In der Praxis finden sich diverse Ausprägungen der solidarischen Ökonomie. Hier einige Beispiele (vgl. Netzwerk Oekonomischer Wandel | NOW, 2018):

- Mitglieder einer Solidarischen Landwirtschaft (SoLawi) finanzieren gemeinsam über monatliche Beiträge für mindestens ein Jahr die Betriebskosten einer oder mehrerer Gärtnereien/Landwirtschaften und erhalten dafür in wöchentlichen Lieferungen an lokale Abholstellen die produzierten Lebensmittel. Oft ist Mithilfe bei Ernte oder Verteilung üblich.
- In politischen Kommunen, Lebens-Gemeinschaften und Öko-Dörfern werden mehrere Lebensbereiche (z. B. Wohnen, Kinderbetreuung, Energieversorgung, Lebensmittel, Einkommen, Kochen, Pflege) solidarisch organisiert.
- Kollektivbetriebe sind Betriebe unterschiedlichster Rechtsform, die möglichst hierarchiefrei mit meist basisdemokratischen Entscheidungsstrukturen funktionieren und die Produktionsmittel gemeinsam besitzen und verwalten. Die Bandbreite reicht von einem Baustoffladen mit Handwerkskollektiv (Biber GmbH) über ein Geburtshaus mit Schwangerenbegleitung und Stillberatung (Geburtshaus Kassel) bis zu international berühmtem Orchester für neue Musik (Ensemble Modern).
- Energiegenossenschaften produzieren gemeinsam regenerative Energie und/oder vertreiben sie gemeinsam (z. B. Windfang eG, EWS Schönau) oder Zusammenschlüsse wie das Bündnis Bürgerenergie.

Die Aktivitäten und Initiativen in Deutschland des Vereins ›Forum Solidarische Ökonomie e. V.‹ finden Sie unter www.solidarische-oekonomie.de.

4.3.3 Nachhaltigkeit als Dystopie

Diese Diskursströmung beruht auf einer partikularistischen Ethik. Nicht eine Gesellschaft als Ganzes ist resilient, nur einzelne Teile. Die dystopische Gesellschaft steht im Zeichen der Katastrophe, der u. a. mit infrastrukturell verankerten technologischen, militärischen und staatlichen Mitteln begegnet werden soll. Bevorzugte Praktiken sind Segregation (Entmischung), Externalisierung (u. a. Abwälzung von Kosten), Überwachung und Zwang. Diese Diskursströmung wird von der Annahme getragen, dass der Planet nicht nur an die Grenze seiner Belastbarkeit kommen könnte, sondern dass diese Grenze bereits überschritten wurde und die Katastrophe eingetreten ist. ›Nachhaltigkeit als Dystopie‹ kann als negative Utopie oder als ein Entwicklungspfad verstanden werden, der mit globaler Apartheit verbunden ist. Dabei geht es um Begrenzung und nicht um Verhinderung der Katastrophe. Die Durchsetzung des Kontrollparadigmas hängt von der Verteilung von Machtressourcen im globalen Nord-Süd-Verhältnis und den Möglichkeiten zur Enklavenbildung ab.

Als Bezugsrahmen für eine nachhaltigere Wirtschaft ist Nachhaltigkeit als Dystopie nicht auf den ersten Blick als ein Entwicklungspfad auszumachen, weil sie eine Welt der ökologischen Spaltung darstellt, in der es Privilegierte (= Gerettete) und Verlierer gibt. Globale Eliten ziehen sich in geschützte Enklaven zurück, während alle anderen den ökologischen und sozialen Gefahren schutzlos ausgesetzt sind. Der Entwicklungspfad besteht darin, sich auf den Worst Case vorzubereiten. Anpassungen oder Eingriffe in das bestehende Wirtschaftssystem sollen die Widerstandsfähigkeit der privilegierten Gesellschaften stärken.

Globale Apartheit

Im Gegensatz zu den bislang vorgestellten Diskurspositionen ist ›Globale Apartheit‹ nicht wirklich ein Konzept für eine nachhaltigere Wirtschaft, sondern vielmehr das Ergebnis faktischen Handelns von Minderheiten. Diese Minderheitenherrschaft in der globalen Governance basiert auf dem Bestreben nach nationaler Souveränität und nicht auf einer rassistischen Identität. Aktuell dominiert der Westen auf politischer Ebene nach wie vor die globale Entscheidungsfindung durch Minderheitenkontrolle des Zentralbankensystems (Bank für Internationalen Zahlungsausgleich | BIZ), des Internationalen Währungsfonds (IWF), der Weltbank, des Sicherheitsrates und anderer Institutionen der globalen Governance. Die G7-Länder (Frankreich, Italien, Japan, Kanada, UK, USA und Deutschland) repräsentieren weniger als 12 Prozent der Weltbevölkerung (vgl. The World Bank, 2019a), verfügen jedoch über 60 Prozent ihres Einkommens (vgl. The World Bank, 2019b). Der Westen hat ein Vetorecht in der Weltbank, im IWF und in der Welthandelsorganisation (WTO) und reguliert die globale Geldpolitik durch die Bank für Internationalen Zahlungsausgleich. Obwohl der Rest der Welt inzwischen in vielen internationalen Institutionen die Mehrheit hat, hat er nicht die politische Macht, Entscheidungen der westlichen Minderheit abzulehnen.

Umweltschützer werfen insbesondere den USA und der Europäischen Union vor, die Liberalisierung des Handels und die Globalisierung der Wirtschaft auf Kosten der Umwelt und der Armen dieser Welt durchsetzen zu wollen. Der von vielen Ländern mittlerweile praktizierte Protektionismus droht die Globalisierung auszubremsen. Weltweit formieren sich verstärkt Proteste gegen den Freihandel. Immer mehr Bürger sehen sich nicht genug einbezogen und fürchten eine kulturelle Überfremdung sowie eine weitere Verlagerung von Arbeitsplätzen ins Ausland. Regierungen wollen die heimische Wirtschaft bevorteilen, um Wähler zu gewinnen. Ausdruck der globalen Apartheit sind – mit Blick auf die Grenzen des Wachstums – Bestrebungen zur Sicherung des Zugangs zu Ressourcen. Wirtschaftliche, politische und womöglich gewaltsame Konflikte werden nicht nur um seltene Erden geführt, sondern auch um Trinkwasser und Nahrungsmittel. Vor allem die Konkurrenz um Wasser birgt die Gefahr lokaler Konflikte.

Climate Security

Klimasicherheit bezieht sich auf Sicherheitsrisiken, die direkt oder indirekt durch Änderungen der Klimamuster verursacht werden. Im Global Risks Report 2019 des Weltwirtschaftsforums wurde der Klimawandel als eines der wichtigsten Themen genannt. Im Rahmen des Berichts wurden in einer Umfrage »extremes Wetter, mangelnde Klimaschutzmaßnahmen und Naturkatastrophen als die drei Hauptprobleme genannt« (Taylor, 2019). Der von der Global Challenges Foundation herausgegebene Bericht über globale Katastrophenrisiken 2017 hob »ein breites Spektrum sicherheitsrelevanter Themen hervor, darunter den Klimawandel, und kam zu dem Schluss, dass die globale Erwärmung mit hoher Wahrscheinlichkeit die Zivilisation beenden kann« (Johnston, 2017). Und der Worldwide Threat Assessment Report 2018 besagt, dass »die letzten 115 Jahre die wärmsten in der Geschichte der modernen Zivilisation und die letzten Jahre die wärmsten Jahre seit Bestehen der Aufzeichnungen waren. Extreme Wetterereignisse in einer wärmer werdenden Welt können das Risiko humanitärer Katastrophen, Konflikte, Wasser- und Nahrungsmittelknappheit, Bevölkerungsmigration, Arbeitsausfälle, Preisschocks und Stromausfälle erhöhen. Die Forschung hat keine Indikatoren für Wendepunkte in klimabezogenen Erdsystemen identifiziert, was auf eine Möglichkeit eines abrupten Klimawandels hindeutet« (Gillis, 2018).

Vor diesem Hintergrund wird ›Climate Security‹ in der politikwissenschaftlichen Beratung zum Kernelement nationaler Sicherheit. Das Konzept Climate Security betrachtet die natürlichen Prozesse des Ökosystems hierbei nicht mehr länger als unkontrollierbar, wie insbesondere die Konzepte zu planbaren Eingriffen in bio- und geochemische Prozesse dokumentieren (u. a. CO_2-Abscheidung und -Speicherung, Reduktion der

Sonneneinstrahlung, Eingriffe zur Verhinderung der Übersäuerung der Meere etc.). Die darin zum Ausdruck kommenden Zukunftsimaginationen sind durchzogen von technologischen Kontrollvorstellungen und weitgehend von normativen Debatten und demokratisch-deliberativen Verfahren abgekoppelt.

4.3.4 Einschätzungen zu den Diskurspositionen

Es wird auch weiterhin noch intensiv um eine nachhaltigere Entwicklung und nachhaltigere Wirtschaft gerungen werden müssen, damit die Menschheit im Einklang mit dem Planeten Erde leben kann. Es ist sehr wahrscheinlich, dass sich keine der drei skizzierten Diskursströmungen oder einzelne darin beschriebene Diskurspositionen in Reinform durchsetzen werden. Ziel ist es vielmehr, einen Bezugsrahmen für die Ableitung einer strategischen Ausrichtung von Unternehmungen zu schaffen, in der Nachhaltigkeit das zentrale Element ihrer Positionierung ist.

Standpunkt 19 | *In den Diskurspositionen zu den Zukünften einer nachhaltigeren Wirtschaft ist der höhere Sinn (Purpose) von wirtschaftenden Unternehmungen verankert!*

In dem Strategieprozess von Unternehmungen ist es lohnenswert, sich mit dem Potenzial der einzelnen Entwicklungspfade auseinanderzusetzen und für sich den Magneten zu bestimmen, der eine hohe Anziehungskraft hat. Zu diesem Zweck sollen die Anschlussfähigkeit und der Grad der Nachhaltigkeit der drei Entwicklungspfade eingeschätzt werden.

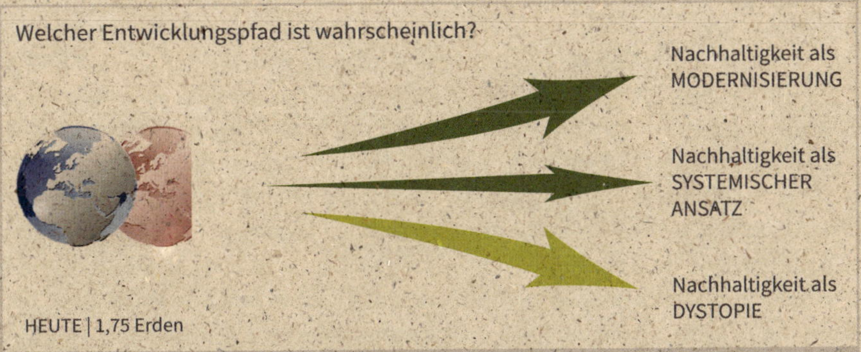

Abb. 14: Welcher Entwicklungspfad ist wahrscheinlich?

Den Mitgliedern unserer Gesellschaft wird mit ›Nachhaltigkeit als Modernisierung‹ ein Zukunftsbild angeboten, in dem die ökologischen und sozialen Herausforderungen unseres Zusammenlebens mittels technologischer Innovationen gelöst werden können. Die treibende Kraft dahinter ist die Suche nach neuen grünen und blauen Märkten, ohne an den Grundfesten des Wirtschaftssystems – insbesondere nicht an dem

Wirtschaftswachstum – rütteln zu müssen. Dieses Zukunftsbild entspricht weitestgehend dem heute gewohnten Leben und Arbeiten, in dem Unternehmungen ihre Wertschöpfungsprozesse noch effizienter gestalten. Angesichts der Tatsache, dass einer der ursächlichsten Anlässe für die Notwendigkeit einer nachhaltigeren Wirtschaft – das Wirtschaftswachstum – unangetastet bleibt, ist der Grad der Nachhaltigkeit (siehe Definition in Kapitel 4.3.2: Nachhaltigkeit als systemischer Ansatz) als gering einzuschätzen. Hinzu kommt, dass bei der Diskursströmung Nachhaltigkeit als Modernisierung den Finanzmärkten eine besondere Rolle zukommt. Demnach sollen Finanzinvestoren ihren Investmentprozess gezielt nach den ESG-Kriterien (Environmental Social Governance) ausrichten und in Unternehmungen investieren, die technologische Innovationen hervorbringen. Die Prinzipien von Nachhaltigkeit geraten dadurch immer mehr zum Spielball von Kapitalanlegern. Auf der anderen Seite ist der Grad der Anschlussfähigkeit (siehe Definition in Kapitel 4.3.1: Nachhaltigkeit als Modernisierung) sehr hoch.

Nachhaltigkeit als Modernisierung wird nicht nur von der deutschen Regierung, sondern auch von der OECD, den Vereinten Nationen, der Weltbank und der Europäischen Union explizit als zukünftiger Entwicklungspfad angesehen: Die politischen Entscheidungsprozesse werden in der Hoffnung geführt, dass die damit verbundenen Maßnahmen ausreichen werden, die ökologischen und sozialen Herausforderungen lösen zu können. Nachhaltigkeit als Modernisierung ist vor allem ein bequemer Entwicklungspfad, der weiteres Wachstum verspricht und die Menschen in den industrialisierten Ländern nicht aus ihre Komfortzone zwingt. Und im besten Fall auch zur Lösung beiträgt.

Die in den Diskurspositionen von Nachhaltigkeit als systemischer Ansatz vertretenen Lösungsansätze haben zwei Dinge gemeinsam: [1.] Sie alle gehen davon aus, dass nicht allein wirtschaftliche Aspekte eine Gesellschaft ausmachen und das Wohl der Gesellschaft(en) als Ganzes stärker in den Mittelpunkt gerückt werden muss. [2.] In den hier skizzierten Konzepten wird immer wieder betont, dass das alles beherrschende Wachstumsprinzip ausgedient hat. Ihre Vertreter suchen deshalb nach neuen Mechanismen und Praktiken für das wirtschaftliche und gesellschaftliche Zusammenleben. Diese diskutierten und teilweise schon etablierten Mechanismen verlangen den Mitgliedern der Gesellschaft und ihren Einrichtungen etwas mehr ab. Sie richten sich auf naturverträgliche Technologien, welche die Stoffe und die Leistungen der Ökosysteme nutzen, ohne sie zu zerstören. Dabei geht es um die Vereinbarkeit von Natur und Technik sowie um das Bemühen eines möglichst geringen Rohstoff- und Energieverbrauchs. Die Suche nach dem rechten Maß sowohl in Bezug auf Selbstbegrenzung, Konsumverzicht oder Askese als auch in Bezug auf Entschleunigung und dem Abwerfen von Ballast sind prägende Elemente.

Die naturverträgliche Erneuerung von Infrastrukturen und der sozialverträgliche Umbau von Gesellschaften mit ihren spezifischen Werten und Verhaltensmustern ist sicher ein großer Kraftakt, der Zeit, Geduld und viel Kommunikation erfordert. Der

Ausstieg aus der Nutzung fossiler Brennstoffe und damit die Umstellung auf eine Energieversorgung aus erneuerbaren Energiequellen ist ein durchaus realistisches und erstrebenswertes Szenario – mit vielen Pfadabhängigkeiten. Der Aufbau neuer Infrastrukturen bietet vielen Unternehmen ein sehr großes Innovationspotenzial. Der Rückbau der bestehenden Infrastruktur ist mit erheblichen Kosten verbunden, die in der Regel externalisiert und von der Gemeinschaft getragen werden müssen. Das Gleiche gilt auch für alle anderen Infrastrukturen, u. a. für Wohnen und Verkehr. Folgt man den Einschätzungen der Autoren Heike Molitor und Pierre L. Ibisch, dann wird der Nachhaltigkeit als systemischer Ansatz eine starke Nachhaltigkeit zugeschrieben. Wäre die Umsetzung dieser skizzierten Konzepte einfach, dann hätten wir diese Mechanismen und Systeme wahrscheinlich schon heute. Das ist aber nicht oder nur in Ansätzen der Fall. Für eine breite Gruppe der Gesellschaft sind diese Konzepte nicht anschlussfähig. Obschon Initiativen wie die Gemeinwohlökonomie und die Transition-Town-Bewegung bereits heute konkret umgesetzt werden und damit ihre Anschlussfähigkeit zumindest für einen Teil der Bevölkerung bewiesen haben.

Merkenswert !

Die Wahrscheinlichkeit für die Verwirklichung der Diskursströmung Nachhaltigkeit als Dystopie wächst mit jedem Tag, an dem es nicht gelingt, eines der anderen Konzepte umzusetzen.

Dass aus dem bedrohlichen Business-as-usual-Szenario (siehe Kapitel 4.2: Ungebremstes Wirtschaftswachstum sowie Abb. 11: Was passiert, wenn nichts passiert?) Realität werden könnte, zeigen die immer häufiger zu beobachtenden protektionistischen Bestrebungen von einigen Ländern und Regierungen. Der seit einigen Jahren neu entflammte Handelskrieg zwischen den USA, China, der EU, Kanada und vielen anderen Ländern kann als ein Indiz dafür gewertet werden, dass inländische Anbieter vor ausländischer Konkurrenz geschützt werden sollen. Beispielsweise wird durch die EU noch immer die heimische Wirtschaft subventioniert (u. a. die Landwirtschaft) und damit viele Versuche unterlaufen, in den Schwellen- und Entwicklungsländern wirtschaftlich tragfähige Rahmenbedingungen zu schaffen. Dass die Grenzen des Wachstums irgendwann erreicht sein werden, steht bei dem Entwicklungspfad Nachhaltigkeit als Dystopie außer Frage. Es ist nur eine Frage der Zeit. Die darin skizzierten Maßnahmen sind nicht auf einen ökologischeren und sozialeren Umgang mit der Natur und den Menschen ausgerichtet, sondern auf den Umgang mit dem Ernstfall. Aus diesem Grund ist der Grad der Nachhaltigkeit als gering einzuschätzen. Bis zum Eintritt des Ernstfalls ist die Proklamation dieses Entwicklungspfades nicht wirklich opportun. Würde es doch bedeuten, dass Politiker und Unternehmenslenker untätig darauf warten würden, dass dieser Fall eintritt und sie sich nur für die Phase danach vorbereiten. Sollte dieser Ernstfall eintreten, dann ist dieses Modell für diejenigen mehr als anschlussfähig, die ihre Machtressourcen und ihre Möglichkeiten zur Enklavenbildung ausspielen können. Alle anderen werden unmittelbar den mit einem Überschreiten der planetarischen Grenzen verbunden Auswirkungen ausgesetzt sein.

Warum Innovationen für nachhaltiges Wirtschaften?

Um ...

- das eigene Geschäft anders, neu, besser und vor allem nachhaltiger zu gestalten!
- denkbare, nachhaltigere Chancen und Handlungsoptionen zu identifizieren – auch für neues Geschäft!
- sich einen Vorrat an Ideen und Zukunftschancen anzulegen!
- Imaginationen von Zielbildern entwerfen zu können!
- Anregungen für die Unternehmensstrategie zu erhalten!
- Richtungsentscheidungen treffen zu können!

5 Innovationen, Handlungsprinzipien & Zielbilder

Was bedeuten diese in den unterschiedlichen Diskurspositionen zum Ausdruck kommenden ›Zukünfte einer nachhaltigeren Wirtschaft‹ für Unternehmungen? Welche Richtungen können sie vor diesem Hintergrund einschlagen oder diesen Wandel unterstützen? Welche innovativen Ansätze können sie daraus ableiten? Und: Wie wirksam sind diese Lösungsansätze für ein nachhaltigeres Wirtschaften? Welche erstrebenswerten Zielbilder (u. a. mögliche Positionierungen) lassen sich daraus formulieren und in die Unternehmensstrategie integrieren? In diesem Kapitel geht es um genau diese Fragen.

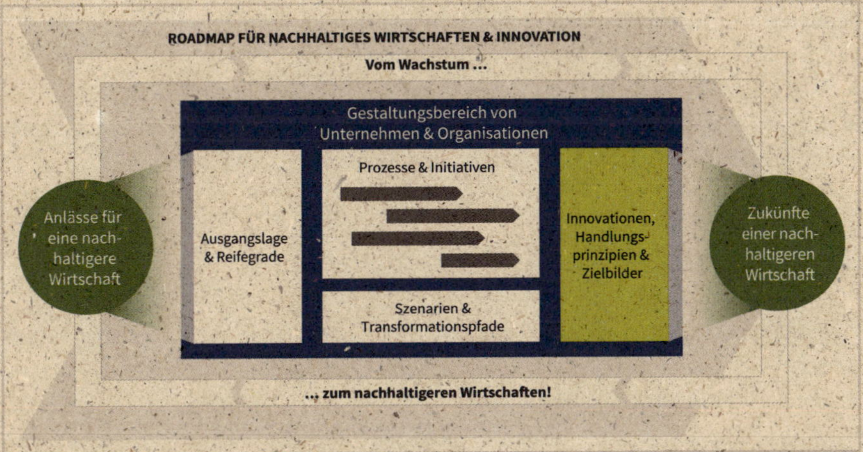

Abb. 15: Roadmap | Innovationen, Handlungsprinzipien & Zielbilder

Jede wirtschaftlich agierende Unternehmung ist Teil der Wirtschaft und somit Treiber oder Bremser für eine nachhaltigere Wirtschaft. Jede Unternehmung, jeder Unternehmer, jede Führungskraft und jeder Entscheider einer Unternehmung ist gefordert, die Zukunft des Unternehmens langfristig zu sichern. Damit dieses Unterfangen gelingt, müssen die eigenen Wertangebote und Prozesse den Anforderungen der Märkte und den Bedarfen der Kunden besser gerecht werden als die der Wettbewerber. Und der Wettbewerber denkt und agiert in gleicher Weise. Es ist also ein ständiges Ringen um die Gunst des Kunden. Alle Marktteilnehmer versuchen deshalb, sich Vorteile zu verschaffen. Sie bringen immer wieder neue, andere und bessere Wertangebote auf den Markt, die die Beziehungen zu den Kunden verbessern und/oder attraktivere Preismodelle und Kaufanreize schaffen sollen. Dies erfordert ein dynamisches und adaptives Management der gesamten Wertschöpfungskette. Innovationen müssen mittels nachhaltiger Handlungsprinzipien (weiter)entwickelt und in faszinierende, gemeinsam anzustrebende und realisierbare Zielbilder verdichtet werden. Basiert wirtschaftliches Handeln von Menschen in Unternehmungen auf einer Unternehmensstrategie, die Nachhaltigkeit als handlungsleitendes Prinzip festgeschrieben hat und wird dieses Prinzip auch tatsächlich (vor)gelebt, dann nehmen sie mit ihren Entscheidungen unmittelbar Einfluss auf die Gestaltung einer nachhaltigeren Wirtschaft.

Beginnend mit einem Bezugsrahmen für die Wirksamkeit von unternehmerischen Maßnahmen wird die Nutzung nachhaltiger Handlungsprinzipien (oder auch Nachhaltigkeitsstrategien) für ein nachhaltigeres Engagement reflektiert – einschließlich spezifischer Denkmodelle, die bei der Entwicklung von Lösungsansätzen als Inspirationsquelle dienen können. In der Kombination von Handlungsprinzipien, Denkmodellen und Geschäftsmodellen entstehen Innovationen für ein nachhaltigeres Wirtschaften. Nicht alle Lösungsansätze lassen sich schnell und einfach umsetzen. Deshalb ist es wichtig, dass sie durch die Unternehmensstrategie legitimiert sind und durch strategische Projekte, Programme oder Prozesse Aufmerksamkeit erhalten.

5.1 Wirksamkeit nachhaltiger Innovationen

Innovationen und Zielbilder entstehen aus identifizierten Ideen, Chancen oder bereits vorhandenen, weitergedachten Lösungsansätzen, die aus Sicht von Unternehmungen als sinnvolle, vorteilhafte, strategische und/oder operative Handlungs- und Gestaltungsoptionen angesehen werden können. Für die Identifikation von Ideen und Chancen für ein nachhaltigeres Wirtschaften können die drei Handlungsprinzipien Öko-Effizienz, Konsistenz und Suffizienz herangezogen werden. Bei der Anwendung dieser Handlungsprinzipien unterstützen passende Denkhilfen oder Denkmodelle wie Cradle to Cradle, Modularisierung, Corporate Social Value, Dematerialisierung, Pay-per-Use, Recycling, Upcycling oder Urban Mining, um den Kern von nachhaltigeren Lösungen herauszuarbeiten. Die so identifizierten Handlungs- und Gestaltungsoptionen werden in der Folge weiter zu Geschäftsmodellen ausgearbeitet. Bevor aber eine Idee, eine Chance oder ein Lösungsansatz weiterverfolgt und damit in den skizzierten Chancentrichter aufgenommen wird, sollte die Wirksamkeit für ein nachhaltigeres Wirtschaften bewertet werden.

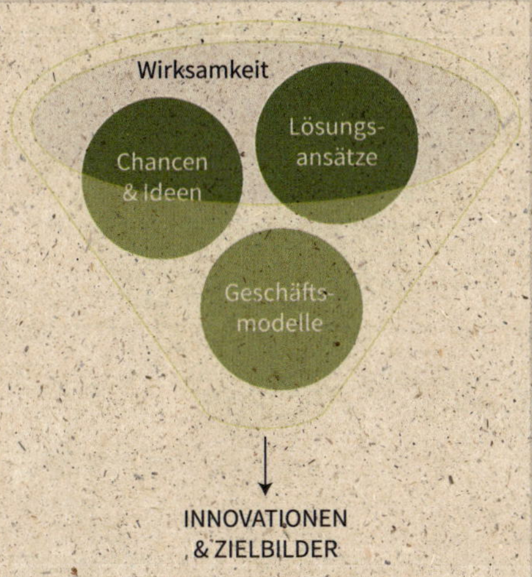

Abb. 16: Chancentrichter

Die Begriffe ›Wirksamkeit‹ oder ›Wirkung‹ sind für ein besseres Verständnis erläuterungsbedürftig. Sie sollen deshalb anhand eines Beispiels begreiflich gemacht werden: Wenn Sie mit Ihrem Auto, mit dem Bus oder mit Ihrem Fahrrad von Ihrem Wohnort in den benachbarten Ort zum Einkaufen fahren, dann ist die Wirkung der Produkte bzw. der Leistungen ›Auto‹, ›Bus‹ und ›Fahrrad‹ in allen drei Fällen Mobilität.

Produkte, Leistungen, Lösungen sind Mittel zur Herstellung von Wirkungen und an sich ohne Wert. Alle drei Fortbewegungsmittel erzeugen die gleiche rationale, offensichtliche Wirkung, die auch Nutzen genannt wird. Ihre Funktion, also die unmittelbar technische Wirkung, ist der Transport von Personen und/oder Sachen von A nach B. Natürlich reisen Sie mit dem Auto, mit dem Bus oder dem Fahrrad unterschiedlich komfortabel. Die Fahrt mit dem Fahrrad ist sicher zeitaufwendiger als mit dem Auto und sicher auch anstrengender, aber stärkt die persönliche Fitness. Auch die Fahrt mit dem Bus ist oftmals mühsamer und weniger flexibel, bietet aber gerade in Städten eine zeitliche Alternative. Und nicht immer ist die Fahrt mit dem eigenen Auto vorteilhafter, wenn die Kosten für den Unterhalt und die Zeit für die Suche nach einem Parkplatz mit einkalkuliert werden.

Standpunkt 20 | *Menschen zahlen letztlich immer nur für Wirkungen! Daher wird jeder Markt früher oder später nur noch die wirklich von den Kunden gewünschten Wirkungen hervorbringen. (vgl. Dr. Pero Micic, 2012)*

Neben der Wirkung Mobilität spielen in dem obigen Beispiel noch weitere, vor allem emotionalere Wirkungen eine Rolle, die die Entscheidung für die Wahl eines Fortbewegungsmittels beeinflussen. Neben Wirkungen wie Schnelligkeit und Zeitersparnis könnten Prestige oder die Hinterlassenschaft eines kleineren ökologischen Fußabdrucks die Entscheidung beeinflussen. Jedes Produkt, jede Leistung und jede Lösung erzeugen nicht nur eine spezifische Wirkung für den Käufer oder Verkäufer, sondern auch eine Wirkung in Bezug auf ihre ökologische, ökonomische und soziale Nachhaltigkeit. Damit wird der Bezugsrahmen von Wirkung und Wirksamkeit auf eine nachhaltigere Wirtschaft erweitert. Ein weiterer Bezugsrahmen für die Wirksamkeit von Maßnahmen für die Herstellung und Nutzung von Produkten, Leistungen und Lösungen stellen die bereits in Kapitel 2 erwähnten 17 Ziele für eine nachhaltige Entwicklung (Sustainable Development Goals, SDGs) der Vereinten Nationen mit ihren 169 Unterzielen aus dem Jahr 2015 dar:

Abb. 17: Nachhaltigkeitsziele der Vereinten Nationen

Aber was bedeutet ökologische, ökonomische und soziale Nachhaltigkeit ganz konkret? Nachfolgend sind denkbare Wirkungen von Maßnahmen und Prozessen zur Herstellung von Produkten, Leistungen und Lösungen und denkbare Wirkungen aus dem Umgang bzw. ihrer Nutzung aufgelistet. Diese Auflistung kann als eine Art Checkliste genutzt werden, um sich der Wirkung unseres Verhaltens, unseres Handelns und unserer Entscheidungen bewusst zu werden:

Mehr ökologische Nachhaltigkeit bedeutet, unsere Lebensgrundlagen langfristig lebenswert zu erhalten!

Es bedeutet,

- die Luft, die wir einatmen, weniger mit Schadstoffen und Emissionen zu belasten. U. a. durch Verminderung des CO_2-Ausstoßes (= Verlangsamung des Klimawandels bzw. der Erderwärmung), Verminderung von gesundheitsgefährdenden Schadstoffen wie Feinstaub.
- die Gewässer, Meere und Seen weniger mit Schadstoffen und Emissionen zu belasten – u. a. durch geringere Einträge von Nitraten, Stickstoffen oder Phosphor.

- die Böden weniger mit Schadstoffen und Emissionen zu belasten oder sie dauerhaft einseitig zu nutzen – u. a. durch geringere Einbringung von Düngemittel auf land- und viehwirtschaftlich genutzten Flächen, geringeren Anbau von Monokulturen und damit einseitiger Nutzung von Böden.
- die Waldgebiete zu erhalten und sie weniger mit Schadstoffen und Emissionen zu belasten – u. a. durch den Schutz von Waldgebieten (Schutz vor saurem Regen, Krankheiten, Rodung, etc.).
- weniger Ressourcen (Holz, Erdöl, Wasser, Nutztiere, Nutzpflanzen, …) zu verbrauchen – u. a. durch eine effizientere Nutzung von Ressourcen, Substitution von Ressourcen durch nachwachsende Ressourcen, geringeren Fischfang gefährdeter Arten.
- weniger Energie oder mehr Energie aus regenerativen Quellen zu verbrauchen – u. a. durch geringere Nutzung fossiler und atomarer Energiequellen, dafür mehr Energie aus Wind-, Sonnen- und Wasserquellen.
- die Umwelt mit weniger oder gar keinen Abfällen mehr zu belasten – u. a. durch geringere Abfälle bei Verpackungen, Lebensmitteln, Gebrauchsgegenständen.
- Bodenerosionen und Wüstenbildungen zu vermeiden – u. a. durch besseren Schutz der Küstenregionen, Schutz von Böden und Feuchtgebieten.
- die Biodiversität zu stärken – u. a. durch den Schutz und Ausbau der Artenvielfalt (z. B. Insekten, Bienen).
- weniger Flächen zu verbrauchen bzw. zu versiegeln und wieder mehr Flächen zu renaturieren – u. a. durch geringeren Flächenverbrauch für den Straßenverkehr, für Wohnen und für die Wirtschaft.
- die Ökosysteme in ihrer Robustheit und Resilienz zu stärken – u. a. durch die Förderung von mehr Vielfalt in der Natur.
- die vorhandenen Grünflächen, Erholungsgebiete und Naturparks nicht zu überlasten – z. B. weniger intensive Nutzung von Meeren, Stränden, Wäldern etc. für Freizeitinteressen.

»Seit einigen Hunderttausenden von Jahren ist der Homo sapiens ein Akteur in dieser prekär dünnen, filmartigen Biosphäre. Erst in den letzten fünf Jahrhunderten haben Menschen gelernt, dass diese Erde eine Kugel ist und dass es verschiedene Kontinente gibt, auf denen auch Menschen leben. Erst vor ca. drei Jahrhunderten hat sich die Menschheit auf die Reise der systematischen Erforschung und Vermessung des Planeten Erde gemacht.« (Ibisch, 2018)

Standpunkt 21 | *Genauso, wie wir nicht nicht kommunizieren können, können wir auch nicht nicht ökologische und soziale Dienste nutzen. Aber wie wir sie nutzen, macht einen erheblichen Unterschied!*

In den letzten 50 Jahren nutzt ein Teil der Menschheit die Ökosystemleistungen in einer Intensität, die den Planeten Erde an seine Grenzen bringen könnte. In jedem Augenblick interagieren wir Menschen mit dem Ökosystem, verbrauchen Ressourcen und Energie, setzen das Ökosystem unter Stress und verhalten uns inzwischen weniger als mehr im Einklang mit der Natur. Dies gilt auch für die sozialen Systeme, die von den Gesellschaften geschaffen wurden und die sie ihren Mitgliedern als soziale Dienste für ihr menschliches Wohlergehen zur Verfügung stellen. Die Ausgestaltung der sozialen Systeme ist bisweilen nicht perfekt und die Nutzung dieser Systeme offenbart viele Unzulänglichkeiten. Dennoch leben und arbeiten wir in diesen sozialen Systemen, nutzen die sozialen Dienste und verhalten uns mehr oder weniger solidarisch.

Mehr soziale Nachhaltigkeit bedeutet, das Wohlergehen von Gesellschaften und ihren Mitgliedern langfristig zu sichern und zu stärken!

Es bedeutet,

- verunfallte und kranke Menschen medizinisch besser zu versorgen – u. a. durch Verbesserung der Anzahl, Qualität und flächendeckenden Verfügbarkeit medizinischer Einrichtungen.
- ältere und hilfsbedürftige Menschen würdevoller, vorsorglicher und sicherer zu pflegen – u. a. durch Verbesserung der Anzahl, Qualität und flächendeckenden Verfügbarkeit von stationären und ambulanten Pflegeeinrichtungen.
- Menschen aller Alters- und Geschlechtergruppen besser aus- und weiterzubilden – u. a. durch besseren und uneingeschränkten Zugang zu Wissen und Bildung oder zu individualisierten Angeboten sowie Verbesserung der Qualitätsstandards und ihre Vergleichbarkeit.
- sich besser in gesellschaftlichen und politischen Prozessen einzubringen, seine Meinung zu äußern, mitwirken und mitbestimmen zu können (soziale und politische Teilhabe) – u. a. durch Verbesserung der freien Meinungsäußerung, der Mitbestimmungsmöglichkeiten oder der Mitwirkung in Organisationen.
- allen Mitgliedern der Gesellschaft mehr Gleichberechtigung, mehr Freiheit und mehr Freizügigkeit zu ermöglichen – u. a. durch Verbesserung der Unabhängigkeit, der Selbstverwirklichungsmöglichkeiten von Individuen, die freie Wahl und Ausübung einer Religion, Gewährleistung der Gleichheit vor dem Gesetz.
- die Versorgungssicherheit mit und den Zugang zu Nahrungsmitteln und Dingen des täglichen Bedarfs zu verbessern – u. a. durch bessere, gesündere und ausgewogenere Ernährung, einen einfacheren Zugang zu Nahrungsmitteln und den Dingen des täglichen Bedarfs.
- angemessenere und sozial verträglichere Arbeitsbedingungen zu ermöglichen – u. a. durch Verbesserung der Arbeitssicherheit, der Arbeitsplatzbedingungen, der Arbeitszeiten oder eine geschlechter-neutrale Entlohnung für gleiche Arbeit.
- die Wohnmöglichkeiten gesellschaftlich ausgewogen zu verbessern und die Voraussetzungen für die Nutzung von Energie und Wasser sowie für die Entsorgung von Abwasser und Abfällen zu verbessern – u. a. durch Verbesserung des sozialen

Wohnungsbaus, Schaffung bezahlbaren Wohnraums, bezahlbarer Versorgungs- und Entsorgungsangebote.

- die Mitglieder der Gesellschaft finanziell besser abzusichern – u. a. durch Verbesserung der finanziellen Absicherung von Mitgliedern der Gesellschaft in allen Lebensphasen, wenn Notsituationen durch Krankheit, Arbeitslosigkeit etc. eingetreten sind.
- die Mobilitätsangebote für die Gesellschaft und ihre Nutzung zu verbessern – u. a. durch Verbesserung der Angebote und der Infrastrukturen für nachhaltige Mobilitätsangebote (Bus, Bahn, Car-Sharing, …).
- mehr Sicherheit und Unversehrtheit für die Mitglieder der Gesellschaft zu gewährleisten – u. a. durch besseren Schutz der Privatsphäre und des Eigentums, besseren Schutz vor Übergriffen und negativen Umwelteinflüssen.
- den Zugang zu Informationen, den Austausch und den Dialog innerhalb und außerhalb der gesellschaftlichen Grenzen zu verbessern (Information & Kommunikation) – u. a. durch Verbesserung der Informationsangebote und einfacherer Zugang zu diesen Informationen sowie die Gestaltung von Plattformen für den Austausch und Dialog (Anzahl, Qualität).
- mehr und attraktivere Freizeit- und Fitnessangebote zu schaffen – u. a. durch umfangreichere und attraktivere kulturelle, spirituelle, sportliche, soziale Angebote und Begegnungsmöglichkeiten.

Auch Unternehmungen sind soziale Systeme und gesellschaftliche Akteure. Sie agieren als Arbeitgeber, als Ausbilder, als Steuer- und Sozialbeitragszahler, als Produzent und Dienstleister sowie als Sozial- und Kooperationspartner. Sie sind ein essenzieller Teil des Wirtschaftskreislaufes und als solcher eng mit Lieferanten, Kunden, Arbeitnehmern, Kapitalgebern und dem Staat verbunden. Ihnen obliegt die Entscheidung, mit welchen Mitteln die Produkte, Leistungen und Lösungen hergestellt werden. Sie beschaffen das notwendige Kapital, die Arbeitskräfte, die Rohstoffe und organisieren die Produktion. Sie übernehmen aber auch die Haftung und das Risiko für ihre Güter und Dienstleistungen.

Mehr ökonomische Nachhaltigkeit bedeutet, die Unternehmungen zukunftssicher für eine nachhaltige Wirtschaft zu gestalten!

Es bedeutet,

- effizientere Verfahren und Technologien für den Abbau und die Förderung von Ressourcen sowie für die Produktion von Gütern und Dienstleistungen zu entwickeln – u. a. durch Verbesserung der Produktionsverfahren, der Lieferketten und der Anbaumethoden (z. B. erdlose Produktion von Nutzpflanzen).
- ressourcensparendere Verfahren und Technologien für den Abbau und die Förderung von Ressourcen sowie für die Produktion von Gütern und Dienstleistungen

zu entwickeln – u. a. durch Verbesserung der Qualität und der Lebensdauer von Produkten, Verbesserung der Reparierfähigkeit von Produkten, weniger Bauteile, Rückhol- und Pfandsysteme.

- umweltfreundlichere und emissionsärmere Verfahren und Technologien für den Abbau und die Förderung von Ressourcen sowie für die Produktion von Gütern und Dienstleistungen zu entwickeln – u. a. durch vermehrten Einsatz von Filtern, Verminderung von schädlichen Abfallprodukten.
- vermehrt regionalisierte Produkte, Dienstleistungen und Geschäftsmodelle zu entwickeln und diese regional und lokal zu nutzen – u. a. durch die Herstellung von Lebensmitteln für einen begrenzten Wirtschaftsraum (inkl. Rohstoffe aus der Region).
- energiesparende Verfahren und Technologien bei dem Abbau und der Förderung von Ressourcen, bei der Produktion von Gütern und Dienstleistungen und bei der Nutzung von Betriebsstätten zu entwickeln und zu nutzen – u. a. durch Verringerung des Energieverbrauchs für Licht, Produktionsmaschinen, Fuhrpark.
- vermehrt Energien aus der Produktion von erneuerbaren Energiequellen zu nutzen – u. a. durch vermehrte Nutzung von Energie aus der Produktion von Sonnenenergie, Windkraft, Wasserkraft.
- vermehrt Rohstoffe in den biologischen und technischen Kreisläufen von der Rohstoffgewinnung über die Produktion, die Nutzung und die Verwertung zu bewahren und zu belassen – u. a. durch Verbesserung der Wiederverwertung von Rohstoffen, Verbesserung der Recyclingfähigkeit von Produkten.
- vermehrt Produkte aus Materialien zu fertigen, die aus Abfall-, Neben- oder recycelten Produkten stammen – u. a. durch Reduzierung der Abfälle in Produktionsverfahren und Verbesserung der Wiederverwertbarkeit.
- vermehrt alternative und synthetische Rohstoffe einzusetzen – u. a. durch verminderten Einsatz von seltenen Erden.
- vermehrt auf Verpackungen von Gütern und Waren zu verzichten, diese zu reduzieren oder sie wieder einzusammeln – u. a. durch Verzicht auf Plastik, vermehrten Einsatz von Mehrfach-Verpackungs- und Mehrfach-Transportsystemen.
- vermehrt einen fairen Handel zu treiben – u. a. durch Verzicht auf die Ausbeutung von Akteuren entlang der gesamten Wertschöpfungskette.
- für die Mitglieder der Gesellschaft Beschäftigungsmöglichkeiten in einer nachhaltigeren Wirtschaft zu schaffen und damit Einkommen zu generieren – u. a. durch Schaffung von Verdienstmöglichkeiten im Sinne einer nachhaltigeren Wirtschaft (keine Einkommensmaximierung).
- den Mitgliedern der Gesellschaft persönliche Entwicklungsmöglichkeiten zu ermöglichen – u. a. durch Verbesserung der betrieblichen Aus- und Weiterbildung.
- die Mitglieder der Gesellschaft bei ihrer finanziellen Vor- und Versorgung zu unterstützen – u. a. durch Verbesserung der finanziellen Absicherung bei Ereignissen (Unfall, Krankheit).

Merkenswert !

Bewusstsein im Sinne von ›Wissen über etwas haben‹ führt idealerweise zu Verhaltensänderungen. In dem gleichen Bewusstsein, dass alle Interaktionen innerhalb der ökologischen und sozialen Systeme etwas bewirken, sind auch Unternehmungen gefordert, ihre Handlungen nach ökologischen, sozialen und ökonomischen Prinzipen auszurichten und diese in der Unternehmensstrategie zu verankern.

Dass Unternehmungen nicht nur gefordert sind, sondern auch etwas tun, zeigt sich daran, dass sich immer mehr Unternehmungen über die Wirkung ihrer Geschäftstätigkeit Gedanken machen. Sie entwerfen Zukunftsbilder von einem nachhaltigen Wirtschaften in ihren Geschäftsfeldern, formulieren Ziele, was sie erreichen wollen und legen fest, wie es erreicht und gemessen werden kann. Hierzu einige Beispiele:

- Die GLS Bank hat sich bezahlbaren Wohnraum zum Ziel gesetzt. Bei der Finanzierung von Wohnraum achtet sie darauf, dass die von ihr finanzierten Wohnprojekte Angebote und Maßnahmen für einkommensschwache Personengruppen enthalten. Für den Erhebungszeitraum vom 01. Januar 2020 bis 31. Mai 2020 lag diese Quote bei 69 Prozent (vgl. GLS Bank, 2020).
- In ihrem Jahres- und Wirkungsbericht 2018 beschreibt die Bundesvereinigung Lebenshilfe u. a., dass sie Teilhabe und Selbstbestimmung für Menschen mit Behinderung und ihrer Familien bewirken will und sie deshalb in allen Lebenslagen begleitet und unterstützt. (vgl. Bundesvereinigung Lebenshilfe e. V., 2018)
- Der Verein ›Ackerdemia‹ setzt sich u. a. dafür ein, dass das Bewusstsein für die Bedeutung von Natur und die Wertschätzung von Lebensmitteln in unserer Gesellschaft gestärkt wird. Und das offensichtlich mit Erfolg, denn 92 Prozent der Schüler und Schülerinnen vertiefen ihr Interesse am Gemüseanbau, 87 Prozent entwickeln mehr Wertschätzung für Gemüse, 62 Prozent essen Gemüse, das ihnen vorher nicht geschmeckt hat und 72 Prozent würden auch gerne zu Hause Gemüse anbauen (vgl. GemüseAckerdemie, 2019).
- Der Handy-Hersteller SHIFT stellt in seinem Wirkungsbericht heraus, dass SHIFT-PHONES modular aufgebaut sind und auch von Laien selbst repariert werden können. Hierbei wird als Maßstab die Reparatur-Statistik herangezogen: Was zuerst getauscht werden muss, ist am leichtesten und schnellsten erreichbar. Ziel ist es, mit Materialien ressourcenschonend umzugehen. Ein Handy wegzuwerfen, nur weil ein defekter Akku nicht ausgetauscht werden kann, ist demnach keine Alternative (vgl. SHIFT, 2019).

All diese Beispiele zeigen, dass die erzeugten Wirkungen Ausgangspunkt von Überlegungen sind, die zu einer nachhaltigeren Wirtschaft beitragen.

5.2 Handlungsprinzipien für ein nachhaltigeres Wirtschaften

Handlungsprinzipien sind keine fertigen Lösungen. Sie können als Leitlinien für die Gestaltung von Produkten, Leistungen und Lösungen sowie von Prozessen und Projekten verstanden werden. Sie haben unterschiedliche Ansatzpunkte und erfordern mehr oder weniger große Anpassungen von Verhalten, Infrastrukturen und Systemen. Und sie lösen unterschiedliche Probleme:

Was ist das Problem?

Ein oftmals verschwenderischer Umgang mit Energie und Rohstoffen bei der Produktion und bei dem Konsum von Waren und Dienstleistungen	Verwendung nicht umwelt- und gesundheitsverträglicherMaterialien und Energien bei der Produktion oder Nutzung von Waren und Dienstleistungen	Der hohe, materielle Lebensstil ist nicht auf alle Länder übertragbar, ohne die Erde zu überfordern. Wirtschaftsweise und Lebensstil erschöpfen uns.

Mit welchem Handlungsprinzip kann das Problem gelöst werden?

ÖKO-EFFIZIENZ	KONSISTENZ	SUFFIZIENZ

Wie kann das Handlungsprinzip umgesetzt werden?

Lösungsansätze für die technische Weiterentwicklung von Produktionsprozessen, die mit weniger Ressourcen pro Produkteinheit auskommen. Ziel von Maßnahmen zur Steigerung der Effizienz ist vor allem die Einsparung von Rohstoffen und Energie, nicht unbedingt von Kosten.	Ersatz umwelt- und gesundheitsschädlicher durch weniger schädliche Materialien entlang der gesamten Wertschöpfungskette steht im Mittelpunkt. Die Herstellung von Waren und Dienstleistungen erfordert oft ein neues Design von Produkten, sodass diese leichter recycelt bzw. in ökologische und technische Kreisläufe zurückgegeben werden können.	Verzicht auf Geschäftswachstum und materialintensive Produktion. Menschen werden aufgefordert, Konsumverhalten und Lebensstil zu verändern. Alle Beteiligten sollen weniger sowie umwelt-schonende Waren und Dienstleistungen verbrauchen. Nicht materielle Dinge sollen eine größere Bedeutung, mitarbeitergerechte Arbeitsbedingungen eine größere Aufmerksamkeit erhalten.

Abb. 18: Überblick Handlungsprinzipien

Eine Herausforderung für die Gestaltung einer nachhaltigeren Wirtschaft ist der verschwenderische Umgang mit Energie und Rohstoffen sowie die Emission von Schadstoffen bei der Produktion und beim Konsum von Waren und Dienstleistungen. Diese Kategorie von Herausforderungen kann mit dem Handlungsprinzip ›Öko-Effizienz‹ begegnet werden. Eine weitere Herausforderung ist die Verwendung nicht umwelt- und gesundheitsverträglicher Materialien und Energien bei der Produktion oder bei der Nutzung von Waren und Dienstleistungen. Hier kommt das Handlungsprinzip ›Konsistenz‹ zum Einsatz. Letztlich ist insbesondere der materielle Lebensstil der Industrieländer nicht auf alle Länder übertragbar, ohne den Planeten Erde zu überfordern. Diese Wirtschaftsweise und dieser Lebensstil erschöpfen die Umwelt und die Menschen. Für diese Form von Herausforderungen kann das Handlungsprinzip ›Suffizienz‹ genutzt werden.

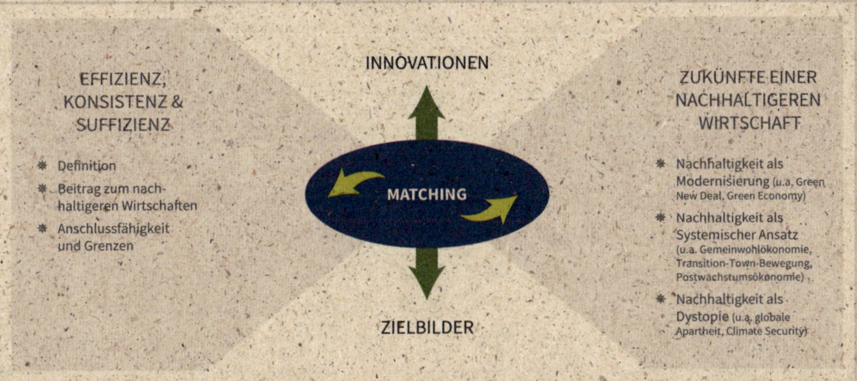

Abb. 19: Matching Handlungsprinzipien | Zukünfte nachhaltigerer Wirtschaft

Aus dem Matching-Prozess der skizzierten Diskurspositionen zu den Zukünften einer nachhaltigeren Wirtschaft mit den Handlungsprinzipien ergibt sich das Rohmaterial für Innovationen und Zielbilder für ein nachhaltigeres Wirtschaften von Unternehmungen. Die Zukünfte einer nachhaltigeren Wirtschaft sind in Kapitel 4.3, Zukünfte einer nachhaltigeren Wirtschaft, beschrieben. Nachfolgend werden zunächst die richtungsgebenden Lösungsansätze erläutert, die sich hinter den drei Handlungsprinzipien verbergen. Anschließend werden sie im Detail besprochen und dabei sowohl ihr Beitrag für eine nachhaltigere Wirtschaft als auch ihre Anschlussfähigkeit und ihre Grenzen reflektiert. Abschließend werden in einem Zwischenfazit die verschiedenen Ansatzpunkte gegenübergestellt. Auch die in der Folge beschriebenen Denkmodelle (siehe Kapitel 5.3) basieren auf diesen drei Handlungsprinzipien.

5.2.1 Definitionen

Hinter dem Handlungsprinzip ›Öko-Effizienz‹ verbergen sich Lösungsansätze für die technische Weiterentwicklung von Produktionsprozessen, die mit weniger Ressourcen pro Produkteinheit auskommen. Ziel von Maßnahmen zur Steigerung der Effizienz ist es, vor allem Rohstoffe und Energie, aber nicht unbedingt Kosten einzusparen. Effizienz zielt darauf ab, eine ökonomische Leistung mit geringstmöglichem Einsatz an Material und Energie herzustellen, in dem das Input-Output-Verhältnis verbessert wird. Konkret bedeutet dies eine Steigerung der Material-, Rohstoff- und Energieeffizienz. Der Effekt besteht in einer relativen Senkung des Ressourcenverbrauchs. Auf Effizienz beruhende Lösungen werden auch als ›inkrementelle Innovationen‹ bezeichnet, da sie darauf abzielen, ein vorhandenes Anschauungsobjekt weiter zu optimieren. Die Wirkung effizienter Lösungen kann an der Steigerung der Rohstoffproduktivität, der Energieproduktivität und an der Senkung der CO_2-Emissionen festgemacht werden. Aber auch die Senkung der Herstellungskosten, die Gestaltung besserer Arbeitsbedingungen oder ein Zeitgewinn innerhalb der Arbeitsprozesse sind Wirkungsziele.

Bei dem Handlungsprinzip ›Konsistenz‹ steht der Ersatz von umwelt- und gesundheitsschädlichen Materialien und Energien durch weniger schädliche Materialien und Energien entlang der gesamten Wertschöpfungskette im Mittelpunkt. Die Herstellung von Waren und Dienstleistungen erfordert oft ein neues Design von Produkten (Produktinnovationen), sodass diese leichter recycelt bzw. bedenkenlos in ökologische und technische Kreisläufe zurückgegeben werden können. Konsistenz richtet sich auf naturverträgliche Technologien, welche die Stoffe und die Leistungen der Ökosysteme nutzen, ohne sie zu zerstören. In intelligenten Systemen gibt es keine Abfälle, nur Produkte (Systeminnovationen). Um dieses Handlungsprinzip anzuwenden, muss viel radikaler gedacht und innoviert werden, damit die Rohstoff- und Energieproduktivität gesteigert oder die CO_2-Emissionen gesenkt werden können. Damit gehen nicht selten veränderte Anforderungen an die Qualifikation der Mitarbeitenden und ein wirtschaftlicher und gesellschaftlicher Strukturwandel einher.

›Suffizienz‹ steht in der Nachhaltigkeitsforschung und in der Umwelt- und Naturschutzpolitik für das Bemühen um einen möglichst geringen Rohstoff- und Energieverbrauch. Suffizienz ist die Suche nach dem rechten Maß sowohl in Bezug auf Selbstbegrenzung, Konsumverzicht oder Askese, aber auch in Bezug auf Entschleunigung und Abwerfen von Ballast. Mit dem Verzicht von Unternehmungen auf weiteres Geschäftswachstum und materialintensive Produktion stellt das Handlungsprinzip Suffizienz insofern mehr auf den Umgang mit Waren und Dienstleistungen innerhalb des Wirtschaftssystems ab. Alle Beteiligten – egal ob Hersteller oder Verbraucher – sollen bei Anwendung dieses Handlungsprinzips weniger verbrauchen, anders und/oder umweltschonender agieren. Die Menschen werden aufgefordert, ihr Konsumverhalten auf den Prüfstand zu stellen und ihren Lebensstil dauerhaft zu verändern. Immaterielle Dinge wie beispielsweise Zeit für- und miteinander sollen eine größere Bedeutung erhalten und mehr wertgeschätzt werden. Unternehmungen werden hiernach aufgefordert, mehr Wert auf gerechte und sozialverträgliche Arbeitsbedingungen zu legen und Nutzungsinnovationen hervorzubringen. Das Leitmotiv von suffizienten Lösungen ist demnach Reduktion, Substitution und Anpassung. Ein wirtschaftlicher Strukturwandel – getragen von suffizienten Handlungen und geprägt durch weniger Wirtschaftswachstum – erfordert ein Umdenken auf allen Ebenen unserer Gesellschaft und gleicht einem grundlegenden Wertewandel.

5.2.2 Handlungsprinzip Öko-Effizienz

Nicht erst seitdem die Diskussion um eine nachhaltigere Entwicklung in das Bewusstsein der Menschen vorgedrungen ist, werden Denkprinzipien, Methoden und Verfahrensweisen zur effizienten Gestaltung der gesamten Wertschöpfungskette von Waren und Dienstleistungen angewendet. Ziel ist und war es schon immer, alle Aktivitäten, die für die Wertschöpfung notwendig sind, optimal aufeinander abzustimmen und überflüssige Tätigkeiten zu vermeiden. Wenn beispielsweise Entwickler, Designer oder Prozessmanager darüber nachdenken, ein bestehendes Produkt oder einen bestehenden Prozess effizienter zu gestalten, dann konzentrieren sie sich voll und ganz auf das Bestehende. Es muss nichts Neues erfunden werden. Es müssen ›nur‹ die Grenzen des bislang machbaren verschoben werden. Wenn Maschinen mit einem geringeren Energieverbrauch eingesetzt, kostengünstigere Rohstoffe beschafft, Materialien mit verbesserten Eigenschaften genutzt oder einzelne Prozessschritte automatisiert werden können, dann verändert sich das Input-Output-Verhältnis vorteilhaft. Allerdings scheint das Effizienzpotenzial begrenzt. Irgendwann steht der Aufwand zur Umsetzung der letzten Verbesserungen in keinem Verhältnis mehr zu dem daraus entstehenden Mehrwert, für den die Kunden bereit wären, einen höheren Preis zu bezahlen.

Durch die Digitalisierung und allen damit verbundenen Entwicklungen bekommen Effizienzbestrebungen wieder neuen Schub. Die Zahl der Internetnutzer weltweit wächst rasant. Das Internet prägt inzwischen maßgeblich die Art und Weise, wie wir kommunizieren und uns informieren. Immer leistungsfähigere Geräte und schnellere Datenübertragungssysteme sowie die Ausstattung von immer mehr Objekten mit ›Intelligenz‹ werden zu Treibern für mehr Effizienz. Das ›Internet der Dinge‹ wird nicht nur unser privates Umfeld und unsere Arbeitsumgebung prägen, sondern die vierte industrielle Revolution auslösen. Während durch Dematerialisierung (u. a. Miniaturisierung, Werkstoffinnovationen, weniger materialintensive Prozesse) Rohstoffe und Ressourcen effizienter genutzt und Verbrauch und Kosten reduziert werden können, ermöglicht es die Digitalisierung, Wirkungen vollständig in künstliche, immaterielle Umgebungen zu verlagern.

Für viele Unternehmungen ergeben sich daraus ganz neue Geschäftschancen. Und im Vergleich zu den anderen EU-Ländern wird deutlich, dass Deutschland noch viel Potenzial hat, um weiteres Wachstum auf der Basis von effizienzsteigernden Maßnahmen zu generieren. Bleibt die Frage, ob die digitale Transformation auch in Einklang mit einer nachhaltigeren Wirtschaft steht. Der Energieverbrauch durch die Nutzung des Internets – insbesondere von Rechen- und Datenzentren – wird stetig steigen. »Weltweit produzieren IT-Geräte und IT-Anwendungen ca. 800 Millionen Tonnen CO_2 pro Jahr – das entspricht in etwa den gesamten Treibhausgas-Emissionen Deutschlands.« (Schmidt, 2019) Beispielsweise erscheint das Streaming von audiovisuellen Medien unumkehrbar. Diese Facette der Digitalisierung trägt als einer der größten Faktoren zum Energieverbrauch des Internets und damit zum CO_2-Ausstoß bei. Vor allem der Datenverkehr, der durch mobile Geräte erzeugt wird, steigt enorm.

Die Digitalbranche erzeugt laut einer Studie des französischen Thinktanks ›The Shift Project‹ »bereits heute etwa doppelt so hohe CO_2-Emissionen wie der gesamte Flugverkehr, knapp vier Prozent des weltweiten Ausstoßes. Tendenz stark steigend. Bei einem ungebremsten Wachstum ist absehbar, dass 2025 die Acht-Prozent-Marke überschritten sein wird und die Digitalbranche damit mehr Treibhausgase erzeugen wird als der gesamte weltweite Kfz-Verkehr! Dieser rasante Anstieg der digitalen CO_2-Emissionen läuft damit den Zielen des Pariser Klima-Abkommens krass zuwider« (Kollmann, 2019). Dies betrifft aber nicht nur den Energieverbrauch, sondern auch den daraus resultierenden Elektroschrott. Für die Nutzung der virtuellen Dienste müssen technische Infrastrukturen geschaffen werden und eine Vielzahl an Endgeräten zur Verfügung stehen.

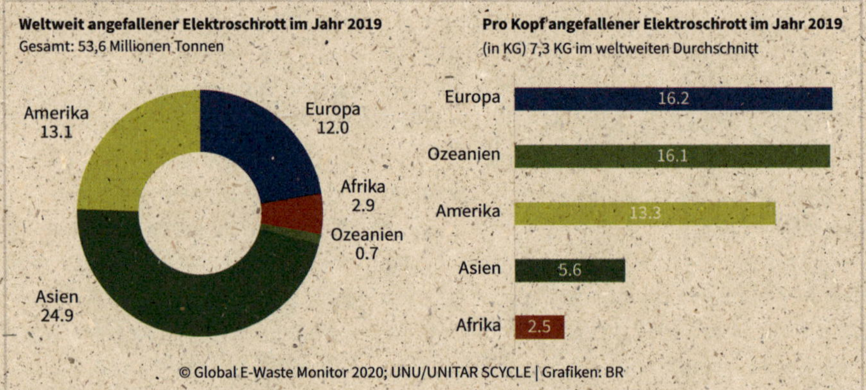

Abb. 20: E-Waste Monitor 2020 (BR24, 2020)

Die Autoren einer von der Robert-Bosch-Stiftung und dem WWF Deutschland e.V. geförderten Studie kommen in ihrem Zwischenfazit zu dem Ergebnis, dass »die [in der Studie] beschriebenen Themen alles Gesichter der Digitalisierung sind, die eine Sache gemeinsam haben: Sie zuwiderlaufen zumindest zum aktuellen Zeitpunkt dem Grundsatz der Nachhaltigkeit. Die drei Säulen der Nachhaltigkeit – Konsistenz, Effizienz und Suffizienz – werden bei den Themen Rohstoffgewinnung und Elektroschrott (E-Waste) besonders stark missachtet. Die Welt produziert aktuell pro Jahr über 60 Millionen Tonnen E-Waste. Dieser ist besonders gefährlich, da die Komponenten der Geräte teilweise aus giftigen und ätzenden Materialien bestehen. Der anfallende E-Waste wird von westlichen Ländern – teilweise illegal und daher absichtlich falsch deklariert – in Drittweltländer exportiert und vergiftet vor Ort Menschen und Umwelt. Die Existenz dieser Menge an Elektroschrott ist nur durch einen gänzlichen Mangel an Stoffkreisläufen und der häufig kurzen Nutzungsphase von elektrischen und elektronischen Geräten möglich. Und durch den kurzen Lebenszyklus – vor allem bei Smartphones – ist eine beträchtliche Nachfrage nach Rohstoffen vorhanden. Die resultierende Umweltverschmutzung durch E-Waste oder giftigen Schlammtümpeln durch die Gewinnung seltener Erden beeinflusst vor Ort aktuelle und folgende Generationen im höchsten Maße negativ« (Sühlmann-Faul & Rammler, 2018).

Standpunkt 22 | *Die Digitalisierung ist nur dann eine Schlüsseltechnologie für eine nachhaltigere Wirtschaft, wenn sie mehr ökologische und soziale Herausforderungen löst, als neue schafft!*

Jeder Beitrag zu einem nachhaltigeren Wirtschaften ist wichtig. Effizientere Lösungen tragen ihren Anteil dazu bei, zumal sie sehr anschlussfähig (siehe Definition in Kapitel 4.3.1: Nachhaltigkeit als Modernisierung) sind. Die Umsetzung dieses Handlungsprinzips erfordert keine Anpassung des gegenwärtigen Wirtschaftssystems, ganz im Gegenteil: Effizienz – und dies gilt auch im Wesentlichen für Öko-Effizienz – sind willkommene Handlungsprinzipien zur Steigerung der Profitabilität von Unternehmungen und zur Sicherung ihrer Wettbewerbsfähigkeit. Viele Maßnahmen zielen deshalb darauf ab, das Leben der Menschen und der Mitarbeitenden in den Unternehmungen leichter, bequemer und sicherer zu machen. Die Umsetzung erfordert zudem weniger gravierende Verhaltensänderungen. Mit anderen Worten: Öko-Effizienz leistet einen endlichen Beitrag für ein nachhaltigeres Wirtschaften, ohne große Schmerzen bei den Beteiligten zu verursachen.

Dennoch gibt es einen Wehrmutstropfen, den sogenannten ›Rebound-Effekt‹. Mit ihm werden in der Energieökonomie Effekte bezeichnet, die dazu führen, dass das Einsparpotenzial von Effizienzsteigerungen nicht oder nur teilweise verwirklicht wird. Die Effizienzsteigerung sorgt dafür, dass der Verbraucher weniger Ausgaben hat und deshalb weitere Produkte erwerben kann. Führt die Effizienzsteigerung gar zu erhöhtem Verbrauch (das heißt zu einem Rebound-Effekt von über 100 Prozent), spricht man von ›Backfire‹. Der direkte Rebound-Effekt ist eine erhöhte Nachfrage nach dem gleichen Gut. Wer auf Grund von Effizienzsteigerungen Energie und damit Geld spart, kann das Geld für andere Waren und Dienstleistungen ausgeben, die ebenfalls Energie verbrauchen. Dadurch steigt die Nachfrage nach zusätzlichen Waren und Dienstleistungen, für deren Herstellung, Betrieb und Entsorgung ebenfalls Energie benötigt wird (= indirekter Rebound-Effekt). Was einer spart, verbraucht ein anderer. Dadurch wird insgesamt weniger Energie eingespart als durch die Effizienzsteigerung erreicht werden könnte. Dieser volkswirtschaftliche Rebound-Effekt beinhaltet sowohl direkte als auch indirekte Effekte. Hierzu einige Beispiele:

Abb. 21: Beispiele Rebound-Effekt (in Anlehnung an eLIFE: There is energy in everything, 2020)

Das Handlungsprinzip Öko-Effizienz kommt immer dann an seine Grenzen, wenn der Aufwand für weitere Effizienzsteigerungen in einem immer schlechteren Verhältnis zu dem daraus resultierenden Mehrwert steht. Oder aber – wie oben beschrieben – durch Rebound-Effekte aufgezehrt werden. Die Grenzen der Effizienzpotenziale scheinen aber immer weiter verschoben werden zu können. Das McKinsey Global Institute hat 2017 ein Forschungsprogramm zu Automatisierungstechnologien und ihren möglichen Auswirkungen durchgeführt. Darin kommen die Autoren der Studie zu dem Ergebnis, »dass die Hälfte der heutigen Arbeitsaktivitäten bis 2055 automatisiert werden könnte. Die jüngsten Entwicklungen in den Bereichen Robotik, künstliche Intelligenz und maschinelles Lernen begünstigen nach ihren Recherchen ein neues Automatisierungszeitalter. Roboter und Computer können nicht nur eine Reihe von routinemäßigen körperlichen Aktivitäten besser und billiger ausführen als Menschen, sondern sind auch zunehmend in der Lage, Aktivitäten auszuführen, die kognitive Fähigkeiten umfassen, die früher als zu schwierig für eine erfolgreiche Automatisierung angesehen wurden, z. B. stillschweigende Urteile zu fällen und Emotionen zu spüren oder sogar fahren. Die Automatisierung wird die täglichen Arbeitsaktivitäten aller verändern, von Bergleuten und Landschaftsgestaltern bis hin zu Geschäftsbankern, Modedesignern, Schweißern und CEOs« (McKinsey Global Institute, 2017). Das Ergebnis dieser Studie ist mehr als kompatibel zu der Diskursströmung Nachhaltigkeit als Modernisierung. Aber wie schnell werden diese Automatisierungstechnologien am Arbeitsplatz Realität? Wie werden sich diese auf Beschäftigung, Ressourcenverbrauch, CO_2-Emissionen und Wirtschaftswachstum auswirken? Welche alternativen Lösungsansätze stehen zur Verfügung? Wenn Nachhaltigkeit das handlungsleitende Prinzip in der strategischen Ausrichtung von Unternehmungen ist, dann müssen diese Fragen in dem Strategieentwicklungsprozess diskutiert und beantwortet werden (siehe auch Kapitel 8.1: Strategiemanagement).

5.2.3 Handlungsprinzip Suffizienz

Während das Handlungsprinzip Öko-Effizienz an einem Produkt, an einem Prozess oder an einer Stufe der Wertschöpfungskette ansetzt, setzt das Handlungsprinzip Suffizienz den Hebel für ein nachhaltigeres Wirtschaften an den Werten der Menschen, an dem Wertesystem der Gesellschaft sowie an ihrem Verständnis und ihrem Umgang mit der Natur an. Die Umsetzung dieses Handlungsprinzips fordert von den Menschen und die in den Unternehmungen Verantwortung tragenden Führungskräfte und Entscheider auf, umzudenken.

Standpunkt 23 | *Suffizienz bedeutet Verhaltensänderungen. Manifestierte Praktiken und liebgewonnene Errungenschaften des Wohlstands müssen grundlegend angepasst werden!*

Wie groß das Potenzial für ein nachhaltigeres Wirtschaften sein könnte, verdeutlicht das nachfolgende Beispiel: Die Wirkung einer Waschmaschine ist saubere Wäsche. Sie soll nach Anwendung des Handlungsprinzips Suffizienz so genutzt werden, dass ein möglichst geringer Energie- und Rohstoffverbrauch sowie ein möglichst geringer CO_2-Ausstoß verursacht wird. Dabei stehen primär Reduktion, Substitution und Anpassung im Mittelpunkt der Überlegungen. Übertragen auf die Nutzung einer Waschmaschine stellt sich die Frage, wie sie weniger oder anders und vielleicht auch gar nicht mehr genutzt werden könnte. Zur beispielhaften Illustration von suffizientem Verhalten dient die folgende Abbildung:

Suffizienzstufe	Einschränkung bzw. Aufwand	Art der Änderung des Konsummusters	Beispiel: saubere Wäsche
S1	gering bis wenig	z. B. Nutzung eines kleineres Gerätes	Waschmaschine mit einer besseren Energieeffizienz und einer größerer Trommel (weniger waschen); grundsätzlich seltener waschen
S2	mittel	z. B. Nutzung eines Gerätes as-a-Service (Pay-per-Use)	Verzicht auf eigene Waschmaschine; Waschmaschine gehört dem Hersteller; bezahlt wird jede einzelne Waschladung
S3	stark	z. B. gemeinschaftliche Nutzung innerhalb einer Wohn-/Hausgemeinschaft (Sharing)	Verzicht auf eigene Waschmaschine; Waschmaschine mit einer besseren Energieeffizienz und einer größerer Trommel wird von einer Konsumgemeinschaft genutzt
S4	sehr stark	z. B. Nutzung eines Waschsalons (mieten)	Verzicht auf eigene Waschmaschine; Nutzung von energieeffizienten Waschmaschinen in einem Waschsalon

Abb. 22: Suffizienzstufen für saubere Wäsche

Stellen wir uns einen vierköpfigen Haushalt in einem Mehrfamilienhaus am Rande einer Stadt mit guter Verkehrsanbindung und guten Einkaufsmöglichkeiten in der Umgebung vor. Die Waschmaschine der Familie versagt ihren Dienst und muss ausgetauscht werden. Wie könnte sich diese Familie nun suffizient verhalten? Auf einer ersten Suffizienzstufe [S1] könnte sie eine energieeffizientere Waschmaschine mit einer größeren Trommel kaufen und grundsätzlich seltener waschen. Der Effekt für eine nachhaltigere Wirtschaft wäre relativ gering. Auf einer zweiten Suffizienzstufe [S2] könnte die Familie auf eine eigene Waschmaschine verzichten und von einem Hersteller ein Bezahlmodell wählen, bei dem sie jede einzelne Waschladung bezahlt. Die Waschmaschine befindet sich auch weiterhin im Besitz unserer Familie, sie gehört aber dem Hersteller (Eigentümer). Die Anzahl der Waschladungen wird automatisiert gezählt, per Internet an den Hersteller übertragen und monatlich abgerechnet. Dieses Bezahlmodell fußt auf dem Modell ›Product-as-a-Service‹ oder ›Pay-per-Use‹. Bei diesem Lösungsansatz hat der Hersteller ein großes Interesse daran, dass seine Maschine möglichst lange genutzt, nahezu vollständig recycelt werden kann und die einzelnen Bauteile wieder in den technischen Kreislauf eingebracht werden können. Unsere Familie sollte als Nutzer der Waschmaschine ein großes Interesse daran haben, so selten wie möglich zu waschen und die Kapazität für eine einzelne Waschladung auch auszuschöpfen. Nicht zu vergessen ist der finanzielle Aspekt, da die Waschmaschine nicht gekauft oder finanziert werden muss.

Sollte unsere Familie die dritte Suffizienzstufe [S3] auswählen, ist die Einschränkung oder der Aufwand schon deutlich größer (ggf. auch als Pay-per-Use-Bezahlmodell). Die Nutzung einer Waschmaschine als Sharing-Modell in einer Wohn- oder Hausgemeinschaft erfordert eine größere Flexibilität und mehr Rücksichtnahme. Die Waschmaschine steht der Familie dann nicht mehr uneingeschränkt 24h an sieben Tagen in der Woche zur Verfügung. Es müssen Vereinbarungen getroffen werden, wer wann und an welchen Tagen die Waschmaschine nutzen kann. Darüber hinaus müssen Vereinbarungen getroffen werden, wie die Nutzung der Waschmaschine bezahlt wird. In einer gut funktionierenden Wohn- und Hausgemeinschaft wahrscheinlich kein Problem. Wenn dieses Modell von vielen Wohnparteien genutzt werden würde, ist der Beitrag für eine nachhaltigere Wirtschaft sicher enorm. Insbesondere dann, wenn alle ihre Waschgewohnheiten beibehalten und dadurch der Energieverbrauch konstant bleibt. Insgesamt verringert sich auf dieser Suffizienzstufe die Anzahl der Waschmaschinen in den Haushalten und damit der Ressourcenverbrauch. Da der Hersteller für die Wirkung – gemessen an der Anzahl der Waschladungen – bezahlt wird, entsteht auch ihm kein wirtschaftlicher Schaden. Weniger gebrauchte Waschmaschinen führen aber an anderen Stellen der Wertschöpfungskette ggf. zu Umsatzeinbußen oder Aufgabenverlagerungen. In einer vernetzten und arbeitsteiligen Wirtschaft bedeutet das, dass auch die Lieferanten, Speditionen und Händler ihre Geschäftsmodelle anpassen müssen. Dieses Modell könnte noch um eine vierte Suffizienzstufe [S4] erweitert werden, wenn die Familie zukünftig einen Waschsalon nutzt. Der Komfortverzicht besteht darin, zum Waschen sogar das Haus verlassen zu müssen. Allerdings kann man den Waschvorgang beispielsweise mit Einkäufen verbinden. Bei diesem Mietmodell werden sich sicher auch die Waschgewohnheiten der Familie ändern und es ist anzunehmen, dass der Aufwand für die Nutzung eines Waschsalons weitere Verbräuche an Energien und Rohstoffen nach sich zieht.

Dieses Beispiel zeigt, dass die Anwendung des Handlungsprinzips Suffizienz immer mit mehr oder weniger großen Verhaltensänderungen verbunden ist. Es zeigt aber auch, dass es viele braucht, die nach diesem Handlungsprinzip leben und je nach Produkt, Leistung oder Lösung nicht auf der ersten Effizienzstufe verharren dürfen. Nur dann ist der Beitrag für eine nachhaltigere Wirtschaft spürbar. Und grundsätzlich ist der Beitrag von suffizienten Verhaltensänderungen auch größer als der Beitrag von Effizienzsteigerungen. Ein nicht gefahrener oder ein mit dem Fahrrad zurückgelegter Kilometer verbraucht keine Energie und verursacht keinen CO_2-Ausstoß. Ein nicht gesehener Film auf Netflix verbraucht weniger Energie als ein Gespräch unter Freunden. Diese und noch viele weitere Handlungen sind in Anlehnung an eine Studie des Instituts für Zukunftsstudien und Technologiebewertung exemplarisch in der Folge aufgelistet (vgl. Behrendt, Göll & Korte, 2018):

Suffiziente Handlungen auf Verbraucher-Ebene:

- Ein Weniger an (ressourcenintensiven) Waren und Dienstleistungen sowie eine geringere Nutzung: u. a. ein vollständiger Verzicht auf bestimmte Waren oder Dienstleistungen (keine Flugreisen, kein Fleisch mehr), die Reduzierung der Menge bestimmter Waren und Dienstleistungen (seltener ein neuer PC oder ein neues Handy), eine seltenere Nutzung von Waren und Dienstleistungen (weniger Autofahren und Streaming multimedialer Inhalte)
- Ersatz durch (qualitativ) andere, umweltfreundlichere Waren und Dienstleistungen: u. a. Car-Sharing statt Besitz eines eigenen Autos
- Die Wahl einer Variante des (gleichen) Gutes mit einem Weniger an Größe, Funktionen oder Komfort: u. a. kleinerer Fernseher, kleinere Wohnung, Auto ohne Klimaanlage
- Eigenproduktion, wenn ökologisch vorteilhaft: u. a. ökologischer Gemüseanbau im Garten
- Gemeinsame Nutzung, wenn ökologisch vorteilhaft: u. a. Nachbarschaftsauto, -rasenmäher, -werkzeuge
- Verändertes, umweltfreundlicheres Nutzungsverhalten: u. a. freiwillig max. 120 km/h auf der Autobahn
- Verlängerung der Nutzungsdauer, wenn ökologisch vorteilhaft: u. a. Handy, Kleidung, Gebrauchsgüter

Suffizienz-erleichternde Handlungen auf Unternehmensebene:

- Angebot und Bewerbung umweltfreundlicherer Waren und Dienstleistungen mit veränderten Nutzenaspekten: u. a. Produktion eines kleinen Geräts und günstige Platzierung im Geschäft
- Nutzen-statt-Besitzen-Angebote für eine intensivere Nutzung: u. a. Werkzeugverleih, Firmenwagen

- Herstellung von Waren und Dienstleistungen mit längerer Haltbarkeit bzw. Angebote, die eine längere Nutzung ermöglichen: u. a. Reparaturmöglichkeiten, wechselbare Akkus bei elektrischen und elektronischen Geräten
- Reduzierung der neu angebotenen Güter pro Jahr: u. a. Mode-Kollektionen, neue Automodelle, neue Handymodelle
- Bereitstellung von Umweltinformationen: u. a. absoluter Energieverbrauch einer Waschmaschine, Öko-Bilanz eines Autos mit Verbrennungsmotor im Vergleich zu einem Auto mit Elektromotor
- Setzen entsprechender Anreize bei Mitarbeitern: u. a. BahnCard statt Dienstwagen, Leasingangebote für E-Bikes

Suffizienz-erleichternde Handlungen Dritter (u. a. Verbände, Initiativen, Prosumenten):
- Bereitstellung von Angeboten, die suffizientes Handeln erleichtern: u. a. Verleihladen
- Durchführung von Kampagnen, Bereitstellung von Informationen, Vergabe von Labels

Bleibt die Frage nach der Anschlussfähigkeit. Alle suffizienten Handlungen erfordern ein Umdenken der Menschen und eine grundlegende Verhaltensänderung. Der Beitrag für eine nachhaltigere Wirtschaft ist dann groß, wenn viele mitmachen, Privatpersonen und Unternehmungen. Und es braucht dieses ›Wunder‹, dass die Menschen neue, für unsere Umwelt bessere Verhaltensweisen unmittelbar und klaglos anwenden. Denn oftmals braucht es mehrere Generationen, bis sich das Wertesystem einer Gesellschaft verändert. Bei den jüngeren Generationen ist dieser Wandel schon zu beobachten. Sie nutzen immer häufiger nachhaltigere Mobilitätsangebote. Gleichzeitig werden immer größere Autos hergestellt und gekauft: So ist beispielsweise der Anteil der SUVs an den Neuzulassungen in den letzten Jahren signifikant gestiegen. Die Motoren werden zwar immer effizienter. Diese Effizienzgewinne gehen aber häufig zulasten von Gewicht oder anderer Unterstützungssysteme. Mit anderen Worten: Die erforderlichen Verhaltensanpassungen im Bereich der Mobilität kommen nur schleppend voran und werden noch viele Jahre andauern.

!

Fünf Hemmnisse für suffizientes Verhalten

Im Wesentlichen sind es fünf Hemmnisse, die suffiziente Verhaltensweisen erschweren und aufwendig erscheinen lassen (vgl. Stengel, 2011): Wenn wir [1] den Vorrang der individuellen Rationalität überwunden haben, dann macht uns [2] unser materialistisches Welt- und Selbstbild zu schaffen. Aber auch die [3] gewohnten Praktiken der Mehrheit lassen uns zögern. Was uns nicht schwerfällt, ist [4] die Abgabe von Verantwortung, indem wir unsere Augen vor dem Offensichtlichen verschließen. Aber was uns wirklich zu schaffen macht sind [5] die Verheißungen der Konsumgesellschaft.

Als Antwort auf die begrenzte Belastbarkeit der Ökosysteme und der begrenzten Verfügbarkeit natürlicher Ressourcen führt das Handlungsprinzip Suffizienz – wie auch in der Postwachstumsökonomie verankert – zu einem Wachstumsrückgang. Es steht daher nicht die Frage im Raum, ob, sondern wie die Wirtschaft schrumpfen soll. Produktion und Konsum müssen reduziert werden, was aber nicht gleichbedeutend mit einer Reduktion der Lebensqualität sein muss. Im Geiste vieler Menschen, die bislang nur Wirtschaftswachstum kennengelernt haben, existiert aber keine Vorstellung von Lebensqualität in Verbindung mit stagnierendem oder rückläufigem Wirtschaftswachstum. Auch die Vorstellung, dass der Produktionsfaktor Arbeit in einem arbeitsteiligen, globalen Produktionsprozess drastisch reduziert werden und nur noch ca. 50 Prozent der Arbeitszeit auf die klassische Erwerbsarbeit entfallen soll, ist für viele Menschen als konsequente Umsetzung von suffizienten Maßnahmen nicht vorstellbar. Somit hat die Anwendung des Handlungsprinzips Suffizienz ein hohes theoretisches Potenzial für eine nachhaltigere Wirtschaft, sie findet aber nur auf den niederschwelligen Suffizienzstufen eine von der Breite der Gesellschaft getragene Akzeptanz.

In den letzten Jahren befasst sich die Umweltpsychologie – ein noch recht junger Zweig der Psychologie – mit den wechselseitigen Beziehungen von Mensch und Natur. So haben beispielsweise soziale Normen einen starken Einfluss auf unser Verhalten. Wir verhalten uns viel eher umweltfreundlich, wenn wir glauben, dass andere das von uns erwarten. Hierzu ein Beispiel – das Handtuchexperiment: Wer im Hotel täglich sein Handtuch waschen lässt, verbraucht damit mehr Wasser und Waschmittel als bei der Wiederbenutzung desselben Handtuchs.

Das Handtuchexperiment

In dem Experiment wurden die Hotelgäste mit zwei unterschiedlichen Umweltbotschaften informiert:

- Gruppe A: »Wenn Sie Ihr Handtuch nochmals benutzen, dann spart das soundso viel Wasser.«
- Gruppe B: »Soundso viele andere Gäste in diesem Hotel haben ihr Handtuch mehrfach verwendet.«

Das Ergebnis war eindeutig: Gruppe B nutzte das Handtuch länger! (vgl. Brockhaus, 2020).

Was lernen wir aus diesem Experiment? Wenn wir Verhaltensänderungen bewirken wollen, dann muss Kommunikations-Design nicht allein Wissen vermitteln, sondern neue und/oder andere Wege gehen.

5.2.4 Handlungsprinzip Konsistenz

Das dritte Handlungsprinzip Konsistenz hat das größte Potenzial für eine nachhaltigere Wirtschaft. Viele Diskurspositionen innerhalb der Diskursströmung ›Nachhaltigkeit als systemischer Ansatz‹ basieren auf konsistenten Maßnahmen. Während es bei Effizienz in erster Linie um die Skalierung von Geschäftsmodellen, um Größendegressionen und um Mengenaspekte geht, setzt Konsistenz an einer qualitativen Transformation der Infrastrukturen und deren Nutzung an. Konsistenz ist damit auf systemische Veränderungen mit radikalen technischen Innovationen fokussiert.

Standpunkt 24 | *Die Umsetzung des Handlungsprinzips Konsistenz ist alternativlos. Der Beitrag für eine nachhaltigere Wirtschaft ist vergleichsweise am größten und dauert am längsten!*

Bereits in dem Hauptgutachten des Wissenschaftlichen Beirats der Bundesregierung Globale Umweltveränderungen mit dem Titel »Welt im Wandel – Gesellschaftsvertrag für eine Große Transformation« aus dem Jahre 2011 wird ein Gedankenexperiment als Vision für die globale Vollversorgung der Gesellschaft und der Wirtschaft mit erneuerbaren Energien beschrieben. Darin heißt es: »Die nachhaltigen Potenziale erneuerbarer Energien reichen grundsätzlich aus, um die Welt mit Energie zu versorgen. Das Gedankenexperiment zeigt, dass bei einem konzentrierten Ausbau erneuerbarer Energien aus technologischer Sicht bereits Mitte des Jahrhunderts genügend erneuerbare Energien erschlossen sein könnten, um die globale Energienachfrage zu decken. Hemmnisse wie etwa ökonomische Laufzeiten der bestehenden Infrastrukturen oder Vorabkosten wurden dabei bewusst ausgeblendet. Diese Vision ist durch ein schnelles Auslaufen der fossilen Stromerzeugung, den Ersatz von Erdöl im Verkehr durch Elektromobilität und regenerative Kraftstoffe sowie den Ersatz fossiler Brennstoffe für Wärme und Kälte durch elektrische Wärmepumpen, Solarthermie und Kraft-Wärme-Kopplung charakterisiert.« (Wissenschaftlicher Beirat der Bundesregierung Globale Umweltveränderungen | WBGU, 2011)

Damit wird der Ansatzpunkt von konsistenten Maßnahmen deutlich: Nicht das einzelne Produkt oder eine einzelne Dienstleistung sind das Objekt der Verbesserung und auch nicht das Verhalten der Konsumenten oder der Unternehmungen. Es sind die großen Hebel beim Umbau von Infrastrukturen und bei der Gestaltung der sozialen Systeme sowie dem Ökosystem-Management. Aber welche Infrastrukturen und Systeme sind eigentlich gemeint? In der Vision des WBGU wurde die hundertprozentige Versorgung der Gesellschaft und der Wirtschaft mittels erneuerbarer Energien beschrieben. Diese Umstellung bedeutet, dass Strom mittels anderer, alternativer und vor allem umweltverträglicherer Technologien – in der Regel dezentral – hergestellt, gespeichert und transportiert werden muss. Es bedeutet, dass bestehende Formen der Energieerzeugung – beispielsweise durch Kohle- oder Kernkraftwerke – nicht mehr gebraucht werden.

Deutschland ist bei der Umsetzung dieser Vision schon ein gutes Stück vorangekommen. »Insgesamt entwickelten sich die erneuerbaren Energien im Jahr 2019 positiv: Ihr Anteil am Bruttostromverbrauch stieg von 37,8 Prozent (2018) auf 42,1 Prozent (2019) nochmals deutlich an. Darüber hinaus wuchsen die erneuerbaren Energien auch im Wärmesektor. Der Anteil der erneuerbaren Energien am Wärmeverbrauch stieg um 0,2 Prozentpunkte auf 14,5 Prozent. Im Verkehr lag der Anteil mit 5,6 Prozent auf dem Niveau des Vorjahres.« (Umweltbundesamt, 2020)

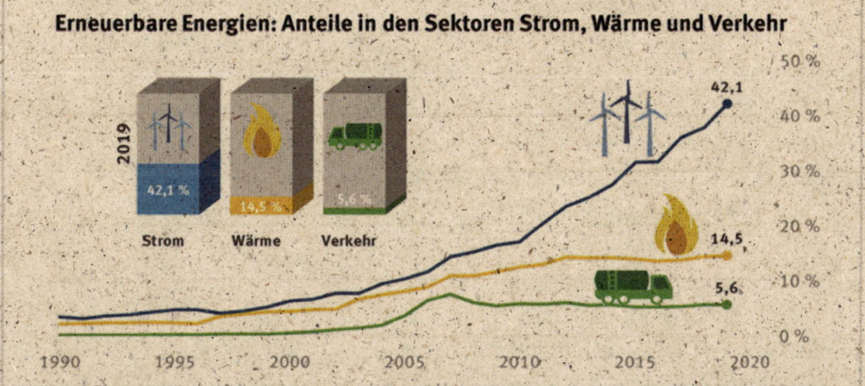

Abb. 23: Erneuerbare Energien (Umweltbundesamt, 2020)

Auch in anderen Bereichen kann sich konsistentes Verhalten auf naturverträgliche Technologien richten, welche die Rohstoffe und Leistungen der Ökosysteme nutzen, ohne sie zu zerstören. Hierzu einige Beispiele:

- **Infrastrukturen für Wohnen:**
  u. a. Nutzung besserer Wärmedämmung, Wärmespeicher und Warmwassererzeugung, Einsatz erneuerbarer Energien, Beleuchtung und Beleuchtungssysteme, energetische Sanierung, Stadt- und Raumplanung, Verdichtung vor Versiegelung von Flächen
- **Infrastrukturen für die Versorgung mit Strom, Wärme und Wasser:**
  u. a. Nutzung erneuerbarer Energien wie Solarenergie, Wind- und Wasserkraft, Geothermalenergie, dezentralisierte Mikroenergieerzeugung (Energy Harvesting), Smart Metering
- **Infrastrukturen für Mobilität, Verkehr und Transport von Waren:**
  u. a. Nutzung von Brennstoffzellen in mannigfaltigen Anwendungen (von Kraftwerken bis hin zu Fahrzeugantrieben mit Wasserstofftechnologien), Ausbau der Transportkapazitäten auf der Schiene, Ausbau des Angebotes für den öffentlichen Personenverkehr

- **Infrastrukturen für die Ernährung:**
  u.a. Nutzung einer industriellen Biotechnologie, einer ökologischen Landwirtschaft, Bewässerungstechnologien, Nahrungsinnovationen, Klimafarming, erdloser Pflanzenanbau
- **Infrastrukturen für Information und Kommunikation:**
  u.a. Nutzung erneuerbarer Energien bei dem Betrieb von Rechen- und Datenzentren, Einsatz ausschließlich recyclingfähiger Endgeräte
- **Infrastrukturen für die Entsorgung von Wasser und Abfällen:**
  u.a. Nutzung von Anlagen zur Meerwasserentsalzung und wasserloser Reinigungstechnologien, Aufbereitung von Wasser und Rückführung von Ressourcen in den Wertkreislauf
- **Infrastrukturen für Gesundheit:**
  u.a. Nutzung von Informationssystemen zur Vermeidung redundanter Datenerhebungen (Patientenakte), Nutzung von Künstlicher Intelligenz (KI) zur Analyse und Therapierung von Patienten, flächendeckende Koordination von Gesundheitsleistungen (Portalkliniken und Spezialkliniken)
- **Infrastruktur für die Versorgung mit Grund- und Rohstoffen:**
  u.a. Nutzung der Möglichkeiten der Nanotechnologie, Bionik, Bionisierung und neuer Materialien
- **Infrastrukturen für die Forschung und Entwicklung:**
  u.a. in den Bereichen Chemie, Biologie und Physik: Ersatz gefährlicher Chemikalien, Verzicht auf persistente Stoffe, Nutzung von Biokunststoffen
- **Infrastrukturen für die Produktion:**
  u.a. Nutzung von Recyclinginfrastrukturen und -technologien (Trennverfahren für komplexe Stoffverbünde, Recycling komplexer Produkte, Cradle-to-Cradle-Konzepte, Urban Mining, Dematerialisierung, Werkstoffinnovationen)

Im Vergleich zu den beiden anderen Handlungsprinzipien hat Konsistenz das größte Potenzial für eine nachhaltigere Wirtschaft. Die Umsetzung wird – ähnlich wie bei suffizientem Verhalten – viel Zeit in Anspruch nehmen. Grund dafür sind sogenannte Pfadabhängigkeiten. Sie geben den Handlungsrahmen vor und können nur langfristig angepasst werden. Gemeint sind damit bereits existierende Strukturen, die nicht von jetzt auf gleich umgebaut werden können. Die Menschen wohnen in Städten und fahren auf Straßen, die bereits gebaut sind. Sie beziehen ihren Strom und ihr Wasser aus Leitungen, die bereits verlegt sind. Sie kommunizieren mit anderen über Netze, die bereits installiert sind. Sie kaufen ihre Lebensmittel und Dinge des täglichen Lebens in Geschäften, die bereits nach bewährten Anbaumethoden hergestellt werden. Sie nutzen medizinische und kulturelle Angebote, die dem heutigen Stand der technischen Möglichkeiten und dem heutigen Zeitgeist entsprechen.

Der Umbau dieser Strukturen und Standards braucht Zeit. Und dennoch liegt genau darin die Chance für eine nachhaltigere Wirtschaft. Wenn der Handlungsrahmen für infrastrukturelle Systeme für die Nutzung sozialer und ökologischer Dienste neu gestaltet wird, dann ist die Hebelwirkung enorm. Wenn die Energieversorgung – wie in dem obigen Gedankenexperiment als Vision für die globale Vollversorgung der Gesellschaft und der Wirtschaft mit erneuerbaren Energien skizziert – zu 100 Prozent auf regenerative Energiequellen umgebaut wird, dann ist die Reduzierung der CO_2-Emissionen maximal. Wenn die Infrastrukturen für Mobilität und Verkehr weniger den Individualverkehr als vielmehr unterschiedlichste, miteinander verbundene Mobilitätsangebote fördern, dann sinkt der Energie-, Ressourcen- und sicher auch der Flächenverbrauch zwangsläufig. Wenn diese skizzierten Pfadabhängigkeiten beginnen, sich aufzulösen, dann ergeben sich daraus für Unternehmungen neue Innovationsfelder. Dann werden alte Marktstrukturen aufgebrochen und die Karten neu gemischt. Besitzstände werden infrage gestellt und müssen sich neu verdient werden.

5.2.5 Die verschiedenen Ansatzpunkte der Handlungsprinzipien

Für den Umbau von Strukturen bzw. die Anpassung rechtlicher Rahmenbedingungen liegt der Ball in dem Feld der Politik. Politiker sind auf allen Ebenen gefordert, hier mutig voranzugehen und strukturelle Veränderungen zu initiieren. Sie müssen Entscheidungen treffen, die nicht immer populär sind und die Lobbyisten der verschiedensten Interessengruppen auf den Plan rufen. Angesichts der Diskussionen über die Höhe der CO_2-Besteuerung, über den Ausstieg aus der Kohle, über die Geschwindigkeitsbegrenzung auf deutschen Autobahnen oder über den Ausbau öffentlicher Verkehrswege müssen wir leider immer wieder konstatieren, dass einfache und schnelle Entscheidungen nicht zu erwarten sind. Es gibt zu viele handfeste und gegensätzliche Interessen, die nicht mit einer einfachen Formel ausgeglichen werden können. Auch wenn Politiker bei der Gestaltung von Strukturen eine maßgebliche Rolle zukommt, heißt das nicht, dass allen anderen keine Rolle zukommt. Die Menschen sind gefordert, diese Entscheidungsprozesse aktiv mitzugestalten und den Verantwortlichen zu zeigen, dass die angestrebten Veränderungen von einem Großteil der Gesellschaft mitgetragen werden. Die Unternehmungen wiederum müssen die Veränderungen als Chance begreifen und auch ohne bereits existierende oder zusätzliche Regularien ihr Engagement für ein nachhaltigeres Wirtschaften ausbauen. Die Wissenschaftler müssen weiter nach Produkt-, Nutzungs- und Systeminnovationen forschen und diese in neue Geschäftsmodelle transformieren.

Standpunkt 25 | *Menschen werden auch zukünftig nicht vorausschauend und zukunftsintelligent handeln. Sie handeln, weil sie die aus früheren, nicht nachhaltigen Entscheidungen resultierenden Probleme korrigieren müssen!*

In der Vergangenheit haben wir Menschen bequeme Entscheidungen getroffen, die uns den größtmöglichen Vorteil versprochen haben. Es waren nicht immer nachhaltige und in eine bessere Zukunft weisende Entscheidungen. Auch zukünftig treffen wir Menschen immer noch keine zukunftsintelligenten Entscheidungen, wenngleich das Bewusstsein für eine nachhaltige Entwicklung deutlich gestiegen ist. Dieses Bewusstsein ist Voraussetzung für Verhaltensänderungen. Ganz gleich, welches Handlungsprinzip (Öko-Effizienz, Suffizienz, Konsistenz) sich hinter den Maßnahmen für ein nachhaltigeres Wirtschaften verbirgt, die Menschen sind mehr denn je gefordert, sie umzusetzen und an den zu gestaltenden Veränderungsprozessen mitzuwirken. Die verschiedenen Ansatzpunkte der drei Handlungsprinzipien sind vergleichend in der folgenden Abbildung dargestellt und werden in der Folge erläutert:

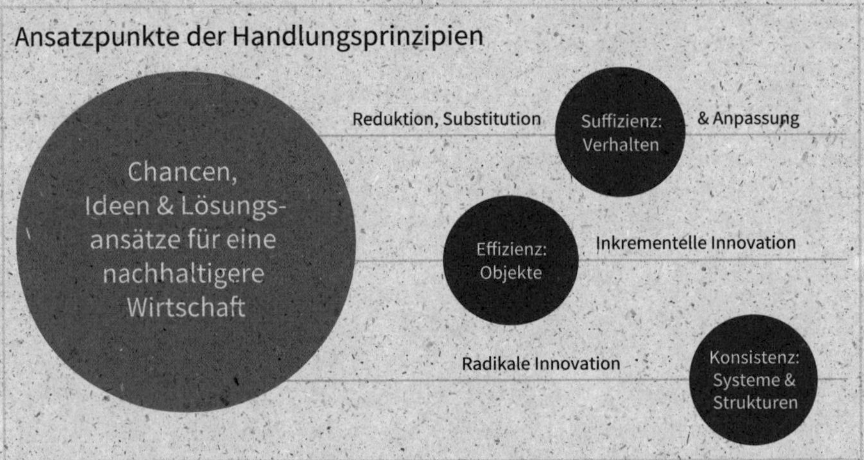

Abb. 24: Ansatzpunkte für eine nachhaltigere Wirtschaft

Das Handlungsprinzip Effizienz setzt an dem Objekt an, das besser, energie-, ressourcensparender und klimaneutraler gestaltet werden soll. Das Produkt und die damit verbundenen Prozesse werden immer weiter bis zum Ende des Lebenszyklus veredelt. Das Maß an Veränderungen ist auf der Hersteller- und auf der Kundenseite handhabbar und vielfach erprobt.

Auf Suffizienz ausgelegte Maßnahmen erfordern wesentliche Verhaltensänderungen und viel Vorstellungsvermögen. Verhaltensänderungen brauchen Zeit, sie sind mit Rückschlägen verbunden und müssen intensiver begleitet werden. Jeden Tag sind wir aufs Neue gefordert, den Mehraufwand zu betreiben, den es für eine nachhaltigere Wirtschaft braucht. Aber das allein wird nicht reichen. Es braucht zusätzlich klare und für alle gleichermaßen geltende Regel, die uns zu einem nachhaltigeren Verhalten zwingen. Das Delta zwischen unseren zukünftigen, vermeintlich nachhaltigeren Handlungen und unseren tatsächlich im Hier und Jetzt getroffenen Entscheidungen ist einfach zu groß. Veränderungsprozesse, die allein auf die Einsicht der Beteiligten setzen, haben geringere Erfolgsaussichten. Sie müssen mit Anreizen (u. a. finanzielle Unterstützungen, Bonussysteme, einfachere Nutzung, soziale Wertschätzung, Kopplung an Bedingungen für nicht suffizientes Verhalten) und auch mit Sanktionsmechanismen (u. a. Budgetierung von nicht-nachhaltigen Leistungen, mehr Transparenz über NH-Leistungen, Kopplung an Nachhaltigkeitskriterien bei der Beschaffung von Produkten, Leistungen und Lösungen) ausgestattet sein, damit ein ›Immer weiter so‹ unmöglich wird.

Alle auf dem Handlungsprinzip ›Konsistenz‹ basierenden Maßnahmen setzen den Hebel an bestehenden (Infra-)Strukturen an. Beispielsweise muss der Ausbau der erneuerbaren Energien weiter gefördert und gleichzeitig der Rückbau fossiler Energien gehemmt werden. Aufgrund der großen Pfadabhängigkeiten sind daraus resultierende Veränderungsprozesse per se lang andauernder. Das hat den Vorteil, dass die vielen kleinen Schritte, die gemacht werden müssen, für sich genommen als nicht so bedrohlich und das Maß der Veränderung als nicht so groß empfunden wird. Dennoch braucht es gerade hier klare Zukunftsbilder und zukunftsintelligente Entscheidungen, die das Potenzial haben, eine Legislaturperiode zu überstehen.

Alle drei Handlungsprinzipien sind wichtig, wenn sie ohne Rebound-Effekte zu einem nachhaltigeren Wirtschaften beitragen. Für die gelingsichere Anwendung können Denkmodelle genutzt werden. Sie konzentrieren sich auf einzelne Teilaspekte von Öko-Effizienz, Konsistenz und/oder Suffizienz und können als halbfertige Ideen bzw. Lösungsansätze interpretiert werden. Sie sind Denkhilfen und Inspirationsquellen für die Innovationsprozesse von Unternehmungen.

Machen ist wie wollen,
nur viel krasser!

5.3 Denkmodelle als Inspirationsquelle

Denkmodelle sollen uns aus gewohnten und tradierten Denkmustern herausführen und mit alternativen Anreizen inspirieren. Sie sind nicht wirklich neu – eher halbfertig – und beschreiben ein Gestaltungsprinzip, das andere bereits angewendet haben. Denkmodelle verlangen eine Transferleistung auf die eigene Branche oder auf ein spezifisches Suchfeld, für das Chancen, Ideen und Lösungsansätze entwickelt werden sollen. Sie können universell und auch für die Gestaltung einer nachhaltigeren Wirtschaft eingesetzt werden.

Standpunkt 26 | *Denkmodelle sind Umparkhilfen. Denkmodelle lösen Blockaden. Denkmodelle bieten Raum, um Neues zu denken!*

Denkmodelle sind Denkhilfen. Sie werden immer auf die gleiche Art und Weise angewendet. Wenn das Suchfeld definiert und geeignete Denkmodelle ausgewählt wurden, dann werden diese mit spezifischen Umsetzungsbeispielen unterlegt. In der Vorbereitung ist dies schon eine erste Übung, um das Denkmodell besser zu verstehen. Die Anwender eines Denkmodells werden dann aufgefordert, das Gestaltungsprinzip auf das Suchfeld anzuwenden und ihre Gedanken und Ideen möglichst vorbehaltlos aufzuschreiben. Anschließend werden die identifizierten Ideen oder Fragmente zusammengetragen und veröffentlicht. In iterativen Schritten werden sie weiterentwickelt, konkretisiert, bewertet und in einen Chancen- oder Innovationstrichter eingebracht. Die in den nachfolgenden Abschnitten beschriebenen Denkmodelle sind (in Anlehnung an die FutureManagementGroup) nach dem gleichen Muster strukturiert. In dem Titel des Denkmodells wird das Gestaltungsprinzip hervorgehoben: Die Richtung, in der die Nutzer denken dürfen, wird als Aufforderung formuliert. Mit der Erläuterung wird kurz und prägnant die Funktionsweise des Denkmodells mit Blick auf eine nachhaltigere Wirtschaft skizziert. Denkfragen sollen dem Nutzer helfen, sich von den bestehenden Denkmustern zu lösen. Die exemplarisch genannten Umsetzungsbeispiele sind Best-Practice-Ansätze, die bereits von Dritten erfolgreich umgesetzt wurden.

Aus der Vielzahl an Denkmodellen werden nachfolgend die in der Übersicht genannten Denkmodelle weiter ausgeführt. Sie sind besonders für die Suche nach Lösungsansätzen für eine nachhaltigere Wirtschaft geeignet:

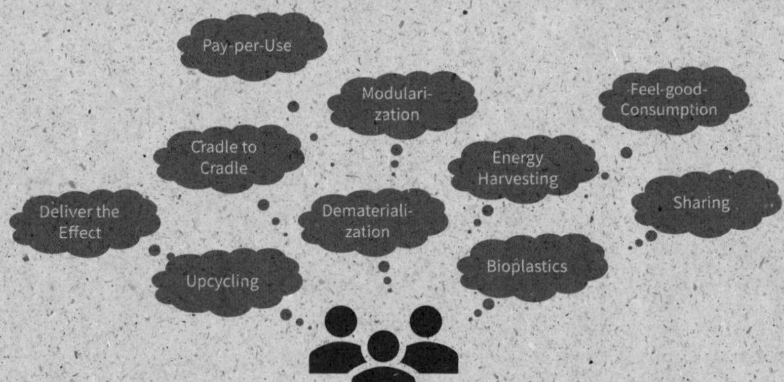

Abb. 25: Denkmodelle im Überblick

Für den Einsatz in Workshops können diese Denkmodelle – aufbereitet mit inspirierenden Bildern und Logos von Unternehmungen, die dieses Gestaltungsprinzip umgesetzt haben – auf der Website www.enkelgerecht-wirtschaften.de unter der Rubrik ›Werkstatt‹ angefordert werden.

Eine dieser sehr machtvollen Umparkhilfen ist das Denkmodell ›Deliver the Effect‹ – ›Die Wirkung liefern‹: Menschen zahlen letztlich immer nur für Wirkungen! Daher wird jeder Markt früher oder später nur noch die wirklich von den Kunden gewünschten Wirkungen hervorbringen (siehe Standpunkt 20, Pero Micic, Kapitel 5.3). Dieses Denkmodell wurde schon ansatzweise bei dem Handlungsprinzip Suffizienz in Verbindung mit dem Denkmodell Pay-per-Use erläutert (siehe Kapitel 5.2.3: Handlungsprinzip Suffizienz). Deshalb darf es hier auch nicht fehlen. Es ist immens vielschichtiger, als es auf den ersten Blick vermuten lässt.

5.3.1 Deliver the Effect | Die Wirkung liefern

Mehr Nachhaltigkeit bedeutet, die Lebensgrundlagen langfristig lebenswert zu erhalten, die Unternehmungen zukunftssicher zu gestalten und das menschliche Wohlergehen langfristig zu sichern und zu stärken (siehe Kapitel 5.1, Wirksamkeit nachhaltiger Innovationen). Es bedeutet, Produkte, Leistungen, Lösungen und Geschäftsmodelle zu entwickeln, die weniger Ressourcen und Energie verbrauchen und Anreize schaffen, insgesamt weniger Waren und Dienstleistungen zu verbrauchen bzw. zu nutzen.

Aufforderung

Denken Sie Ihr heutiges und zukünftiges Geschäft konsequent von den Wirkungen her! Machen Sie die hinter den Produkten, Leistungen und Lösungen stehenden Wirkungen zum Ausgangspunkt Ihrer Geschäftsmodelle! Sorgen Sie dafür, dass alle im Unternehmen Tätigen die Wirkungen kennen und (auch) Ihren Kunden gegenüber kommunizieren können!

Erläuterung

Bei der Anwendung des Denkmodells ›Wirkung‹ müssen zunächst die Wirkung selbst bzw. der Nutzen und die technische Funktion klar sein.

- Was ist die Wirkung einer Waschmaschine? – Saubere Wäsche.
- Was ist die Wirkung eines Kühlschranks? – Länger haltbare Nahrungsmittel und Medikamente.
- Was ist die Wirkung eines Autos? – Mobilität und Transport von Waren.
- Was ist die Wirkung von Unkrautvernichtungsmitteln? – Eine bessere Ernte.
- Was ist die Wirkung einer privat finanzierten Rentenversicherung? – Ein gutes Gefühl bei dem Gedanken an das Alter.
- Was ist die Wirkung einer Baufinanzierung? – Das frühzeitigere Wohnen in den eigenen vier Wänden.
- Was ist die Wirkung einer LED-Leuchte? – Licht oder Helligkeit.
- Was ist die Wirkung eines Pellet-Ofens? – Angenehme Wärme

Begleitende Denkfragen

- Wie können wir die gleiche Wirkung umwelt-, energie- und ressourcenschonender herstellen?
- Wie können wir unser Geschäftsmodell verändern, wenn wir uns nur für die Wirkung bezahlen lassen?
- Wie können wir am Markt nachgefragte Wirkungen mit unseren nachhaltigeren Lösungen substituieren?
- Wie können wir für bestimmte Wirkungen weitere Lösungen entwickeln?
- Wie können wir unsere Produkte, Leistungen oder Lösungen mit einer zusätzlichen Wirkung bzw. einem zusätzlichen Nutzen ausstatten?
- Welche unvollständig erbrachten Wirkungen können wir mit unseren nachhaltigeren Lösungen komplettieren?
- Wie können wir die Wirkungen berechnen?

Umsetzungsbeispiele:

- Nicht einfach nur essen gehen, sondern ein Restaurantbesuch mit einem besonderen Wohlfühlambiente oder mit besonderen, ›nachhaltigen‹ Erlebnissen (u. a. Restaurants mit vegetarischer, veganer Speisekarte)
- Nicht einfach nur eine neue Windschutzscheibe, sondern Schnelligkeit und Zeitersparnis durch einen schnellen Reparaturservice inkl. Abrechnung mit der Versicherung, bevor die Windschutzscheibe ersetzt werden muss (u. a. Carglass® Autoglas-Reparatur)
- Nicht einfach nur nachhaltig produzierten Kaffee konsumieren, sondern dabei die Gelegenheit nutzen, schöne und nützliche Dinge des täglichen Bedarfs erwerben zu können (u. a. Tchibo-Läden)
- Nicht einfach nur Geld anlegen, sondern das gute Gefühl, mit dem eigenen Kapital nachhaltigere Investments und Projekte zu fördern (u. a. Family Offices mit Fokus auf Nachhaltigkeit, GLS Bank, EthikBank, Bank für Sozialwirtschaft)
- Nicht einfach nur wandern und spazierengehen, sondern sein körperliches und seelisches Wohlbefinden stärken (u. a. Nordic-Walking)
- Nicht einfach nur Eis essen, sondern die Vermittlung eines Lebensgefühls (u. a. der Langnese-Werbesong ›Like ice in the sunshine‹)
- Nicht einfach nur Jalousien zum Sonnenschutz, sondern Absturzsicherung für die Bewohner, insbesondere für Kinder (u. a. WAREMA)
- Nicht einfach nur verreisen, sondern mit dem guten Gewissen, klimaneutral gereist zu sein oder dabei nur einen geringen CO_2-Fussabdruck hinterlassen zu haben (u. a. Fernverkehr der Bahn)
- Nicht einfach nur regelmäßig Insulin spritzen, sondern auch nicht ständig die Blutzuckerwerte überprüfen zu müssen (u. a. Apple Watch)

- Nicht einfach nur Windeln für Senioren, sondern die Möglichkeit, würdevoll älter werden zu können und dabei Wohlbefinden, keine Schmerzen und weniger Hautirritationen zu verspüren (u. a. CURALUNA WindelSensor)

Die Auflistung von Umsetzungsbeispielen für das Denkmodell ›Die Wirkung liefern‹ ist allein deshalb schon grenzenlos, weil sich hinter jedem Produkt, hinter jeder Leistung und Lösung eine spezifische Wirkung verbirgt. Eine Wirkung, die vielleicht auch auf eine andere Art und Weise erzeugt werden kann. Dies gilt beispielsweise auch für Anbieter der Tourismus-Branche. Wie könnten aus ihrer Sicht passende Leistungen und Services aussehen, wenn ihr Geschäft von der Wirkung aus gedacht wird? Die Denkfrage also lautet: Wie können wir unseren Kunden das gute Gefühl vermitteln, mit einem nur geringen CO2-Fußabdruck fair und nachhaltig neue Länder erkunden zu können?

Nachhaltig reisen – ein gutes Gefühl

Das gute Gefühl, neue Länder zu erkunden und dabei möglichst wenig auf die Natur einzuwirken, entsteht bereits bei der Auswahl des Urlaubsortes, reicht von der Gestaltung der Anreise über die Buchung einer geeigneten Unterkunft bis hin zu dem Verhalten vor Ort, u. a. in der Unterstützung der Einheimischen und der lokalen Wertschöpfung. Ein Flug von Berlin nach Mallorca hat statistisch dieselbe Klimawirkung, als wenn jemand ein halbes Jahr Auto fährt. Deshalb sind Reisen in naheliegende Gebiete auch immer nachhaltiger, insbesondere dann, wenn die Anreise per Bahn, Fernbus, oder einer Mitfahrgelegenheit gestaltet werden kann. Bestimmte Ziele sind natürlich nur mit dem Flugzeug zu erreichen. In diesem Fall können nachhaltige Touristen CO2 ihre Reise u. a. über myClimate klimaneutral kompensieren (siehe auch Kapitel 6.2.1, Entwicklungsstufe 1: Greenwashing und Klimaneutralität). Um vor Ort mobil zu sein, empfiehlt es sich, seine Umgebung zu Fuß, mit dem Fahrrad oder mit öffentlichen Verkehrsmitteln zu erkunden. Wer damit nicht weiterkommt, kann sich statt des Mietwagens nach Carsharing-Angeboten umsehen. Bei der Wahl der Unterkunft sind immer Anbieter vorzuziehen, die nachweislich faire Arbeitsbedingungen für ihre Mitarbeitenden schaffen, ökologische Produkte verwenden und insgesamt wenig Energie und Ressourcen beim Betrieb der Unterkunft verbrauchen. Statt in großen Hotelketten zu wohnen können kleine Häuser vor Ort eine Alterative sein, die von Einheimischen geführt werden. Auch der eigene Konsum vor Ort trägt maßgeblich zu einem guten Gefühl bei. Siegel wie TourCert oder Viobono weisen touristische Dienstleister vor Ort aus, die nachweislich im Sinne des nachhaltigen Tourismus arbeiten. (vgl. Der Spiegel, 2020)

Der Tourismus gehört sicherlich zu den größten Wirtschaftszweigen weltweit. In vielen Ländern steigt die Reiseintensität immer weiter an und immer mehr Reisende möchten sich dabei mit dem guten Gefühl auf den Weg machen, so nachhaltig wie möglich zu verreisen. Wie das gelingen kann, wurde in dem obigen Beispiel ansatzweise erläutert. Wenn Unternehmungen nun bei ihren Kunden eben genau diese Wirkung erzeugen wollen, dann gibt es dafür viele Ansatzpunkte, die eigene Leistung neu, anders oder nachhaltiger zu denken. Wenn Sie ein Reiseveranstalter sind, dann können entlang der gesamten Reise – von der Planung bis zur Nachschau – Leistungen und Services zu einem nachhaltigen Gesamtpaket verknüpft werden. Wenn Sie ein Hotelbetreiber sind, dann richtet sich der Fokus auf die Unterbringung, auf die Verpflegung und auf etwaige Freizeitangebote, damit sich beim Kunden dieses gute Gefühl einstellt. Das Spannende an dieser Art zu denken ist aber, über ganz neue Leistungen und Services für das eigene Leistungsportfolio nachzudenken, um die gewünschte Wirkung zu erzeugen. So denkt beispielsweise die Jugendherberge in Passau nicht mehr nur darüber nach, wie sie den Aufenthalt vor Ort nachhaltig gestalten kann, sondern auch, wie die An- und Abreise der Jugendlichen nachhaltiger organisiert und Bildungsangebote zur nachhaltigen Entwicklung integriert werden können. Unter Suffizienz-Gesichtspunkten bedeutet nachhaltiges Reisen, dass sich der Reisende vielleicht etwas mehr anstrengen muss, um an seinen Zielort zu kommen, dass er sich mehr informieren muss, um sich vor Ort nachhaltig bewegen und verhalten zu können oder aber, dass er mehr Geld für eine Reise bezahlt, dafür aber nicht mehr so häufig verreist.

5.3.2 Pay-per-Use | Nutzen statt besitzen

Mehr Nachhaltigkeit bedeutet, die Lebensgrundlagen langfristig lebenswert zu erhalten, die Unternehmungen zukunftssicher zu gestalten und das menschliche Wohlergehen langfristig zu sichern und zu stärken (siehe Kapitel 5.1: Wirksamkeit nachhaltiger Innovationen). Es bedeutet, Produkte, Leistungen, Lösungen und Geschäftsmodelle zu entwickeln, die weniger Ressourcen und Energie verbrauchen und Anreize schaffen, insgesamt weniger Waren und Dienstleistungen zu verbrauchen bzw. zu nutzen.

Aufforderung

Verkaufen Sie nicht Ihre Produkte, Leistungen oder Lösungen, sondern verkaufen Sie den Zugang und deren Nutzung! Sorgen Sie dafür, dass Kunden die Wirkung Ihrer Produkte, Leistungen und Lösungen nutzen können, ohne (es oder sie) besitzen zu müssen!

Erläuterung

- Nutzen statt besitzen verfolgt das Ziel, die Anschaffungskosten (und damit verbundene Kapitalbindung) sowie die laufenden Kosten nicht auf den Nutzer zu übertragen. Der Nutzer bezahlt ein Nutzungsentgelt, in dem diese Kosten anteilig enthalten sind.

- Pay-per-Use-Modelle zielen nicht darauf ab, den Verkauf zu steigern, sondern die Nutzung und damit die Haltbarkeit bzw. Langlebigkeit der eingesetzten Waren und Güter zu fördern.
- Das Eigentum an den Produkten, Leistungen und Lösungen verbleibt bei den Anbietern oder besser noch beim Hersteller.

Begleitende Denkfragen

- Wie könnten Sie Ihren Kunden die Nutzung Ihrer Produkte, Leistungen und Lösungen ermöglichen und ihnen den Kauf und die Wartung ersparen?
- Wie können Sie hierfür alternative Geschäftsmodelle nutzen, um den Kunden den Zugang zu Ihren Produkten, Leistungen und Lösungen zu ermöglichen (u. a. Betreibermodelle, Contracting, Miete, Leasing, nutzungsabhängige Bezahlung und Outsourcing)?

Umsetzungsbeispiele:

- Car2Go: Stadtautos mieten
- Canoo: Elektroauto im Monatsabo, jederzeit kündbar
- Phillips: ›Pay-per-Lux‹ als ›Light as a Service‹ (u. a. beim Amsterdamer Flughafen Schiphol)
- Kunst-mieten.de: Kunstwerke zeitlich befristet mieten
- Trilux: LED-Leuchten als Pay-per-Use-Modell
- Audible: Hörbücher im ›Monatsabo
- Deutsche Bahn: Call-a-Bike

Pay-per-Use-Modelle sind für Nutzer immer dann interessant, wenn ihre Nutzungsintensität unterhalb des Break-even-Points liegt. Es sich also nicht lohnt, selbst Eigentümer einer Sache zu werden, weil die Kosten für die Nutzung und für den Unterhalt höher sind als der Preis für die Nutzung einer Sache. Unter dem ökologischen Aspekt sind Geschäftsmodelle immer dann besonders wirksam, wenn die Hersteller die Eigentümer der genutzten Produkte, Leistungen und Lösungen bleiben. Dadurch hat der Hersteller ein großes Interesse daran, dass der Verbrauch der eingesetzten Ressourcen möglichst gering ist und die angebotenen Produkte reparierfähig und weitestgehend wartungsfrei sind.

Das Dilemma mit der Langlebigkeit – die Glühlampe

»Zum ersten Mal eingeschaltet wurde die Glühlampe 1901, und zwar in der Feuerwache des amerikanischen Städtchens Livermore. Seither brennt sie fast ununterbrochen. Mit der Erfindung der Glühlampe wurde ein riesiger, noch vollkommen ungedeckter Absatzmarkt geschaffen. In kürzester Zeit drängten mehrere

Fabrikanten auf den Markt des elektrischen Lichts, was dazu führte, dass sich die Qualität der Glühlampe ständig verbesserte. Der Prototyp aus dem Jahr 1881 brannte 1.500 Stunden, und schon 1924 hatten Glühlampen eine durchschnittliche Brenndauer von mehreren tausend Stunden. Damit warf die Weiterentwicklung der Glühlampe ein grelles Licht auf den Schwachpunkt des Geschäftsmodells: den technischen Fortschritt. Löst man nämlich ein Problem allzu perfekt, werden Geschäftsmodell und Unternehmen überflüssig. Das führte bei den Fabrikanten zu begründeter Besorgnis: Würde sich diese Entwicklung fortsetzen, wäre der Markt irgendwann gesättigt. Bald würde niemand mehr neue Glühlampen brauchen. Die führenden Glühlampenhersteller – unter ihnen das US-Unternehmen General Electric, das deutsche Unternehmen Osram, das französische Unternehmen La Compagnie des Lampes und das niederländische Unternehmen Philips – reagierten auf das neue Dilemma, indem sie am 24. Dezember 1924 in Genf heimlich ein Kartell gründeten: das ›Phoebuskartell‹, nach dem griechischen Sonnengott Phoebus Apollon benannt. Es verpflichtete alle anwesenden Hersteller, das technische Design so zu modifizieren, dass die Brenndauer einer Glühlampe von nun an nicht mehr als tausend Stunden Brenndauer betrug. Christian Kreiß bemerkt hierzu in seinem 2014 erschienenen Buch Geplanter Verschleiß: ›Geht man davon aus, dass die Brenndauer erfolgreich um 1000-1500 Stunden vermindert wurde, bedeutet dies, dass nach Inkrafttreten des Kartells etwa 400 bis 600 Millionen Glühbirnen jährlich zusätzlich und damit unnötig produziert wurden.‹ Diese Berechnung lässt allerdings das weltweite Wachstum außer Acht. Zieht man auch dieses in Betracht, dürfte die Zahl der unnötig produzierten Glühbirnen in den Jahrzehnten danach (bis heute) ein Vielfaches von 400 bis 600 Millionen Stück pro Jahr betragen haben.« (Rau & Oberhuber, 2018).

Die Geschichte von der Glühbirne zeigt, warum sich Menschen trotz besseren Wissens und hoch entwickelter Technologien immer schneller wieder von Produkten trennen. Sie werden so gebaut, dass sie schneller kaputtgehen (müssen), um weiteres Wachstum – oftmals zulasten der Umwelt – zu ermöglichen. Nutzungsabhängige Geschäftsmodelle können diesen Mechanismus durchbrechen. Sie haben das Potenzial, Win-win-Modelle zu kreieren, von denen die Unternehmungen, die Nutzer und die Natur profitieren.

5.3.3 Dematerialization | Ressourcen schonen

Mehr Nachhaltigkeit bedeutet, die Lebensgrundlagen langfristig lebenswert zu erhalten, die Unternehmen zukunftssicher zu gestalten und das menschliche Wohlergehen langfristig zu sichern und zu stärken (siehe Kapitel 5.1: Wirksamkeit nachhaltiger Innovationen). Es bedeutet, weniger Ressourcen (Holz, Erdöl, Wasser, Nutztiere, Nutzpflanzen, …) und Energie zu verbrauchen Es bedeutet, die Umwelt mit weniger oder gar keinen Abfällen zu belasten und weniger Flächen zu verbrauchen.

Aufforderung

Reduzieren Sie konsequent und ressourcenschonend den Einsatz von Materialien und Energie bei Ihren Produkten, Leistungen und Lösungen!

Erläuterung

- Dematerialisierung verfolgt das Ziel, die Stoffströme stark zu reduzieren, die durch menschliches Handeln und vor allem durch wirtschaftliche Tätigkeit verursacht werden. Dazu soll der Material- und Energieverbrauch der sozioökonomischen Systeme stark verringert werden.
- Das dahinterliegende Ziel ist die Befriedigung menschlicher Bedürfnisse bei gleichzeitiger Reduzierung der Umweltbelastungen in absoluten Zahlen.
- Dematerialisierung führt zu geringeren Kosten für Material und Energie. Miniaturisierung und Virtualisierung sind zwei Ansätze von Dematerialisierung.

Begleitende Denkfragen

- Wie können Sie durch Dematerialisierung die menschlichen Bedürfnisse befriedigen und dabei gleichzeitig die Umweltbelastungen reduzieren?
- Welche Ihrer Produkte, Leistungen und Lösungen können Sie auch in digitaler Form anbieten?

Umsetzungsbeispiele:

- Von der Schallplatte über die CD und der MP3-Datei zum Streamingdienst
- Vom ausgedruckten Papierticket zum E-Ticket (u. a. in der Deutsche-Bahn-App)
- Vom Buch zum E-Book-Reader
- Von Offline- zu Onlinemeetings
- Von hybriden und werbewirksamen Großverpackungen zu kleineren, monolithischen Verpackungen
- Von der analogen Sofortbildkamera zur miniaturisierten und hochauflösenden Digitalkamera

Aber was geschieht, wenn vieles zur App wird? Apps können durch die zunehmende Digitalisierung viele klassische Tätigkeiten überflüssig machen. Unternehmen entwickeln sich zu Softwarehäusern und dematerialisieren sich dadurch – mit zahlreichen Auswirkungen auf die Wertschöpfungsprozesse. Wird beispielsweise ein Schlüssel zur App auf dem Smartphone, dann entfallen die Produktion und der Transport des Schlüssels. Und auch die Herstellung der Maschinen wird überflüssig, die den Schlüssel produzieren. Allerdings galt bislang und gilt wahrscheinlich auch zukünftig: Wann immer technologischer Fortschritt Arbeit überflüssig gemacht hat, sind an anderer Stelle neue Arbeitsplätze entstanden.

5.3.4 Modularization | Lösungen modular und multifunktional gestalten

Mehr Nachhaltigkeit bedeutet, die Lebensgrundlagen langfristig lebenswert zu erhalten, die Unternehmungen zukunftssicher zu gestalten und das menschliche Wohlergehen langfristig zu sichern und zu stärken. Es bedeutet, weniger Ressourcen und Energie zu verbrauchen sowie effizientere und ressourcenschonendere Verfahren und Technologien für den Abbau und die Förderung von Ressourcen sowie für die Produktion von Gütern und Dienstleistungen zu nutzen. Es bedeutet, die Umwelt mit weniger oder gar keinen Abfällen zu belasten und weniger Flächen zu verbrauchen.

Aufforderung

Modularisieren Sie Ihre Produkte, Leistungen und Lösungen als Bausteine, die bedarfsgerecht und individuell kombiniert werden können!
Standardisieren Sie Ihre Module, damit Sie multifunktional eingesetzt werden können und senken Sie dadurch den Ressourcen- und Energieverbrauch!

Erläuterung

- Modularisierung verfolgt das Ziel, ein Ganzes als Module, Komponenten, Bauelemente, Baugruppen oder Bausteine aufzuspalten und sie dann in geeigneter Form und Funktion wieder zusammenfügen oder sie über entsprechende Schnittstellen interagieren lassen zu können.
- Bei modularisierten Produkten können einzelne Bausteine leichter ausgetauscht und kann insgesamt eine längere Nutzungsdauer erreicht werden.

Begleitende Denkfragen

- Wie lassen sich Ihre Produkte, Leistungen und Lösungen in kombinierbare Module zerlegen?
- Wie können die Module mit einem Konfigurator zu sehr individuellen Lösungen zusammengestellt werden?

Umsetzungsbeispiele:

- GARDENA Akku-System: ein Akku für mehrere Geräte
- IKEA – PAX-Serie: Schränke in unterschiedlicher Größe und Funktionalität zusammenstellen
- Volkswagen: Anwendung der Plattformstrategie im Fahrzeugbau
- Crystal Palace: Gebäudekomplex aus modularen Gebäudeteilen
- Unimog 405 von Mercedes Benz: modulare Anbaugeräte
- Softwaremodule: für wiederkehrende Aufgaben
- Studiengänge: Lernmodule nach persönlichen Neigungen und Interessen auswählen
- FAIRPHONE: Smartphone mit modularem und reparablem Design

Eng verwandt mit Modularisierung ist das Gestaltungsprinzip ›Multifunktionalität‹. Hier steht die Denkfrage im Mittelpunkt, wie Produkte, Leistungen und Lösungen in möglichst vielen Anwendungsfällen durch zusätzliche Funktionen erweitert werden können.

5.3.5 Cradle to Cradle | In Kreisläufen denken

Mehr Nachhaltigkeit bedeutet, die Lebensgrundlagen langfristig lebenswert zu erhalten, die Unternehmungen zukunftssicher zu gestalten und das menschliche Wohlergehen langfristig zu sichern und zu stärken. Es bedeutet, vermehrt Rohstoffe in den biologischen und technischen Kreisläufen von der Rohstoffgewinnung über die Produktion bis zur Nutzung und Verwertung zu bewahren und zu belassen (u. a. Verbesserung der Wiederverwertung von Rohstoffen und der Recyclingfähigkeit von Produkten).

Aufforderung

Denken Sie konsequent in biologischen und technischen Kreisläufen! Gestalten Sie Ihre (Abfall-)Produkte in einer Art und Weise, in der sie wieder in den Kreislauf zurückgeführt werden können! Denken Sie konsequent darüber nach, wie rein gar nichts weggeworfen werden muss.

Erläuterung

- Das Konzept ›Cradle to Cradle‹ ist durch die Natur inspiriert, bei dem alles verwertet wird. Der Abfall des einen ist die Nahrung des anderen.
- Das Konzept formuliert einen Gold-Standard, der ein vollständiges Recycling ohne Qualitätsverlust zum Ziel hat. Die daraus entstehenden ›Nährstoff‹-Kreisläufe machen die Produktion unabhängig von Rohstoffen, da Produkte und Materialien nahezu unbegrenzt wiederverwertet und/oder wiederverwendet werden können.

Begleitende Denkfragen

- Wie können Sie Ihre Produkte, Leistungen und Lösungen gestalten, damit sie vollständig im Kreislauf verbleiben?
- Welche Ihrer Produkte, Leistungen und Lösungen können Sie in einem biologischen oder in einem technischen Kreislauf anbieten?

Umsetzungsbeispiele:

- TRIGEMA: kompostierbare T-Shirts
- FISCHER Gruppe – FISCHER cyclepor®: EPS-Mahlgut aus firmeneigenen Recyclingprozessen (EPS = Expandiertes Polystyrol, eher bekannt unter dem Handelsnamen »Styropor«)

- method: Allzweck-Oberflächenreiniger aus Mais und Kokosnuss
- BAYONIX®-Flasche: Trinkflasche aus einem unbedenklichen Polymer
- DESSO EcoBase® PA6 Lösung: bitumenfrei gefärbte Teppichfliesen
- Brandbase BV: Zuckerrohr-Rennstrecke
- IKEA – Zweite Chance: IKEA kauft Kunden gebrauchte und gut erhaltene IKEA-Möbel gegen Gutschein zurück

Weitere Informationen zu dem Gold-Standard und den nach diesem Standard zertifizierten Produkten finden Sie auf der Website des Cradle to Cradle Products Innovation Institute, das von William McDonough und Michael Braungart gegründet wurde (einfach den Barcode auf der nachfolgenden Grafik scannen):

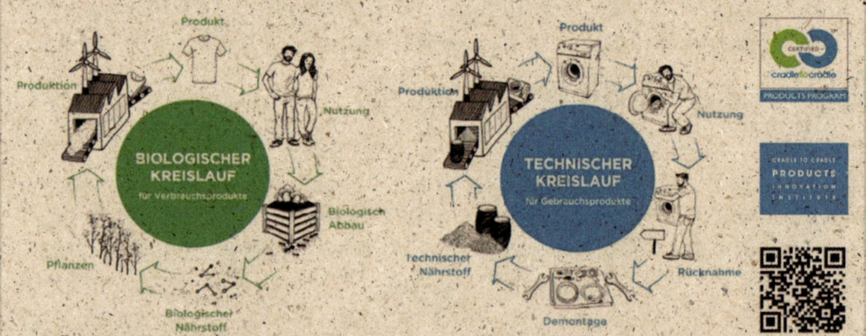

Darstellung: CRADLE TO CRADLE E.V.

Abb. 26: Cradle to Cradle | Zertifizierte Produkte

Mit dem Circular-Economy-Aktionsplan nahm sich die Europäische Kommission 2015 dem wachsenden Müllproblem der Mitgliedsländer an. Nach Angaben des Europäischen Parlaments »fallen europaweit jedes Jahr rund 2,5 Milliarden Tonnen Müll an. In Deutschland ist die Idee der Circular Economy im Kreislaufwirtschaftsgesetz (KrWG) verankert. Das Gesetz zielt darauf ab, dass Abfall gar nicht erst entsteht. In § 6 KrWG ist eine Abfallhierarchie festgelegt, die eine Rangfolge vorgibt, um systematisch gegen die Abfallflut vorzugehen:

1. Die Abfallvermeidung
2. Überarbeitung, um Produkte wiederzuverwenden
3. Recycling
4. Sonstige Verwertung (z. B. durch Verbrennen)
5. Abfall beseitigen

Dabei weist das Gesetz darauf hin, dass jeweils auch die Auswirkungen auf Umwelt und Menschen zu berücksichtigen sind. Ebenso sollen Rohstoffe und Energie geschont werden. Zum Beispiel kann Recycling unter enormem Energieaufwand mitunter weniger sinnvoll sein, als das Produkt zu verbrennen« (Utopia, 2020).

Circular Economy als Standard, nicht Nische

Im Rahmen des europäischen grünen Deals konkretisiert die EU nochmals die Circular Economy: Nachhaltige Produkte sollen zukünftig der Standard sein, nicht mehr ein Nischenprodukt. Vor allem Produkte mit einem großen Verbrauch an Rohstoffen rücken ins Blickfeld der Gesetzgeber. Unter anderem sind das Elektroprodukte, Computer, Batterien, Fahrzeuge, Verpackungen und Textilien. Im Februar 2020 stellte die Bundesumweltministerin Svenja Schulze den Entwurf des überarbeiteten Kreislaufwirtschaftsgesetzes vor. In der Pressemitteilung dazu erläutert das Umweltministerium, dass Hersteller, Händler und der Bund verantwortlich dafür sind, Müll zu vermeiden. Beispielsweise ist geplant, dass es eine gesetzliche Handhabe gibt, um gegen die Vernichtung von Neuwaren und Retouren vorzugehen. Zum Müllproblem und damit zum Problem für die Umwelt wurde diese bei vielen Onlinehändlern, u. a. in der Modebranche. Zudem sollen der Handel und die Produktionsbetriebe von Einwegprodukten wie To-Go-Becher an den Kosten für die Müllbeseitigung beteiligt werden. Und staatliche Stellen sollen bevorzugt Recycling-Produkte einkaufen. (vgl. Utopia, 2020)

Das Europäische Parlament bezeichnet das bisherige System als lineares Wirtschaftsmodell, einfacher gesagt als Wegwerfgesellschaft. Alles ist darauf ausgerichtet, dass möglichst viel Neues gekauft wird. Die Kreislaufwirtschaft unterscheidet sich in ihrem Ansatz grundlegend davon. Etwas neu zu kaufen ist die letzte Wahl. Es erfordert ein allgemeines Umdenken, wie Wirtschaft funktioniert oder funktionieren könnte.

5.3.6 Feel-good-Consumption | Mit gutem Gefühl konsumieren

Mehr Nachhaltigkeit bedeutet, die Lebensgrundlagen langfristig lebenswert zu erhalten, die Unternehmungen zukunftssicher zu gestalten und das menschliche Wohlergehen langfristig zu sichern und zu stärken. Es bedeutet, die Versorgungssicherheit mit und den Zugang zu Nahrungsmitteln und Dingen des täglichen Bedarfs aus ökologischer und sozialer Produktion (u. a. Anbaumethoden, Arbeitsbedingungen, Lieferketten, Verpackungen) zu verbessern.

Aufforderung

Gestalten Sie Ihre Produkte, Leistungen und Lösungen glaubhaft und nachvollziehbar nach nachhaltigen Kriterien – und reden Sie darüber! Betreiben Sie kein Greenwashing, sondern ein wahrhaftiges und glaubwürdiges nachhaltiges Engagement!

Erläuterung

- Feel-good-Consumption bezeichnet ein Konsumverhalten, das ein gutes Gewissen erzeugt. Die Kaufentscheidung basiert dabei nicht mehr allein auf dem Preis und der Qualität, sondern berücksichtigt auch ökologische und soziale Kriterien.
- Besonders ausgeprägt ist dieses Konsumverhalten bei den LOHAS (Lifestyles of Health and Sustainability). Dieses Akronym steht für einen Lebensstil, der von Gesundheitsbewusstsein und -vorsorge sowie der Ausrichtung nach den Prinzipien der Nachhaltigkeit geprägt ist. Ein Kennzeichen für diese Entwicklung ist die steigende Nachfrage nach Bio- und Fairtradeprodukten sowie nach Produkten aus der Region.

Begleitende Denkfragen

- Wie können Sie Ihren Kunden beim Kauf Ihrer Produkte, Leistungen und Lösungen ein wahrhaft gutes, nachhaltiges Gewissen vermitteln?
- Wie können Sie Ihre Produkte gestalten, damit sie die Anforderungen werthaltiger Siegel bzw. Labels erfüllen oder als Produkte aus der Region gelten?
- Welche Eigenschaften Ihres Produktes oder welche Elemente der Lieferkette können Sie verändern, damit der Kunde ein gutes Gefühl (im Sinne einer nachhaltigeren Wirtschaft) beim Kauf Ihres Produktes erhält?

Umsetzungsbeispiele:

- Melitta: ausschließlich Verkauf von nachhaltig produziertem Kaffee
- Alnatura: ökologisch produzierte Lebensmittel und Textilien
- Hessnatur (Versandhaus): Handel mit GOTS-zertifizierten Produkten (Global Organic Textile Standard)
- Rapunzel: Verkauf von Produkten in Kooperation mit der Deutschen Umwelthilfe aus biologischer Landwirtschaft, bei denen mindestens 50 Prozent der Rohstoffe von Hand-in-Hand-Siegel-Betrieben stammen.
- Soulbottles und Klean Kanteen: Trinkflaschen für unterwegs
- Regionale Wochen- und Bauernmärkte oder Hofläden
- Bürgerwerke: Ökostrom-Anbieter, Verbund von Bürgerenergiegesellschaften
- Solidarische Landwirtschaft: Mehrere private Haushalte tragen die Kosten eines landwirtschaftlichen Betriebs, wofür sie im Gegenzug dessen Ernteertrag erhalten (www.solidarische-landwirtschaft.org)
- myBOO: Bambusfahrräder, gefertigt in Ghana und Kiel; jeder Kauf finanziert eine Schule in Ghana
- PLASTIC2BEANS: Bio-Kaffee ohne Pestizide und Chemikalien. Waldanbau und Sonnentrocknung für weniger Wasserverbrauch. Recycling für weniger Rohöl und Plastikmüll. Mehr als faire Bezahlung und Entwicklung der Bauern

Eine Übersicht besonders vertrauenswürdiger und verifizierter Siegel finden Sie in der nachfolgenden Übersicht. Wenn Sie den Barcode einscannen, gelangen Sie auf Websites, die eine detaillierte Analyse der Siegel vorgenommen haben.

Abb. 27: Vertrauenswürdige Siegel

5.3.7 Energy Harvesting | Energie dezentral erzeugen

Mehr Nachhaltigkeit bedeutet, die Lebensgrundlagen langfristig lebenswert zu erhalten, die Unternehmungen zukunftssicher zu gestalten und das menschliche Wohlergehen langfristig zu sichern und zu stärken. Es bedeutet, die Luft weniger mit Schadstoffen zu belasten und weniger Ressourcen zu verbrauchen. Es bedeutet, weniger Energie und/oder vermehrt Energie aus erneuerbaren Energiequellen zu nutzen.

Aufforderung

Setzen Sie kompromisslos auf die Nutzung erneuerbarer Energien! Gestalten Sie Ihre Produkte, Leistungen und Lösungen so, dass Sie dezentral erneuerbare Energien nutzen können!

Erläuterung

- Energy Harvesting bezeichnet die Umwandlung von Umgebungsenergien wie Schwingungen, Vibrationen, Strömungen, Licht oder Temperaturunterschiede in Strom.
- Das nachhaltige ›Ernten‹ der Energie aus der lokalen Umgebung soll es in Zukunft ermöglichen, Sensoren, Sonden oder Funkmodule völlig autark vom Stromnetz oder von Batterien betreiben zu können.
- 2050: Wind- und Sonnenenergie werden bis 2050 die Hälfte des weltweiten Strombedarfs decken (vgl. BloombergNEF, 2019).

Begleitende Denkfragen

- Wie können Sie Technologien und Strategien des Energy Harvesting in Ihrer Produktion einsetzen?
- Welche Ihrer Produkte können Sie völlig autark vom Stromnetz oder von Generatoren betreiben?

Umsetzungsbeispiele:

- SolarCircleLine: Fahrgastschiff einer Berliner Reederei mit solar-elektrischem Antrieb
- Energy Floors: In einem Londoner Club werden 60 Prozent des Stroms mittels sogenannter Piezoelektrizität von der Tanzfläche produziert
- Klein-Windkraftanlagen.com: Betreibermodelle für dezentrale Windkraftanlagen
- Biomasseheizkraftwerk Baden (bei Wien): erzeugt den Strom- und Wärmebedarf von 10.000 Haushalten
- Fensterfolie MOST: Die Chalmers University entwickelte eine Fensterfolie, die Energie aus Sonnenstrahlen aufnehmen und zu einem späteren Zeitpunkt wieder als Wärme abgeben kann
- Grid Singularity: Blockchain-Plattform für den sicheren Austausch von Energiedaten. Preise und Verträge zwischen den neuen Stromproduzenten, Netz- und Infrastrukturbetreibern sowie weiteren Akteuren können sicher in der Blockchain gespeichert und Geschäfte automatisiert über Smart Contracts abgewickelt werden.
- University of California (UC) San Diego: Solarplanen ermöglichen flexible und großflächige Energieproduktion

Ein Beispiel, dass mehrere der 17 Nachhaltigkeitsziele der Vereinten Nationen adressiert, sind die 'On-Grid-Kühlschränke der GLOBAL ICE TEC AG aus Chemnitz. Ihre UNOCOOL®-Kühlschränke sind einzigartig, weil sie ohne Batteriespeicher und ohne externe Stromversorgung auskommen. Diese neue Generation von Solarkühlschränken wird weltweit die Lebensqualität vieler Menschen verbessern, speziell in Entwicklungs- und Schwellenländern in den heißen und subtropischen Klimazonen. Sie helfen, den CO_2-Ausstoß über einen Zeitraum von zehn Jahren um bis zu 50 Tonnen pro Kühlschrank zu reduzieren (im Vergleich zur Verbrennung fossiler Brennstoffe bei Generatoren zur Stromproduktion). Sie helfen darüber hinaus, Lebensmittel, Medikamente und Impfstoffe länger zu lagern. Denn laut der ›Efficiency for Access Coalition‹ »leben weltweit 1,2 Milliarden Menschen ohne und eine weitere Milliarde Menschen mit einem nur unzuverlässigen Zugang zu Elektrizität. Diese unterversorgten Gemeinden, die jenseits des Stromnetzes leben, gehören in der Regel zu den ärmsten der Welt und müssen sich für den täglichen Energiebedarf auf gefährliche, umweltschädliche Kraftstoffe wie Kerosin und Diesel verlassen« (Efficiency for Access Coalition , 2019). Und sie ermöglichen neue Einkommensquellen. Laut Auskunft des Unternehmens zeigen neuere Studien der Global LEAP aus Untersuchungen in Uganda, dass u. a. Micro-

und Kleinst-Unternehmen (MSMEs), die einen Off-Grid-geeigneten Kühlschrank in Betrieb haben, ihr tägliches Einkommen um das 2,5-fache im Durchschnitt steigern können (von 29 US$ auf 70 US$). Zusammengefasst führen die einzelnen Facetten des Solarkühlschranks zur nachfolgenden Bilanz für eine nachhaltigere Wirtschaft:

Soziale Bilanz:	Ökologische Bilanz:	Ökonomische Bilanz:
• gesündere Ernährung • längere Lagerzeiten • verringerte Einkaufsgänge • längere Wirksamkeit von Medizinprodukten	• Verringerung der CO_2-Emissionen • Verringerung der NOx-Emissionen • keine Batterien	• Einsparung von Stromkosten: bei 0,21 Euro/Kwh bis zu 120 Euro/p.a. • Einsparung von Diesel: bei 0,90 Euro/Liter bis zu 750 Euro/p.a. • weniger Verlust durch verdorbene Lebensmittel • Gelegenheit, abends auf dem Markt die Lebensmittel preiswerter zu erhalten • Einnahmen durch Mikro-Business

Abb. 28: GLOBAL ICE TEC AG | Bilanz für eine nachhaltigere Wirtschaft

5.3.8 Upcycling | Abfall und Nebenprodukte verwerten

Mehr Nachhaltigkeit bedeutet, die Lebensgrundlagen langfristig lebenswert zu erhalten, die Unternehmungen zukunftssicher zu gestalten und das menschliche Wohlergehen langfristig zu sichern und zu stärken. Es bedeutet, vermehrt Produkte aus Materialien zu fertigen, die aus Abfall-, Neben- oder recycelten Produkten stammen. Es bedeutet, die Umwelt mit weniger Abfällen zu belasten und weniger Ressourcen und Energien zu verbrauchen.

Aufforderung

Verwerten Sie Ihre Abfall- oder alten Produkte! Nutzen Sie Sekundärrohstoffe als Ausgangsbasis für neue Produkte! Werten Sie Abfallprodukte oder scheinbar nutzlose Stoffe auf, indem Sie einen neuen oder anderen Verwendungszweck finden! Steigern Sie die Nachnutzung von bereits vorhandenen Materialien!

Erläuterung

- Der Grundgedanke von Upcycling ist, keine neuen Rohstoffe zu verwenden oder abzubauen, wenn doch Unmengen an bereits geschürften Rohstoffen zur Verfügung stehen.
- Oftmals werden Gegenstände, Rohstoffe etc. nach ihrem eigentlichen Produktlebenszyklus kreativ zweckentfremdet. Dinge werden also anders verwendet als ursprünglich gedacht.

- Während Upcycling in Entwicklungsländern weit verbreitet ist, gewinnt es vor dem Hintergrund von Nachhaltigkeit und Rohstoffknappheit auch in den Industrieländern allmählich an Bedeutung.

Begleitende Denkfragen

- Wie können Sie Ihre Produkte gestalten, damit sie nach ihrem Gebrauch anderweitig genutzt werden können?
- Wie können Sie Ihre Produkte aus Abfallprodukten gestalten und herstellen?
- In welcher Weise nutzen Ihre Kunden Ihre Produkte zweckentfremdet oder könnten sie so nachhaltiger nutzen?
- Was könnte man mit Ihrem Produkt noch machen? Welchen zusätzlichen Nutzen könnte man für einen nachhaltigeren Umgang erzielen?

Umsetzungsbeispiele:

- Plantec: Taschen aus LKW-Planen
- AC Greenshop: Taschenrucksack aus Zementsack
- Mavco Handicrafts: Badematte Multicolor aus Flipflops
- Green the Map: Trinkgläser ›Perri‹ aus Flaschen
- US-amerikanische Firma teeki: Yoga-Hosen aus Plastikflaschen
- Upcycling Deluxe GmbH: Unter dem Label ›ReHats Berlin‹ werden Schiebermützen, Basecaps, Hüte und Ballonmützen aus alten Kaffeesäcken angeboten (COFFEE2GO Kollektion)
- Modelabel ›Wiederbelebt‹: verwendet ausschließlich Stoffe, Reißverschlüsse und Knöpfe, die sonst im Abfall der Modeindustrie gelandet wären; in der ›Nur für dich‹-Kollektion wird zusätzlich abgeänderte, umgenähte und aufgewertete Kleidung aus zweiter Hand angeboten
- Start-up ›Kaffeeform‹: Tassen und Teller aus einer Mischung aus Pflanzenfasern, Holzspänen, Biopolymeren und Kaffeesatz
- Faktor X, Agentur der Entwicklungsgesellschaft indeland GmbH: Häuser aus Recycling-Beton

In fast allen Produktionsprozessen entstehen Abfallstoffe oder Nebenprodukte, die im Endprodukt keine Verwendung finden. Ausschuss und eingesetzte Materialien müssen aber nicht zwangsläufig entsorgt werden. Vieles kann in einem anderen Kontext zu einem neuen, nachhaltigeren Produkt werden. Beispielsweise wird Grappa aus den vergorenen, alkoholhaltigen Pressrückständen bei der Weinherstellung destilliert und Pellets u. a. aus Sägemehl. Dieses Gestaltungsprinzip wird auch ›Buy-Waste-Product‹ genannt.

5.3.9 Bioplastics | Biologisch abbaubare Kunststoffe verwenden

Mehr Nachhaltigkeit bedeutet, die Lebensgrundlagen langfristig lebenswert zu erhalten, die Unternehmungen zukunftssicher zu gestalten und das menschliche Wohlergehen langfristig zu sichern und zu stärken. Es bedeutet, vermehrt auf Verpackungen von Gütern und Waren zu verzichten, diese zu reduzieren oder sie durch Biokunststoffe zu ersetzen.

Aufforderung

Substituieren Sie in all Ihren Produkten, Leistungen und Lösungen normale Kunststoffe durch Biokunststoffe! Setzen Sie bei Verpackungsmaterialien konsequent auf biologisch abbaubare Kunststoffe!

Erläuterung

- Als Biokunststoff oder Bioplastik werde Kunststoffe bezeichnet, die aus nachwachsenden Rohstoffen (= biobasierter Kunststoff) hergestellt werden.
- Viele Biokunststoffe sind aber auch biologisch abbaubar. Deshalb eignen sie sich vor allem als Material für Verpackungen und andere kurzlebige Produkte. In der Medizin werden Biokunststoffe aufgrund ihrer Resorbierbarkeit in Nahtmaterialien oder Implantaten genutzt.

Begleitende Denkfragen

- Wie können Sie Biokunststoffe bei Ihren Verpackungen, in der Landwirtschaft, bei Produkten der Unterhaltungselektronik, bei Konsumgütern und Haushaltsgeräten einsetzen?
- Wie können Sie einzelne Bauteile durch Biokunststoffe ersetzen?

Umsetzungsbeispiele:

- BASF: Der Biokunststoff ecovio® ist ein vollständig kompostierbarer Kunststoff aus nachwachsenden Rohstoffen auf Zuckerbasis
- Biodora & Dora's: Produkte aus Stärke werden aus nachwachsenden Rohstoffen (frei von Gentechnik), Mineralien und Wachsen hergestellt
- VVK Vertrieb Veredelter Kunststoffe GmbH: 3D-Druck mit Biokunststoff
- Tagwerk – Flechtwerk Standleuchte: Additive Fertigung mit 3D-Druck-Technologie und Biomaterial aus nachwachsenden Rohstoffen ohne Erdöl
- PAPSTAR Kaltgetränkebecher: Becher aus Biokunststoff aus nachwachsenden, pflanzlichen Rohstoffen

In Zukunft tritt an die Stelle der Abbaubarkeit zunehmend das Bestreben, biobasierte Rohstoffe zur Erzeugung langlebiger Biopolymerwerkstoffe zu nutzen und dadurch neue Anwendungsbereiche zu erschließen. Im Vergleich zu erdölbasierten Kunststoffen kann bei der Herstellung von Biokunststoffen der Kohlendioxidausstoß verringert werden. Die Einsatzfelder für Biokunststoffe und -produkte wachsen beständig. Sie werden eingesetzt in Verpackungen, Unterhaltungselektronik, Konsumgütern, Haushaltsgeräten und in der Landwirtschaft. Auch in technischen Bereichen finden Biokunststoffe Anwendung, zum Beispiel in der Automobilindustrie. Viele Teile im Fahrzeuginnenraum sind bereits aus Biokunststoffen. Dazu zählen u. a. Innenverkleidungen, Motorabdeckungen und Fasern für Fußmatten und Sitze. In Zukunft sollen Biokunststoffe auch in Außenteilen und mechanischen Teilen im Antriebsstrang verwendet werden. Laut dem Institute for Bioplastic and Biocomposites (IfBB) »lag 2018 die Produktionskapazität von biobasierten und teil-biobasierten Kunststoffen insgesamt bei ca. 19 Millionen Tonnen und damit bei knapp 6 % der Produktionskapazität aller Kunststoffe. Bis 2023 wird mit einem Wachstum auf einen Anteil von 10 % gerechnet. Besonders stark wächst der Markt der biobasierten New Economy-Kunststoffe, welcher 2018 2,27 Millionen Tonnen umfasste. Dabei waren knapp 40 % der biobasierten New Economy-Kunststoffe zudem biologisch abbaubar« (IfBB, 2018).

5.3.10 Sharing | Nutzungsrechte für Ressourcen teilen

Mehr Nachhaltigkeit bedeutet, die Lebensgrundlagen langfristig lebenswert zu erhalten, die Unternehmungen zukunftssicher zu gestalten und das menschliche Wohlergehen langfristig zu sichern und zu stärken. Es bedeutet, weniger zu verbrauchen, weniger Energie, weniger Ressourcen, weniger von allem. Es bedeutet, die Umwelt mit weniger Abfällen und die Luft mit weniger Schadstoffen zu belasten.

Aufforderung

Gestalten Sie Ihre Produkte so, dass Ihre Kunden sie besitzen und nutzen können, ohne sie kaufen zu müssen! Nutzen Sie für Ihre Produkte Geschäftsmodelle, bei denen mehrere Kunden ein Produkt gemeinsam nutzen können (anteiliges Recht)!

Erläuterung

- Der Begriff ›Sharing‹ oder ›Sharing Economy‹ ist ein Sammelbegriff für Firmen, Geschäftsmodelle, Plattformen, Online- und Offline-Communitys und Praktiken, die eine geteilte Nutzung von ganz oder teilweise ungenutzten Ressourcen ermöglichen.
- Das erworbene Teilrecht bietet Kunden die Möglichkeit, Produkte zu nutzen, die sie sich als Gesamteigentum nicht leisten können oder wollen. Durch die Aufteilung in Nutzungsrechte kann eine höhere Auslastung der verfügbaren Ressourcen erreicht werden.

Begleitende Denkfragen

- Welche Ihrer Produkte eignen sich zum Teilen zwischen mehreren Benutzern?
- Für welche Bedarfe eignen sich Sharing-Modelle besser als der Erwerb von Produkten, Leistungen und Lösungen?

Umsetzungsbeispiele:

- Carsharing: organisierte gemeinschaftliche Nutzung eines oder mehrerer Autos (Car2Go, DriveNow, Flinkster)
- Codesharing: Verfahren, bei dem zwei oder mehrere Fluggesellschaften einen Linienflug unter einer jeweils eigenen Flugnummer anbieten
- Filesharing: Austausch oder die gemeinsame Nutzung von Dateien, Programmen, Musik, Spielen etc. im Internet
- Foodsharing: Teilen von Lebensmitteln (siehe auch Foodsharing.de)
- Fotosharing: Herausgabe und Übertragung von digitalen Fotos im Internet
- Homesharing: Über Airbnb können Privatwohnungen als Übernachtungsgelegenheiten gebucht werden (siehe auch couchsurfing.com)
- Screensharing: Übertragung des Bildschirminhalts eines Computers an einen oder mehrere andere Computer
- Sitesharing: gemeinsame Nutzung eines Mobilfunksendemasten von zwei oder mehreren Betreibern von Mobilfunknetzen
- Timesharing: Ansatz, um mehrere Benutzer an einem Computer gleichzeitig arbeiten zu lassen, indem sie sich die Rechenzeit eines Prozessors teilen

Eine besondere Form des Teilens sind Gemeinschaftsgärten auf Mietbeeten und in solidarischer Landwirtschaft. »Die kollektiv betrieben Gärten sind eine Spielart des Urban Gardening. Auch sie machen die Stadt grüner, schöner und lebenswerter. Im Vordergrund stehen aber die Selbstversorgung mit Gemüse, Obst, Kräutern und anderen Lebensmitteln und die Pflege der Gemeinschaft. Denn in den Gärten lernen sich Menschen kennen, die oft lange Zeit anonym nebeneinander gewohnt haben. Die Hobbygärtner produzieren in den Nachbarschaftsgärten und interkulturellen Gärten der Stadt Obst und Gemüse, teilen ihr Wissen über Samen und Pflanzzeiten und helfen aus, wenn die Pflanzen gewässert werden müssen. Was über den Eigenbedarf hinausgeht, wird in der Regel verkauft« (Berlin.de, 2020).

5.3.11 Zusammenfassung und Ausblick

Grundsätzlich kann jede Entwicklung, jeder Trend, jede Technologie, jedes Szenario, Narrativ oder Zukunftsbild für die Entwicklung von Ideen für eine nachhaltigere Wirtschaft genutzt werden. Und zwar, indem der Kontext für eine nachhaltigere Wirtschaft über die Fragestellung hergestellt wird: Wie könnte der Trend, die Technologie oder das Zukunftsbild für die Gestaltung eines nachhaltigeren Produktes oder eines nachhaltigeren Geschäftsmodells genutzt werden? Wie könnte aus dem Trend, der Technologie oder dem Zukunftsbild ein auf Nachhaltigkeit basierender, neuer Wettbewerbsvorteil für das bestehende Geschäft entstehen?

Standpunkt 27 | *Sprache hilft, die Realität zu strukturieren! Fragen helfen, die Sprache zu strukturieren!*

Bei der Anwendung von Denkmodellen geht es auch immer darum, die ökologischen, sozialen und ökonomischen Aspekte eines nachhaltigeren Wirtschaftens mitzudenken, beispielsweise die Auswirkungen auf Beschäftigungsmöglichkeiten und damit verbunden die Möglichkeit, Einkommen zu generieren. Die identifizierten Ideen sollten dann hinsichtlich ihrer Wirksamkeit für ein nachhaltigeres Wirtschaften bewertet werden. In der weiteren Ausarbeitung der Ideen (siehe auch Kapitel 8.2: Management nachhaltiger Innovation) ist früher oder später zu klären, ob die Ideen von den Kunden auch angenommen werden. Dabei ist es hilfreich, sich immer wieder das dahinterliegende Handlungsprinzip (Öko-Effizienz, Suffizienz und Konsistenz) und die damit verbundene Anschlussfähigkeit zu vergegenwärtigen.

In der nachfolgenden Übersicht sind weitere Denkmodelle für eine nachhaltigere Wirtschaft aufgelistet, die sukzessive nach dem obigen Muster aufbereitet und über die Website www.enkelgerecht-wirtschaften.de unter der Rubrik ›Werkstatt‹ angefordert werden können.

- Automatisierung
- Batering | Tauschen
- Bionisierung
- Biotechnologie
- By-Waste-Product
- Corporate Social Value
- Einfachheit
- Energiespartechnologien
- Erdlóser Pflanzenanbau
- Ethics - vorbildliches Handeln
- Ethisches Marketing
- Garantieren
- Green Building
- Green Logistics
- Green Tourism
- Green-Investments
- Green-IT
- Informatisierung
- Klimafarming
- Künstliche fossile Brennstoffe
- Künstliche Intelligenz
- Leistungsfähigere Informationstechnologien
- LOHAS | LOVOS
- Maritime Energieerzeugung
- M-Health
- Mikrotechnologien
- Mobile Business
- Nachhaltige Meereswirtschaft
- Nachsorgender Umweltschutz
- Nanotechnologien
- Ökologische Landwirtschaft
- Ökostädte
- Precision Farming
- Recycling
- Regionalisierung
- Re-Purposing
- Social Commerce
- Tele-Arbeit und Tele-Learning
- Tele-Medizin
- Urban Agriculture
- Urban Mining
- Virtualisierung
- Wasserlose Reinigungstechnologien
- Zero Emission
- Zero Waste

Abb. 29: Auflistung weiterer Denkmodelle für eine nachhaltigere Wirtschaft

Warum über nachhaltiges Wirtschaften berichten

Um …

- Transparenz und Vertrauen zu schaffen!
- Glaubwürdigkeit und Legitimität (›Licence to operate‹) zu fördern!
- die Meinungsbildung zu beeinflussen!
- Beziehungen und Kooperationen zu gestalten!
- das Image und die Reputation zu verbessern!
- sich Wettbewerbsvorteile zu sichern!

6 Ausgangslage & Reifegrade für nachhaltigeres Wirtschaften

Nachhaltigkeit als Unternehmensstrategie manifestiert sich in der Positionierung von Unternehmungen. In diesem Kapitel stehen deshalb die Unternehmungen im Mittelpunkt. Es sollen Reifegrade und Entwicklungsstufen bestimmt werden, in denen ein wahrhaftiges, transparentes und Vertrauen schaffendes Engagement für ein nachhaltigeres Wirtschaften einsortiert werden kann. Es soll geklärt werden, wie stark bei den Unternehmern, Entscheidern, Führungskräften und Mitarbeitenden Nachhaltigkeit verankert ist oder bei ihnen zumindest eine Bereitschaft besteht, sich mit nachhaltigeren Wirtschaften auseinanderzusetzen. Um die Reifegrade und Entwicklungsstufen von Unternehmungen beurteilen zu können, wird eine Typologie unternehmerischer Nachhaltigkeit genutzt und diese mit den sichtbaren, betrieblichen Nachhaltigkeitsleistungen verwoben. An der Art und Weise, wie Nachhaltigkeitsleistungen gegenüber den Anspruchsgruppen kommuniziert werden (Stichwort: Greenwashing), wie umfassend eine Stakeholder-Orientierung bereits Raum gegriffen hat und wie partiell oder ganzheitlich Nachhaltigkeit in der Organisation verankert ist, kann abgeleitet werden, wo Unternehmungen heute in Sachen Nachhaltigkeit stehen.

Die Ausgangslage von Unternehmungen zu kennen ist allein deshalb schon wichtig, um das Delta zwischen dem angestrebten Zielbild und der heutigen Situation bestimmen zu können. Wenn Nachhaltigkeit noch nicht in der Unternehmensstrategie verankert ist, dann ist der Weg ein anderer, als wenn bereits eine Stakeholder-Orientierung stattgefunden hat und Nachhaltigkeit partiell verankert ist.

Merkenswert !

Nachhaltigkeit als Unternehmensstrategie erfordert einen Strategieprozess, in dem die Zukünfte einer nachhaltigeren Wirtschaft reflektiert werden und daraus ein Zielbild mit Erfolgsplan abgeleitet wird.

In diesem Prozess geht es auch darum, ein Wertesystem, eine Haltung und handlungsleitende Prinzipien in der Organisation auf eine Art und Weise zu verankern, die nach außen als glaubwürdig wahrgenommen werden können. Eine Positionierung durch Nachhaltigkeit setzt zudem nachhaltigere Geschäftsmodelle voraus. Je nachdem, wie nachhaltig das heutige Geschäft betrieben wird und zukünftig betrieben werden soll, wird der Transformationspfad bestimmt. Erst auf dieser Basis können Initiativen und Prozesse auf dem Weg hin zu einem nachhaltigeren Wirtschaften abgeleitet und damit der Handlungs- bzw. Veränderungsbedarf bestimmt werden. Das alles sind Argumente, die dafürsprechen, die Ausgangslage und den Reifegrad von Unternehmungen genauer zu beleuchten.

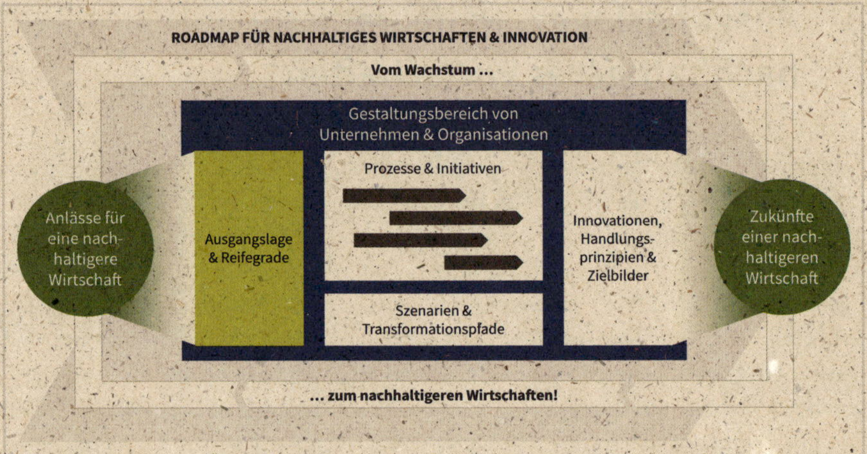

Abb. 30: Roadmap für nachhaltiges Wirtschaften & Innovation | Ausgangslage

Eine Beurteilung der Ausgangslage ist für Außenstehende naturgemäß nur bedingt möglich und kann nur aus den freiwilligen oder verpflichtenden Angaben und Informationen von Unternehmungen sowie aus ihrer faktischen Geschäftstätigkeit abgeleitet werden. Vor diesem Hintergrund soll im Folgenden die Nachhaltigkeitspositionierung von Unternehmungen strukturiert werden. Diese Struktur soll Unternehmer, Führungskräfte und Entscheider dabei unterstützen, eine Positionierung ihres gegenwärtigen und zukünftigen unternehmerischen Engagements für mehr Nachhaltigkeit vorzunehmen und ihre Entwicklungsstufe – gemessen an den sichtbaren Nachhaltigkeitsleistungen – bestimmen zu können.

! **Merkenswert**

Zur Beurteilung der Ausgangslage von Unternehmungen ist die Analyse der Erfolgs- und Hemmfaktoren elementar. Der Umgang mit ihnen bestimmt, wie hoch die Reibungsverluste auf dem Weg zu einem nachhaltigeren Wirtschaften sind.

6.1 Nachhaltigkeitspositionierung

Die langfristige Zukunftssicherung, die Stärkung der Resilienz, verstanden als Widerstandsfähigkeit von Unternehmungen im Umgang mit Veränderungen und Umbrüchen, das frühzeitige Erkennen von Chancen für Innovationen und der Ausbau der Wettbewerbsfähigkeit sind Herausforderungen, in die Unternehmungen viel Zeit und Energie investieren. Auch eine mögliche Positionierung durch Nachhaltigkeit und damit eine Ausrichtung der Geschäftstätigkeit auf ein nachhaltigeres Wirtschaften rückt immer stärker in den Fokus von Unternehmungen. Unternehmer, Führungskräfte und Entscheider müssen für sich klären, in welchem Umfang sie bereit sind, ökologische und soziale Verantwortung zu übernehmen – eine mehr als herausfordernde

Aufgabe. Denn sie bewegen sich nicht in einem luftleeren Raum ohne Widerhall. In dem Entscheidungsprozess, Verantwortung übernehmen zu wollen, müssen zahlreiche interne, externe und oftmals gegensätzliche Interessen ausbalanciert werden.

Standpunkt 28 | *Wahrhaftig nachhaltig wirtschaftende Unternehmungen erkennt man daran, dass sie ihr Engagement transparent und für Dritte glaubwürdig darstellen!*

Shareholder – gemeint sind die Eigentümer und geschäftsführenden Manager – haben naturgemäß ein inhärentes Interesse an der Entwicklung ihrer Unternehmungen. Aber auch die Stakeholder – gemeint sind alle anderen Anspruchsgruppen – üben Einfluss aus. Unternehmungen brauchen gute und qualifizierte Mitarbeitende, sonst funktioniert das Geschäft nicht. Sie brauchen zuverlässige Lieferanten und Distributionspartner, sonst lässt sich kaum etwas verlässlich produzieren. Und für ihre Zukunftssicherung sind nachfragende Kunden unerlässlich. Hinzukommen Stakeholder aus Politik, Gesellschaft, Medien und Öffentlichkeit. All diese Anspruchsgruppen sind miteinander vernetzt, beeinflussen sich gegenseitig und stellen Forderungen an die Unternehmungen.

Wenn das Ergebnis dieser Entscheidungsprozesse ist, ökologische und soziale Verantwortung – in welcher Ausprägung auch immer – übernehmen zu wollen, dann führt sie zu einer auf Nachhaltigkeit ausgerichteten Positionierung.

Merkenswert !

Aber nur dann, wenn das zukünftig nachhaltigere Engagement aufrichtig und authentisch kommuniziert und vermittelt wird, kann es auch Wirkung entfalten.

Und das mehr denn je: Durch das Internet haben der Informationsaustausch quasi in Echtzeit und die Meinungsbildung auf vielfältigen, kaum steuerbaren Kommunikationskanälen weiter an Bedeutung gewonnen. Unternehmungen, die ihre Nachhaltigkeitsleistungen nicht glaubwürdig vermitteln können, werden deshalb zukünftig in den Entscheidungsprozessen von Herstellern, Händlern, Verbrauchern und Nutzern immer weniger einbezogen.

Standpunkt 29 | *Eine auf nachhaltigeres Wirtschaften ausgerichtete Positionierung von Unternehmungen in der Öffentlichkeit und in ihren Märkten wird zukünftig zum Hygienefaktor!*

Die Positionierung durch Nachhaltigkeit erfordert infolgedessen Information, Kommunikation, Dialog und Austausch mit den Shareholdern und Stakeholdern über ökologische, soziale und ökonomische Aspekte eines nachhaltigeren Wirtschaftens. Der Umfang und die Wirksamkeit der Aktivitäten werden maßgeblich durch die Motivation der Unternehmer, Führungskräfte und Entscheider bestimmt. Sie tun es, weil

- sie sich davon wirtschaftliche Vorteile versprechen.
- sie es müssen, um u. a. gesetzliche Anforderungen zu erfüllen.
- sie es wollen, freiwillig, aus einer auf Werten basierenden Haltung.
- sie es wollen und müssen.

Die jeweilige Motivlage bestimmt auch, welche Diskussionen in den Unternehmungen geführt und welche Maßnahmen umgesetzt werden – beispielsweise bei der Erfüllung von Mindestanforderungen und Zertifizierungen, der Nutzung von Siegeln oder Labels, der Teilnahme an Wettbewerben oder der Mitwirkung in Netzwerken und Projekten. Sie spiegeln insgesamt den Reifegrad unternehmerischer Nachhaltigkeit wider.

Typologie unternehmerischer Nachhaltigkeit (nach Dyllick)
Um diesen Reifegrad von Unternehmungen besser beurteilen zu können, kann die von Prof. Dr. Thomas Dyllick am Institut für Wirtschaft und Ökologie (IWÖ-HSG) der Universität St. Gallen entwickelte ›Typologie unternehmerischer Nachhaltigkeit‹ genutzt werden. Sie liefert eine Klassifizierungslogik für die Standortbestimmung von Unternehmungen und kann als Soll-Konzept unterschiedlicher Intensitäten von unternehmerischer Nachhaltigkeit verstanden werden. In Verbindung mit den einzelnen, in der öffentlichen Realität sichtbaren Entwicklungsstufen von Nachhaltigkeit als faktischer Ausdruck der Unternehmensstrategie können sich Unternehmungen mit ihrem Engagement für unternehmerische Nachhaltigkeit in der daraus resultierenden Matrix verorten. Entweder im Rahmen eines internen Prozesses oder als Ergebnis der für Außenstehende sichtbaren Nachhaltigkeitsleistungen.

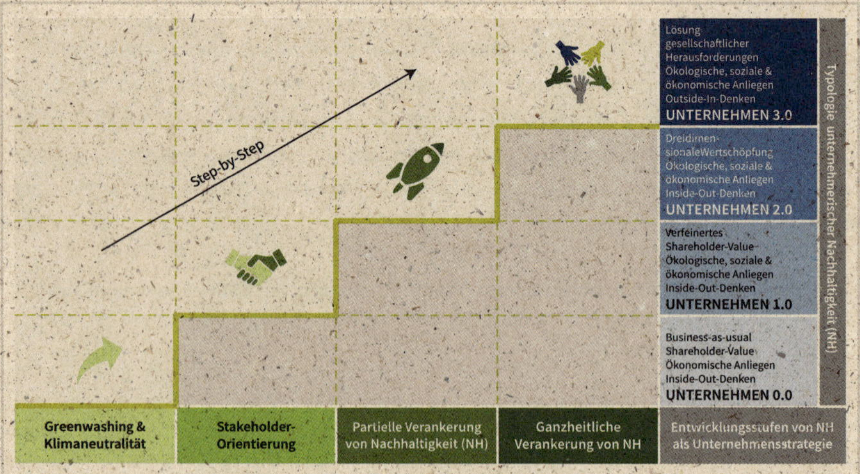

Abb. 31: Typologie von Unternehmen und Entwicklungsstufen (Dyllick, 2015)

Nachfolgend werden zunächst die vier Typen unternehmerischer Nachhaltigkeit vorgestellt. Die vier Entwicklungsstufen von Nachhaltigkeit als Unternehmensstrategie werden in dem anschließenden Kapitel 6.2, Entwicklungsstufen und Reifegrade, ausführlich dargestellt.

Unternehmen 0.0
Unternehmer, Führungskräfte und Entscheider von Unternehmen 0.0 agieren nach dem von Milton Friedman definierten Prinzip »The Business of Business is Business«. Ihre Anliegen orientieren sich demnach ausschließlich an ökonomischen Aspekten und berücksichtigen in erster Linie die Interessen der Shareholder, also der Eigentümer und der geschäftsführenden Manager. Umsatz, Gewinn und Marktanteile sind typische, zentrale Steuerungsgrößen. Anliegen für ein nachhaltigeres Wirtschaften spielen bei unternehmerischen Entscheidungen in der Regel keine Rolle. Die Verantwortung für die Lösung ökologischer und gesellschaftlicher Probleme werden als alleinige Aufgabe des Staates angesehen. Unternehmen 0.0 denken ausschließlich von ›innen nach außen‹ (Inside-Out), also vom Unternehmen zu ihrem Umfeld und damit zur Gesellschaft.

Unternehmen 1.0
Unternehmer, Führungskräfte und Entscheider von Unternehmen 1.0 sehen sich zunehmend mit den sozialen und ökologischen Anliegen der Gesellschaft konfrontiert, auf die sie reagieren müssen oder wollen. Auch wenn ökologische und soziale Aspekte weiter an Bedeutung gewinnen, stehen ökonomische Ziele weiterhin im Vordergrund. In einem verfeinerten Shareholder-Value orientieren sie sich nicht mehr ausschließlich an den Interessen der Shareholder, sondern richten ihr Augenmerk auch auf die Stakeholder. Sie haben zudem erkannt, dass durch ein Nachhaltigkeitsmanagement u. a. Kosten gespart, Risiken reduziert und die Attraktivität als Arbeitgeber gesteigert sowie Wettbewerbsvorteile erzielt werden können. Sie versuchen, die sich aus den ökologischen, sozialen und ökonomischen Aspekten ergebenden Chancen und Risiken früh zu erkennen und für sich durch Effizienzstrategien nutzbar zu machen. Ein nachhaltigeres Wirtschaften ist daher immer noch ein Mittel zum Zweck. Und der Zweck ist der ökonomische Erfolg des Unternehmens. Unternehmen 1.0 denken ebenfalls von ›innen nach außen‹.

Unternehmen 2.0
Unternehmer, Führungskräfte und Entscheider von Unternehmen 2.0 lösen sich von den eindimensionalen Zielen wie Umsatz, Gewinn und Marktanteile. Indem sie zunehmend ökologische, soziale und ökonomische Aspekte in den Mittelpunkt ihrer unternehmerischen Tätigkeit stellen, verfolgen sie eine dreidimensionale Wertschöpfung. Das bedeutet, dass Ziele für alle Aspekte der Nachhaltigkeit definiert werden und sie im Verhältnis zueinander gleichgewichtig sind. Um diese Ziele zu erreichen, wird Nachhaltigkeit in der Unternehmensstrategie als handlungsleitendes Prinzip veran-

kert und mit adäquaten Maßnahmen und Umsetzungsplänen unterlegt. Die bereits eingeführten Managementsysteme werden um relevante Indikatoren für die Erfolgs- und Berichterstattung erweitert. Für die Umsetzung von Projekten und Programmen wird die bestehende organisatorische Infrastruktur genutzt und entsprechende Verantwortlichkeiten geschaffen. Bei der Realisierung eines nachhaltigeren Wirtschaftens kommen primär Handlungsprinzipien der Öko-Effizienz- und der Konsistenz zum Einsatz. Aber auch Unternehmen 2.0 denken immer noch ›Inside-Out‹.

Unternehmen 3.0

Unternehmer, Führungskräfte und Entscheider von Unternehmen 3.0 schaffen positive Lösungen und Beiträge für die gesellschaftlichen Nachhaltigkeitsprobleme. Das ist ihr vordringliches Anliegen. Mit ihrem Perspektivwechsel denken sie ihr Unternehmen vom Umfeld her, also von ›außen nach innen‹ (›Outside-In‹). Ökologische und soziale Ziele sind in dem Unternehmen fest verankert und stehen gleichberechtigt neben den ökonomischen Zielen. Bei der Suche nach lösungsorientierten Ansätzen für jedes ungelöste, gesellschaftliche oder globale Problem werden innovative Geschäftsmodelle entwickelt. Dabei kommt das Handlungsprinzip Suffizienz ebenso zum Tragen wie die Prinzipien Öko-Effizienz und Konsistenz. Darüber hinaus werden neue Formen von Kooperationen innerhalb von Lieferketten, über Branchen hinweg oder zwischen privaten, öffentlichen und zivilgesellschaftlichen Akteuren geschmiedet. Social Entrepreneurship wird als Chance verstanden. Der Klimaschutz ist beispielsweise integraler Bestandteil des Kernangebotes. Unternehmen 3.0 tragen dazu bei, dass die Nachhaltigkeitsprobleme gelöst und nicht vergrößert werden.

Zusammengefasst

Mit der Typologie unternehmerischer Nachhaltigkeit ist die vertikale Achse der Matrix zur Nachhaltigkeitspositionierung von Unternehmungen skizziert (siehe Abb. 31). In welcher Intensität Unternehmungen tatsächlich nachhaltig agieren, kann von außen nicht beurteilt werden. Hierzu müssten u. a. die Ziel- und Steuerungssysteme, die interne Infrastrukturen für ein performantes Strategie- und Nachhaltigkeitsmanagement, das Qualifizierungskonzept, die Lieferantenbeziehungen, die Führungskultur und die kulturprägenden Praktiken bekannt sein. Das ist aber aus gutem Grund nicht der Fall. Somit dient die Typologie den Unternehmern, Führungskräften und Entscheidern vornehmlich dazu, ein gemeinsames Verständnis von unternehmerischer Nachhaltigkeit zu entwickeln.

6.2 Entwicklungsstufen und Reifegrade

Auf der horizontalen Achse werden die verschiedenen Entwicklungsstufen von Nachhaltigkeit als Unternehmensstrategie abgebildet. Sie korrespondieren mit den vier vorgestellten Typologien (Unternehmen 0.0, 1.0, 2.0, 3.0) insofern, als dass sie die öffentlichen und von außen sichtbaren Seiten von Unternehmungen aufzeigen und dadurch Rückschlüsse auf ihr Entwicklungsstadium zulassen. Unternehmer, Führungskräfte und Entscheider von Unternehmungen sollen sich mit Hilfe dieser Matrix ihre Positionierung mit Nachhaltigkeit bewusst machen. Bestimmte Kombinationen schließen sich zudem aus. Ein Unternehmen 3.0 wird kein Greenwashing betreiben. Genauso wenig wird ein Unternehmen 0.0 Nachhaltigkeit ganzheitlich verankert haben. Insofern ergibt sich daraus – wie auch in der Abbildung 31 angedeutet – ein Entwicklungskorridor. Für Unternehmungen, die für Dritte keinerlei Engagement für ein nachhaltigeres Wirtschaften nachvollziehbar erkennen lassen, ist keine spezifische Entwicklungsstufe vorgesehen. Das betrifft immerhin etwas mehr als 3,1 Mio. Unternehmungen in Deutschland, die weniger als neun Mitarbeitende beschäftigen. Das bedeutet aber nicht, dass sich die Unternehmer und Mitarbeitenden nicht für ein nachhaltigeres Wirtschaften engagieren. Es bedeutet nur, dass ihr Engagement von außen nicht beurteilt werden kann, weil hierzu in der Regel keine Informationen vorliegen. In der Summe ist ihr Hebel für eine nachhaltigere Wirtschaft sehr wahrscheinlich gewaltig.

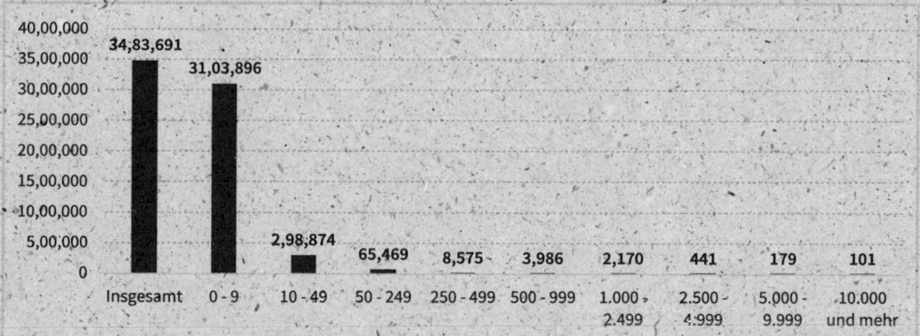

Abb. 32: Anzahl Unternehmen in Deutschland (Quelle: Statista Research Department, 2019)

Demgegenüber stehen mit ca. 700 Unternehmen mit mehr als 2.500 Mitarbeitenden wenige wirklich große Unternehmungen. Ihr Hebel für mehr Nachhaltigkeit ist als Einzelunternehmen vergleichsweise größer und aus diesem Grund wird ihre Geschäftstätigkeit auch aufmerksamer beobachtet. Dazwischen gibt es mit immerhin knapp 380.000 Unternehmen eine Vielzahl von Unternehmungen, die ihr Engagement aktiv gegenüber der Öffentlichkeit und ihren Anspruchsgruppen kommunizieren. Im Folgenden werden die vier Entwicklungsstufen Greenwashing & Klimaneutralität, Stakeholder-Orientierung, partielle Verankerung von Nachhaltigkeit und ganzheitliche Verankerung von Nachhaltigkeit inhaltlich beschrieben.

6.2.1 Entwicklungsstufe 1: Greenwashing & Klimaneutralität

Unternehmungen, die ihre geplanten Nachhaltigkeitsleistungen gegenüber ihren Stakeholdern werbewirksam kommuniziert haben, bleiben nicht selten plausible Belege für ihr avisiertes Engagement schuldig. Sie verharren in dem Entwicklungsstadium des ›Greenwashing‹ und müssen sich vermehrt mit einer kritischen Berichterstattung auseinandersetzen. Der Begriff Greenwashing spielt auf ›grün‹ als Symbol für Natur und Umweltschutz und ›Waschen‹ im Sinne von sich reinwaschen an. Greenwashing ist eine kritische Bezeichnung für PR-Methoden, die darauf zielen, einer Unternehmung in der Öffentlichkeit ein umweltfreundliches und verantwortungsbewusstes Image zu verleihen, ohne dass es dafür eine hinreichende Grundlage gibt.

Standpunkt 30 | *Unternehmungen, die Greenwashing betreiben, haben erkannt, dass allein das Reden über grünes und auf Nachhaltigkeit ausgerichtetes Engagement Wettbewerbsvorteile bringt!*

Greenwashing betreiben vor allem die Unternehmungen, die ganz genau wissen, dass sie nicht wahrhaftig nachhaltig wirtschaften. Sie versuchen, dem Verbraucher etwas zu suggerieren, das in der Realität nicht oder nicht in dem Maße gelebt oder vorhanden ist. Dennoch haben viele Unternehmungen wirklich die Absicht, nachhaltiger zu wirtschaften und ihr grünes Engagement auch zu zeigen. Doch sie laufen oft Gefahr, den ursprünglich formulierten Anspruch an sich selbst auf dem Altar des Profits und der Kostenersparnis zu opfern. Diese Kommunikationsstrategie funktioniert solange, bis ihre tatsächlichen Praktiken entlarvt werden. Dann kann Greenwashing schnell zum Bumerang werden. Welchen Stellenwert Nachhaltigkeit mittlerweile für viele Unternehmen und Organisationen hat, das hat das Terra Institute herausgefunden. Es hat große Unternehmen in der Schweiz nach den Erfolgsfaktoren für Nachhaltigkeit befragt. Das Ergebnis finden Sie in dem nachfolgenden Schaubild (Terra Institute, 2016).

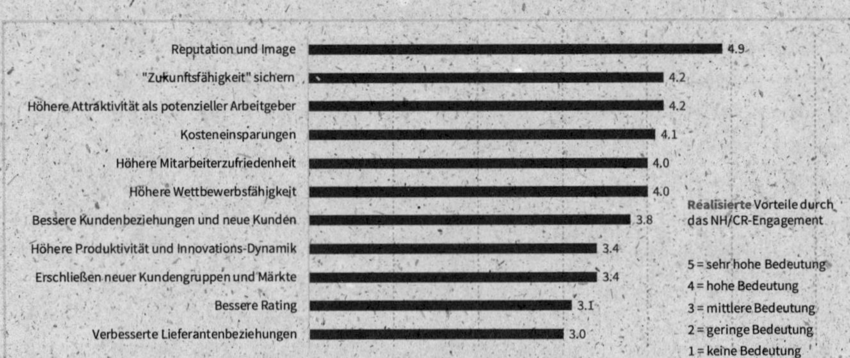

Abb. 33: Erfolgsfaktoren für Nachhaltigkeit

Auf den vorderen Plätzen sind Erfolgsfaktoren genannt, die auf die Außenwirkung und auf die Zukunftsfähigkeit von Unternehmungen einzahlen. Demnach geht es bei Nachhaltigkeit in erster Linie um Reputation und Image. Sie versuchen sich durch ein grünes und auf Nachhaltigkeit ausgerichtetes Engagement Wettbewerbsvorteile zu verschaffen, auch mittels Greenwashing.

Eine Studie der Landesbank Baden-Württemberg (LBBW) aus dem Jahr 2017 weist auf einen weiteren Sachverhalt hin: »Nachhaltige Unternehmungen sind sogar erfolgreicher. Nachhaltiges Wirtschaften verbessert demnach nicht nur das Image eines Unternehmens beim Verbraucher. Nach der Analyse der LBBW erzielen damit besonders Konsumgüterhersteller und Einzelhändler höhere Gewinne. Praktisch keine Unterschiede zwischen nachhaltig wirtschaftenden Unternehmungen und ihren konventionellen Konkurrenten gibt es dagegen im so genannten B2B-Bereich, wenn Unternehmungen ihre Produkte und Dienstleistungen entlang von Wertschöpfungsketten verkaufen« (ECOreporter, 2017).

Standpunkt 31 | *»Nachhaltigkeit zur Normalität zu machen ist das Beste, was Greenwashing im Laufe der Zeit zum gesellschaftlichen Wandel beitragen kann.« (Holmes, 2017)*

Unternehmungen wenden zahlreiche Methoden an, um ihre Produkte, Leistungen und Lösungen ›grün zu waschen‹ oder die Unternehmung vorteilhafter darzustellen. »Eine dieser Methoden ist Verschleierung: Positive Eigenschaften werden in einem insgesamt negativen Zusammenhang betont. Ein gutes Beispiel ist die als ›grün‹ beworbene Bahncard: Die Fernverkehrszüge fahren zwar mittlerweile zu 100 Prozent mit Ökostrom, für die Nahverkehrsstrecken, welche den Großteil des Bahnnetzes ausmachen, gilt dies allerdings (noch) nicht. Hier kommt weiterhin Kohlestrom zum Einsatz. Eine andere Methode ist Irreführung: Es werden falsche oder missverständliche Angaben gemacht. Ein Beispiel hierfür ist der Aufdruck ›Biologisch zertifiziert‹, der als offizielles Label gar nicht existiert. Besonders beliebt sind auch unklare Begriffe: Die Verwendung von Begriffen wie ›natürlich‹, ›ökologisch‹ oder ›grün‹ werden als Umschreibungen verwendet, obwohl keine nachweisbaren Zertifizierungen dahinterstehen.« (RESET, 2020)

Nach Überzeugung der Verbraucherorganisation Foodwatch »ist überall im Supermarkt Verbrauchertäuschung an der Tagesordnung. Hersteller ließen sich immer neue Tricks einfallen, um Kunden das Geld aus der Tasche zu ziehen«, klagt Foodwatch. »Deshalb stehen auch in diesem Jahr fünf Produkte für den größten Schwindel für ihren Negativpreis ›Goldener Windbeutel‹ zur Wahl«. […] Verbraucher können jedes Jahr über die ›dreisteste Werbelüge‹ des Jahres abstimmen. In 2020 standen »›Arla Weidemilch haltbar‹, der ›Volvic Bio Roiboos Tee‹ von Danone Waters, ›Grünländer Käse‹ von Hochland, ›Be-Kind Protein Riegel Crunchy Peanut Butter‹ von Mars und der Erdbeer-Fruchtaufstrich ›50 % weniger Zucker‹ von Zentis zur Wahl« (Foodwatch, 2020a). Bleibt noch anzumerken, dass diese fünf Produkte aus insgesamt 200 Vorschlägen von Verbrauchern ausgewählt wurden. Foodwatch vergibt diesen Preis bereits zum zehnten Mal. In 2020 geht der Goldene Windbeutel an den Käsereikonzern Hochland: Denn 43,5 Prozent der mehr als 65.000 an der Abstimmung Teilnehmenden waren der Meinung, dass die Tierhaltungslüge von Hochland die dreisteste Werbelüge des Jahres war (vgl. Foodwatch, 2020b).

In der Vergangenheit wurden auch immer wieder sehr prominente Beispiele für Greenwashing von allseits bekannten Unternehmungen enttarnt. Hierfür benennt Greenpeace vier Kriterien, an denen Greenwashing erkannt werden kann.

Kriterien für Greenwashing nach Greenpeace

[1.] Umweltbelastendes Kerngeschäft wird hinter grünen Maßnahmen getarnt,
[2.] Unternehmungen investieren mehr in Werbung als in Umweltschutz,
[3.] sie stellen sich grün dar und betreiben gleichzeitig Lobbyarbeit und
[4.] sie werben mit etwas, was selbstverständlich ist. (vgl. 3SAT, 2020)

Die nachfolgenden Beispiele zeigen einen Ausschnitt von Greenwashing und machen eine Grauzone offenkundig. Sie haben alle eine Gemeinsamkeit: Sie zielen darauf ab, sich mit einem nur vermeintlich nachhaltigen Engagement und mit vergleichsweise geringem Aufwand Wettbewerbsvorteile zu sichern:

- **Coca-Cola | Flaschen aus Meeresplastik**: Coca-Cola beispielsweise wirbt mit Flaschen aus Meeresplastik, bei denen 25 Prozent aus recyceltem Plastik aus dem Meer verarbeitet wurden. Allerdings sind es gerade Coca-Cola-Flaschen, die in den Meeren vermehrt gefunden werden. Umwelt- und Verbraucherschutzverbände kritisieren daher diese Kampagne und unterstellen dem Konzern, damit die Vermüllung der Meere zu legitimieren. (vgl. Wolf, 2020).
- **Adidas | Schuhe aus Meeresmüll**: In die gleiche Kerbe schlägt Adidas. Adidas stellt Schuhe aus Meeresmüll her. Das vermittelt zumindest der Begriff OCEAN PLASTIC®, der von Adidas für die Parley-Kollektion genutzt wird. Auf der Website von Adidas ist nachzulesen, dass es sich dabei um aufbereiteten Plastikmüll handelt, der auf abgelegenen Inseln, an Stränden und in Küstenregionen gesammelt wird. (vgl. Adidas, 2020) Wie hoch der Anteil des aus der Umwelt recycelten Plastiks in Schuhen und anderen Kleidungsstücken ist, lässt das Unternehmen offen.
- **H&M | Conscious-Kollektion**: Auch H&M ist in das Fadenkreuz der Greenwashing-Ermittler geraten. Und zwar mit dem Werbeslogan: ›Bringen Sie uns Ihre aussortierte Kleidung, wir kümmern uns darum.‹ Es ist gut und wichtig, dass der schwedische Modegigant einen Schritt in die richtige Richtung macht. Die H&M Conscious-Kollektion ist aber auch nur eine Marketinglösung. Immerhin werden die Kleidungsstücke aus recycelten Materialien hergestellt. Daran wäre auch nichts auszusetzen, wenn H&M dafür Kleidung verwenden würde, die sie jährlich verbrennt. Ganze 12 Tonnen werden allein in Dänemark von H&M jährlich verbrannt, weil sie angeblich nicht mehr recycel- oder tragbar sind. (vgl. Wolf, 2020)

- **BMZ-Label | Grüner Knopf**: Dem Nachhaltigkeitslabel ›Grüner Knopf‹ wird sogar Betrug vorgeworfen. »Noch in der Pilotphase hagelte es für das vom deutschen Bundesministerium für wirtschaftliche Zusammenarbeit und Entwicklung (BMZ) lancierte Nachhaltigkeitslabel scharfe Kritik. Der Grüne Knopf stellt verbindliche Anforderungen, um Mensch und Umwelt zu schützen. Insgesamt müssen 46 anspruchsvolle Sozial- und Umweltstandards eingehalten werden – von A wie Abwassergrenzwerte bis Z wie Zwangsarbeitsverbot. Die Verbraucherinnen und Verbraucher wollen aber zu Recht kein T-Shirt tragen, das in 16-Stunden-Schichten für einen Hungerlohn genäht oder mit giftigen Chemikalien gefärbt wurde. Die Liste der Kritikpunkte ist lang und macht deutlich, dass der Grüne Kopf zwar im Ansatz gut ist, in seiner Umsetzung aber aktuell noch kläglich versagt.« (Kühn, 2019)

Rapunzel: Es geht auch anders

Das Unternehmungen auch ohne Greenwashing auskommen, zeigt die Firma RAPUNZEL NATURKOST GmbH. Das Unternehmen hat 600 ökologisch hergestellte Produkte in ihrem Sortiment, die in über 30 Ländern verkauft werden. Der Jahresumsatz lag 2019 bei 203 Millionen Euro. Anspruch des Unternehmens ist es, alle Hersteller persönlich zu kennen. Dazu wurde eine Rohstoffsicherungsabteilung ins Leben gerufen, die u. a. sicherstellt, dass die Bauern Mitglied in einem anerkannten Anbauverband sind und regelmäßig staatliche Kontrollen und Zertifizierungen durchgeführt werden. Rapunzel beteiligt die Mitarbeitenden am Erfolg des Unternehmens. Im Jahr 2016 wurde beispielsweise eine Erfolgsbeteiligung in Höhe von 6.000 EUR pro Mitarbeitendem ausbezahlt. Und nur etwa ein bis zwei Prozent des Jahresumsatzes fließen in das Marketing, während viele Millionen in ein neues Besucherzentrum investiert werden. (vgl. 3SAT, 2020) Rapunzel ist sicher ein Beispiel für ein Unternehmen, das – von außen betrachtet – Nachhaltigkeit ganzheitlich verankert hat und an dieser Stelle auch nur genannt wird, um den Unterschied deutlich zu machen.

- **Lufthansa | CO2-neutrales Fliegen**: Bei dem nächsten prominenten Beispiel wird die Grauzone von Greenwashing und echter, wahrhaftiger Nachhaltigkeit deutlich: Lufthansa versucht, seinen Kunden ein gutes Gewissen zu vermitteln, indem der Konzern CO_2-neutrales Fliegen anbietet. Tatsächlich wird der Flug durch Spenden an grüne Organisationen ›kompensiert‹, zum Beispiel über myclimate (vgl. Lufthansa, 2020). Auf diesem oder vergleichbaren Portalen kann der durch den Flug verursachte CO2-Ausstoß ermittelt und durch einen freiwilligen Geldbetrag ausgeglichen werden. Mit diesem Geld werden dann beispielweise Biogasanlagen in Kenia gebaut, die Forschung zur Solarenergie unterstützt oder Bildungsprogramme in Sachen Umwelt gefördert. Aber es saugt das CO2 trotzdem nicht aus der Luft. Vergleichbare Praktiken wurden auch beim ›Ablasshandel‹ angewendet. Hier werden in gewisser Weise auch Sünden erlassen – Umweltsünden.

Klimaneutralität begegnet uns im Alltag immer öfter. Mittlerweile gibt es klimaneutrale Kaffeebecher, klimaneutrale Fotobücher oder, wie skizziert, klimaneutrale Flugreisen. Ebenso werben Unternehmen prominent mit Slogans wie ›Seit 2013 arbeiten wir klimaneutral‹, ›Klimaneutraler Versand‹ oder ›Ab 2030 soll unser Anlageportfolio klimaneutral sein‹. In der Regel wird aber nicht erläutert, was der Begriff bedeutet und wie die versprochene Klimaneutralität hergestellt werden soll. Im Grunde bedeutet der Begriff Klimaneutralität, »dass durch ein Produkt, durch eine Dienstleistung oder durch einen Prozess die Menge an klimaschädlichen Gasen in der Atmosphäre nicht erhöht wird. Klimaneutralität ist damit auf den ersten Blick eine gute Sache. Ein wesentlicher Unterschied besteht jedoch darin, wie die klimaschädlichen Gase vermieden werden« (Deutsche Umwelthilfe, 2018). Der nachfolgende Fall soll – in Anlehnung an ein Beispiel der Deutschen Umwelthilfe – erläutern, welche Möglichkeiten es gibt.

Ein Unternehmen produziert für die Starbucks Coffee Company Einweg-Kaffeebecher. Bei der Herstellung, der Lagerung, dem Transport und der Abfallentsorgung fallen schädliche Klimagase (u. a. CO_2) an.

Der Fall: Einweg-Kaffeebecher

»Jährlich werden in Deutschland etwa 2,8 Milliarden Coffee2Go-Becher weggeworfen. Das sind laut einer Studie des Umweltbundesamtes 34 pro Kopf. 60 Prozent der Einwegbecher sind kunststoffbeschichtete Papierbecher, die restlichen 40 Prozent reine Kunststoffbecher. Hinzu kommen 1,3 Milliarden Deckel. Alleine die kunststoffbeschichteten Pappbecher füllen pro Jahr acht Millionen typische Stadt-Mülleimer.« (Bundesumweltamt, 2019) Mehrheitlich können die Einwegbecher aufgrund des Mischkunststoffs nicht recycelt werden. Die Starbucks Coffee Company trägt – wie viele andere in der Branche auch – wesentlich zu dieser Umweltproblematik bei und fiel dabei immer wieder durch leere Versprechungen auf. Bereits im Jahr 2008 hat das Unternehmen u. a. zugesagt, nur noch Kaffeebecher anzubieten, die zu 100 Prozent recycelbar sind. Zudem sollten 25 Prozent der Getränke, die über den Tresen wandern, in wiederverwendbaren Bechern verkauft werden. »Leider sind die typischen Plastik- und Pappbecher von Starbucks [immer noch] alles andere als umweltfreundlich oder recyclebar.« (ARTE, 2018)

Damit die Kaffeebecher als klimaneutral verkauft werden können, müssen diese Klimagase auf null reduziert werden. Hier hat das Unternehmen zwei Möglichkeiten:

1. **Kompensation:** In gleicher Menge werden klimaschädliche Gase an einem anderen Ort auf dieser Welt erst gar nicht in die Atmosphäre eingebracht. Das Unternehmen zahlt zum Ausgleich für die ›Nicht-Einbringung‹ einen bestimmten Geldbetrag an eine Organisation, die dem Unternehmer ein Zertifikat ausstellt, das besagt, dass seine Emissionen kompensiert wurden. Die Organisation finanziert mit dem Geld Projekte nicht selten in Schwellen- und Entwicklungsländern. Dadurch wird

z. B. der Einsatz von Solarkühlschränken gefördert, um das Abholzen von Wäldern oder den Betrieb von Dieselgeneratoren zu minimieren. Das, was der eine an Emissionen erzeugt, wird von einem anderen durch den Verzicht auf die Einbringung von Emissionen ausgeglichen. Ein Nullsummenspiel, zumindest in der Theorie.

2. **Anpassung:** Das Unternehmen passt seine eigenen Prozesse an und nutzt u. a. biobasierte und biologisch abbaubare Kunststoffe sowie erneuerbare Energien für die Herstellung der Becher. Auch die Distribution der Becher könnte auf Transportmittel (u. a. auf Lastenräder für die letzte Meile zum Kunden) verlagert werden, die weniger CO_2 ausstoßen. Diese Möglichkeit ist in der Regel aber teurer und aufwendiger als die erste Variante. Allein schon die Berechnung des CO_2- oder des H_2O-Fußabdrucks auf Produkt- und/oder Unternehmensebene sind anspruchsvolle Aufgaben. Sie werden daher auf der dritten Entwicklungsstufe ›Partielle Verankerung von Nachhaltigkeit‹ (s Abb. 31) angesiedelt und beleuchtet.

Die Deutsche Umwelthilfe bezieht zum Thema Klimaneutralität eindeutig Stellung: »Die reine Kompensation von CO_2 irgendwo auf der Welt bringt Deutschland beim Klimaschutz nicht weiter. Durch Kompensationen wird unsere klimaschädliche Lebens- und Wirtschaftsweise zementiert und billig erkauft. Die Kosten, die durch Klimaveränderungen entstehen, sind aber deutlich höher und werden der Gesellschaft aufgebürdet. Zudem gibt es keinen Anreiz für Innovationen. Im ungünstigsten Fall steigen die Emissionen in Deutschland sogar weiter an. Außerdem sind Kompensationen mit Unsicherheiten behaftet und erfordern einen hohen Kontrollaufwand. Auf lange Sicht zahlt die Allgemeinheit für das Beharren Einzelner auf eine klimaschädliche Lebens- und Wirtschaftsweise.« (Deutsche Umwelthilfe, 2018)

Schon diese wenigen Beispiele zeigen, dass keine klare Trennlinie gezogen werden kann, ab der wahrhaftiges, glaubwürdiges und nachhaltigeres Wirtschaften beginnt. Greenwashing und die Auseinandersetzung mit Klimaneutralität können daher als Indikatoren dafür gewertet werden, dass Unternehmungen auf der ersten Entwicklungsstufe bereits Teilaspekte eines nachhaltigeren Wirtschaftens im Blick haben. Gemäß der Typologie unternehmerischer Nachhaltigkeit passt dieses öffentlich bekundete Verhalten zum Unternehmenstyp 1.0. bzw. zum Unternehmen 2.0 in einem sehr frühen Umsetzungsstadium. Diese Unternehmungen reagieren damit mehr oder weniger konsequent auf die sozialen und ökologischen Anliegen der Gesellschaft.

6.2.2 Entwicklungsstufe 2: Stakeholder-Orientierung

Auf der Entwicklungsstufe der ›Stakeholder-Orientierung‹ beschäftigen sich Unternehmungen damit, welche Themen überhaupt für sie und für ihre Anspruchsgruppen wesentlich sind. Ein Teil dieser Unternehmungen ist sogar seit 2017 nach dem CSR-Richtlinien-Umsetzungsgesetz (siehe § 289c, Absatz 3) dazu verpflichtet, die ökologischen, sozialen und ökonomischen Auswirkungen ihrer Geschäftstätigkeit offenzulegen und zu bewerten (vgl. Bundesanzeiger Verlag, 2017). Mit der Wesentlichkeitsmatrix steht ihnen ein Analysewerkzeug zur Verfügung, mit dessen Hilfe die Auswirkungen der eigenen Geschäftstätigkeit auf Nachhaltigkeitsthemen identifiziert und die Bedeutung dieser Themen für die Stakeholder ermittelt, dargestellt und kommuniziert werden können.

	Global Reporting Initiative (GRI)	**International Integrated Reporting Council (IIRC)**	**EU Directive on disclosure of non-financial and diversity information**
Zielgruppe:	Organisationen jeder Größe und Struktur	Finanzmarktorientierte Unternehmen	Unternehmen mit mehr als 500 Mitarbeitern
Verpflichtend:	Nein	Nein	Ja (seit 01.01.2017)
Branchenspezifisch:	Ja	Nein	Nein
Inhaltlicher Ansatz:	Wesentlichkeitsansatz	Wesentlichkeitsansatz	Wesentlichkeitsansatz

Abb. 34: Wesentlichkeitsmatrix in der CSR-Kommunikation (Berens, 2019)

Auch die Global Reporting Initiative (GRI) als Herausgeber von internationalen Leitlinien für die Nachhaltigkeitsberichterstattung »fordert eine Wesentlichkeitsanalyse als Basis für ein CSR-Reporting. Und das aus gutem Grund: Mit der standardisierten Analyse sollen CSR-Berichte besser vergleichbar und somit die nachhaltige Entwicklung weltweit vorangetrieben werden. Die GRI-Richtlinie gilt aktuell als das weltweit meistgenutzte Regelwerk beim Nachhaltigkeits-Reporting, allerdings fordern auch andere Institutionen den Einsatz der Wesentlichkeitsanalyse« (Berens, 2019).

Die Wesentlichkeitsanalyse befasst sich mit den folgenden Analysebereichen:

- Umfeldanalyse (externe Analyse)
- Unternehmensanalyse (interne Analyse)
- Analyse der Stakeholder-Erwartungen

Umfeldanalyse

Bei der Umfeldanalyse geht es darum, sämtliche externe Faktoren auszuwerten, die nicht oder nur wenig von Unternehmungen beeinflusst werden können. Dazu gehören Trends, Technologien und Themen, die als treibende Kräfte zukünftiger Veränderungen wirken. Diese Einflussfaktoren können in biosphärische, ressourcenspezifische, menschliche, gesellschaftliche, politische, technologische und wirtschaftliche Entwicklungen eingeteilt werden (vgl. FMG, 2020):

- biosphärische Einflussfaktoren: u. a. Klimawandel, schrumpfende Biodiversität, zunehmende Umweltbelastungen
- ressourcenspezifische Einflussfaktoren: u. a. Rohstoffknappheit, Trinkwasserknappheit, zunehmende Waldvernichtung, Ressourcenkonflikte

- menschliche Einflussfaktoren: u. a. Convenience-Orientierung, Salutogenese, Erlebnisorientierung, Spiritualisierung, Quantified Self
- gesellschaftliche Einflussfaktoren: u. a. veränderte Lebens- und Arbeitswelten, Entrepreneurisierung, Regionalisierung, veränderte Ernährungsgewohnheiten, polarisierte Gesellschaften, Ethisierung, ökologische Nachhaltigkeit, Bevölkerungswachstum, Alterung
- politische Einflussfaktoren: Globalisierung und Integration, Herausforderung Sozialsysteme, Ökonomisierung des Staates, erstarkende Wirtschaftsblöcke, Protektionismus
- technologische Einflussfaktoren: u. a. Elektromobilität, Agrar- und Lebensmitteltechnik, Digitalisierung, Informatisierung, Nanotechnologien, Robotisierung, Automatisierung
- wirtschaftliche Einflussfaktoren: u. a. Plattformökonomie, Netzwerkwirtschaft, E-Business, Zunehmende Wettbewerbsintensität, Herausforderung Energieversorgung, steigender Nahrungsmittelbedarf

Die Umfeldanalyse kann aus Sicht des Unternehmens um eine sogenannte System-Map ergänzt werden. Also einer Landkarte des Marktes mit den regulatorischen Rahmenbedingungen und Eintrittsbarrieren, mit seinen primären Kunden (u. a. mit einer Segmentierung der Kunden und ihren Bedarfen), mit den wesentlichen Marktteilnehmern (u. a. Anbieterzahl, ihren Marktanteilen, potenziellen neuen Konkurrenten) und mit den relativen Stärken und Schwächen des Unternehmens zu ihren Haupt-Wettbewerbern.

Unternehmensanalyse

Bei der Unternehmensanalyse sind die internen Belange Gegenstand der Analyse. Sie sollen die Stärken und Schwächen, aber auch die Chancen und Risiken des Unternehmens aufzeigen. Die Struktur der Auswertung kann auch hier nach unterschiedlichen Kriterien erfolgen, je nachdem, wie das Unternehmen aufgebaut ist. Die Unternehmensanalyse kann beispielsweise mittels folgender Methoden und Instrumente umgesetzt werden:

- Analyse des Geschäftsmodell mittels des Business Model Canvas, einer Vorlage für die Entwicklung neuer oder die Dokumentation bestehender Geschäftsmodelle. Das Wirkungsversprechen und das Wertangebot werden dabei in den Mittelpunkt gestellt. Weitere Elemente sind u. a. die Kundensegmente und Kundenbeziehungen, die Distributionskanäle, die Schlüsselaktivitäten und -ressourcen, die Einnahmequellen und Kostenstrukturen. (vgl. Osterwalder & Pigneur, 2012)
- Analyse des Produkt-, Leistungs- und Lösungsportfolios mittels der BCG-Matrix: Bei der Bosten-Consulting-Group-Matrix werden die Produkte, Leistungen und Lösungen eines Unternehmens in einer Matrix mit den Koordinaten ›relativer Marktanteil‹ und ›Marktwachstum‹ eingeordnet, aus denen dann Normstrategien abgeleitet werden können.
- Analyse des Wertschöpfungsmanagements mittels des Modells der Wertkette: Dabei werden die unternehmensinternen Prozesse und die übergreifenden Prozessstufen entlang der Wertschöpfungsketten betrachtet.

In einem auf nachhaltiges Wirtschaften ausgerichteten Unternehmen müssen die ökologischen, sozialen und ökonomischen Nachhaltigkeitsaspekte in der Umfeld- und Unternehmensanalyse betrachtet werden. Nur so ist es möglich, Chancen und Risiken erkennen zu können, die sich aus den relevanten Nachhaltigkeitsfeldern ergeben. Die Ergebnisse der Umfeld- und Unternehmensanalyse können u. a. in einer SWOT-Analyse (Akronym aus **S**trengths = Stärken, **W**eaknesses = Schwächen, **O**pportunities = Chancen und **T**hreats = Risiken) zusammengeführt werden.

Stakeholder-Analyse

Bei der Stakeholder-Analyse geht es um die Erfassung der Erwartungen und Bedürfnisse der unterschiedlichen Interessengruppen, die das Unternehmen beeinflussen bzw. vom Unternehmen beeinflusst werden. In der Regel sind die Interessen der Eigentümer und der geschäftsführenden Manager (Shareholder) bekannt. Sie wollen durch die Unternehmung Gewinne und Einkommen erzielen, den Wert ihres investierten Kapitals erhalten, verzinsen und steigern, autonome Entscheidungen treffen, Macht und Einfluss ausüben sowie ihre eigenen Ideen und Fähigkeiten frei entfalten. Immer häufiger soll durch das Wirken des Unternehmens auch ein Beitrag zur Lösung der ökologischen und gesellschaftlichen Herausforderungen geleistet werden. Etwas anders gelagert sind die Interessen der sonstigen Anspruchsgruppen (Stakeholder), die zunächst bestimmt werden müssen. Relevante Anspruchsgruppen sind Gruppen oder Einzelpersonen, die Einfluss auf die Unternehmung und die Erreichung der Ziele nehmen können – oder ihrerseits durch die Aktivitäten des Unternehmens beeinflusst werden:

- **interne Anspruchsgruppen** (u. a. Mitarbeitende, angestellte Führungskräfte): Ihre Interessen richten sich auf Einkommen, soziale Sicherheit, sinnstiftende Beschäftigung, Status, Anerkennung, Prestige, Zugehörigkeit.
- **wirtschaftliche Anspruchsgruppen** (u. a. Kunden, Lieferanten, Fremdkapitalgeber, Wettbewerber): Ihre Interessen richten sich auf qualitative, preiswerte und nachhaltige Produkte, Leistungen und Lösungen, stabile Liefermöglichkeiten, zahlungsfähige Partner, sichere und verzinsliche Kapitalanlagen, Einhaltung der Marktprinzipien.
- **Anspruchsgruppen aus Staat und Gesellschaft** (u. a. lokale und nationale Behörden, ausländische und internationale Organisationen, politische Parteien, allgemeine Öffentlichkeit, Lobbyisten): Ihre Interessen richten sich auf Steuereinnahmen, sichere Arbeitsplätze, Sozialleistungen, Einhaltung der Rechtsvorschriften und Normen, politische und gesellschaftliche Teilhabe, Forschung und Entwicklung, Erhaltung einer lebenswerten Umwelt.
- **Anspruchsgruppen als Anwälte des Sozial- und Ökosystems** (u. a. Naturschutzverbände, Nichtregierungsorganisationen (NGOs), Umweltschutzgruppen, Bürgerinitiativen, Menschenrechtsorganisationen): Ihre Interessen richten sich auf Förderung des menschlichen Wohlergehens, Erhaltung einer lebenswerten Umwelt, sorgsamen Umgang mit den verfügbaren Ressourcen.

Um eine Wesentlichkeitsanalyse systematisch und strategisch richtig einzusetzen, ist ein grundlegendes Verständnis darüber unerlässlich, welche Aussagen mit der Positionierung der Nachhaltigkeitsthemen in der Wesentlichkeitsmatrix tatsächlich getroffen werden sollen. Unternehmen, die die ökologischen, sozialen und ökonomischen Auswirkungen ihrer Geschäftstätigkeit offenlegen und bewerten wollen, positionieren das jeweilige Nachhaltigkeitsthema auf der x-Achse der Matrix. Damit wird angezeigt, wie stark die Geschäftstätigkeit des Unternehmens dieses Thema beeinflusst – und nicht umgekehrt.

Für Unternehmer, Führungskräfte und Entscheider ist es sowohl Aufgabe als auch Herausforderung zugleich, die wahren Interessen der einzelnen Anspruchsgruppen zu analysieren. Sie werden meist durch Befragungen ermittelt, in den letzten Jahren auch vermehrt durch soziale Netzwerke. Unternehmen stehen zudem in regelmäßigem Kontakt mit Vertretern ihrer Anspruchsgruppen (u. a. mit dem Betriebsrat, durch Mitarbeit in Verbänden, Netzwerken und durch Verhandlungen mit Zulieferern und Kapitalgebern). Nicht selten stehen aber die Interessen der Anspruchsgruppen in Konflikt zueinander und müssen in Balance gebracht werden. Wie gut das der Unternehmensleitung gelingt, beeinflusst maßgeblich den langfristigen Erfolg einer Unternehmung und somit ihr Fortbestehen. Mit der Positionierung des Nachhaltigkeitsthemas auf der y-Achse wird der Einfluss des Themas auf Bewertungen und Entscheidungen der Shareholder und Stakeholder eingeschätzt. Die Ergebnisse der drei Teilanalysen fließen in einer Matrix zusammen:

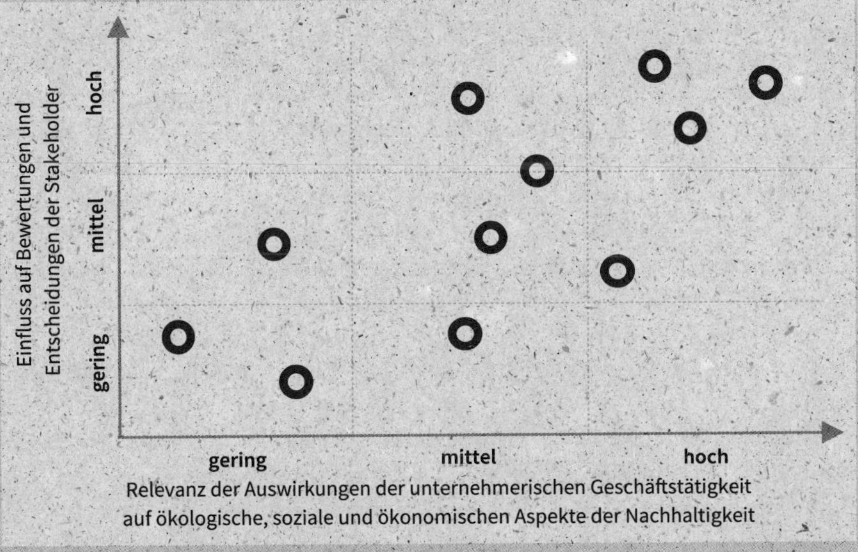

Abb. 35: Wesentlichkeitsmatrix

Das Ergebnis der Umfeld- und der Unternehmensanalyse bildet die erste Dimension der Matrix ab. Die zweite Dimension stellt das Ergebnis der Analyse der Stakeholder-Erwartungen dar. »So werden relevante Nachhaltigkeitsthemen aus der unternehmerischen Geschäftstätigkeit den relevanten Nachhaltigkeitsthemen aus Stakeholder-Sicht gegenübergestellt. Eine statische Gegenüberstellung der Nachhaltigkeitsthemen kann auch durch den Vergleich zum Vorjahr veranschaulicht werden« (Steinke et al., 2014). Die Themen im rechten oberen Quadranten der Wesentlichkeitsmatrix stellen die Kernthemen dar, die sowohl für die Stakeholder als auch für das Unternehmen und dessen Umfeld mit Blick auf ein nachhaltiges Wirtschaften am relevantesten sind. »Doch genau das wird von vielen Unternehmungen anders interpretiert: Oft zeigen die veröffentlichten Wesentlichkeitsmatrizen den Einfluss der Nachhaltigkeitsthemen auf (!) das Unternehmen und nicht, wie es diese Nachhaltigkeitsthemen selbst beeinflusst« (Berens, 2019). Mit Blick auf die in Kapitel 6.1 eingeführte Typologie unternehmerischer Nachhaltigkeit ist diese ›Fehlinterpretation‹ ein Indikator für einen verfeinerten Shareholder Value. Die positive Absicht ist erkennbar, aber noch nicht wahrhaftig umgesetzt.

Standpunkt 32 | *Die richtige Anwendung der Wesentlichkeitsmatrix ist ein Indikator für die angestrebte Nachhaltigkeitspositionierung und gibt Auskunft über den Reifegrad und die Motivlage!*

Nur wenn die Wesentlichkeitsmatrix in dem obigen Verständnis erarbeitet wurde, kann auch nachvollzogen werden, wie sich die Geschäftstätigkeit der Unternehmung auf die identifizierten Nachhaltigkeitsthemen auswirkt. Und erst dann (!), wenn die Nachhaltigkeitsthemen in der Wesentlichkeitsmatrix richtig dargestellt wurden, können die Wechselwirkungen (auch Cross-Impact-Analyse genannt) auf das Unternehmen untersucht und damit der Einfluss von Entwicklungen im Umfeld des Unternehmens auf das Geschäftsmodell und die einzelnen Geschäftsfelder bestimmt werden. Nur so können relevante Handlungsfelder für ein nachhaltigeres Wirtschaften ermittelt werden. Diese Handlungsfelder dienen den Unternehmern, Führungskräften und Entscheidern wiederum als Grundlage für die Weiterentwicklung ihrer strategischen Ausrichtung mit Erfolgsplan (siehe auch Kapitel 8.1: Strategiemanagement). Darin wird festgelegt, in welcher Art und Weise und in welcher Reihenfolge die identifizierten Themen zu bearbeiten sind.

Die Motivation, die Wesentlichkeit der eigenen Geschäftstätigkeit auf ökologische, soziale und ökonomische Aspekte hin zu analysieren, sollte darauf gerichtet sein, bessere Entscheidungen für ein nachhaltigeres Wirtschaften zu treffen – unabhängig davon, ob die Ergebnisse veröffentlicht werden oder nicht. »Aber gerade Reportingerfahrene Unternehmen stecken viel Energie in die Ausarbeitung einer umfangreichen Wesentlichkeitsmatrix. In hoher Detailtiefe werden relevante Themen identifiziert und Wesentliches wird von weniger oder nicht Wesentlichem abgegrenzt. Die Matrix steht jedoch häufig isoliert auf einer der vorderen Berichtsseiten. Nachhaltigkeitsstrategie und Berichtsinhalte verbleiben in einer großen Themenbreite und nutzen nicht die Chance, Schwerpunkte zu setzen und ein klares Nachhaltigkeitsprofil anzubieten.« (Feld & Taubken, 2017)

Denn bereits die richtige Abbildung der relevanten Nachhaltigkeitsthemen in der Wesentlichkeitsmatrix lässt Rückschlüsse zu, welchen Stellenwert Nachhaltigkeit in den Unternehmungen haben könnte. Nicht mehr, aber auch nicht weniger. Nachfolgend sind einige Beispiele von Unternehmen aufgeführt, die ihre Analyse richtig in einer Wesentlichkeitsmatrix dargestellt haben. Allerdings war die Anzahl der Unternehmen, die die Nachhaltigkeitsthemen auf das Unternehmen selbst bezogen haben, leider sehr hoch.

Nachhaltigkeit bei der Aargauischen Kantonalbank (Stand: 2019)
Die Aargauische Kantonalbank (AKB) hat bereits im Jahr 2007 mit einer Nachhaltigkeitsberichterstattung begonnen und seither ihr Engagement schrittweise ausgebaut. Im Berichtsjahr 2019 hat der Dialog mit den Anspruchsgruppen gezeigt, dass sie mehr nachhaltige Bankdienstleistungen bzw. Bankprodukte wünschen. Nach Aussagen der AKB soll im Kerngeschäft nunmehr die Produkt- und Dienstleistungspalette erweitert und damit im Hypothekarbereich Kapitalgeber und Kreditnehmer nachhaltig vereint werden. Die Kundinnen und Kunden sollen dabei weiterhin frei entscheiden können, ob für sie eine nachhaltige Alternative im Bankgeschäft infrage kommt oder nicht. Gleichzeitig sollen auch die Transparenz im Anlagebereich erhöht und nachhaltige Aspekte nachvollziehbar im Anlageprozess und bei Depot- bzw. Fondspositionen geprüft werden können. Die AKB will damit nach eigenen Angaben weiterhin ihre Verantwortung wahrnehmen. Sie versteht Nachhaltigkeit als Chance, um sich damit auch zukünftig als verlässliche Partnerin positionieren zu können. (vgl. AKB, 2019)

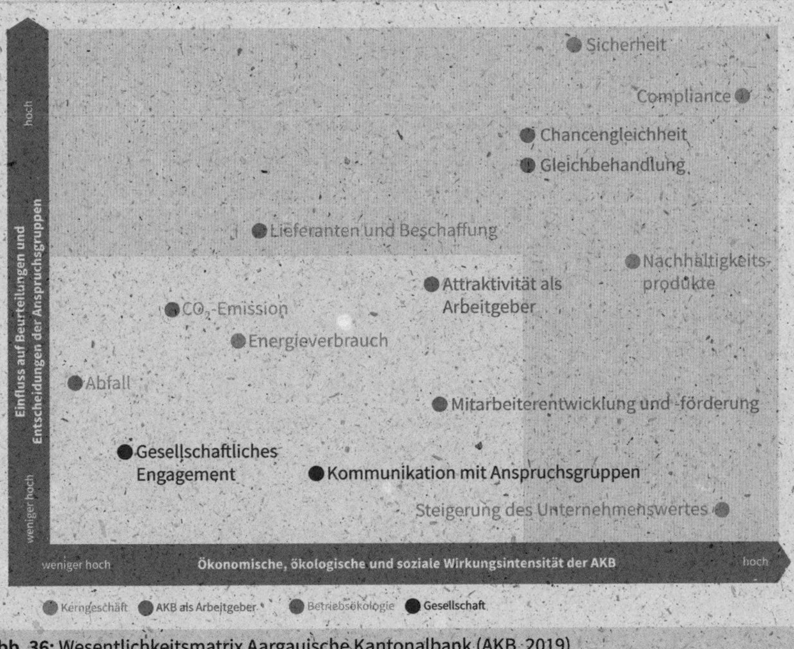

Abb. 36: Wesentlichkeitsmatrix Aargauische Kantonalbank (AKB, 2019)

Nachhaltigkeit bei der Vion Food Group

»Die Strategie der Vion Food Group lautet: Building Balanced Chains. Um diesem Vorsatz gerecht zu werden, besteht die Strategie darin, ausgewogene Lieferketten zu entwickeln (Build Balanced Chains, BBC), um sichere, gesunde und schmackhafte Lebensmittel anzubieten und gleichzeitig Mehrwert innerhalb eines zukunftssicheren Ökosystems zu schaffen. Ausgewogene Ketten sind demnach nachfrageorientierte Lebensmittelketten mit Optimierung des landwirtschaftlichen Betriebes, Protein-Valorisierung und Produktspezialisierung. Um die allerbesten Produkte frisch auf den Teller zu bekommen, bedarf es Lieferketten, die so kurz wie möglich sind. Dies ermöglicht, dass die besten Produkte, auf bestmögliche Weise in die Läden gelangen.« (Vion N.V., 2020)

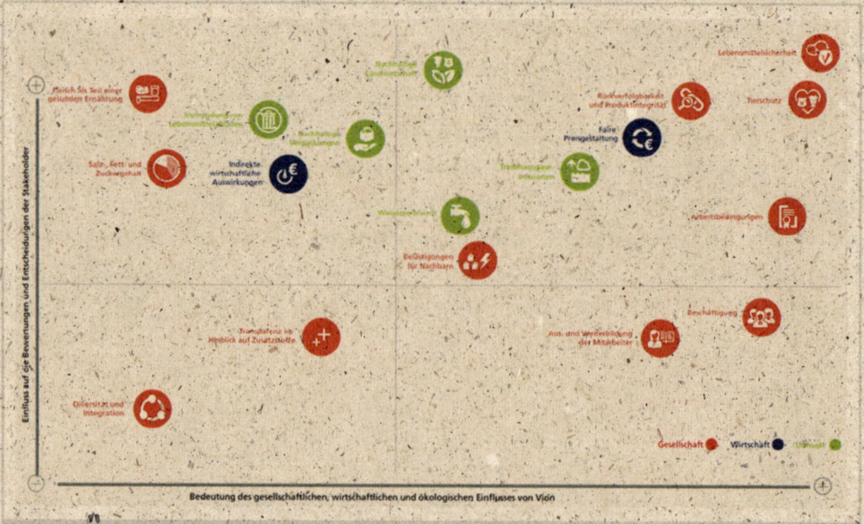

Abb. 37: Vion | CSR-Themen (Vion N.V., 2020)

Nachhaltigkeit bei der Bundesimmobiliengesellschaft (BIG)

»Nachhaltigkeit im BIG Konzern ist in der strategischen Ausrichtung fest verankert und mit einem Steuerungsprozess auf allen Ebenen verbunden. Laut BIG definiert sich nachhaltiges Handeln durch soziokulturelle, ökonomische sowie ökologische Faktoren. Gemeinsames Handeln ist die Voraussetzung, um nachhaltigkeitsrelevante Themen bestmöglich umzusetzen.« (Bundesimmobiliengesellschaft BIG, 2020)

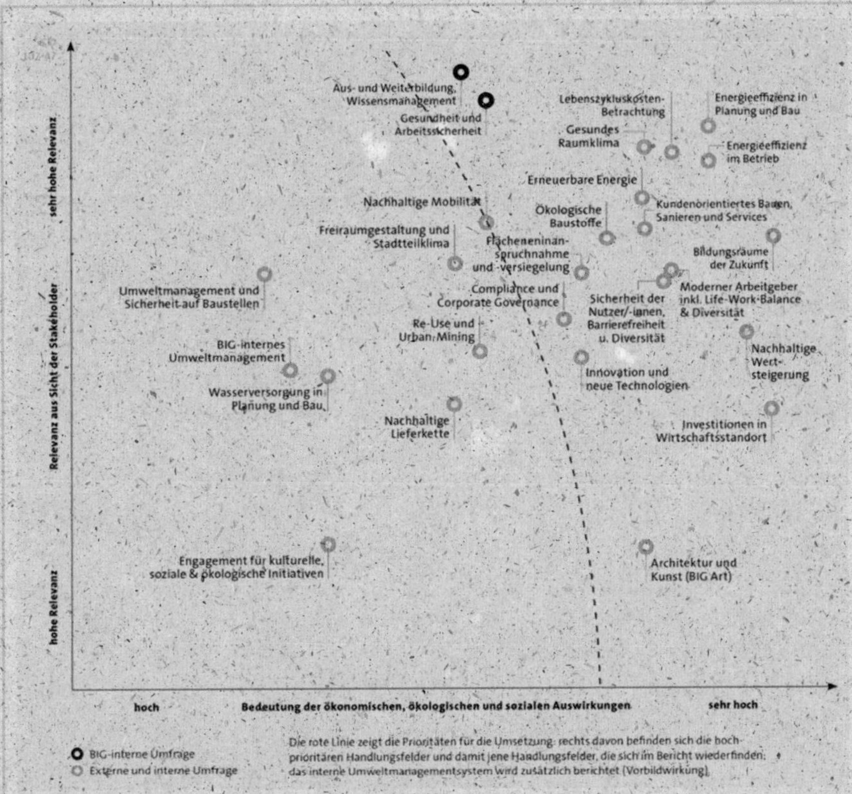

Abb. 38: BIG-Wesentlichkeitsmatrix (Bundesimmobiliengesellschaft BIG, 2020)

6.2.3 Entwicklungsstufe 3: Partielle Verankerung von Nachhaltigkeit

Um die dritte Entwicklungsstufe von Unternehmungen bei der Nachhaltigkeitspositionierung bestimmen zu können, werden die Messung und die Berichterstattung über Nachhaltigkeitsleistungen herangezogen. Die Berichterstattung kann freiwillig oder gesetzlich verpflichtend sein. Ein wesentlicher, wenn nicht der wichtigste Effekt der Messung und Berichterstattung von Nachhaltigkeitsleistungen vollzieht sich im Inneren der Organisationen. Durch die strategische Auseinandersetzung und Implementierung von Zielen, neuen Kennzahlen, Richtlinien, Projekten, Prozessen und Verantwortlichkeiten wird nachhaltigeres Wirtschaften in das Tagesgeschäft vieler Bereiche und Entscheidungsebenen integriert. So können bestehende Daten u.a. aus dem Bereich Personal um weitere, auf Nachhaltigkeit ausgerichtete Kennzahlen ergänzt werden. Im Idealfall gibt es keinen Unterschied zwischen dem, was kommuniziert wird und dem, was in der zugrundeliegenden Unternehmensstrategie verankert wurde.

Von den knapp 3,5 Mio. Unternehmen in Deutschland fallen nach Angaben des Instituts für ökologische Wirtschaftsforschung (IÖW) und der Unternehmensvereinigung future e.V. »etwas mehr als 500 Unternehmen unter das CSR-Richtlinien-Umsetzungsgesetz (CSR-USG) aus dem Jahre 2017. Mehr als die Hälfte davon sind Banken und Versicherungen (ca. 280 Unternehmen). Nur etwa 4 Unternehmen stammen aus dem Bereich Nahrungsmittel, 5 aus der Automobilbranche und ca. 100 Unternehmen aus den Bereichen Maschinenbau und Technologie« (IÖW & future e.V., 2018). Darüber hinaus veröffentlichen immer mehr Unternehmungen freiwillig einen Nachhaltigkeitsbericht. In der Studie zum CSR-Reporting von Großunternehmen und KMU in Deutschland aus dem Jahr 2018 haben das IÖW und future e.V. die Nachhaltigkeitsberichte von 69 Großunternehmen und von 40 kleinen und mittleren Unternehmen (KMU) analysiert und kommen im Wesentlichen zu folgenden Ergebnissen (vgl. IÖW & future e.V., 2018):

- Die Anzahl der Nachhaltigkeitsberichte hat deutlich zugenommen: Von den 100 größten deutschen Unternehmen veröffentlichen 69 einen eigenständigen Nachhaltigkeitsbericht oder einen integrierten Geschäftsbericht.
- Die durchschnittliche Bewertung der KMU hat sich gegenüber dem letzten Ranking weiter verbessert. Die größten Fortschritte gab es bei der Berichterstattung zur Lieferkettenverantwortung.
- Die Berichtsqualität bei Großunternehmen ist weitgehend stabil geblieben und die berichtspflichtigen Unternehmen haben mit guten Bewertungen überzeugt.

Viele Unternehmungen lassen ihre CSR-Berichte zusätzlich von Wirtschaftsprüfungsgesellschaften prüfen, um die Glaubwürdigkeit der darin enthaltenen Aussagen zu bekräftigen. Welche Rahmenwerke zur Strukturierung und Beschreibung der Nachhaltigkeitsberichte verwendet werden, zeigt folgende Übersicht:

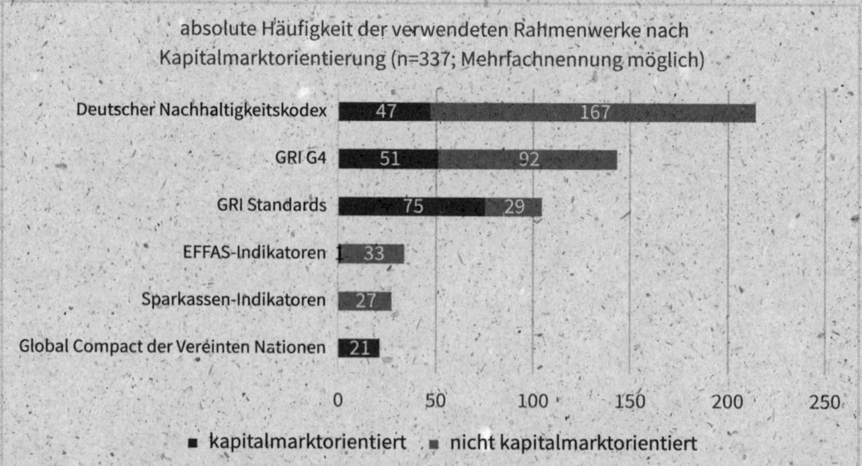

Abb. 39: Verwendete Rahmenwerke (IÖW & future e.V., 2018)

Für die Berichterstattung deutscher Unternehmen hat sich der Standard des Deutschen Nachhaltigkeitskodex (DNK) etabliert, da er einfach angewendet und an umfassendere Standards wie dem UN Global Compact und der Global Reporting Initiative (GRI) geknüpft werden kann. Besonders im Mittelstand trifft der DNK zunehmend auf positive Resonanz, da er an den unternehmerischen Realitäten von kleinen und mittelständischen Unternehmen orientiert ist. Die DNK-Entsprechenserklärungen der teilnehmenden Unternehmungen sind in einer Online-Datenbank öffentlich einsehbar (www.deutscher-nachhaltigkeitskodex.de/de-DE/Home/Database). Aktuell liegen DNK-Erklärungen von etwa 600 Anwendern vor (Stand 07/2020).

Diese Entwicklung ist grundsätzlich positiv zu bewerten. Es bleiben jedoch zunächst ›schlicht‹ Berichterstattungen von Unternehmungen (die sicherlich mit großem Engagement aller Beteiligten erstellt wurden). Nachhaltigkeit als Unternehmensstrategie ist aber vornehmlich eine Haltung. Wie stark diese Haltung in den Herzen, Köpfen und Bäuchen der in den Unternehmungen arbeitenden Menschen verankert ist, können letztlich nur sie selbst beurteilen oder jene, die eng mit der Organisation verbunden sind. Aus diesem Grund gibt es weitere Möglichkeiten, die Kommunikation mit aussagefähigen, glaubwürdigen und Vertrauen schaffenden Nachweisen für nachhaltigeres Wirtschaften zu untermauern. In der nachfolgenden Übersicht werden die Zusammenhänge dargestellt:

Abb. 40: Nachweise für nachhaltigeres Wirtschaften im Überblick

Etablierte Standards für die systematische Auseinandersetzung mit relevanten Aspekten von nachhaltigerem Wirtschaften und für die CSR-Berichterstattung erlauben es Unternehmen, ihre Stakeholder anhand klar definierter Kriterien und Kennzahlen über ihre zentralen Strategien, Maßnahmen und Fortschritte in den Bereichen Ökonomie, Ökologie und Gesellschaft zu informieren. Grundlage für die seriöse Kommunikation unternehmerischen Engagements für mehr Nachhaltigkeit sind vergleichbare und nachvollziehbare Daten und Fakten. Dadurch können Interessierte auch langfristige Entwicklungen und Fort- oder Rückschritte auf einen Blick erkennen. Zudem vereinfacht die Orientierung an einheitlichen Standards die Transparenz der Nachhaltigkeitsleistungen über ganze Branchen hinweg.

Als Normengeber für die Ableitung von Nachweisen für Nachhaltigkeitsleistungen haben sich unterschiedliche Organisationen und Zusammenschlüsse von Organisationen herauskristallisiert und etabliert. Zu ihnen gehören Normierungsorganisationen wie die International Organization for Standardization (ISO), Verbände, Initiativen, Vereine und Unternehmungen oder Zusammenschlüsse von Unternehmungen sowie gesetzgebende Einrichtungen auf nationaler und internationaler Ebene (u. a. das Europäische Parlament, der Rat der Europäischen Union und die EU-Kommission) und weitere (öffentliche) Institute. Der deutsche Gesetzgeber hat beispielsweise mit dem 2017 eingeführten CSR-Richtlinie-Umsetzungsgesetz die Berichtspflicht von Unternehmen ab einer bestimmten Größenordnung eingeführt. Weitere Anforderungen sind u. a. in der Ökodesign-Richtlinie 2009/125/EG, dem Nationalen Aktionsplan Wirtschaft und Menschenrechte (NAP) und dem Nationalen Aktionsplan Energieeffizienz NAPE 2.0. verankert. Diese Normengeber definieren

- Standards und Normen für Zertifikate und für die Berechnung von Kohlenstoff-, Wasser- und Land-Fußabdrücken,
- Richtlinien, Leitfäden und Kriterien für die Bewertung von Nachhaltigkeitsleistungen, u. a. in Form von Rankings, Siegeln und Auszeichnungen,
- Anforderungen (u. a. CSR-USG, Ökodesign-Verordnung) an die Nachhaltigkeitsleistungen und deren Berichterstattung über ihre Einhaltung und Umsetzung.

Sie alle nehmen – mehr oder weniger – Bezug auf die 17 Nachhaltigkeitsziele der Vereinten Nationen (SDGs). Auch wenn diese Ziele für Regierungen, Unternehmungen nicht verbindlich eingeführt wurden, dienen sie als Referenzrahmen für die Verortung von Nachhaltigkeitsleistungen. Unternehmungen, die sich einer Prüfung, Überwachung, Verifizierung durch neutrale, unabhängige und akkreditierte Dritte unterziehen und einen entsprechenden Nachweis erhalten wollen, kommen nicht umhin, sich intensiv mit ihrem Geschäftsmodell, ihrem Produkt-, Leistungs- und Lösungsportfolio und ihren Wertschöpfungsprozessen auseinanderzusetzen. Nachfolgend werden die in Abbildung 40 aufgeführten Nachweise für nachhaltiges Wirtschaften in Anlehnung an die Ausführungen des ›Referats CSR – Gesellschaftliche Verantwortung von Unternehmen des Bundesministeriums für Arbeit und Soziales (BMAS)‹ ohne Anspruch auf Vollständigkeit vorgestellt (vgl. BMAS, 2020).

Zertifikate

Als Zertifizierung wird ein Verfahren bezeichnet, mit dessen Hilfe die Einhaltung bestimmter Anforderungen nachgewiesen wird. Das Ergebnis des Verfahrens wird in einem Zertifikat dokumentiert. Zertifizierungen werden oft zeitlich befristet von unabhängigen Zertifizierungsstellen (u. a. DQS, TÜV, DEKRA, QSCert® Deutschland) vergeben. Die Standards werden unabhängig oder proprietär kontrolliert. Für den Bereich Nachhaltigkeit ist u. a. die Umweltmanagementnorm ISO 14001 der International Organization for Standardization relevant. Diese internationale Norm legt Anforderungen an ein Umweltmanagementsystem fest, mit dem eine Organisation ihre Umweltleistung verbessern, rechtliche und sonstige Verpflichtungen erfüllen und Umweltziele erreichen kann.

Zentrale Elemente der Umweltmanagementnorm ISO 14001

- **Planung**: Festlegung von Umweltzielen und entsprechenden Maßnahmen, Zuständigkeiten und Verfahrensweisen
- **Durchführung**: Umsetzung der festgelegten Maßnahmen und Verfahrensweisen
- **Kontrolle**: Überprüfung der Zuständigkeiten und Verfahrensweisen sowie der Maßnahmen im Hinblick auf die Umweltziele und die Umweltleitlinien (sogenannte Umweltpolitik) der Organisation
- **Verbesserung**: Anpassung der Zuständigkeiten, Verfahren und Maßnahmen sowie gegebenenfalls auch der Umweltziele und Umweltleitlinien

Die ISO-Norm 14001 kann auf Organisationen jeder Art und Größe sowie auf unterschiedliche geografische, kulturelle, soziale oder ökologische Bedingungen angewendet werden. Sie legt allerdings keine absoluten Anforderungen für die Umweltleistung fest. So können zwei Organisationen, die ähnliche Tätigkeiten ausüben, aber unterschiedliche Umweltleistung zeigen, dennoch beide die Anforderungen der ISO 14001 erfüllen.

Das Eco-Management and Audit Scheme (EMAS), auch bekannt als EU-Öko-Audit oder Öko-Audit, wurde von der Europäischen Union entwickelt und ist ein Gemeinschaftssystem aus Umweltmanagement und Umweltbetriebsprüfung für Organisationen, die ihre Umweltleistung verbessern wollen. Die EMAS-Verordnung (Öko-Audit-Verordnung) misst der Eigenverantwortung der Wirtschaft bei der Bewältigung ihrer direkten und indirekten Umweltauswirkungen eine entscheidende Rolle zu. Zertifiziert werden können u. a. Unternehmungen, Dienstleister, Verwaltungen, aber auch andere Arten von Organisationen einschließlich überstaatlicher Organisationen.

Darüber hinaus gibt es weitere Arten von Zertifizierungen (Auswahl):

- Zertifizierungen zum Nachweis der Einhaltung von Anforderungen an den Arbeits- und Umweltschutz gemäß ISO 14001 oder EMAS-Verordnung
- Zertifizierungen zum Nachweis von Arbeitsbedingungen gemäß SA8000 und ähnlichen Regelwerken

- Zertifizierungen zum Nachweis der gesellschaftlichen Verantwortung von Organisationen gemäß CSR 26001:2018
- Zertifizierungen zum Nachweis von Ausbildungsstandards oder besonders ausgearbeiteten Fachnormen bei Personenzertifizierungen, u. a. ESG-Indikatoren der European Federation of Financial Analysts Societies (EFFAS)
- Zertifizierungen zum Nachweis der berechtigten Nutzung einer Unternehmensform, mit der die Prinzipien der Gemeinwohlorientierung vereinbart werden können (u. a. Rechtsform Benefit Corporation, B-Corp-Certification, einem Standard aus den USA)
- Zertifizierungen zum Nachweis der Gemeinwohlorientierung, dokumentiert in der Gemeinwohlbilanz (GWÖ-bilanzierende Unternehmungen)
- Zertifizierungen von Managementsystemen, u. a. nach ISO 9001

Diese Nachweise sind immer häufiger Voraussetzung für die Teilnahme an Ausschreibungen oder werden von den Geschäftspartnern für eine Zusammenarbeit entlang der Wertschöpfungsketten eingefordert.

Footprinting-Ansätze (Fußabdruck)

Footprinting-Ansätze ermöglichen es Unternehmungen, die physikalischen Verbräuche und Emissionen quantitativ zu berechnen, um die daraus resultierenden Umweltauswirkungen bewerten zu können. »Bei der Bewertung der betrieblichen Nachhaltigkeitsleistungen besteht das größte Problem in der Erfassung und Plausibilisierung der Stoffströme. Ist eine ausreichende Datenqualität vorhanden, müssen die erfassten Umweltaspekte bewertet werden, um die Umweltauswirkungen identifizieren zu können. Daraus resultieren diverse Indikatoren, anhand derer sich die Verbesserung der Nachhaltigkeitsleistung dokumentieren lässt. Es stellt sich jedoch die Frage, ob die Nachhaltigkeitsleistung verbessert werden konnte, wenn beispielsweise der Wasserverbrauch reduziert und gleichzeitig der Stromverbrauch erhöht wurde. Footprinting-Ansätze versuchen, dieses Problem zu lösen, indem sie die physikalischen Verbräuche und Emissionen in einem Wert aggregieren« (Weilhofen, 2019). Sie verfolgen das Ziel, Nachhaltigkeitsleistungen mit einem greifbaren, kommunizierbaren und leicht verständlichen Bildnis bzw. einer Symbolik zu unterlegen: dem Fußabdruck. Die drei bekanntesten Footprinting-Ansätze sind der

- CO_2-Fußabdruck (Carbon Footprint),
- Wasserfußabdruck (Water Footprint) und
- ökologische Fußabdruck (Land Footprint).

Alle Footprinting-Ansätze »zeichnen sich durch eine fortgeschrittene, methodische Entwicklung aus, die in eine standardisierte Anwendung mündet und in der Praxis mittlerweile weit verbreitet sind. Die Methoden werden von globalen Netzwerken, durch Nichtregierungsorganisationen und Unternehmungen genutzt und kontinuierlich weiterentwickelt« (Stibbe, 2017).

CO_2-Fußabdruck

Er ist ein Maß für die Einbringung von Kohlenstoffdioxid-Emissionen in die Atmosphäre, die durch Aktivitäten oder Lebensstadien von Produkten oder Personen entstehen bzw. verursacht werden. Neben Kohlenstoffdioxid werden oft auch andere Treibhausgase (gemäß dem Kyoto-Protokoll) einbezogen und in ein CO_2-Äquivalent umgerechnet. Die Treibhausgasemissionen werden von dem am weitesten verbreiteten internationalen Rechnungslegungsinstrument, dem Treibhausgasprotokoll (Greenhouse Gas Protocol), in drei Gruppen oder Bereiche eingeteilt: Direkte Emissionen, die durch Verbrennungsprozesse entstehen (Scope 1), Emissionen durch eingekaufte Energie (Scope 2) und indirekte Emissionen durch vor- und nachgelagerte Prozesse entlang der Wertschöpfungskette (Scope 3). Eine Standardisierung wird weltweit durch das Greenhouse Gas Protocol sichergestellt, das vom World Ressources Institute (WIR) und vom Worlds Business Council on Sustainable Development (WBCSD) entwickelt wurde. Zusätzlich bieten verschiedene ISO-Normen (u. a. DIN EN ISO 14044, DIN EN ISO 14064, DIN EN ISO 14067) zusätzliche Anleitungen zur Messung und Berichterstattung von Treibhausgasemissionen. Treibhausgasemissionen sind maßgeblich für den Treibhauseffekt und damit eine Ursache für den Klimawandel. Aus diesem Grund wurde der Emissionsrechtehandel als ein Instrument der Umweltpolitik mit dem Ziel eingeführt, Schadstoffemissionen mit möglichst geringen volkswirtschaftlichen Kosten zu verringern. In der Europäischen Union wurde der Handel für Kohlenstoffdioxidemission 2005 gesetzlich verankert. Weitere Informationen hierzu finden Sie u. a. auf der Website der Bundeszentrale für politische Bildung (www.bpb.de) unter dem Stichwort ›Emissionshandel‹.

Wasserfußabdruck

Da Treibhausgasemissionen nicht alle Umweltwirkungen erfassen und Wasser zunehmend knapp wird, sollen mittels eines Wasserfußabdrucks die Wasserverbräuche entlang der Wertschöpfungskette erfasst werden. Analog zum CO_2-Fußabdruck ist die Berechnungsmethodik in dem Water Footprint Assessment Manual beschrieben. Darin wird der Wasserfußabdruck wie folgt differenziert: blaues Wasser (Frisch-, Oberflächen- und Grundwasser), grünes Wasser (Niederschlagswasser) und graues Wasser (verschmutztes Frischwasser). »Für eine Tasse Kaffee werden beispielsweise rund 140 Liter Wasser verbraucht, sofern neben der Pflege des Kaffeebaums auch die Ernte sowie der Transport in den heimischen Supermarkt berücksichtigt werden. Im Vergleich zu diesem Aufwand steht der Preis in keinem Verhältnis« (GFZ, 2020). Das 'Water Footprint Network – eine Plattform für die Zusammenarbeit zwischen Organisationen, Unternehmen und Einzelpersonen – berechnet regelmäßig u. a. den Wasserfußabdruck ausgewählter Produkte, Länder und Branchen. So verbraucht beispielsweise

- eine Tasse Tee (250 ml) 27 Liter Wasser,
- ein Apfel (150 g) 125 Liter Wasser,
- eine Pizza (725 g) 1.259 Liter Wasser
- eine Tafel Schokolade (100 g) 1.700 Liter Wasser und
- ein T-Shirt (250 g) 2.495 Liter Wasser (vgl. water footprint network, 2020).

Die Wasserverbräuche und auch die Treibhausgasemissionen werden maßgeblich von den Produktions- und Lieferketten bestimmt. Je komplexer sie sind, desto höher ist die Komplexität der Datenerfassung und ihre Aussagefähigkeit.

Ökologischer Fußabdruck

Da der ökologische Fußabdruck in der Regel nicht auf der Ebene von Unternehmungen berechnet wird, soll nur kurz auf Inhalte und Methodik eingegangen werden. Unter dem ökologischen Fußabdruck wird die biologisch produktive Fläche auf der Erde verstanden, die notwendig ist, um den Lebensstil und Lebensstandard eines Menschen (unter den heutigen Produktionsbedingungen) dauerhaft zu ermöglichen. »Anhand des ökologischen Fußabdrucks lässt sich das ökologische Defizit berechnen. Der Earth Overshoot Day, der auch als Welterschöpfungstag bezeichnet wird, ist eine jährliche Kampagne der Organisation ›Global Footprint Network‹ und gibt an, wie viele ökologische Ressourcen der Mensch verbraucht.« (Gobal Footprint Network, 2020b) Zu den Stärken des Konzeptes zählt, dass es leicht visualisiert und kommuniziert werden kann. Auch die Reduktion auf einen Wert ist insbesondere in der Umweltbildung sehr hilfreich. Allerdings ist der Flächenansatz nicht für alle biologischen Faktoren anwendbar (Wasserverbrauch, Biodiversität). Nicht biologische Faktoren wie Abfälle, nicht erneuerbare Ressourcen oder toxische und andere gefährliche Substanzen werden in der Methodik nicht berücksichtigt. Auch die Emission von CO_2 trägt in vielen Industrieländern zu mehr als die Hälfte des Fußabdrucks bei. Dieser Dominanz eines einzigen Faktors versucht der umfangreiche Sustainable Process Index (SPI) zu begegnen. »Mit dem SPI werden die ökologischen Wirkungen von Regionen, urbanen Siedlungen, Gebäuden aber auch der Landwirtschaft, (Industrie-)Betrieben, und Dienstleistungen ermittelt. Ausgehend von dem Gedanken, dass das primäre Einkommen der Erde die solare Einstrahlung ist, wird die Erdoberfläche zur Basisdimension in der Bewertung gewählt. Aus diesem Grund wird der SPI auch als Ökologischer Fußabdruck bezeichnet. Damit wird die Fläche gekennzeichnet, die eine Aktivität ein Jahr exklusiv von der Natur für sich beansprucht.« (TU Graz, 2020)

Rankings, Ratings & Indizes

In dieser Kategorie von Nachweisen werden Unternehmungen nach einheitlichen Kriterien und oftmals vergleichend bewertet. In Deutschland ist vor allem das IÖW-future-Ranking hierfür bekannt (www.ranking-nachhaltigkeitsberichte.de). Es bewertet die Qualität von Nachhaltigkeitsberichten und wählt die besten Berichte in verschiedenen Kategorien. Das Unternehmensnetzwerk ›econsense‹ analysiert und vergleicht ebenfalls die Nachhaltigkeitsberichte von Unternehmen, tauscht sich mit Politik und Zivilgesellschaft über Standards und deren Anforderungen aus und bietet Unternehmen eine Plattform, um über Erfolge und Hindernisse bei der Berichtserstellung zu diskutieren. Da CSR auch Risikothemen und Innovationschancen beleuchtet, hat der Kapitalmarkt dafür Leistungskennzahlen in den Bereichen Environment (Umwelt), Social (Soziales) und Governance (Aufsichtsstrukturen) – kurz ESG – für die

Beurteilung der Berichterstattung entwickelt. Weitere Beispiele in dieser Kategorie sind

- Carbon Performance Leadership Index (CPLI)
- Dow Jones Sustainability Index (DJSI)
- MSCI World ESG: Index zur Darstellung der Performance der gängigsten ESG-Anlageansätze
- FTSE4GOOD (Index)
- Naturaktienindex (NAI)
- Umweltbank-Aktienindex (UBAI)

Siegel & Label

Für die Beurteilung von Nachhaltigkeitsleistungen werden Siegel von verschiedenen Instanzen und Label-Organisationen vergeben. Dazu gehören öffentlich-rechtliche Einrichtungen (u. a. der Blaue Engel für Konsumgüter oder das EU-Bio-Logo für Nahrungsmittel), Institute (u. a. der ÖkoTex Standard 100 für Textilien oder der Cradle to Cradle Certified™ Product Standard), Initiativen und Vereine (u. a. das Siegel des Forest Stewardship Council (FSC) für Holz- und Papierprodukte oder der Fair Wear Foundation (FWF), einer Multi-Stakeholder-Initiative der Textilbranche) sowie Branchenverbände (u. a. das BDIH-Siegel für Naturkosmetik oder das Siegel Demeter des Anbauverbandes für Bio-Bäuerinnen und -Bauern, der sich der biologisch-dynamischen Landwirtschaft verschrieben hat).

Siegel werden in der Regel für Produkte oder Produktgruppen, Leistungen und Lösungen vergeben. Immer mehr Siegel sollen dem Verbraucher signalisieren, dass es Unterschiede zwischen den Produkten, Leistungen und Lösungen gibt und dass sie sich zwischen besseren und schlechteren Produkten entscheiden können. Doch nicht jedes Siegel ist auch gut – und inzwischen gibt es so viele, dass man schnell den Überblick verlieren kann. Aus diesem Grund versuchen mittlerweile verschiedene Organisationen, mehr Klarheit in die Vielfalt zu bringen und beurteilen u. a. die Glaubwürdigkeit der Siegel, so beispielsweise:

- Utopia (www.utopia.de): Onlinemagazin/-community für Nachhaltigkeit
- Siegelklarheit (www.siegelklarheit.de): Initiative der Bundesregierung
- Christliche Initiative Romero CIR (www.ci-romero.de): unabhängiger und gemeinnütziger Verein für kritischen Konsum und Menschenrechte

Preise & Auszeichnungen

Der Deutsche Nachhaltigkeitspreis ist wohl die bekannteste Auszeichnung für nachhaltiges Engagement in Deutschland. Der Preis prämiert vorbildliche Nachhaltigkeitsleistungen in Wirtschaft, Kommunen und Forschung. Mit fünf Wettbewerben ist er die größte Auszeichnung seiner Art in Europa. Der Preis wird seit 2008 jährlich von der Stiftung Deutscher Nachhaltigkeitspreis vergeben in Zusammenarbeit mit der Bundesregierung, dem Rat für Nachhaltige Entwicklung, kommunalen Spitzenverbänden,

Wirtschaftsvereinigungen, zivilgesellschaftlichen Organisationen und Forschungseinrichtungen. Weitere Beispiele sind:

- Bundespreis ecodesign
- Bundeswettbewerb zur Auszeichnung besonders nachhaltiger Tourismusdestinationen

Deklarationen

Deklarationen sind Willens- oder Absichtserklärungen in Bezug auf das nachhaltige Engagement von Unternehmungen. Die Standards für Deklarationen werden genutzt, um Unternehmungen innerhalb einer Branche oder über die Branchengrenzen hinweg besser vergleichen zu können. In Deutschland hat sich in den letzten Jahren der Deutsche Nachhaltigkeitskodex (DNK) als Rahmenwerk für die CSR-Berichterstattung etabliert. Die DNK-Entsprechenserklärungen werden zunehmend auch freiwillig von Unternehmungen unterschiedlicher Größenordnungen abgegeben. Darüber hinaus werden folgende Standards für Deklarationen verwendet:

- Global Reporting Initiative (GRI): Die Global Reporting Initiative – eine Multi-Stakeholder-Initiative – entwickelt in einem partizipativen Verfahren Richtlinien für die Erstellung von Nachhaltigkeitsberichten von Großunternehmen, kleineren und mittleren Unternehmen (KMU), Regierungen und Nichtregierungsorganisationen mit international anerkannten Indikatoren und Leitfäden.
- ILO-Kernarbeitsnormen (International Labour Organization): Die ILO-Kernarbeitsnormen sollen entlang der gesamten Lieferkette eingehalten werden. Durch die ILO-Erklärungen wird zum Ausdruck gebracht, dass die vier Grundprinzipien [1.] Vereinigungsfreiheit und Recht auf Kollektivverhandlungen, [2.] Beseitigung der Zwangsarbeit, [3.] Abschaffung der Kinderarbeit und [4.] Verbot der Diskriminierung in Beschäftigung und Beruf das Selbstverständnis und das Handeln der Organisation bestimmen.
- Bündnis für nachhaltige Textilien (Textilbündnis): Das Bündnis für nachhaltige Textilien ist eine Multi-Akteurs-Partnerschaft aus rund 120 Unternehmen, Verbänden, Nichtregierungsorganisationen, Gewerkschaften und Standardorganisationen sowie der deutschen Bundesregierung. Ziel sind Verbesserungen entlang globaler Wertschöpfungsketten in der Textilindustrie. Jedes Mitglied verpflichtet sich, jährlich einen individuellen Maßnahmenplan umzusetzen. Die Roadmaps werden extern geprüft und sind seit 2018 verpflichtend auf der Homepage des Textilbündnisses zu veröffentlichen. Im Folgejahr veröffentlichen die Bündnismitglieder einen Fortschrittsbericht. Darin wird deutlich, welche Ziele sie erreicht haben und woran weitergearbeitet wird.
- UN Global Compact: Auf Einladung der Vereinten Nationen haben sich inzwischen über 12.000 Unternehmen aus 170 Ländern dazu verpflichtet, die zehn sozialen und ökologischen Mindeststandards einzuhalten, die der UN Global Compact vorsieht. Dazu gehören der Schutz von Menschenrechten und Vereinigungsfreiheit

(Betriebsrats- und Gewerkschaftsbildung) ebenso wie die Bekämpfung von Korruption, die Förderung des allgemeinen Umweltbewusstseins sowie die Beförderung umweltfreundlicher Technologien. Viele der Unterzeichner belegen die Einhaltung mit einem jährlichen Bericht.

Praxisleitfäden

Praxisleitfäden sollen Unternehmungen bei ihrem auf Nachhaltigkeit ausgerichteten Engagement unterstützen. Sie strukturieren und verdichten erfolgreiche Praktiken von Unternehmungen zu Best-Practice-Ansätzen. Sie werden in der Kommunikation zu den Stakeholdern häufig genannt, um deutlich zu machen, dass an den Nachhaltigkeitsthemen gearbeitet wird. Für die Verbesserung von Nachhaltigkeitsleistungen werden u. a. folgende Leitfäden aufgeführt:

- Der Deutsche Corporate Governance Kodex des Bundesministeriums der Justiz und für Verbraucherschutz (BMJV) soll das Vertrauen in die Unternehmensführung deutscher Gesellschaften stärken.
- Die Leitprinzipien für Wirtschaft und Menschenrechte der Vereinten Nationen sollen die Umsetzung des Rahmens ›Schutz, Achtung und Abhilfe‹ unterstützen.
- Die OECD-Leitsätze für multinationale Unternehmen sind ein Verhaltenskodex für weltweit verantwortliches Handeln von Unternehmen und stellen Empfehlungen von Regierungen an die Wirtschaft dar.
- Die ISO 26000 ist ein Leitfaden, der Orientierung und Empfehlungen gibt, wie sich Organisationen jeglicher Art verhalten sollten, damit sie als gesellschaftlich verantwortlich angesehen werden können.
- Das Referenzdokument der EU-Kommission über bewährte Praktiken im Umweltmanagement in der Tourismusbranche beinhaltet branchenspezifische, einschlägige Indikatoren für die Umweltleistung und konkrete Empfehlungen für Umweltschutzmaßnahmen in der Tourismusbranche.
- Der Praxisleitfaden ›Nachhaltigkeit im Deutschlandtourismus‹ wurde federführend von dem Deutschen Tourismusverband e. V. (Projektträger) erarbeitet und beschreibt zahlreiche Handlungsfelder für nachhaltigen Tourismus mit entsprechenden Gestaltungsoptionen und weiterführenden Informationen.

Darüber hinaus bietet beispielweise die Fakultät für Maschinenbau der Technischen Universität Dänemark einen siebenstufigen Leitfaden für eine nachhaltige Produktentwicklung an (ecodesign). Das Bundesministerium für Umwelt, Naturschutz und nukleare Sicherheit (BMU) hat einen Praxisleitfaden für mehr Nachhaltigkeit im Deutschlandtourismus herausgegeben. Das Online-Toolkit der OECD für eine nachhaltige Fertigung ist ein Wegweiser für Produzenten. Es soll ihnen ermöglichen, Effizienz und Nachhaltigkeit von Produktionsprozessen und Produkten zu erhöhen. Und natürlich gibt es viele Hilfestellungen und Leitfäden u. a. zu den Themen Green Logistic, Green IT und Green Mobility.

Projekte & Netzwerke

Zahlreiche institutionelle Investoren unterstützen das Carbon Disclosure Project (CDP www.cdp.net). Die größte Datenbank zum Thema Klima erhebt Daten von Organisationen zu Treibhausgas-Emissionen und -Reduktionsstrategien sowie Klimarisiken. Der Carbon Performance Leadership Index (CPLI) listet daraus die Firmen mit den höchsten Bewertungen (siehe auch Indizes). Das LiMaS Eco-Innovation-Projekt unterstützt kleine und mittelständische Unternehmen in Sachen Öko-Effizienz, die energiebetriebene Produkte oder Elektronikgeräte und -komponenten herstellen. Mit Hilfe des Tools ›EuPeco-profiler‹ wird eine Umweltanalyse über die gesamte Produktlebensdauer erstellt und durch unterstützende Tools zur Evaluierung spezifischer Umweltaspekte ergänzt (www.limas-eup.eu).

Darüber hinaus gibt es eine Vielzahl weiterer Initiativen, von denen hier beispielhaft zwei genannt werden sollen:

- Im Januar 2021 starten Bundesregierung und 21 Verbände der deutschen Wirtschaft die Initiative ›Energieeffizienz- und Klimaschutz-Netzwerke‹. Am 14. September 2020 wurde die Vereinbarung zur Fortsetzung und Weiterentwicklung der Initiative ›Energieeffizienz-Netzwerke‹ unterzeichnet. »Ein Energieeffizienz-Netzwerk ist ein systematischer, zielgerichteter und unbürokratischer Erfahrungs- und Ideenaustausch von in der Regel 8 bis 15, mindestens jedoch 5 Unternehmen oder Unternehmensstandorten über in der Regel 2 bis 3 Jahre zur gemeinsamen Steigerung der Energieeffizienz.« (Geschäftsstelle der Initiative Energieeffizienznetzwerke, 2020)
- Auf der Basis des Praxisleitfadens ›Nachhaltigkeit im Deutschlandtourismus‹ haben sich zahlreiche Netzwerke gebildet, die gemeinsam nachhaltigen Tourismus vorantreiben wollen (u.a. Tourismusnetzwerk Thüringen, Tourismusnetzwerk Niedersachsen).

Zusammenfassung

Welche kulturellen Veränderungen vollziehen sich in den Unternehmungen, wenn sich Unternehmer, Führungskräfte, Entscheider und Mitarbeitende mit der Messung und Berichterstattung ihrer Nachhaltigkeitsleistungen auseinandersetzen? Welche Erfahrungen machen sie bei der Umsetzung von Maßnahmen zur Steigerung ihrer Nachhaltigkeitsleistungen? Welchen Weg schlagen sie ein, um Nachhaltigkeit als Handlungsprinzip in der Produktentwicklung zu verankern? Wie gelingt es ihnen, die Stakeholder in den Prozess der Strategieentwicklung glaubwürdig zu integrieren? Und wo liegen die größten Herausforderungen bei der Umsetzung von Nachhaltigkeitsaspekten in komplexen Lieferketten? Die Antworten auf diese Fragen klären, ob Unternehmungen Nachhaltigkeit partiell oder ganzheitlich in ihrer Organisation verankert haben.

Standpunkt 33 | *Durch die Messung und Kommunikation von Nachhaltigkeitsleistungen wird der eigene Anteil an den Dysbalancen transparent. Und schafft Bewusstsein für nachhaltigeres Wirtschaften!*

Zusammenfassend kann aber freilich festgestellt werden, dass Unternehmungen, die bewusst über ihre Nachhaltigkeitsleistungen Bericht erstatten oder sich einem Bewertungsprozess oder sogar einem (Re-)Zertifizierungsprozess aussetzen, der zweiten Entwicklungsstufe einer Stakeholder-Orientierung entwachsen sind. Vielleicht ist die Berichterstattung als Kommunikations-Einbahnstraße zu den Stakeholdern noch die schwächste Form, Nachhaltigkeit partiell in der Organisation zu verankern. Nach der Typologie unternehmerischer Nachhaltigkeit trifft dies vornehmlich auf Unternehmen 1.0 zu. Sobald aber die Einbahnstraße zu einer Gegenverkehrsstraße wird, findet eine Rückkopplung über die erbrachten Nachhaltigkeitsleistungen in Form von Rankings, Siegeln oder Zertifikaten statt. Hierzu müssen Daten erhoben, standardisierte Berechnungsmethoden genutzt und offengelegt werden. Solange sich diese Nachweise von Nachhaltigkeitsleistungen nur auf einzelne Produkte, Teilbereiche oder Prozesse beziehen, ist Nachhaltigkeit vermutlich auch nur partiell in den Unternehmungen verankert. Die vierte Entwicklungsstufe ist immer dann erreicht, wenn die Nachweise für die gesamte Unternehmung erbracht werden. In beiden Fällen passt die Beschreibung der Typologie von Unternehmen 2.0. auf dieses Engagement für ein nachhaltigeres Wirtschaften.

6.2.4 Entwicklungsstufe 4: Ganzheitliche Verankerung von Nachhaltigkeit

Auf der vierten Entwicklungsstufe angekommen hat bei den Unternehmern, Führungskräften und Entscheidern ein Perspektivwechsel stattgefunden. Sie denken das Unternehmen und die Organisationen nicht mehr von innen nach außen, sondern umgekehrt. Der Fokus richtet sich für sie darauf, mit ihren Produkten, Leistungen und Lösungen, mit ihrer Geschäftstätigkeit und mit ihrem Engagement einen gesellschaftlichen Nutzen zu schaffen. Auf dieser Stufe ist Nachhaltigkeit als Unternehmensstrategie ganzheitlich in den Unternehmungen verankert, wenn

1. Nachhaltigkeit eine Haltung ist und als handlungsleitendes Prinzip gelebt wird!
2. im Unternehmen nur eine Unternehmensstrategie existiert und es keiner zusätzlichen Nachhaltigkeitsstrategie bedarf!
3. die CSR-Berichterstattung der Unternehmensstrategie folgt und nicht gegen gesetzliche Vorgaben verstößt und beispielsweise in eine Gemeinwohlbilanz mündet!
4. ökologische, soziale und ökonomische Ziele definiert, in den Zielvereinbarungen der Führungskräfte festgeschrieben wurden und von ihnen vorbildhaft gelebt werden!
5. für das Strategie- und Nachhaltigkeitsmanagement eine performante Infrastruktur genutzt wird!
6. für alle Mitarbeitenden und Führungskräfte gerechte, flexible und tragfähige Arbeitsbedingungen geschaffen wurden und adäquate Aus- und Weiterbildungsmaßnahmen angeboten werden!
7. die Produkte, Leistungen und Lösungen ökologische und soziale Aspekte entlang der gesamten Wertschöpfungskette bestmöglich umsetzen, lange von den Kunden genutzt und wiederverwertet werden können!

8. nachweislich die Lieferketten nach ökologischen und sozialen Aspekten gestaltet sind und diese auch von den Lieferanten und Dienstleistern umgesetzt werden!
9. Energie für Strom und Wärme aus erneuerbaren Energiequellen stammt und möglichst wenige Ressourcen verbraucht werden!
10. alle verantwortlichen Mitarbeitenden und Führungskräfte mit den für ihr Unternehmen relevanten ökologischen und sozialen Aspekten der Nachhaltigkeit vertraut sind!

Ob diese Aspekte von Nachhaltigkeit als Unternehmensstrategie tatsächlich umgesetzt werden, kann im Einzelfall nur empirisch nachvollzogen werden. Für eine Selbsteinschätzung dient der gemeinsam mit der Firma moraleda GmbH entwickelte CrossNachhaltigkeits-Check (siehe Kapitel 11.1). Alternativ können Sie den Barcode in der folgenden Abbildung scannen und die Online-Version auf www.enkelgerecht-wirtschaften.de unter der Rubrik ›Werkstatt‹ nutzen. Darin wird in zehn Abschnitten mit jeweils vier Fragen ein breites Spektrum eines nachhaltigeren Wirtschaftens abgefragt.

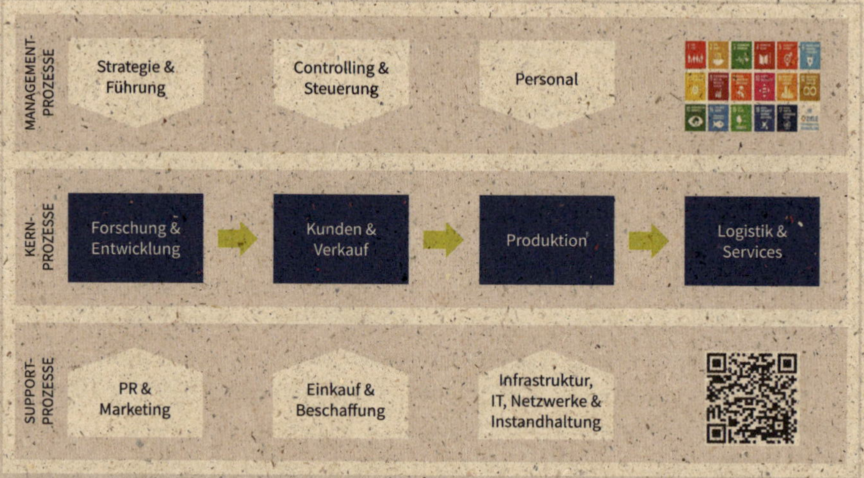

Abb. 41: Prozessmodell CrossNachhaltigkeits-Check

Wenn alle Fragen – sofern relevant – mit einem Ja beantwortet werden können, ist davon auszugehen, dass Nachhaltigkeit ganzheitlich in der Unternehmung verankert wurde. Nach Auffassung von Didier Cossin, Professor für Finance and Governance an der Schweizer Business School IMD, sind es sogar nur vier Punkte, die nachhaltig wirtschaftende Unternehmungen mit einem sozialen Gewissen ausmachen. Er ist davon überzeugt, dass die Zukunftstauglichkeit von Unternehmungen davon abhängt, ob sie ökonomische, ökologische und soziale Aspekte verantwortungsvoll in Einklang bringen können. Aus diesem Grund wurden besonders nachhaltig wirtschaftende

Unternehmen mit kurzfristig planenden Unternehmen verglichen und vier Merkmale herausgefiltert, die einen Unterschied ausgemacht haben:

1. höhere Produktivität beziehungsweise Profitabilität
2. Führungsmentalität, die konservative Werte und Innovationsfreude vereint
3. ein fünf mal höheres Budget für Forschung und Entwicklung
4. eine ganz andere Sprache

Als ein Aha-Effekt kann konstatiert werden, dass »nachhaltig wirtschaftende Unternehmen schlussendlich an ihrer Sprache erkannt werden können. Insgesamt wurden 1,5 Millionen Worte ausgewählter Unternehmen miteinander verglichen, darunter Firmen wie Lehmann Brothers, Goldman Sachs oder JP Morgen, aber auch Tata, Microsoft oder GM. Dabei habe es große statistische Differenzen gegeben: Nachhaltige und langfristig orientierte Unternehmen benutzen in ihren Mitteilungen an Mitarbeiter und Aktionäre sowie auf ihren Webseiten Worte wie ›Dekade‹, ›Zukunft‹, ›Reife‹, ›Jahre‹. In der Kommunikation der kurzfristig agierenden Unternehmen dominieren dagegen Begriffe wie ›täglich‹, ›schnell‹, ›wöchentlich‹ oder ›dringend‹« (Dämon, 2016).

Unternehmungen, die durch Nachhaltigkeit als Unternehmensstrategie erfolgreicher als andere sind, die sich mit Nachhaltigkeit in ihren Märkten positioniert und an Reputation gewonnen haben sowie eine andere Sprache verwenden, werden oftmals von starken Persönlichkeiten mit auf Nachhaltigkeit ausgerichteten Werten geführt. Sie treffen im Sinne einer nachhaltigeren Wirtschaft die besseren, zukunftsintelligenten Entscheidungen bei der Gestaltung von Wertschöpfungsketten und Geschäftsmodellen und nutzen eine auf Nachhaltigkeit ausgerichtete strategische Ausrichtung als Führungsinstrument. Nachhaltigkeit ganzheitlich in Unternehmungen zu verankern ist um ein Vielfaches leichter, wenn diese starken Führungspersönlichkeiten in einer Unternehmensform agieren können, in denen sie nicht den hohen Renditeerwartungen der Finanzmärkte ausgesetzt sind. Inhabergeführte Unternehmen wie Trigema, Rapunzel und Patagonia oder Unternehmen, die maßgeblich von den Inhabern bei ihrer strategischen Ausrichtung beeinflusst werden wie Boehringer Ingelheim und SAP, sind hierfür gute Beispiele. Dass es auch anders geht, zeigt stellvertretend für viele andere Unternehmen die Firma Umicore NV/SA, Spezialist für saubere Technologien. »Der belgische Materialtechnologie- und Recyclingkonzern mit Hauptsitz in Brüssel beschäftigt nach eigenen Angaben weltweit ca. 11.150 Mitarbeitende und macht einen Großteil ihres Umsatzes (75 %) mit Katalysatoren für Autos und Lkw. Sie stellen zudem Komponenten für Photovoltaikmodule her und haben den weltweit ersten Recyclingprozess für moderne Batterien etabliert. Nachhaltigkeit ist in der Unternehmensstrategie fest verankert.« (Umicore, 2020).

Unternehmungen der vierten Entwicklungsstufe mit einer ganzheitlichen Verankerung von Nachhaltigkeit in der Organisation können gemäß der Typologie unternehmerischer Nachhaltigkeit als Unternehmen 2.0 oder 3.0 verstanden werden. Dabei ist bei Unternehmen 3.0 oder Teilbereichen von Unternehmen Nachhaltigkeit fest in dem Lösungsportfolio mit den spezifischen Geschäftsmodellen und den dazugehörigen Wertschöpfungsprozessen verankert. So hat beispielsweise »IKEA ein faltbares Flüchtlings-Haus für 1.000 Euro mit einem Gewicht von 100 Kg entwickelt, das mit 17,5 Quadratmeter Wohnfläche fünf Personen Platz bietet. Es kommt u. a. in Syrien, im Irak und in Äthiopien zum Einsatz« (Blick.ch, 2018).

Die SV Group, eine nach eigenen Angaben innovative Gastronomie- und Hotelmanagement-Gruppe hat mit Unterstützung von WWF Schweiz ein Ernährungsprogramm mit dem Titel ›One-Two-We | Gemeinsam für Nachhaltigkeit‹ aufgelegt. ›One‹ steht dabei für feine, ausgewogene und nachhaltige Menus. Weil die Kunden wissen sollen, was auf den Teller kommt. ›Two‹ steht für gezielte Maßnahmen für mehr Nachhaltigkeit. Damit die Kunden mit einem guten Gewissen genießen können. Und ›We‹ steht für das Bestreben, gemeinsam den CO_2-Ausstoß zu reduzieren und sich für eine tierfreundliche Haltung einzusetzen. (vgl. SV Group , 2017)

Und auch die Firma WILO SE hat Nachhaltigkeit in ihrer Strategie verankert: Nach eigenen Angaben ist Klimaschutz Teil ihres Geschäftsmodells. Die Arbeit mit den kostbaren Ressourcen Wasser und Energie sowie der Umgang mit dem zu schützenden Klima setzen nachhaltiges Denken und Handeln voraus und sind fest in der Unternehmenskultur verankert. Als Technologieunternehmen schafft die Wilo Gruppe durch innovative und energieeffiziente Produkte, Systeme und Lösungen nachhaltige Mehrwerte, beispielsweise in dem Bereich Heizung, Klima und Kälte: Hier kommen u. a. Lösungen für Solarthermie, Pellet-Heizungen, Blockheizkraftwerke, Wasseraufbereitung oder Regenwassernutzung zum Einsatz (vgl. WILO, 2020).

Weitere Beispiele für Unternehmen 2.0 oder Unternehmen 3.0 auf der Entwicklungsstufe 3 – ganzheitliche Verankerung von Nachhaltigkeit – lassen sich unter den jährlichen Finalisten für den Deutschen Nachhaltigkeitspreis für Unternehmen finden. Nachfolgend ein Auszug aus dem Feld der Finalisten für das Jahr 2020 (vgl. Stiftung Deutscher Nachhaltigkeitspreis, 2020) und ergänzende Beispiele:

- Transformationsfeld Klima: ECOSIA – die Suchmaschine, die Bäume pflanzt; NATURSTROM AG – Energie mit Zukunft; NovoCarbo – ein Hersteller, Vermarkter und Veredler von Pflanzenkohle
- Transformationsfeld Ressourcen: GROHE AG – Pure Freude am Wasser; W. Neudorff GmbH KG – Anbieter von Produkten aus schnell nachwachsenden, heimischen Rohstoffen; Projektwerkstatt, Gesellschaft für kreative Ökonomie mbH – gestaltet unter dem Label TEEKAMPAGNE nachhaltige Lieferketten ohne Zwischenhändler.
- Transformationsfeld Biodiversität: Demeter-Felderzeugnisse GmbH – eine Bio-Erzeugergemeinschaft, die ausschließlich mit Bio-Produkten und nach den Prinzipien einer nachhaltigen Landwirtschaft arbeitet.

- Transformationsfeld Gesellschaft & Fairness: AfB gemeinnützige GmbH – ein Dienstleister rund um Gebraucht-IT; Waschbär GmbH – ein Purpose-Unternehmen, dass sich quasi selbst gehört; Quartiermeister – korrekter Konsum GmbH – spendet pro verkauftem Liter Bier 10 Cent an soziale Projekte in der Nachbarschaft.

6.3 Erfolgsfaktoren und Hemmfaktoren

Nachhaltigeres Wirtschaften kann nur erreicht werden, wenn die limitierenden Engpässe eines Systems – also die Hemmfaktoren – bestimmt und aufgelöst werden. Alle auf die anderen Erfolgsfaktoren eines nachhaltigeren Wirtschaftens verwendeten Energien zeigen oftmals erst dann Wirkung, wenn der oder die limitierenden Hemmfaktoren dauerhaft behoben wurden. Hemmfaktoren sind vielfältig und zeigen sich in den unterschiedlichsten Bereichen von Organisationen und ihrem Umfeld. Ihre Auswirkungen sind oftmals für alle spürbar, wenngleich die Ursache nicht immer klar benannt werden kann.

Beispiele für limitierende Hemmfaktoren

- unspezifische und nicht marktadaptierende Zukunftsstrategie
- ertragreiches, nicht nachhaltiges Kerngeschäft
- veraltete, nicht nachhaltige Geschäftsmodelle und zu wenige Geschäftsideen
- isolierte CSR-Abteilungen nur zur Erfüllung von Mindestanforderungen
- gewinnmaximierender Shareholder-Value-Ansatz
- Führungskräfte, die sich ihrer Rolle als Initiatoren und Treiber eines nachhaltigeren Wirtschaftens nicht bewusst sind oder diese nicht leben
- konfliktreiche Führungsstrukturen und -prozesse
- unzureichende Investitionen in Forschung & Entwicklung
- eine Kurzfrist-Sprache

Das ›Prinzip der Engpassorientierung‹ beruht auf dem Minimumgesetz von Carl Sprengel (1828 erstmals veröffentlicht) und Justus von Liebig (erweiterte Form) und besagt, dass das Wachstum von Pflanzen durch die im Verhältnis knappste Ressource (Nährstoffe wie Kohlenstoffdioxid, Wasser, Licht etc.) eingeschränkt wird. Diese Ressource wird auch als Minimumfaktor bezeichnet. Bei Vorliegen eines solchen Mangelfaktors gibt es keinen Einfluss auf das Wachstum, wenn eine Ressource hinzugegeben wird, die bereits im benötigten Umfang vorhanden ist. Ein Organismus, eine Organisation oder ein System können sich nur so weit entwickeln, wie es die knappste Ressource erlaubt (vgl. Wikipedia, 2020d).

Standpunkt 34 | *Nachhaltigeres Wirtschaften ist erst möglich, wenn die limitierenden Engpässe eines Systems bestimmt und aufgelöst wurden!*

Wird dieses Prinzip genutzt, um unternehmerisches Engagement für ein nachhaltigeres Wirtschaften besser zu verstehen, dann werden erst durch eine Analyse der limitierenden Engpässe bzw. Hemmfaktoren die Wechselwirkungen transparent und können somit bearbeitet werden. Dieser Mechanismus soll an dem folgenden Beispiel illustriert werden:

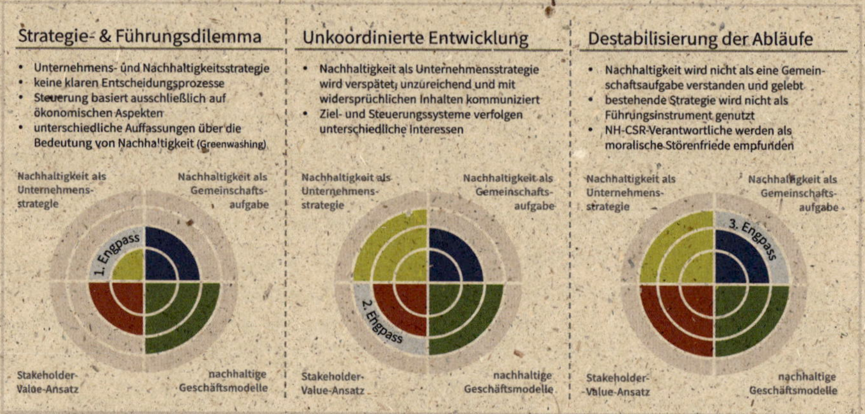

Abb. 42: Engpassorientierung und nachhaltigere Wirtschaft

Betrachtet werden die vier Bereiche ›Nachhaltigkeit als Unternehmensstrategie‹, ›Nachhaltigkeit als Gemeinschaftsaufgabe‹, ›nachhaltige Geschäftsmodelle‹ und ›Shareholder-Value-Ansatz‹. In Abbildung 42 wird der Reifegrad der einzelnen Bereiche durch die jeweils eingefärbten Ringe abgebildet. Je mehr ›Viertel-Ringe‹ eingefärbt sind, desto höher ist der Reifegrad.

Limitierender Engpass: Unternehmensstrategie

In diesem Beispiel wird im Innovationsmanagement intensiv an Lösungen gearbeitet, die zu nachhaltigeren Geschäftsmodellen führen sollen. Die Innovatoren versuchen u. a., Elemente der Kreislaufwirtschaft in den Geschäftsmodellen zu verankern und die Langlebigkeit der Produkte, Leistungen und Lösungen zu verbessern. Alle vorgeschlagenen Ideen durchlaufen einen mehrstufigen Stage-Gate-Prozess und werden immer wieder mit der Begründung aussortiert, dass die Aufwendungen zu hoch, die Marktaussichten zu schlecht sind und profitables Geschäft zerstört wird. Alle weiteren Initiativen zu Kreation und Umsetzung von Innovationen würden nach dem dargestellten Prinzip der Engpassorientierung ins Leere laufen. Ein limitierender Hemmfaktor könnte in der Unternehmensstrategie bestehen (nur ein Ring), in einem Strategie- und Führungsdilemma. Die Innovatoren legen durch ihr Engagement für nachhaltigere Geschäftsmodelle offen, dass die Suche nach nachhaltigeren Geschäftsmodellen nicht in der Strategie verankert ist. Die vorgeschlagenen Ideen werden folglich abgewählt, weil ausschließlich ökonomische und keine ökologischen und sozialen Bewertungskriterien mit einbezogen werden. Die Kriterien können aber durch die Unternehmer, Führungskräfte und Entscheider geändert werden.

Limitierender Engpass: Stakeholder-Orientierung

Unterstellen wir weiter, dass – auf Basis dieser Erkenntnis – in einem ganzheitlichen Strategieprozess Nachhaltigkeit als Unternehmensstrategie verankert und ein Erfolgsplan für die erfolgreiche Positionierung durch Nachhaltigkeit abgeleitet wurde. Damit ist der erste Engpass aufgelöst und in dem Innovationsprozess können zukünftig andere Kriterien genutzt werden. Bei dem hier betrachteten Unternehmen handelt es sich um ein nicht inhabergeführtes Unternehmen mit einer sehr heterogenen Shareholder- und Stakeholder-Struktur. Im Rahmen des Strategieprozesses wurden die unterschiedlichen Interessen mittels einer Wesentlichkeitsanalyse ermittelt. Der zweite limitierende Hemmfaktor besteht darin, die Shareholder und Stakeholder mit ins Boot zu holen und von der auf Nachhaltigkeit ausgerichteten Unternehmensstrategie zu überzeugen. Durch einen Vertrauen schaffenden Dialog und wertschätzenden Austausch mit den Anspruchsgruppen wird ihnen die Vorteilhaftigkeit der strategischen Ausrichtung erläutert. Stakeholder-Dialoge erfordern Geduld. Dauerhafte Beziehungen von Qualität können nur entstehen, wenn kontinuierlich informiert und kommuniziert wird. So werden vielleicht sogar aus einstigen Gegnern konstruktive Sparringpartner. Dieser fortwährende Prozess erfordert viel Energie und Aufmerksamkeit von den Beteiligten. Unterstellen wir auch hier, dass die Arbeit erfolgreich war und die Stakeholder ins Boot geholt werden konnten.

Limitierender Engpass: Strategie ist kein Führungsinstrument

Der dritte limitierende Hemmfaktor besteht darin, dass Nachhaltigkeit nicht als Gemeinschaftsaufgabe angenommen wird. Ein häufiger Fehler von Unternehmen ist es, einen Nachhaltigkeitsmanager oder einen CSR-Verantwortlichen zu benennen und ihn dann mit einer Mammutaufgabe alleinzulassen. Er wird scheitern, wenn alle anderen in der Organisation diese Rolle nur als ›moralischen Störenfried‹ empfinden und nicht erkennen, wo sie selbst Verantwortung für ein nachhaltigeres Wirtschaften übernehmen können. Die Auflösung dieses limitierenden Engpasses liegt in der Operationalisierung von Verantwortung. Die Unternehmensstrategie muss als Führungsinstrument von den Führungskräften genutzt und vorbildhaft gelebt werden. Nachhaltigkeit sollte bei jedem Meeting mit am Tisch sitzen. Nicht zwingend in Form von Mitarbeitenden, die besondere Aufgaben bei der Umsetzung der strategischen Ausrichtung übernommen haben, sondern im Geiste der Beteiligten. Hinter all diesen skizzierten Wechselwirkungen stehen Menschen mit unterschiedlichen Interessen und Erfahrungen. Die Auflösung von limitierenden Hemmfaktoren beginnt mit ihrer Identifikation und dem Eingeständnis, dass es sie überhaupt gibt.

Das Konzept der Engpassorientierung kann bei der Analyse der Ausgangslage angewendet werden, um Transformation besser, effizienter und mit geringeren Reibungsverlusten zu gestalten. Transformation kann als ein Prozess der Veränderung von einem aktuellen Zustand hin zu einem angestrebten Zielzustand in der Zukunft verstanden werden. Eine Transformation repräsentiert einen fundamentalen und dauerhaften Wandel mit unterschiedlichen zeitlichen und inhaltlichen Dimensionen. Was einen Transformationsprozess aus Sicht von Unternehmungen auf dem Weg zu einem nachhaltigeren Wirtschaften hemmen oder fördern könnte, ist nachfolgend ohne Anspruch auf Vollständigkeit aufgelistet:

Eine nachhaltigere Wirtschaft fördernde Faktoren (Erfolgsfaktoren):

- Bewusstsein der eigenen Verantwortung für ein nachhaltigeres Wirtschaften
- klare, orientierende strategische Ausrichtung mit Erfolgsplan zur Positionierung durch Nachhaltigkeit
- Strategieprozess, in dem die Mitarbeitenden einbezogen werden
- hohe Veränderungsfähigkeit (siehe auch Kapitel 8.3: Gestaltung von Veränderungsprozessen)
- Unternehmer- und Managerpersönlichkeiten, die nachhaltiges Wirtschaften aus Überzeugung mit dem Unternehmen umsetzen wollen und bereit sind, ins Risiko zu gehen
- inhabergeführte Unternehmen mit Stakeholder-Orientierung
- umfassende Kompetenz in der Gestaltung von Nachhaltigkeitsleistungen
- bereits im Kern nachhaltige Geschäftsmodelle, die ökologische und gesellschaftliche Probleme lösen
- stark ausgeprägtes systemisches Denken auf allen Ebenen
- transformationale Führungskultur
- Mitarbeitende, die sinnstiftende Beschäftigungsmöglichkeiten suchen
- adressatengerechte Kommunikation und Stakeholder-Dialoge
- performante Infrastruktur für das Management von Nachhaltigkeitsleistungen (u. a. Rollen, Projektmanagement, Controlling)
- hohe Umsetzungsorientierung nach dem PDCA-Zyklus (Plan-Do-Check-Act | Planen-Tun-Überprüfen-Umsetzen)
- Messung und ehrliche Berichterstattung der Nachhaltigkeitsleistungen

Erfolgsfaktoren werden zu Hemmfaktoren, wenn sie in einer Organisation fehlen oder nicht umgesetzt werden können. Wenn das Bewusstsein der eigenen Verantwortung für ein nachhaltigeres Wirtschaften nicht verankert ist, dann wird es viele Diskussionen über den Nutzen geben. Das fehlende Bewusstsein wird zum Hemmfaktor.

Als hemmende Faktoren werden demzufolge nur noch die benannt, die sich nicht aus der Umkehrung von Erfolgsfaktoren ableiten lassen. Sie befinden sich in der Regel in dem Umfeld von Unternehmungen:

Eine nachhaltigere Wirtschaft hemmende Faktoren:

- Pfadabhängigkeiten: Wohnungen, Verkehrswege und Infrastrukturen für die Versorgung mit Energie, Wärme, Wasser, Gesundheitsleistungen sowie für die Entsorgung von Abwasser und Abfällen sind bereits vorhanden

- Shareholder-Value-Ansatz: Die Performance des Managements wird von den Finanzmärkten genauestens beobachtet und beeinflusst
- Profitabilität: Unternehmen mit historisch gewachsenen, nicht nachhaltigen, aber sehr ertragreichen Geschäftsmodellen
- Kompetenzen: Wissen und Methoden über ein nachhaltigeres Wirtschaften sind nicht oder nur rudimentär vorhanden
- Interessenkonflikte: gegensätzliche, nicht kompatible und scheinbar unüberwindbare Interessen von Shareholdern und Stakeholdern
- ›ungeregelte‹ Märkte: fehlende Regularien und Normen für eine nachhaltigere Wirtschaft bzw. fehlende Überwachung von Umweltauflagen und Sanktionierung von Verstößen
- Lobbyismus Dritter: Unternehmen betreiben Lobbyarbeit und verhindern Vereinbarungen für ein nachhaltigeres Wirtschaften
- politische Fehlsteuerungen: Unternehmungen entstehen Wettbewerbsnachteile trotz nachhaltigerem Verhalten, weil anderes Verhalten legitimiert wird

Hemmfaktoren und Erfolgsfaktoren können nur beseitigt bzw. ausgebaut werden, wenn die Menschen, Unternehmer, Führungskräfte und Entscheider in den Unternehmungen bereit sind, Verantwortung für ein nachhaltigeres Wirtschaften zu übernehmen und mehr leisten, als von ihnen erwartet wird. Ihre Mehrarbeit beginnt mit der Gestaltung einer strategischen Ausrichtung zur Positionierung durch Nachhaltigkeit. Sie ist mit der Entwicklung und Umsetzung von Geschäftsmodellen auf nachhaltigere Produkte, Leistungen, Lösungen und Wertschöpfungsprozesse ausgerichtet und mündet in dem Management von Veränderungsprozessen entlang vereinbarter Transformationspfade. Und dann beginnt alles wieder von vorne.

Warum Nachhaltigkeit in der Unternehmensstrategie fest verankern?

Um …

- nachhaltigeres Wirtschaften zu legitimieren!
- besser auf die Zukunft vorbereitet zu sein!
- nicht überrascht zu werden!
- die Werte in den Köpfen, Herzen und Bäuchen der Menschen verinnerlichen zu können!
- die Strategie als Führungsinstrument nutzen zu können!
- Veränderungen bewusster managen zu können!
- einen Beitrag für eine nachhaltigere Wirtschaft zu leisten!

7 Szenarien & Transformationspfade

In den vorangegangenen Abschnitten haben wir uns vergegenwärtigt, welche Innovationen, Handlungsprinzipien und Zielbilder sich aus den Zukünften der Nachhaltigkeit ableiten lassen und welche unterschiedlichen Ausgangslagen wir in den Unternehmungen vorfinden. In diesem Kapitel werden Szenarien für ein nachhaltigeres Wirtschaften skizziert und auf dieser Basis mögliche Transformationspfade beschrieben. Unternehmungen agieren in einem Wirtschaftsgefüge, in dem zukunftsgerichtete Entscheidungen häufig unter Unsicherheiten getroffen werden müssen. Szenarien helfen, die Entwicklungen in den Märkten und die Umfeldbedingungen besser einzuschätzen. Szenarien unterstützen aber auch den Innovationsprozess, indem sie helfen, die Passung einer Lösung zu verifizieren. Eine Transformation von einem heutigen Status quo hin zu einem nachhaltigeren Wirtschaften bedeutet für Unternehmungen, dass sie die Art und Weise, wie sie ihr Geschäfts bislang betrieben haben, verändern müssen. Mit anderen Worten. Auf welchem Transformationspfad kann altes, weniger nachhaltiges Geschäft durch neues, nachhaltigeres Geschäft substituiert werden?

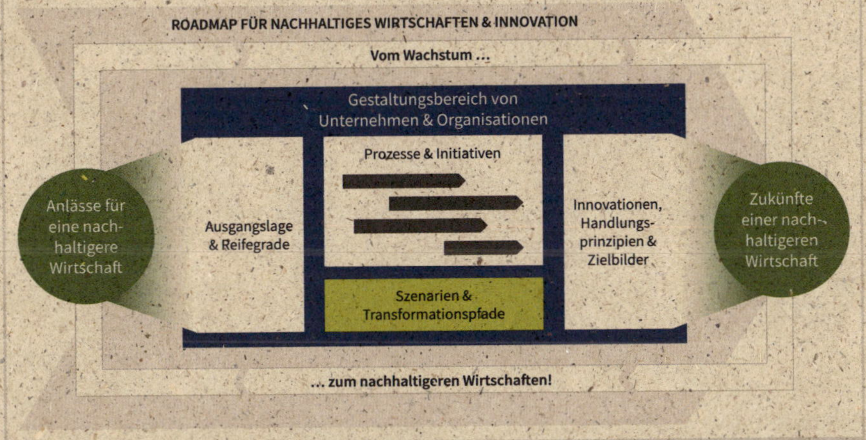

Abb. 43: Roadmap für nachhaltiges Wirtschaften & Innovation | Szenarien & Transformationspfade

Unternehmer, Führungskräfte und Entscheider in Unternehmungen sind grundsätzlich frei in ihren Entscheidungen. Sie treffen diese auf der Basis von Annahmen, wie sich ihr Umfeld in den kommenden Jahren verändern könnte oder wird. Je besser sie die Zukunft in ihren Entscheidungen antizipieren, desto besser kann langfristig die Existenz ihrer Organisation gesichert und damit Beschäftigung und Einkommen für die Eigentümer und Mitarbeitenden gewährleistet werden. Bei der Beurteilung der Umfeldentwicklungen stellt sich immer häufiger die Frage, welche Bedeutung Nachhaltigkeit bzw. nachhaltigeres Wirtschaften für Unternehmungen zukünftig haben wird. Ein Ausblick auf ein ungebremstes Wirtschaftswachstum mit seinen Folgen wurde in dem Business-as-usual-Szenario beschrieben (siehe Kapitel 4.2: Ungebremstes Wirtschaftswachstum – Was passiert, wenn nichts passiert?). Es ist genau das Szenario, das als hoch wahrscheinlich eingeschätzt werden kann, wenn wir an der Art und Weise wie wir leben und arbeiten nicht ändern. Wenn die Menschen den Planeten Erde weiterhin an die Grenzen der Belastbarkeit bringen.

In diesem Kapitel werden zunächst die Faktoren bestimmt, die die sozialen und die ökologischen Systeme ursächlich immer wieder unter Stress setzen und zu Dysbalancen führen. Auf dieser Basis werden dann relevante Fragestellungen abgeleitet und in einem denkbaren Szenario beantwortet. Unternehmungen können ihre Szenarien entwickeln, indem sie ihre eigenen Antworten auf die relevanten Fragestellungen finden. Anschließend soll das Szenario »Was passiert, wenn Kunden wirklich nachhaltiger konsumieren?« kurz skizziert und die Auswirkungen auf die Konsumgüterindustrie beleuchtet werden. Der Umgang mit diesen Szenarien spiegelt sich auch in den Transformationspfaden wider, die von Unternehmungen grundsätzlich genutzt werden können, um den Wandel zu gestalten. Dabei sind ihre Ausgangslagen von besonderer Bedeutung. Ein Start-up-Unternehmen wird einen anderen Transformationspfad beschreiten als ein Unternehmen, das seit vielen Jahren mit seinen Märkten verbunden ist. Auch der Faktor Zeit spielt eine Rolle. Mit den Treibern für eine nachhaltigere Wirtschaft werden Umfeldbedingungen skizziert, die das auf Nachhaltigkeit ausgerichtete Engagement von Unternehmungen unterstützen oder aber auch in Bedrängnis bringen können.

7.1 Szenarien für ein nachhaltigeres Wirtschaften

Warum sich überhaupt mit Nachhaltigkeit, mit der Zukunft oder mit Szenarien beschäftigen? Die Antwort lautet: Um enkelgerechtere Entscheidungen zu treffen! Unser heutiges Engagement für eine nachhaltigere Wirtschaft beruht auf den Entscheidungen, die Unternehmer, Führungskräfte und Entscheider in Unternehmungen vor zehn, fünf oder zwei Jahren getroffen haben. Das zukünftige unternehmerische Engagement für ein nachhaltigeres Wirtschaften in drei, fünf oder zehn Jahren beruht auf den Entscheidungen, die sie heute treffen. Diese zukunftsgerichteten Entscheidungen sind ausschlaggebend dafür, ob sich Unternehmungen mit Nachhaltigkeit positionieren wollen und bereit sind, die verschiedenen Entwicklungsstufen zu durchlaufen (siehe Kapitel 6.2: Entwicklungsstufen und Reifegrade). Und genau aus diesem Grund müssen diese Entscheidungen zukunftsrobust sein.

Für die Analyse und Prognose der wahrscheinlichen Zukunft gibt es viele methodische Ansätze, die alle in den 1960er Jahren entwickelt und in den folgenden Jahren weiter verfeinert wurden. Beispielsweise hat sich Shell mittels spezifischer Szenarien über die Entwicklung des Ölpreises Gedanken gemacht und war besser auf die Ölpreiskrise in den 1970er Jahren vorbereitet als viele andere Wettbewerber. Diese Erkenntnis ist nicht neu. Denn bereits Perikles – athenischer Politiker und Feldherr (um 500-429 v. Chr.) – war davon überzeugt, dass »es nicht darauf ankommt, die Zukunft vorauszusagen, sondern darauf, auf die Zukunft vorbereitet zu sein« (APHORISMEN.de, 2020). Bei der Vorbereitung auf die Zukunft können heute Umwelt und Wirtschaft nicht mehr getrennt voneinander betrachtet werden. Für die Entwicklung von Szenarien ist dies unerlässlich und wird auch in vielen Unternehmungen so praktiziert. Das Umfeld wird fortlaufend und unaufhaltsam von biosphärischen, ressourcenspezifischen, menschlichen, gesellschaftlichen, politischen, technologischen und wirtschaftlichen Einflussfaktoren verändert. Sie verändern die Märkte, in denen Unternehmungen tätig sind. Und wenn sich Märkte verändern, dann verändern sich auch die Anforderungen an die Unternehmungen, an die Unternehmer, Führungskräfte, Entscheider und Mitarbeitenden. Diese Einflussfaktoren können in der Regel auch nicht von Einzelnen verändert oder in eine gewünschte Richtung gelenkt werden. Die Zukunft lässt sich auch nicht präzise vorhersagen. Immer seltener kann die Vergangenheit einfach in die Zukunft ›verlängert‹ werden. Immer häufiger führen Brüche in der vermeintlich linearen Entwicklung dazu, dass sich Märkte radikal verändern, Marktchancen vernichtet oder neue Innovationspotenziale geschaffen werden.

Einen solchen Bruch konnten wir u. a. nach der nuklearen Katastrophe von Fukushima in Japan am 11. März 2011 beobachten. Danach hat die deutsche Regierung ihren Ausstieg aus der Atomenergie beschlossen und damit bestehende Märkte – zumindest perspektivisch – zerstört und anderen Märkten (u. a. dem Markt für erneuerbare Energien) neuen Aufschwung gegeben. Auf diese Brüche zu warten und sich aus diesem Grund nicht weiter mit der Zukunft auseinanderzusetzen, wäre fatal. Aber die Erkenntnis, dass diese Brüche Verhaltensänderungen nach sich ziehen, von denen man bislang geglaubt hat, dass sie niemals möglich wären, ist dennoch bemerkenswert.

Standpunkt 35 | *Wir sind immer dann bereit, unser Handeln grundlegend zu verändern, wenn sich Katastrophen mit großer Wirkung auf unsere Gesellschaft und unser Wirtschaftssystem ereignet haben!*

Offen sind die aus der aktuellen Covid-19-Pandemie resultierenden Verhaltensänderungen. Aus heutiger Sicht wird ihr ein nicht zu unterschätzendes Potenzial für einen Bruch mit den bislang etablierten Praktiken zugeschrieben, auch mit Blick auf eine nachhaltigere Entwicklung. Allerdings gibt es auch berechtigte Zweifel. Oxfam-Klimaexperte Jan Kowalzig ist beispielsweise davon überzeugt, dass »man einer Krise mit zigtausenden Toten und schweren wirtschaftlichen Verwerfungen generell nichts Positives abgewinnen könne. Das in Europa und anderswo vorübergehend die Lichter ausgingen, hat den CO_2-Ausstoß kurzfristig gesenkt. Aber das ist bestenfalls eine kurze Atempause für das Weltklima. Aus der Finanzkrise 2008/2009 wissen wir, dass nach einer solchen Krise die Wirtschaft umso stärker wieder anspringen dürfte.

Damals war der Rückgang der Emissionen in kurzer Zeit wieder ausgeglichen« (Weser-Kurier, 2020). Aber noch sind die wirtschaftlichen Folgen der Covid-19-Pandemie und damit die Auswirkungen auf das menschliche Wohlergehen und unseren Wohlstand nicht absehbar. Im Übrigen lässt sich der Wohlstand einer Gesellschaft längst nicht mehr nur am Wirtschaftswachstum ablesen. Ganz im Gegenteil: Das in der deutschen Wirtschaftspolitik und in der Green Economy verankerte Wirtschaftswachstum avanciert zu einem Gefährder des Wohlstandes.

Wenngleich es vielfältige Anstrengungen gibt, eine nachhaltigere Wirtschaft zu gestalten, so gibt es dennoch erhebliche Unterschiede zwischen verschiedenen Unternehmensgrößen und Branchen. Während manche Unternehmen ganze Industrieanlagen austauschen, ihre Geschäftsmodelle umwälzen, die Prinzipien der Kreislaufwirtschaft anwenden oder sich der Gemeinwohlökonomie verschreiben, leisten andere Firmen mit der Umstellung auf Recyclingpapier oder dem Wechsel des Verkehrsmittels bei Geschäftsreisen einen vergleichsweise geringen Beitrag für eine nachhaltigere Wirtschaft. »Repräsentative Umfragen zeigen, dass viele Unternehmungen ökologische Nachhaltigkeit zwar häufig als Teil der Unternehmensphilosophie deklarieren, aber nur wenige Unternehmen mit ihren Maßnahmen über die gesetzlichen Standards hinausgehen« (Statista | DossierPlus, 2020). Folgt man den genannten Umfragen und Einschätzungen, dann ist Nachhaltigkeit als Unternehmensstrategie bei den Unternehmern, Führungskräften und Entscheidern in den Unternehmungen angekommen, aber längst noch nicht überall verinnerlicht.

Grundlage für die Strategieentwicklung sind Annahmen von Unternehmern, Führungskräften und Entscheidern über relevante Entwicklungen in ihren Märkten. Dabei geht es darum, Entwicklungen zu sehen, die heute schon erkannt werden können, die es aber bislang noch nicht auf das Radar unternehmerischer Aufmerksamkeit geschafft haben. In Kapitel 4.2, Ungebremstes Wirtschaftswachstum, wurden als Anlass für eine nachhaltigere Wirtschaft zahlreiche Projektionen – also Aussagen von Zukunftsforschern über zukünftige Entwicklungen – aufgelistet, die das Szenario ›Was passiert, wenn nichts passiert?‹ stützen. Demnach ist es nur eine Frage der Zeit, bis dieses Szenario Wirklichkeit wird und damit die Diskursströmung ›Nachhaltigkeit als Dystopie‹ an Bedeutung gewinnt. Die Auseinandersetzung mit Szenarien soll die Handlungsfähigkeit und damit die Zukunftsfähigkeit von Unternehmungen verbessern. Dazu müssen diese entwickelt, ihre Erwartungswahrscheinlichkeit bewertet und die Auswirkungen auf die Organisation analysiert werden. Daher werden nachfolgend in Anlehnung an die MARISCO-Methode zum »adaptiven Management von Risiken und Vulnerabilitäten an Naturschutzorten« (Ibisch & Luthardt, 2014) relevante Fragestellungen als Grundlage für die Gestaltung von Szenarien abgeleitet und beantwortet. Anschließend werden die Auswirkungen eines kreativen Szenarios für die Konsumgütermärkte analysiert.

7.1.1 Ursächliche Faktoren für menschliches Wohlergehen

Das menschliche Wohlergehen ist zugleich Ausgangspunkt und Ziel für die Analyse von komplexen, systemischen und dynamischen Ursache-Wirkungs-Beziehungen. Menschliches Wohlergehen ist Ausdruck von Wohlstand, Lebensqualität, gesellschaftlicher Teilhabe und Nachhaltigkeit. Je größer der Wohlstand, die Lebensqualität, die gesellschaftliche Teilhabe sind und je nachhaltiger wir leben und arbeiten, desto höher ist auch das menschliche Wohlergehen. Im Idealfall pflegen und erhalten wir diese Errungenschaften auch für unsere nachfolgenden Generationen. In der nachfolgenden Übersicht werden die nach der MARISCO-Methode benannten Bereiche vereinfacht dargestellt, die ausgehend von den ursächlichen Faktoren und entlang von Wirkungsketten das menschliche Wohlergehen wechselseitig beeinflussen.

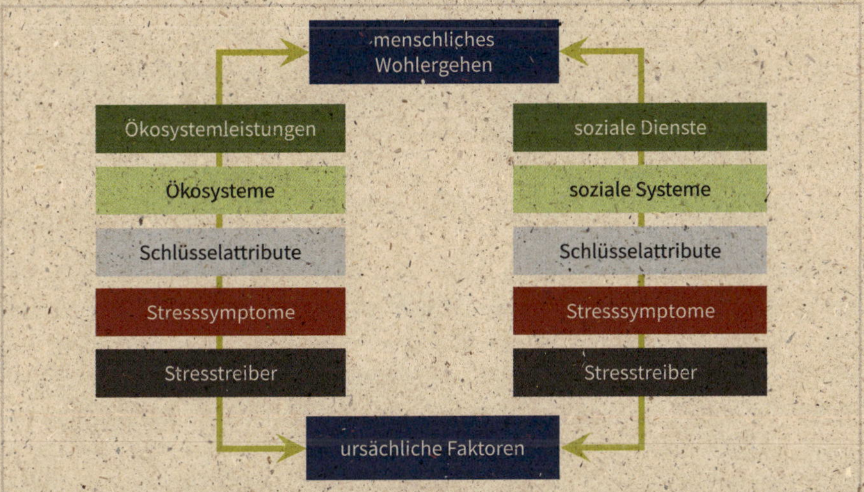

Abb. 44: Wechselwirkungen von menschlichem Wohlergehen (Ibisch & Luthardt, 2014)

Das menschliche Wohlergehen wird maßgeblich von den sozialen Diensten, die eine Gesellschaft für ihre Mitglieder erbringt, und von den Ökosystemleistungen, die die Natur für die Menschen erbringt, bestimmt. Diese Dienste bzw. Dienstleistungen werden in der Natur von (terrestrischen, aquatischen und atmosphärischen) Ökosystemen und in der Gesellschaft von sozialen Systemen (u. a. Gesundheits-, Bildungs-, Wirtschaftssysteme und Infrastrukturen) bereitgestellt und organisiert. Die Funktionsfähigkeit und die Qualität dieser Systeme ist von Schlüsselattributen abhängig, die immer wieder unter Stress geraten (verstanden als Krankheitssymptome) und damit die Systeme aus dem Gleichgewicht bringen können. In dem Verständnis der MARISCO-Methode sind Stresstreiber menschliche Aktivitäten oder vom Menschen verursachte Prozesse (u. a. falsche Steueranreize, Konsumzwang, Verschmutzungen, Klimawandel) mit unmittelbarer Beeinträchtigung der betroffenen Öko- und Sozialsysteme. Dahinter liegen – wie als wollte man eine Zwiebel schälen – ursächliche Faktoren, die die ökologischen und sozialen Systeme und Dienste negativ beeinflussen.

Stresstreiber für Mensch und Tier

Viele Arten in den meisten Tier- und Pflanzengruppen sind vom Aussterben bedroht (schrumpfende Biodiversität) und können ihre Rolle in den Ökosystemen nur noch bedingt wahrnehmen. Die Ökosysteme geraten dadurch immer mehr unter Stress. Ein Stresstreiber ist die illegale Rodung und Bebauung von Flächen, die von Tieren und Pflanzen als Lebensgrundlage genutzt werden und die eigentlich für sie reserviert sind. Ursächlich hierfür ist die kriminelle Energie von Menschen, die diese Rodungen und Bebauungen betreiben, und die von anderen Menschen, die es zulassen und sich davon wiederum Vorteile versprechen (Stichwort Korruption). Dieser Mechanismus wird noch durch den Stresstreiber einer mangelnden Verfolgung und Sanktionierung von Korruption verstärkt. Im Ergebnis kann das Schlüsselattribut ›Biodiversität‹ seiner Funktion im Ökosystem nicht mehr in dem Maße gerecht werden. Damit stehen dem Menschen weniger Ökosystemleistungen zur Verfügung, die sich negativ auf das menschliche Wohlergehen auswirken können.

Die Identifikation von ursächlichen Faktoren ist Voraussetzung dafür, den Hebel für eine nachhaltigere Wirtschaft an den richtigen Stellen ansetzen und Handlungsoptionen ableiten zu können. Auf diese Weise sollen die Stresstreiber nicht weiter befeuert werden und die Systeme nicht mehr unter Stress geraten. Ursächliche Faktoren sind letztendlich der Ursprung für positive oder negative Effekte entlang von Wirkungsketten bis hin zum menschlichen Wohlergehen. Zudem bestehen Wechselwirkungen, Abhängigkeiten, positive und negative Rückkopplungen zwischen den ursächlichen Faktoren. Die nachfolgende Auflistung ursächlicher Faktoren erhebt keinen Anspruch auf Vollständigkeit. Sie soll als Grundlage für die Ableitung von Zukunftsfragen für die Gestaltung von Szenarien dienen.

Ursächlich für Ungleichgewichte in den sozialen und in den ökologischen Systemen sind u. a. folgende zwölf Faktoren.

Zwölf Faktoren für Ungleichgewichte

1. **Bevölkerungswachstum, Urbanisierung und Globalisierung**

Immer mehr Menschen leben auf diesem Planeten und immer mehr Menschen leben in Städten. Die Gesellschaften sind immer stärker auf politischer, wirtschaftlicher und kultureller Ebene miteinander verbunden. Sie verbrauchen immer mehr Ressourcen, Energien und hinterlassen immer mehr Emissionen und Abfälle.

2. Wirtschaftssystem und Wirtschaftswachstum

Die Wirtschaftssysteme vieler Länder basieren auf Wachstum. Durch wirtschaftliches Wachstum soll der Wohlstand einer Gesellschaft entwickelt, gestärkt und ausgebaut werden. Wirtschaftswachstum führt zur weiteren Inanspruchnahme von Ressourcen und Energien. Es führt in der Folge auch zu weiteren Emissionen und Abfällen. Die Auswirkungen von Wirtschaftswachstum auf die sozialen und ökologischen Systeme kann nicht vollständig durch weitere Effizienz- und Produktivitätssteigerungen kompensiert werden. Auch werden die Folgekosten für entstandene Schäden in den sozialen und in den ökologischen Systemen nicht von den Verursachern getragen, sondern nur indirekt über die Allgemeinheit mitgetragen.

3. Politische Machtgefüge und Institutionen (national, international)

Der Wohlstand reicherer Länder beruht auf der Ausbeutung verfügbarer Ressourcen und Energien zu Lasten ärmerer Länder sowie auf der schnelleren Umsetzung von Produkt-, Nutzungs- und Systeminnovationen. Die oftmals aus der wirtschaftlichen Leistungsfähigkeit eines Landes resultierende politische Macht wird genutzt, ärmere Länder einerseits in ihrer Entwicklung zu unterstützen (Stichwort Entwicklungshilfe) und andererseits aufkeimende wirtschaftliche, wettbewerbsfördernde Strukturen zu verhindern. »Länder mit einem niedrigen und mittleren Einkommen erwirtschaften zusammen weniger als 10 Prozent des globalen Bruttoinlandsprodukts« (IRP | Internationales Ressourcenpanel , 2019).

4. Finanzmacht

Die Finanzmärkte werden von den großen Investoren dieser Welt – das heißt, von internationalen Großbanken, Hedgefonds, multinationalen Konzernen und in immer größerem Ausmaß von den Zentralbanken – gelenkt, gesteuert und manchmal auch manipuliert. Die Abschaffung verschiedenster rechtlicher Einschränkungen im letzten Drittel des 20. Jahrhunderts ließ den Finanzsektor förmlich explodieren und ermöglichte es dem internationalen Finanzkapital, sich zu einem erheblichen Teil von der Realwirtschaft zu lösen, ihre Größe innerhalb weniger Jahre um ein Vielfaches zu übertreffen und ein nie dagewesenes Eigenleben zu beginnen.

5. Vertrauen in (technologische) Innovation

Die Überzeugung, jedem Problem mit einer technologischen, nutzungsorientierten oder systemischen Innovation begegnen zu können, ist in Politik, Wirtschaft und Gesellschaft weit verbreitet. Mit großen Meerwasserentsalzungsanlagen soll dem zunehmenden Wassermangel begegnet werden. Mit großen Photovoltaikanlagen in Wüstenregionen und Windparks soll ausreichend Ökostrom produziert und mit Geo-engineering der Klimawandel künstlich verlangsamt werden. Ob diese Technologien und Innovationen tatsächlich die Erwartungen erfüllen können, hängt nicht zuletzt von ihrer Wirtschaftlichkeit und Finanzierung ab.

6. **Wertewandel mit einer stärkeren, materialistischen Ausprägung**
Bei vielen Entscheidungen scheinen wirtschaftliche Faktoren und der eigene Vorteil immer häufiger im Vordergrund zu stehen. Vornehmlich wohlhabende Gesellschaften sind von einer zunehmenden Unsicherheit getrieben, mit anderen Gesellschaften in einem Wettlauf über die verbliebenen Ressourcen zu stehen. »Umweltfragen sind immer Verteilungsfragen und Verteilungsfragen sind immer Gerechtigkeitsfragen« (Göpel, 2020).

7. **Fehlende (Umwelt-)Bildung**
Unter der Annahme, dass Informationen und der Transfer von Informationen zu Wissen auch das Potenzial haben, Bewusstsein und damit Verhalten zu verändern, ist Bildung umso wichtiger und unerlässlich. Wenn Bildung bzw. Bildungsangebote über Nachhaltigkeit, nachhaltige Entwicklung oder nachhaltige Wirtschaft nicht in den verschiedensten Bildungssystemen verankert sind, dann laufen auch auf Suffizienz und Konsistenz basierende Maßnahmen ins Leere.

8. **Ignoranz und Resignation**
Wenn Menschen die Auswirkungen ihres Handelns ignorieren, dann kann dies auf Unwissenheit zurückzuführen sein (siehe Bildung). Wenn sie es wissentlich tun, dann um zu vermeiden, mit einem schlechten Gewissen in ein Flugzeug zu steigen, mit dem eigenen Auto zu fahren oder Unmengen von Plastik zu produzieren. Sie leben in einer Parallelwelt und erschaffen sich ihre eigene Wirklichkeit. Menschen, die resigniert haben, wissen um die Bedeutung ihres Handelns. Sie werden von der Einsicht geleitet, dass mit ihrem Verhalten ein angestrebtes Ziel nicht (mehr) erreichbar ist, dass der erforderliche Einsatz nicht (mehr) erbbracht werden kann oder dass man sich nicht auf die potenziellen Folgen einlassen will. Ignoranz und Resignation führen zu dem gleichen Ergebnis: Sie vermindern die Achtsamkeit im Umgang mit unserem Planeten und mit unseren Mitmenschen.

9. **Egoismus, Individualismus, Gier, Geiz und Neid**
Das Anspruchsdenken von Mitgliedern materiell besser gestellter Gesellschaften ist ungebrochen. Das Anhäufen von Besitztümern und die persönliche Vorteilsnahme Einzelner werden über das gesellschaftliche Wohlergehen gestellt. Individualität – u. a. gelebt in Form von individueller Mobilität, individuellem Tourismus und individuellen Lebensstilen – trägt zur (oberflächlichen) Selbstverwirklichung bei. Die Bedeutung materieller Werte innerhalb einer Gesellschaft fördert die Gier. Neid fördert den Drang nach weiterem Konsum. Alles zusammen führt zu einem Verhalten, bei dem die Menschen längst mehr verbrauchen, als für sie lebensnotwendig wäre – mit den bekannten Folgen für die sozialen und für die Ökosysteme.

10. **Misstrauen, Unsicherheit und Überforderung**
Misstrauen ist das Gegenteil von Vertrauen. Vertrauen beruht auf subjektive Überzeugungen über die Richtigkeit und Wahrheit von Handlungen und Aussagen bzw.

der Redlichkeit von Personen. Vertrauen in einen Menschen, in eine Gruppe von Menschen, in Gesellschaften, in staatliche und in Nichtregierungsorganisationen oder in Systeme aufzubauen, erfordert viel Zeit und kann in wenigen Sekunden zerstört werden. Wenn Vertrauen in Misstrauen umschlägt, dann leiden die sozialen und ökologischen Systeme, weil Anpassungen nicht vorgenommen oder nicht angenommen werden. Wenn Unsicherheiten und das Gefühl von Überforderung hinzukommen, dann verstärken sich Widerstände und führen zu programmatischer Ablehnung.

11. **Angst und Sorge**
Das Gefühl von Angst ist eine der stärksten Antriebskräfte für menschliches Verhalten und kann in verschiedenen Situationen auftreten. Immer häufiger spielt die Angst um den Verlust des Arbeitsplatzes eine große Rolle. Aber auch die Angst, nicht anerkannt zu sein, krank zu werden, keine sozialen Beziehungen eingehen zu können, verfolgt zu werden (aus welchen Gründen auch immer) und die Sorge, etwas verlieren oder nicht nutzen zu können, leiten unser Handeln. Wenn wir in Angst und Sorge sind, dann verhalten wir uns weniger rational. Wenn wir Angst um unseren Arbeitsplatz haben und unsere Existenz in Gefahr sehen, dann haben ökologische und soziale Aspekte nur eine nachgelagerte Priorität.

12. **Kriminelle Energien**
Wo Menschen zusammenleben, wird menschliches Wirken auch durch kriminelle Energien getragen. Korruption, Umweltverschmutzung, illegaler Abbau von Ressourcen oder Wilderei sind für private, aber auch für staatliche Akteure lukrative Geschäftsmodelle. UNEP (United Nations Environment Programme) und Interpol (International Criminal Police Organisation) haben in einem gemeinsamen Report festgestellt, dass illegale Ausbeutung der Umwelt die weltweit viertgrößte kriminelle Aktivität darstellt. Das jährliche Volumen dieser Aktivitäten wird auf 91-258 Milliarden US$ geschätzt, mit einem jährlichen Wachstum von 5-7 % (vgl. UNEP & Interpol, 2016).

7.1.2 Ableitung relevanter Fragestellungen

Mit sogenannten Annahmenfragen kann der wesentliche Wissensbedarf über die wahrscheinlichen Entwicklungen in einem Markt oder in einer Region strukturiert werden. Annahmenfragen können sich aber auch auf die Entwicklung und die Nutzung von Technologien, auf das zukünftige Verbraucherverhalten, auf die Entwicklung von Standards und Normen oder auf die Folgen des Klimawandels beziehen. Die Antworten auf diese Fragen werden als Projektionen – also Aussagen über zukünftige Entwicklungen – bezeichnet und können zu Szenarien verdichtet werden. Fragen lenken dabei unsere Aufmerksamkeit auf die Themen, die für uns und für Unternehmungen besonders bedeutsam sind.

Aus den zwölf dargestellten ursprünglichen Faktoren für Dysbalancen in den sozialen und ökologischen Systemen können folgende Fragen exemplarisch abgeleitet werden:

Wie wird die Welt 2030 aussehen?

- Wie stark wird die Bevölkerung (weltweit, in einzelnen Ländern) im Vergleich zu heute gewachsen sein?
- Wie viele Menschen werden im Vergleich zu heute in Städten leben?
- Wie wird sich das Verhältnis von globaler zu regionaler Wirtschaft verändert haben?
- Welche Rolle wird Wirtschaftswachstum im Vergleich zu heute in den Wirtschaftssystemen spielen?
- In welchem Umfang werden sich die globalen Machtgefüge im Vergleich zu heute verändert haben?
- Welchen Anteil am weltweiten Bruttoinlandsprodukt werden die ärmeren Länder im Vergleich zu heute erwirtschaften?
- In welchem Umfang werden große Investoren, Hedgefonds und Zentralbanken im Vergleich zu heute eine nachhaltigere Wirtschaft unterstützen, einfordern oder gar dominieren?
- Wie wird sich das Vertrauen in die Innovationskraft und in das (technologische) Innovationspotenzial zur Lösung gesellschaftlicher Herausforderungen verändert haben?
- Wie werden sich die Werte in Bezug auf die Nutzung der sozialen und der Ökosysteme im Vergleich zu heute verändert haben?
- Wie wird sich das Bildungsniveau in Bezug auf eine nachhaltigere Wirtschaft im Vergleich zu heute verändert haben?
- Wie wird sich der Anteil der Menschen (in einer Region, in einem Land oder weltweit) im Vergleich zu heute verändert haben, die auf Nachhaltigkeit ausgerichtete Handlungsnotwendigen ablehnen?
- In welchem Umfang werden Menschen (in einer Region, in einem Land oder weltweit) im Vergleich zu heute vermehrt einen ökologisch und sozial nachhaltigeren Lebensstil pflegen?
- Wie wird sich die Bedeutung materieller Werte und von Besitz im Vergleich zu heute verändert haben?
- Wie wird sich das Vertrauen in die politische und wirtschaftliche Elite (in Deutschland, Europa und weltweit) im Vergleich zu heute verändert haben?
- In welchem Umfang haben destabilisierende Strömungen in Politik und Gesellschaft die Akzeptanz von Gesetzen und Normen zum Schutz der Umwelt verändert?
- Wie hat sich die Angst und Sorge der Menschen in Bezug auf ein lebenswertes Leben auf der Erde im Vergleich zu heute verändert?
- Wie haben sich die kriminellen Machenschaften von Minderheiten zur Ausbeutung der Umwelt im Vergleich zu heute verändert?

Die Fragen müssen auf den Fragesteller und seinen Wissensbedarf angepasst werden. Die Beantwortung dieser Fragen kann morphologisch erfolgen. In einem ersten Schritt werden alle theoretisch denkbaren Antwortoptionen entwickelt und in einem zweiten Schritt u. a. hinsichtlich ihrer Erwartungswahrscheinlichkeit bewertet. Die am wahrscheinlichsten bewerteten Antwortoptionen ergeben dann das Erwartungsszenario.

7.1.3 Denkbare Szenarien zu nachhaltigerem Wirtschaften

Szenario eins: Degrowth-Szenario nach Christoph Gran

Die Ergebnisse des Business-as-usual-Szenarios (siehe Kapitel 4.2: Ungebremstes Wirtschaftswachstum) zeigen, dass sich mit einem ›Weiter so‹ ein Wirtschaften innerhalb der ökologischen Grenzen nicht erreichen lässt. Aus diesem Grund hat Dr. Christoph Gran, Wirtschaftswissenschaftler und Vorstand vom ZOE. Institut für zukunftsfähige Ökonomien e. V. in Heidelberg, mit seinem ›Degrowth-Szenario‹ eine Prognose für Deutschland vorgestellt, die explizit darauf ausgerichtet ist, »die Ökonomie so einzustellen, dass sie sich entlang der ökologischen Grenzen (gemessen an der verfügbaren Biokapazität von 2,2 gH in 2040) entwickelt. Konkret bedeutet das, das BIP (Verwendungsseite) so lange zu reduzieren, bis im Jahr 2040 das Verhältnis vom ökologischen Fußabdruck pro Kopf zur Biokapazität ausgeglichen ist und kein ›Überschießen‹ (Overshoot) mehr erfolgt. […] In diesem Szenario zeigt sich, dass die Schrumpfung der Wirtschaftsleistung nicht gleichbedeutend mit einer Verschlechterung der Lebenssituation der Menschen einer Volkswirtschaft ist. Voraussetzung dafür ist aber, dass diese Lebenssituation oder auch die gesellschaftliche Wohlfahrt nicht allein an den bekannten ökonomischen Indikatoren wie dem BIP oder BIP pro Kopf ausgemacht wird« (Conrad, König, & Benedikt, 2018).

Für die Berechnung dieses Szenarios müssen Annahmen über die Entwicklung der Märkte und über das Verhalten der Menschen getroffen werden. Und vielleicht basieren diese Annahmen auf Akzeptanz und Einsicht der Menschen, damit es als Erwartungsszenario angesehen werden kann. Für die Auseinandersetzung mit einer nachhaltigeren Wirtschaft sind vergleichbare Szenarien unerlässlich, weil sie den Möglichkeitsraum und die Denkweite vergrößern und Imaginationen von Zukunftsbildern überhaupt erst ermöglichen. Ein weiteres, auf den obigen Annahmenfragen basierendes Szenario lautet wie folgt:

Szenario zwei: Das Jahr 2030

Im Jahr 2030 ist die Bevölkerung weltweit weitergewachsen. Mittlerweile leben ca. acht Milliarden Menschen auf dem Planeten. Sie verbrauchen weit mehr Wasser, Energie und Nahrung, als dies noch 2020 der Fall war. Sie produzieren immer mehr Emissionen und Abfälle. | Durch Bürgerkriege in einzelnen Ländern, durch zwischenstaatliche Ressourcenkonflikte und durch eine Vielzahl von Klimaflüchtlingen haben die Migrationsströme aus den ärmeren Ländern in die Industrieländer weiter zugenommen. Immer mehr Menschen leben dort in Städten. | Zwischenzeitliche Versuche der USA und anderer Länder, die Globalisierung durch protektionistische Maßnahmen abzubremsen, sind gescheitert. Dennoch haben 2030 regionale und lokale Wirtschaftsräume für die Selbstversorgung der Menschen an Bedeutung gewonnen. | Durch die Bekämpfung der Folgen der Covid-19-Pandemie haben sich enorme Schuldenberge angehäuft. Über viele Jahre wurden finanzielle Anstrengungen unternommen, die Wirtschaft wieder auf einen Wachstumspfad zurückzubringen und damit die Schulden zu tilgen – nicht immer mit Erfolg. Die Vergabe von Krediten und Zuschüssen wird aber zunehmend an ökologische und soziale Aspekte geknüpft. Neben Indikatoren für das Wirtschaftswachstum haben sich dadurch Indikatoren für eine Gemeinwohlökonomie etabliert. | Zudem hat 2030 das politische Machtgefüge weitere Risse bekommen. Die G7-Staaten ziehen schon lange nicht mehr an einem Strang und haben unfreiwillig dazu beigetragen, dass das BIP ärmerer Länder – gemessen am weltweiten BIP – wachsen konnte. | 2030 sind die Finanzmärkte deutlich stärker reguliert, als dies noch 2020 der Fall war. Getragen von der Einsicht, dass die Finanzmärkte nicht die Probleme dieser Welt lösen können, sondern in einem nicht unerheblichen Maße dazu beitragen, wurde die Finanzaufsicht weltweit gestärkt und zu einer wahrhaftigeren ›Financial Sustainability‹ gezwungen. | Die 2020er Jahre waren geprägt von einem Pionier- und Innovationsgeist. Viele technologische Innovationen haben dazu beigetragen, die Probleme der Gesellschaften zu mindern. Bei vielen Verbrauchern und Innovatoren stellte sich aber irgendwann die Erkenntnis ein, dass allein technologische Lösungen nicht die Probleme der Gesellschaften werden lösen können. | 2030 sind viele Projekte, Initiativen und Programme gestartet worden, die System- und Nutzungsinnovationen testen und umsetzen sollen, die nicht mehr nur auf Effizienz, sondern auch auf Konsistenz und Suffizienz basieren. | Die zu Beginn der 2020er Jahre gestartete Bildungsoffensive ›ENKELGERECHT-WIRTSCHAFTEN‹ hat dazu geführt, dass Wissen über nachhaltiges Wirtschaften umfassender in den Unternehmungen vorhanden ist. | Dennoch oder gerade deshalb ist die Gesellschaft mehr denn je eine polarisierte Gesellschaft. Immer mehr Menschen ignorieren die Folgen des Klimawandels und leben in dem Bewusstsein, dass ihr Verhalten keinen Einfluss auf die Umwelt hat. Sie sind weiter auf ihren persönlichen Vorteil aus und nicht bereit, Verantwortung zu übernehmen und blenden alles aus, was sie nicht unmittelbar betrifft. Auf der anderen Seite leben immer mehr Menschen in dem Bewusstsein, ihren ökologischen und sozialen Fußabdruck zu minimieren und sind bereit, dafür ihr Anspruchsniveau zu senken. | Zwischen diesen beiden Lebensstilen pendeln immer mehr Menschen, die am Existenzminimum leben und sich weder das eine noch das andere leisten können. Das darin wohnende Konfliktpotenzial zeigt sich zunehmend in gesellschaftlichen Auseinandersetzungen, die von allen Beteiligten immer engagierter ausgetragen werden.

| Im Jahr 2030 ist eine Beruhigung der Lage nicht absehbar, weil weitere destabilisierende Strömungen ausgemacht werden können. | Das Vertrauen in die politischen und wirtschaftlichen Eliten wird auch 2030 immer wieder durch Skandale erschüttert. Das macht es ihnen auch so schwer, erforderliche Gesetze und Normen in die Umsetzung zu bringen. | Dennoch können erste Indikatoren ausgemacht werden, wonach die Bedeutung von materiellem Besitz abgenommen hat. Die Menschen nutzen vielfältigere Modelle, die u. a. den Prinzipien der Kreislaufwirtschaft folgen. Demnach werden immer weniger Autos gekauft, dafür aber unterschiedlichste Mobilitätskonzepte und Bezahlmodelle genutzt. | Viele Menschen leben 2030 in zunehmender Angst und Sorge, dass ihre Zukunft nicht gesichert ist. | Das Einzige, was sich 2030 im Vergleich zu 2020 nicht wesentlich geändert hat, ist das Niveau krimineller Machenschaften von Minderheiten zur Ausbeutung der Umwelt. Dieses Niveau war schon hoch und ist es 2030 immer noch.

So oder so ähnlich oder auch ganz anders könnte ein Szenario auf der Basis der obigen Annahmenfragen aussehen. Und jedes dieser denkbaren Szenarien hat Auswirkungen auf die Umwelt, die Märkte, die Unternehmungen und nicht zuletzt auf die Menschen selbst. In diesen Szenarien stecken aber auch Chancen und Risiken sowie Risiken, die bestenfalls zu Chancen transformiert werden können. Chancen sind dabei die Rohstoffe zur Gestaltung einer enkelgerechteren Welt. Diese Chancen zu erkennen und sie in der Unternehmensstrategie für ein nachhaltigeres, unternehmerisches Engagement zu verankern, ist die Aufgabe von Unternehmern, Führungskräften, Entscheidern und allen Mitarbeitenden einer Organisation.

7.1.4 Kreatives Szenario: Die Konsumpyramide und ihre Auswirkungen

Was passiert, wenn nichts passiert? Die Antwort auf diese Frage führte zum Business-as-usual-Szenario (siehe Kapitel 4.2: Ungebremstes Wirtschaftswachstum). Was passiert aber, wenn Kunden ihr Konsumverhalten tatsächlich ändern? In diesem Szenario wird unterstellt, dass immer mehr Menschen immer bewusster und nachhaltiger konsumieren, quasi von einem Tag auf den anderen. Für sie ist der Neukauf von umweltverträglich hergestellten Produkten nur noch die letzte Option, wenn alle anderen ressourcenschonenden Alternativen bereits ausgeschöpft wurden. Es wird weiter unterstellt, dass sie die in der nachfolgenden Abbildung dargestellten Stufen des nachhaltigen Konsums durchlaufen, bevor sie etwas neu kaufen. Und erst wenn alle anderen Optionen ausgeschöpft sind, erst dann kaufen sie regional, fair und ökologisch ein.

Abb. 45: Die sieben Stufen des nachhaltigen Konsums (smarticular, 2020)

Dieses Szenario ist ein Eventual-Szenario mit geringer Wahrscheinlichkeit, aber mit einem großen Bedrohungspotenzial und zugleich mit einem großen Innovationspotenzial für die Konsumgüterindustrie. Es führt im Ergebnis dazu, dass das Marktvolumen für Neuwaren deutlich abnimmt. Und das wiederum bedeutet, dass sich die um die Gunst der Kunden im Wettbewerb stehenden Anbieter um einen immer kleiner werdenden Kuchen streiten müssen. Es bedeutet, dass die Kunden beim Kauf auf mehr Qualität achten werden, da sie nach diesem Szenario ein großes Interesse daran haben, dass die erworbenen Produkte möglichst lange halten und repariert werden können. Da sie weniger konsumieren, haben sie auch nach dem Suffizienzprinzip mehr Geld für qualitativ hochwertigere Produkte. Das führt nochmals dazu, dass sich die Wettbewerbsintensität weiter erhöhen wird. Von diesem Szenario sind entlang der Wertschöpfungskette alle mehr oder weniger stark betroffen. Entsorger beseitigen weniger Abfälle, Händler verkaufen weniger Waren, Spediteure liefern weniger Waren aus, Hersteller produzieren weniger Güter und verbrauchen weniger Roh- und Hilfsstoffe, Lieferanten setzen weniger Rohstoffe und Materialien ab. In einer auf Wirtschaftswachstum ausgerichteten Gesellschaft führt dieses Schreckens-Szenario dazu, dass Beschäftigungsmöglichkeiten und Einkommen zerstört werden. Und für die Umwelt ist es ein Traum-Szenario.

Standpunkt 36 | *Nur positive Imaginationen von einem nachhaltigeren Konsum führen auch bei Unternehmungen zu einem Umdenken. Sie bieten aber gleichzeitig eine große Angriffsfläche für die Befürworter eines fortwährenden Wirtschaftswachstums!*

Denn die positiven Auswirkungen dieses Szenarios werden erst auf den zweiten Blick sichtbar. Es führt gleichsam dazu, dass weniger Ressourcen verbraucht, Energie eingespart und weniger Schadstoffe in die Umwelt eingebracht werden. Also genau das, was nachhaltigeres Wirtschaften bewirken soll. Trotzdem wirkt das skizzierte Zukunftsbild auf uns Menschen eher düster und nicht erstrebenswert. Gleichwohl stellt nachhaltiger Konsum einen Ausgang aus dem von Wirtschaftswachstum und Überforderung der Öko- und Sozialsysteme geprägten Korridor dar (siehe auch Kapitel 3.1: Transformationsdesign und die Suche nach Ausgängen). Um diesen Ausgang nutzen zu können, braucht es jedoch Zeit. Zeit, damit sich die Menschen, die Akteure aus Politik, Wirtschaft und Gesellschaft auf diesen Wandel einstellen können. Dafür muss nachhaltiger Konsum zum Leitbild aller Beteiligten werden.

Würde dieses Szenario in kürzester Zeit Realität werden, dann wären die Unternehmungen und die Gesellschaft mit den skizzierten Auswirkungen überfordert. Würde dieses Szenario aber nur langsam und kontinuierlich Realität werden, dann können alle Beteiligten Erfahrungen im Umgang mit einem nachhaltigeren Konsum sammeln und sich daran gewöhnen. Es kann dazu führen, dass Menschen mit einem nachhaltigeren Konsum lernen, mit weniger Einkommen gut zu leben, dafür auch weniger zu arbeiten und die freie Zeit für andere Dinge zu nutzen. Und es kann dazu führen, dass neue, auf Nachhaltigkeit ausgerichtete Geschäftsmodelle schneller umgesetzt werden. Aber nur positive, existenzsichernde Imaginationen von einem nachhaltigeren Konsum führen auch bei Unternehmungen zu einem Umdenken. Auf jeder Stufe der Konsumpyramide können Chancen genutzt und neue Technologien und Geschäftsmodelle entwickelt werden. Nicht von jetzt auf gleich, aber über einen Zeitraum von zehn Jahren ist vieles machbar. Dieses kreative Szenario möchte dabei helfen, die eigene Vorstellungskraft zu trainieren und Vorbehalte abzubauen.

7.2 Transformationspfade & Pfadabhängigkeiten

Transformation ist ein Prozess der Veränderung von einem aktuellen Zustand hin zu einem angestrebten Zielzustand. Eine Transformation repräsentiert einen fundamentalen und dauerhaften Wandel. Im Zeitalter revolutionärer Entwicklungen – u. a. bedingt durch die zunehmende Digitalisierung, den fortschreitenden Klimawandel und die Erfordernisse des Wirtschaftswachstums – sind Transformationsprozesse normal geworden. Während die Wirtschaft als Ganzes allein schon durch regelmäßige regulatorische Anpassungen transformiert wird (beispielsweise durch den Ausstieg aus der Atom- und Kohleenergie oder durch die Förderung der Elektromobilität), sind einzelne Branchen und einzelne Unternehmungen unterschiedlich intensiven Transformationsprozessen ausgesetzt. Unternehmungen, die sich dem Wandel nicht stellen, werden früher oder später von den Märkten verschwinden. Wie schnell und umfassend sich Unternehmungen transformieren können, zeigt die Geschichte von Nokia.

Kontinuierliche Transformation am Beispiel Nokia

Nokia hat sich schon oft neu erfunden und selbst transformiert. In der Firmengeschichte entwickelte sich Nokia vom Hersteller für Gummistiefel über den zeitweise weltgrößten Handyhersteller hin zum größten Netzwerkausrüster. Nokia-Gummistiefel gibt es noch immer, auch wenn sie seit langem nicht mehr von dem Unternehmen selbst hergestellt werden. Der Aufstieg zum weltgrößten Handyhersteller begann in den 80er Jahren und endete mit dem Markteintritt des iPhone von Apple. Bereits 2007 schloss Nokia seine Netzwerksparte mit der des Konkurrenten Siemens zusammen. Spätestens mit der Übernahme von Alcatel-Lucent im Jahr 2016 wird Nokia zum größten Netzwerkausrüster. Nokia beschäftigt nach eigenen Angaben knapp 100.000 Mitarbeitende, die einen Umsatz von 23,3 Mrd. Euro erwirtschaften (Stand: 31.12. 2019).

In welchem Spannungsfeld sich Unternehmer, Führungskräfte und Entscheider befinden und welche Kräfte auf ihre Organisationen einwirken, sollen die beiden folgenden Beispiele verdeutlichen.

Beispiel 1: Die Bayer AG

Bayer hat sich 2019 nach eigenen Angaben zum dritten Mal einer umfangreichen Prüfung durch die internationale Rating-Agentur für Nachhaltigkeitsbewertung EcoVadis gestellt und »erneut den Gold-Status für sein unternehmensweites Nachhaltigkeitsmanagement verliehen bekommen. Mit 75 von 100 Punkten hat Bayer nach ihrer Ansicht ein ausgezeichnetes Ergebnis erzielt. EcoVadis betreibt seit 2007 eine unabhängige und kollaborative Plattform, die CSR-Ratings von Lieferanten für globale Lieferketten bereitstellt. EcoVadis analysiert die Nachhaltigkeitsleistung von Unternehmungen in den vier Kategorien Umwelt, Arbeitspraktiken & Menschenrechte, faire Geschäftspraktiken und nachhaltigem Einkauf« (Bayer, 2020). Auf der anderen Seite machen laut der Verbraucherorganisation Foodwatch »mit Bayer-Monsanto, BASF und Syngenta die drei größten Agrarchemie-Hersteller weltweit Milliardenumsätze mit hochgiftigen Pestiziden, die in Europa verboten sind. Sie exportieren ihre gefährlichen Produkte in Länder des Globalen Südens wie Kenia oder Brasilien und vermarkten sie vor Ort aggressiv an Bauern. Leidtragende sind nach Überzeugung von Foodwatch vor allem Feldarbeiter und Bauern, die mit den Giftstoffen direkt in Kontakt kommen« (life PR, 2020) und mit den gesundheitlichen Folgen zu kämpfen haben.

Der Begriff, der die Situation von Bayer treffend umschreibt, heißt Ambidexterität und wird auch Beidhändigkeit genannt. Dabei geht es darum, das bestehende Geschäft solange wie möglich ertragreich zu betreiben und sich gleichzeitig mit neuen, nachhaltigeren Produkten, Prozessen und Services auseinanderzusetzen. In der Regel muss aber das neue Geschäft noch aus dem bestehenden Geschäft vorfinanziert werden. Ein Ritt auf der Rasierklinge, intern wie extern. Bayer hat in seiner Nachhaltigkeitsstrategie entsprechende Ziele definiert und will nach eigenen Aussagen sein Engagement für eine nachhaltigere Wirtschaft weiter fortsetzen. Wie ernsthaft Bayer an der Umsetzung zukünftig arbeitet, wird man daran erkennen können, ob sie bereit sind, bestehendes Geschäft für mehr nachhaltigeres Engagement zu verändern oder gar abzustoßen. Die bereits in Kapitel 6.2.4 erwähnte Firma Umicore hat offensichtlich genau das gemacht: »Um Umicores Fokus auf die ehrgeizigen Wachstumsinitiativen für saubere Mobilitätsmaterialien und Recycling zu schärfen, wurde unser Geschäftsportfolio durch verschiedene Veräußerungen und Akquisitionen auf der Grundlage einer fokussierten Anlagestrategie neu ausgerichtet.« (Umicore, 2020)

Beispiel 2: Der Ölkonzern Shell

In einem ähnlichen Dilemma steckt Shell. Shell investiert – wie andere Ölkonzerne auch – in erneuerbare Energien und wird Anteilseigner nachhaltiger Start-ups. »Es klingt paradox, aber es ist kein neues Phänomen: Die Ölindustrie, welche maßgeblich für die Belastung der Atmosphäre mit Treibhausgasemissionen mitverantwortlich ist, investiert gleichzeitig in ihre eigene Konkurrenz. So beteiligte sich Shell im Jahre 2018 an der 60-Millionen-Finanzierungsrunde des Stromspeicheranbieters Sonnen.« (Utopia, 2018) Aus strategischer Sicht ein sinnvolles Investment. Das Geld für dieses Investment von Shell stammt aus ihrem Mineralöl- und Erdgasgeschäft.

Standpunkt 37 | *Shareholder-Value bedeutet, ein nicht nachhaltiges Kerngeschäft trotz besseren Wissens und besserer Alternativen solange zu betreiben, bis es nicht mehr rentabel ist!*

Ob das Investment von Shell ein Feigenblatt ist oder ob sich dahinter eine Kehrtwende hin zu einer nachhaltigeren Wirtschaft abzeichnet, bleibt ähnlich wie bei Bayer abzuwarten. Für eine grundlegende Transformation des Konzerns müssten die Shareholder, Führungskräfte und Entscheider darauf verzichten, die in den Böden schlummernden und bekannten Ölreserven zu heben. Nach Angaben des bereits erwähnten Sonderberichts des Weltklimarats IPCC (siehe Kapitel 4.1: Anlässe für ein nachhaltigeres Wirtschaften) dürften von den bekannten Reserven in Höhe von 2.795 Gt CO_2 – abzüglich des Budgets zur Erreichung des Zwei-Grad-Zieles in Höhe von 1.170 GT – Ölreserven in einem Äquivalent in Höhe von 1.625 Gt CO_2 nicht gefördert werden. Dieses Rechenbeispiel verdeutlicht, dass Transformationsprozesse lange andauern können und allen Beteiligten vieles abverlangen werden. Insbesondere Unternehmungen sind tiefgreifenden Transformationsprozessen ausgesetzt, deren Geschäft in der Gestaltung von Infrastrukturen besteht und die nach dem Handlungsprinzip Konsistenz umgebaut werden (müssen). Ihnen stehen unterschiedliche Transformationspfade offen. Transformationspfade sind grundsätzlich für Unternehmen, Organisationen und auch für ganze Branchen anwendbar.

7.2.1 Transformationspfad Ausgründungen & Start-up-Unternehmen

Grüne Start-up-Unternehmen, kurz Start-ups, sind nach Definition des Green Startup Monitors (GSM) »grüne, junge, innovative und wachstumsorientierte Unternehmungen, die mit ihren Produkten, Technologien und Dienstleistungen einen Beitrag zu den ökologischen Zielen der Green Economy leisten. Zuletzt konnten 21 Prozent aller deutschen Start-ups in dieser Kategorie eingestuft werden. Die Branchen, in denen die meisten Green Start-ups tätig sind, sind eher energie- und ressourcenintensiv. Mit knapp 80 Prozent können die meisten grünen Start-ups in der Energiebranche ausgemacht werden« (GSM, 2020). Eine Auseinandersetzung mit ökologischen Fragestellungen scheint hier quasi naturgegeben.

! **Statement**

»Ohne die einschlägigen grünen Gründungen wäre doch zum Beispiel der Sektor der regenerativen Energien bei der Stromerzeugung so nicht entstanden! Und in anderen Bereichen, etwa der Mobilität oder den Plastikbergen in den Ozeanen, wird der Veränderungsdruck immer deutlicher.« – Svenja Schulze, Bundesministerin für Umwelt, Naturschutz und nukleare Sicherheit

Die Gründung eines Start-up-Unternehmens ist für sich genommen noch kein Transformationspfad. Es gibt noch nichts, was grundlegend transformiert werden müsste. Das alte Geschäft ist quasi das neue. Die Ausgründung (Spinn-off) einer Geschäftssparte als Start-up-Unternehmen kann aber sehr wohl als ein Transformationspfad verstanden werden. Eine Ausgründung stellt zunächst eine Ausgliederung und Verselbstständigung eines Betriebsteils dar, der nicht, nicht mehr oder noch nicht zum aktuellen Kerngeschäft der Mutterunternehmung passt, aber dennoch über vielversprechende Geschäftsperspektiven verfügt. Auf diesem Wege können Initiativen und Projekte mit einem stärkeren oder mit einem gänzlich neuen Fokus auf ein nachhaltigeres Wirtschaften verfolgt werden, ohne dass sie den Abläufen und Strukturen des Mutterunternehmens unterworfen sind. Gerade in F&E-intensiven Unternehmungen (Forschung & Entwicklung) entstehen oftmals zukunftsrelevante Technologien, die nicht alle in dem Mutterunternehmen gleichrangig weiterverfolgt und mit entsprechenden finanziellen Budgets ausgestattet werden können.

Die Verbindung zum Mutterunternehmen kann dabei auf sehr unterschiedliche Art und Weise aufrechterhalten werden. Die Bandbreite an Möglichkeiten reicht von einer rein beratenden Unterstützung bis hin zu finanziellen Beteiligungen. Die Fraunhofer-Gesellschaft zur Förderung der angewandten Forschung e.V. ist ein Beispiel dafür, wie Verbindungslinien zum Mutterunternehmen ausgestaltet werden können. Sie ist mittlerweile eine der größten Organisationen für angewandte Forschungs- und Entwicklungsdienstleistungen in Europa. »Unter ihrem Dach betreibt die Fraunhofer-Gesellschaft anwendungsorientierte Forschung in ganz Deutschland mit dem Zweck, unmittelbaren Nutzen für Unternehmen und für die Gesellschaft zu schaffen« (Fraunhofer, 2020). In diesem Zusammenhang wird die Gründung von Start-ups bewusst gefördert und ist kein Einzelfall: »Dr. Max Limper gründete beispielsweise mit seinen Fraunhofer-Kollegen die Darmstadt Graphics Group.« (Fraunhofer | IGD, 2018)

Einen etwas anderen Weg geht die Firma W. L. Gore & Associates mit der Handelsmarke Gore-Tex. Sie hat diesen Transformationspfad zum Prinzip erklärt und vergleicht die eigene Organisationsstruktur mit einem winzigen, einzelligen Lebewesen, der Amöbe. Sie ist innen stabil und außen anpassungsfähig. Ständig kann sie ihre Form wechseln. Haben Amöben eine gewisse Größe erreicht, teilen sie sich. Zwei neue, eigenständige Zellen entstehen. Genauso funktioniert es bei Gore. »Wenn eine Einheit eine bestimmte Größe erreicht hat und die damit verbundene Größe die Flexibilität und Anpassungsfähigkeit droht zu gefährden, dann werden eine neue Zelle, ein neues Werk oder eine neue Einheit gegründet. Dieser Prozess ist mittlerweile geübte Praxis und gelebte Unternehmenskultur.« (Gore, 2020) Die Entkoppelung vom Mutterunternehmen kann also auf unterschiedlichen Wegen erfolgen. Attraktiv dürfte dieser Transformationspfad für Unternehmungen sein, die in der Öffentlichkeit als noch nicht nachhaltig wirtschaftende Unternehmung gelten und sich nicht dem Vorwurf von Greenwashing aussetzen wollen.

7.2.2 Transformationspfad Umbau (Alt verdient Neu)

Bei dem Transformationspfad ›Alt verdient Neu‹ finden grundsätzlich keine Ausgründungen statt (Ausnahmen bestätigen die Regel). Ausgehend von einem bestehenden, nicht nachhaltigen Geschäftsmodell soll dieses zukünftig ökologisch und sozial nachhaltiger gestaltet werden. Der Umbau des Geschäftsmodells ist in der Regel sehr kapitalintensiv. Teile der Wertschöpfungskette wie u. a. Produktionsanlagen, spezifische Rohstoffe oder Lieferantenbeziehungen müssen neugestaltet und können nicht von einem Tag auf den anderen umgebaut werden. Finanziert wird der Umbau aus den Gewinnen des Bestandsgeschäftes. Solange, bis es für diese Wertangebote noch einen Markt gibt und ihre Geschäftsmodelle wettbewerbsfähig bleiben. Für viele Branchen ist ein solcher Umbau alternativlos, insbesondere dann, wenn sie viele Ressourcen und Energien verbrauchen und wesentlich zur Verschmutzung der Umwelt beitragen. Dieser Umbau braucht Zeit, weil bestehende Infrastrukturen mit langen Pfadabhängigkeiten angepasst werden oder Verbraucherverhalten sich ändern müssen. Die erforderlichen Investitionskosten schwächen temporär die Wirtschaftlichkeit der neuen, nachhaltigeren Wertangebote oder der nachhaltigeren Betriebsstätten. Angesichts der zunehmenden Bedeutung von einem nachhaltigeren Wirtschaften sind diese Investitionen allerdings Voraussetzung für die eigene Zukunftssicherung.

In der Zwischenzeit ergeben sich faktisch zwei Welten: Eine Welt mit positiven Entwicklungsaussichten, mit sinnstiftenden Beschäftigungsmöglichkeiten und großen Freiheiten, in die überdurchschnittlich stark investiert wird und in der viel experimentiert werden darf. Und eine andere Welt, die von Schrumpfung und Desinvestition geprägt ist. Für die Mitarbeitenden in dieser Welt geht es weiter um Effizienz, Skalierungen und Profit. Im Zweifel werden die bestehenden Kompetenzen und Qualifizierungen dieser Mitarbeitenden in der neuen Welt nicht mehr gebraucht. Widerstände sind immer dann vorprogrammiert, wenn dieser Transformationspfad von einer Organisation beschritten wird, die nicht oder nur begrenzt veränderungsfähig ist (siehe auch Kapitel 8.3: Gestaltung von Veränderungsprozessen).

7.2.3 Transformationspfad Substitution (Neu gegen Alt)

Ein weiterer Transformationspfad besteht in der Auflösung des bestehenden Geschäftes und in der Fortführung der Geschäftstätigkeit mit anderen, nachhaltigeren Produkten, Leistungen und Lösungen oder mit nachhaltigeren Betriebsstätten. Das Beispiel von Nokia (siehe Kapitel 7.2: Transformationspfade & Pfadabhängigkeiten) zeigt, wie wandlungsfähig Unternehmen sein können, auch wenn der Anlass für den Wandel von Nokia nicht durch den Wunsch nach einem nachhaltigeren Wirtschaften motiviert war. Dieser Transformationspfad setzt an den bestehenden Kernkompetenzen von Unternehmungen an und fragt, wie diese Kompetenzen für die Erschließung neuer Geschäftsfelder innerhalb oder außerhalb der bestehenden Kernkompetenzen und ggf. mit Entwicklung dieser Kompetenzen genutzt werden können.

Als ein hilfreiches Konzept für diesen Transformationspfad kann die sogenannte Produkt-Markt-Matrix oder Marktfeldstrategie genutzt werden, die auf Harry Igor Ansoff zurückgeht. Er gilt als Begründer und Namensgeber des strategischen Managements. »Dieses Planungstool kann für die zukunftsgerichtete Positionierung mit bestehenden (= nachhaltigeren) oder mit neuen (= nachhaltigeren) Produkten in bestehende oder neue Märkte genutzt werden. Die Positionierung in den vier Feldern der Matrix gibt Auskunft darüber, welche Marktfeldstrategie geeignet, wie hoch der Aufwand, die Erfolgswahrscheinlichkeit und ein daraus errechneter Risiko-Faktor ist. Demnach ist das Risiko im Vergleich zu den anderen Varianten am höchsten, ein neues Produkt in einen neuen Markt einzuführen. Der Risiko-Faktor nimmt erheblich ab, wenn nur eine der beiden Komponenten verändert wird.« (Für Gründer, 2020)

Dieser Transformationspfad ist nicht weniger facettenreich als die beiden anderen. Allerdings werden nicht die Geschäftsmodelle transformiert, sondern die Strukturen und das Geschäftsportfolio. Neues Geschäft wird dazugekauft, altes Geschäft verkauft. Die Zeitungen berichten regelmäßig über Firmenübernahmen, Fusionen und Kooperationen. Ein Unternehmen, das Nachhaltigkeit in der strategischen Ausrichtung verankert hat oder verankern will, sucht sich neue, passendere Partner und Investitionsobjekte. Der ökologische oder soziale Effekt ist – anders als bei den beiden zuvor skizzierten Transformationspfaden – nicht oder nur begrenzt vorhanden. Aus folgendem Grund: Das nicht nachhaltige Geschäft wird in der Regel vom Käufer in der alten, nicht nachhaltigen Form weiter betrieben. Das Gewissen des verkaufenden Unternehmens dürfte mit der Ausrichtung auf nachhaltigeres Geschäft für alle Beteiligten jedoch positiv sein.

Bis die Transformation des Unternehmens oder der Organisation abgeschlossen ist, entstehen auch hier zwei Welten. Die von dem Umbau des Geschäftsportfolios betroffenen Mitarbeitenden repräsentieren die alte Welt und warten nur darauf, verkauft zu werden. In dieser Warteposition entstehen nicht selten Ängste über den Verlust des eigenen Arbeitsplatzes. Die neu erworbenen Elemente des auf Nachhaltigkeit ausgerichteten Geschäftsportfolios sind zu Beginn noch Fremdkörper in einer neu formierten Organisation. Gerade hier bedarf es einer hohen Veränderungsfähigkeit der Organisation und der Mitarbeitenden.

Nicht immer haben Unternehmungen die Wahl und können sich den Transformationspfad auswählen und den Wandel in Ruhe angehen. In dem nachfolgenden Abschnitt sind Treiber für eine nachhaltigere Wirtschaft aufgeführt, die zu einer höheren Geschwindigkeit in der Umsetzung führen können.

7.3 Treiber für nachhaltigeres Wirtschaften

In dem öffentlichen Diskurs über Nachhaltigkeit und eine nachhaltigere Wirtschaft wird zunehmend darüber debattiert, welche Aufgaben Unternehmungen bei der Bewältigung der ökologischen und sozialen Herausforderungen übernehmen können. Sie werden vermehrt als gesellschaftliche Akteure angesehen und ihr unternehmerisches Verhalten erfährt eine höhere Sensibilität, die sich auch auf die Ansichten und die Akzeptanz des Wirtschaftssystems und seiner Akteure erstreckt. Bei der Gestaltung von Transformationsprozessen wird ihnen von der Gesellschaft eine besondere Mitverantwortung zugeschrieben, zumal sich Unternehmungen selbst in einer zentralen Funktion im gesamten Gesellschaftsgefüge sehen. Diese Unternehmungen werden von Menschen geleitet. Sie treffen in ihren jeweiligen Rollen Entscheidungen für ihre Organisation auf der Basis ihrer Werte und Überzeugungen. Im Folgenden betrachten wir vier Treiber, die für ein nachhaltigeres Wirtschaften angeführt werden können.

7.3.1 Indikatorenbericht als Treiber für eine nachhaltigere Entwicklung

Bei allem unternehmerischen Engagement, das sich u.a. in umfassenden Berichterstattungen oder in Nachweisen für ein nachhaltigeres Wirtschaften zeigt, bleibt die Frage, was all diese Anstrengungen gebracht haben. Das Statistische Bundesamt (Destatis) hat zu diesem Zweck Indikatoren entwickelt, die Aufschluss über die nachhaltige Entwicklung in Deutschland liefern sollen. Diese Indikatoren sind nach den SDGs, den 17 Nachhaltigkeitszielen der Vereinten Nationen, strukturiert und wurden zuletzt 2018 in einem Indikatorenbericht veröffentlicht. In den Ergebnissen spiegeln sich die bisherigen Anstrengungen von Politik, Gesellschaft und Wirtschaft wider und geben Aufschluss darüber, ob die in den SDGs formulierten und für Deutschland heruntergebrochenen Ziele auch tatsächlich bis 2030 erreicht werden können. Sie führen uns vor Augen, ob unsere Anstrengungen ausreichen und sind – falls sie es nicht tun – Treiber für eine nachhaltigere Wirtschaft. »In den meisten Fällen soll ein Indikator einen konkreten, absoluten oder relativen Zielwert in einem Zieljahr erreichen. Bei einer solchen Zielformulierung wird zunächst anhand der letzten sechs Datenpunkte der Durchschnitt der letzten fünf jährlichen Veränderungen ermittelt. Dieser Wert wird für die zukünftige jährliche Entwicklung bis zum Zieljahr unterstellt. Auf dieser Entwicklung aufbauend wird ein hypothetischer Zielwert ermittelt und mit dem vorgegebenen Zielwert des Indikators verglichen. Basierend auf der resultierenden Differenz der beiden Werte wird dem Indikator ein Symbol zugewiesen« (DESTATIS, 2018), das den Zielerreichungsgrad bildhaft zum Ausdruck bringen soll. Das Ergebnis dieser Entwicklungen wird in den nachfolgenden vier Bewertungsfeldern zusammengefasst.

1. Bewertungsfeld 1: Indikatoren deuten darauf hin, dass die Ziele voraussichtlich erreicht oder nur knapp verfehlt werden (Symbol: Sonne)
2. Bewertungsfeld 2: Indikatoren deuten darauf hin, dass die Zielerreichung voraussichtlich gefährdet ist (Symbol: Sonne hinter Wolke)
3. Bewertungsfeld 3: Indikatoren deuten darauf hin, dass die Ziele voraussichtlich mehr als deutlich verfehlt werden (Symbol: Wolke)
4. Bewertungsfeld 4: Indikatoren deuten darauf hin, dass die Ziele voraussichtlich nicht nur nicht erreicht werden, sondern sich der Abstand zu den Zielen sogar weiter vergrößern wird (Symbol: Wolke mit Blitzen)

Bewertungsfeld 1: Ziele werden erreicht

Bei Fortsetzung der Entwicklung würde der Zielwert erreicht oder um weniger als fünf Prozent der Differenz zwischen Zielwert und aktuellem Wert verfehlt.

- Raucherquote von Jugendlichen und Erwachsenen
- Anteil der Bevölkerung mit erhöhter PM10-Feinstaubexposition
- 30- bis 34-Jährige mit tertiärem oder postsekundärem, nicht-tertiärem Abschluss
- Frauen in Führungspositionen in der Wirtschaft
- berufliche Qualifizierung von Mädchen und Frauen durch deutsche entwicklungspolitische Zusammenarbeit
- Entwicklungszusammenarbeit für Trinkwasser- und Sanitärversorgung
- Anteil des Stroms aus erneuerbaren Energiequellen am Bruttostromverbrauch
- Gesamtrohstoffproduktivität
- Staatsdefizit und strukturelles Defizit
- Verhältnis der Bruttoanlageinvestitionen zum Bruttoinlandsprodukt
- Bruttoinlandsprodukt je Einwohner
- Erwerbstätigenquote
- Überlastung durch Wohnkosten
- internationale Klimafinanzierung zur Reduktion von Treibhausgasen und zur Anpassung an den Klimawandel
- Erhalt bzw. Wiederaufbau von Wäldern in Entwicklungsländern unter dem REDD+-Regelwerk
- Straftaten
- Anzahl der in betroffenen Weltregionen durchgeführten Projekte zur Sicherung, Registrierung und Zerstörung von Kleinwaffen und leichten Waffen durch Deutschland
- Anteil öffentlicher Entwicklungsausgaben am Bruttonationaleinkommen
- Anzahl der Studierenden und Forschenden aus Entwicklungsländern sowie LDCs (Last Developed Countries) pro Jahr
- Einfuhren aus am wenigsten entwickelten Ländern

Die Liste der Indikatoren ist erfreulich lang, die darauf hindeuten, dass die definierten Zielwerte wahrscheinlich erreicht werden. Bei genauer Betrachtung der Auflistung fällt jedoch auf, dass die mit den Indikatoren ›Staatsdefizit und strukturelles Defizit‹, ›Bruttoinlandsprodukt je Einwohner‹ und ›Verhältnis der Bruttoanlageinvestitionen zum BIP‹ verbundenen Wachstumsziele genau die wirtschaftliche Leistungsfähigkeit adressieren, die als Anlass für eine nachhaltigere Wirtschaft angesehen werden kann. Dass diese Indikatoren mit einem hohen Zielerreichungsrad ausgewiesen werden, liegt an dem achten Ziel der SDGs: Menschliche Arbeit und Wirtschaftswachstum. Dieses Ziel wurde u. a. in Hinblick auf Entwicklungs- und Schwellenländer in den Zielkatalog aufgenommen. Die Anwendung dieses Indikators für Industrieländer sollte – nach meiner Überzeugung – nicht handlungsleitend sein.

Standpunkt 38 | *Wirtschaftswachstum ist weiterhin das übergeordnete und alles bestimmende Handlungsprinzip. Es ist fundamental in der Green Economy verankert!*

Denn Wachstum, Wirtschaftswachstum, bedeutet Klimawandel. Und Wirtschaftswachstum bedeutet soziale Verwerfungen und Verknappung natürlicher Ressourcen. Länder, die einen vergleichsweise geringen ökologischen Fußabdruck haben, haben oftmals noch erheblichen Nachholbedarf in Sachen menschenwürdige Arbeit und Wirtschaftswachstum. Deutschland hingegen verbraucht aktuell drei Erden. Unternehmungen sollten dahingehend Handlungsprinzipien und Lösungsansätze umzusetzen, die nicht zwangsläufig zu mehr Wirtschaftswachstum führen. Aber es gibt auch viele positive Entwicklungen zu verzeichnen. So wird voraussichtlich die Erwerbstätigenquote weiter steigen ebenso wie die ›Gesamtrohstoffproduktivität‹, der ›Anteil der Frauen in Führungspositionen in der Wirtschaft‹ und der ›Anteil des Stroms aus erneuerbaren Energiequellen am Bruttostromverbrauch‹. In Zahlen ausgedrückt heißt das, dass im Jahr 2019 in Deutschland 607 Terawattstunden Strom erzeugt wurden. Gehörten im Jahr 2000 unter anderem Steinkohle und Kernenergie noch zu den wesentlichen Energieträgern, so nahm der Anteil der beiden sogenannten fossilen Energieträger an der Bruttostromerzeugung deutlich ab. Die gegenteilige Entwicklung ist bei den erneuerbaren Energien zu erkennen. Der Anteil nahm in den vergangenen knapp 30 Jahren deutlich zu, sodass heute über ein Drittel des Bruttostroms aus erneuerbaren Energien erzeugt wird. Diese Entwicklung ist ein maßgeblicher Treiber für die Reduktion von Kohlenstoffdioxid. (vgl. Statista | DossierPlus, 2020)

Bewertungsfeld 2: Zielerreichung ist gefährdet

Bei Fortsetzung der Entwicklung würde das Ziel voraussichtlich um mindestens fünf Prozent, aber maximal um 20 Prozent der Differenz zwischen Zielwert und aktuellem Wert verfehlt.

- materielle Deprivation (Entbehrung, Verlust) und/oder erhebliche materielle Deprivation
- Anzahl der Mitglieder des Textilbündnisses
- Gini-Koeffizient (Darstellung von Ungleichverteilungen) zur Einkommensverteilung
- Anstieg der Siedlungs- und Verkehrsfläche
- Freiraumverlust
- Energieverbrauch und CO_2-Emissionen des Konsums
- Eutrophierung (Anreicherung mit Nährstoffen) der Ökosysteme
- Corruption Perceptions Index (Korruptionswahrnehmungsindex) in Deutschland sowie in den Partnerländern der deutschen Entwicklungszusammenarbeit

Bei den genannten Indikatoren ist die Zielerreichung zumindest gefährdet. Die Gefährdung kann insbesondere bei den Indikatoren ›Anzahl der Mitglieder des Textilbündnisses‹ und ›Energieverbrauch und CO_2-Emissionen des Konsums‹ auch auf das Wirtschaftswachstum zurückgeführt werden. Vor dem Hintergrund der heute schon stark dezimierten Ökosysteme bedeutet ein weiterer Anstieg der Siedlungs- und Verkehrsfläche und ein damit verbundener Freiraumverlust in den kommenden Jahren noch größere Anstrengungen.

Bewertungsfeld 3: Ziele werden deutlich verfehlt

Der Indikator entwickelt sich zwar in die gewünschte Richtung auf das Ziel zu, bei Fortsetzung der Entwicklung würde das Ziel im Zieljahr aber um mehr als 20 % verfehlt.

- Stickstoffüberschuss der Landwirtschaft
- ökologischer Landbau
- vorzeitige Sterblichkeit
- Emissionen von Luftschadstoffen
- frühe Schulabgängerinnen und Schulabgänger
- Ganztagsbetreuung für Kinder
- Verdienstabstand zwischen Frauen und Männern
- Anteil erneuerbarer Energien am Brutto-Endenergieverbrauch
- Schuldenstand
- private und öffentliche Ausgaben für Forschung und Entwicklung
- Marktanteil von Produkten mit staatlichen Umweltzeichen
- Umweltmanagement EMAS
- Treibhausgasemissionen
- Stickstoffeintrag über die Zuflüsse in Nord- und Ostsee
- Anteil der nachhaltig befischten Fischbestände in Nord- und Ostsee
- Artenvielfalt und Landschaftsqualität

Die Entwicklung der in der Auflistung enthaltenen Indikatoren weist grundsätzlich in die richtige Richtung. Dennoch werden die Ziele wahrscheinlich deutlich verfehlt. Dies ist insofern kritisch zu bewerten, weil davon vor allem die Ökosysteme betroffen sind. Wenn der ›Stickstoffüberschuss der Landwirtschaft‹, die ›Emissionen von Luftschadstoffen‹ und die ›Treibhausgasemissionen‹ nicht weiter gesenkt und die ›Artenvielfalt und Landschaftsqualität‹ nicht weiter gesteigert werden können, dann verschlechtern sich unsere Lebensbedingungen nicht nur in Deutschland, sondern weltweit. Etwa 85 Prozent der Treibhausgasemissionen in Deutschland sind sogenannte energiebedingte Emissionen. Sie entstehen bei der Umwandlung der verschiedenen Energieträger zum Beispiel in Wärme oder Strom. Zwar nahmen die Emissionen gegenüber dem Jahr 1990 deutlich ab, jedoch ist Deutschland noch weit vom Ziel der Treibhausgasneutralität bis 2050 entfernt. Die Reduktion der Treibhausgase ist maßgeblich für die Eindämmung des Klimawandels. Den größten Anteil an den Treibhausgasen hat Kohlendioxid (CO_2). Während die Emissionen in Deutschland sich wieder reduzieren, nehmen sie in anderen Ländern – wie z. B. China – deutlich zu. (vgl. Statista | Dossier-Plus, 2020)

Bewertungsfeld 4: Zielerreichung weist in entgegengesetzte Richtung
Noch bedrohlicher sind die Zielerreichungsprognosen der nachfolgend ausgewiesenen Indikatoren. Ihr Abstand zu den definierten Zielen vergrößert sich sogar. Das heißt, dass noch mehr ›Phosphor in Fließgewässern‹ und noch mehr ›Nitrat im Grundwasser‹ vorhanden sein wird. Es bedeutet, dass wir noch mehr ›Energie im Güter- und Personenverkehr‹ verbrauchen als wir verbrauchen dürften und dass die ›Siedlungsdichte‹ weiter zunehmen wird.

Der Indikator entwickelt sich nicht in die gewünschte Richtung und somit vergrößert sich der Abstand zum Ziel.

1. Adipositasquote (Fettleibigkeit) von Erwachsenen
2. Phosphor in Fließgewässern
3. Nitrat im Grundwasser
4. Endenergieproduktivität und Primärenergieverbrauch
5. ausländische Schulabsolventinnen und Schulabsolventen
6. Siedlungsdichte
7. Endenergieverbrauch im Güterverkehr
8. Endenergieverbrauch im Personenverkehr
9. Erreichbarkeit von Mittel- und Oberzentren mit öffentlichen Verkehrsmitteln

Angesichts dieser Bilanz sind eine lange Liste an Handlungsnotwendigkeiten und ein genügend großer Handlungsspielraum für ein nachhaltigeres Wirtschaften von Unternehmungen vorhanden. Damit sie auch genutzt werden, bedarf es mehr als nur einen guten Willen. Hier wird die Politik gefordert sein, Rahmenbedingungen und Anreize zu schaffen. Denn die Entwicklung dieser Indikatoren weist darauf hin, dass infrastrukturelle Maßnahmen gebraucht werden, um weniger Energie zu verbrauchen und die Umwelt mit weniger Schadstoffen zu belasten (siehe auch Kapitel 5.2.4: Handlungsprinzip Konsistenz).

7.3.2 Verbraucherverhalten als Treiber für nachhaltigeres Wirtschaften

Ein weiterer Treiber für eine nachhaltigere Wirtschaft resultiert aus einem sich verändernden Verbraucherverhalten. Denn Kunden machen ihre Kaufentscheidungen immer häufiger davon abhängig, ob Unternehmungen nachhaltig wirtschaften. Nach einer repräsentativen Umfrage der Markt-Media-Studie VuMA ist es einem Großteil der Bevölkerung beim Kauf von Produkten wichtig, dass das jeweilige Unternehmen sozial und ökologisch verantwortlich handelt. Seit 2016 ist dieser Anteil deutlich gestiegen. Auch die Zahlungsbereitschaft für umweltfreundliche Produkte hat sich in den vergangenen Jahren sichtlich erhöht. Im Jahr 2019 gab es in der deutschsprachigen Bevölkerung ab 14 Jahren rund 23,5 Millionen Personen, also über ein Drittel, die bereit waren, für umweltfreundliche Produkte mehr zu bezahlen. Die Hochrechnung aus der Allensbacher Markt- und Werbeträgeranalyse (kurz AWA) bezieht sich auf rund 71 Millionen Menschen. (vgl. Statista | DossierPlus, 2020) Die AWA ermittelt auf breiter statistischer Basis Einstellungen, die Konsumgewohnheiten und die Mediennutzung der Bevölkerung in Deutschland.

Mit der Frage ›Wie tickt die deutsche Jugend?‹ beschäftigt sich die Sinus-Jugendstudie, die das Heidelberger Institut für Markt- und Sozialforschung alle vier Jahre veröffentlicht. In einer Pressemitteilung ist zu lesen, »dass die junge Generation ernsthafter und besorgter geworden ist. Das betrifft den Umgang mit den Herausforderungen der Covid-19-Pandemie und mehr noch die für sie offensichtliche Bedrohung durch die globale Klimakrise. Bei beiden Themen und im Allgemeinen fühlt sich die junge Generation nicht ernst genommen und repräsentiert. Der Zukunftsoptimismus der Jugendlichen ist gedämpft, insbesondere in den bildungsfernen Lebenswelten« (SINUS, 2020).

Die große Beteiligung der Jugendlichen an den Fridays-for-Future-Demonstrationen macht deutlich, dass junge Menschen sich stärker für gesellschaftliche Herausforderungen engagieren (wollen). Viele dieser Jugendlichen haben längst realisiert, dass sie von den Folgen der Klimakrise besonders betroffen sein werden. Für sie ist Generationengerechtigkeit eine der zentralen Fragen und in den Demonstrationen bringen sie ihre Ohnmacht und Empörung zum Ausdruck: »Wir sind hier, wir sind laut, weil ihr uns die Zukunft klaut!« (Dolinga, 2019). Aus ihrer Sicht wird die Klimakrise von den Verantwortlichen aus Politik, Wirtschaft und von den älteren Generationen nicht ernst genommen und mögliche Problemlösungen verschleppt oder sogar unterwandert. Ob und in welchem Umfang die Jugendlichen ihr eigenes Konsumverhalten verändern oder schon verändert haben, ist statistisch nur schwer zu belegen. Als ein Indikator kann beispielsweise das veränderte Mobilitätsverhalten angeführt werden. Das eigene Auto spielt eine immer geringere Rolle und ist längst nicht mehr ›das‹ Statussymbol, wie es bei anderen Generationen der Fall war und ist.

»Darüber hinaus weckt die Covid-19-Pandemie bei vielen Konsumenten das Bewusstsein für mehr Nachhaltigkeit und Gesundheit und wird dadurch das Verbraucherverhalten voraussichtlich dauerhaft verändern und nachhaltige strukturelle Verschiebungen in der Konsumgüter- und Einzelhandelsbranche bewirken.« (Rößer, 2020) Zu diesem Ergebnis kommt auch eine aktuelle Umfrage von Accenture, die unter mehr als

3.000 Verbrauchern in 15 Ländern auf fünf Kontinenten durchgeführt wurde. Mehr als die Hälfte der Befragten will demnach ihren Konsum langfristig umstellen.

Standpunkt 39 | *Die Halbwertzeit unseres nachhaltigeren Verhaltens in der Zukunft beträgt weniger als sechs Monate!*

Es bleibt abzuwarten, ob den Ankündigungen der Verbraucher auch wirklich Taten folgen. Aussagen über ein beabsichtigtes, zukünftiges Verhalten sind in der Regel unverfänglich und schmerzfrei. Eine Halbwertzeit von weniger als sechs Monaten bedeutet, dass nur die Hälfte der auf Nachhaltigkeit ausgerichteten und geplanten Vorhaben auch tatsächlich umgesetzt wurden. Anders als bei Politikern und Personen des öffentlichen Interesses muss kaum jemand befürchten, dass nicht umgesetzte, aber ehemals getroffene Aussagen gravierende Folgen haben. Auch wenn Halbwertzeiten von nachhaltigem Verhalten dazu führen, dass Menschen nur langsam lieb gewonnene Verhaltensmuster ändern. Unternehmer, Führungskräfte und Entscheider können sich den skizzierten Entwicklungen nicht verschließen. Ganz im Gegenteil: Sie könnten sie sogar durch entsprechende Angebote fördern und damit ihre Positionierung durch Nachhaltigkeit im Markt festigen und ausbauen.

! **Merkenswert**

Investitionen in ökologische und soziale Nachhaltigkeit sind insbesondere für Unternehmungen in B2C-Märkten langfristig lohnenswert, da die Nachfrage nach Produkten, Leistungen und Lösungen von nachhaltig wirtschaftenden Unternehmen vermutlich stetig steigen wird.

Im Jahr 2017 betrug u. a. der Umsatz mit deutschen Waren und Leistungen für den Umweltschutz im In- und Ausland rund 74 Milliarden Euro. Allein der Klimaschutz erwirtschaftete im genannten Jahr 67 Prozent des gesamten Umsatzes der deutschen Umweltschutzbranche. (vgl. Statista | DossierPlus, 2020) Auch die GreenTech-Branche, u. a. mit den Feldern Energieeffizienz, Kreislaufwirtschaft und nachhaltige Mobilität, kann in den nächsten Jahren mit einem weiteren Umsatzplus rechnen. »Für den Bereich nachhaltige Mobilität wurde im Zeitraum von 2016 bis 2025 sogar ein Umsatzplus von 10,2 Prozent prognostiziert. Insgesamt wird dem Bereich Umwelttechnik und Ressourceneffizienz für das Jahr 2025 ein globales Marktvolumen von 5.902 Milliarden Euro prognostiziert.« (Statista | DossierPlus, 2020) Wie die Statista-Prognosen zeigen, ist auch in den nächsten Jahren mit einem weiteren Wachstum der Umsätze in beiden Branchen zu rechnen.

7.3.3 Gesetze und Regularien (Standards) als Bezugsrahmen

Eine Verhaltensänderung, die auf einem veränderten Bewusstsein beruht, hat die besten Chancen, dauerhaft beibehalten zu werden. Ein verändertes Bewusstsein von Gesellschaften in Bezug auf eine nachhaltigere Wirtschaft kann – dieser Logik folgend – zu einer dauerhaften Verhaltensänderung im Umgang miteinander und mit unserer Umwelt führen. Bis heute ist allerdings offengeblieben, wie Bewusstsein individuell und kollektiv verändert werden kann. Ersatzweise haben sich Gesellschaften darauf verständigt, dass es verbindliche Regeln und Normen geben muss, damit ein Miteinander und eine Nutzung von Ökosystemleistungen einvernehmlich möglich sind. Zu diesem Zweck haben Gesellschaften Gesetze und Regularien für fast alle Bereiche des gesellschaftlichen und wirtschaftlichen Lebens geschaffen. Sie sind in vielen Bereichen auf Wohlstand und Gerechtigkeit ausgelegt und basieren auf Wirtschaftswachstum. Die Ausgestaltung dieser Gesetze und Regularien sind von Föderalismus, Steueranreizen, Lobbyismus bzw. fehlender Lobby für Care-Arbeit, Leistungsverdichtung und -orientierung sowie von Konsumzwang geprägt.

Standpunkt 40 | *Eine Gesellschaft, die ihren überdurchschnittlichen Wohlstand ihrem Wirtschaftswachstum verdankt, wird diesen nicht freiwillig auf ein nachhaltigeres Niveau reduzieren!*

In diesem Spannungsfeld entstehen selten die besten Lösungen für eine nachhaltigere Wirtschaft. Die Gesetze und Regularien, die diese Lösungen hervorbringen sollen, sind folglich Kompromisse, die aus einer Abwägung der vorgetragenen Interessen resultieren. Jeder Kompromiss vermindert aber wiederum die Reichweite und damit die Wirksamkeit der verabschiedeten Gesetze und Regularien. Dieser Realität müssen sich alle stellen, die sich mit nachhaltiger Entwicklung auseinandersetzen. Das bedeutet, eine hohe Frustrationstoleranz zu entwickeln und beizubehalten. Da über Nachhaltigkeit schon seit vielen Jahren gerungen wird, gibt es auch bereits viele erfolgreich und weniger erfolgreich umgesetzte Vorhaben und Ansätze. Die Bestrebungen der Politik sind in der ›Deutschen Nachhaltigkeitsstrategie‹ (vgl. Bundesregierung, 2018) zusammengefasst. Mit ihrer letztmaligen Aktualisierung im Jahre 2018 zeigt die Bundesregierung, dass es ihr wichtig ist, den Nachhaltigkeitsgedanken in allen Politikfeldern weiter zu stärken. Auf eine Auflistung der geplanten Maßnahmen wird an dieser Stelle verzichtet und auf die Nachhaltigkeitsstrategie selbst verwiesen. Als ein Treiber für eine nachhaltigere Wirtschaft kann stellvertretend für viele andere in der Nachhaltigkeitsstrategie verankerte Themen die aktuelle Diskussion um ein Lieferkettengesetz angesehen werden.

Geplantes Lieferkettengesetz: Beispiel für einen Nachhaltigkeitsdiskurs

»Ein solches Gesetz soll zu mehr Schutz von Menschen und Umwelt in der globalen Wirtschaft führen. Im Handel und der Produktion verletzen Unternehmen im Zuge der weltweiten Wertschöpfungs- und Lieferketten immer wieder grundlegende Menschenrechte. Dazu zählen Kinderarbeit, Ausbeutung, Diskriminierung und fehlende Arbeitsrechte. Auch die Umweltzerstörung soll in den Blick

> genommen werden: illegale Abholzung, Pestizid-Ausstoß, Wasser- und Luftverschmutzung. Die Bundesregierung setzt bislang darauf, dass sich Unternehmen freiwillig entlang der Lieferkette an die Einhaltung der Menschenrechte und an Umweltstandards halten. Im Koalitionsvertrag von 2018 verpflichtete sie sich dazu, ein Gesetz zu beschließen, sofern diese nicht eingehalten werden. Das könnte nun der Fall sein: Denn die Erwartungen der Regierung an die Unternehmen sind erneut nicht erfüllt worden. Entwicklungsminister Gerd Müller und Bundesarbeitsminister Hubertus Heil wollen demnach Unternehmen noch in dieser Legislaturperiode ein entsprechendes Gesetz auf den Weg bringen. Hintergrund ist eine Befragung der Bundesregierung unter deutschen Unternehmen. Von den etwa 2.250 in einer zweiten Erhebung befragten Unternehmen haben nur 455 Unternehmen gültige Antworten zurückgemeldet. Das Ergebnis zeige, dass deutlich weniger als 50 Prozent ihrer unternehmerischen Sorgfaltspflicht nachkommen, so die Auffassung der Ministerien.« (Tagesschau.de, 2020b)

Nicht immer weisen die gesetzlichen Vorhaben in die richtige Richtung. Bei der Bewältigung der Folgen der Covid-19-Pandemie wird viel zu selten im Rahmen der nationalen, europäischen und internationalen Konjunkturprogramme die Vergabe von Krediten oder Zuschüssen explizit an nachhaltige Bedingungen geknüpft. Die Historiker werden rückblickend auf diese Zeit womöglich zu dem Ergebnis kommen, dass hier eine große Chance für eine nachhaltigere Entwicklung vertan wurde (siehe auch Kapitel 9.2: Auswirkungen der Covid-19 Pandemie).

7.3.4 Sustainable Finance als Treiber für nachhaltigeres Wirtschaften

Der Finanzsektor spielt ebenfalls eine zentrale Rolle, wenn es um die Etablierung einer nachhaltigeren Wirtschaft geht. Investitionen und die Kapitalbereitstellung für Klima- und Umweltschutz oder eine verbesserte Energie- und Ressourceneffizienz sind hier von besonderer Bedeutung. Nachhaltige Investments von institutionellen Anlegern sind in den letzten Jahren bereits deutlich angestiegen. So ist das Anlagevolumen nachhaltiger Investmentfonds und Mandate immer weiter angestiegen. Im Jahr 2018 belief sich das Volumen nachhaltiger Investmentfonds und Mandate auf rund 133,5 Milliarden Euro und hat sich damit in den vergangenen zehn Jahren quasi verzehnfacht. Institutionelle Investoren sind der wichtigste Treiber am Markt für nachhaltige Geldanlagen: Mit einem Anteil von 93 Prozent gegenüber rund sieben Prozent Privatinvestoren sind sie der dominierende Anlegertyp. Bemerkenswert ist auch, dass das Anlagevolumen der institutionellen Investoren im abgebildeten Zeitraum deutlich gestiegen ist. Mit 40 Prozent gehörten kirchliche Institutionen und Wohlfahrtsorganisationen zu den wichtigsten institutionellen Investoren in nachhaltige Geldanlagen. Darauf folgten Versicherungsunternehmen mit einem Anteil von 17 Prozent. Investoren legen u. a. Wert darauf, dass ihre Gelder nicht in Kohle oder Rüstung investiert werden. (vgl. Statista | DossierPlus, 2020)

Vor dem Hintergrund der Covid-19-Pandemie sieht Laurence Douglas »Larry« Fink, Chef der BlackRock Inc., die aktuelle Krise als Chance und auch als Katalysator für neue Finanzprodukte, die Kriterien wie Umweltschutz, Soziales und gute Unternehmensführung stärker berücksichtigen. Nach seiner Auffassung »führt uns die aktuelle Pandemie vor Augen, wie fragil die Welt ist und welcher Wert in nachhaltigen Portfolios steckt. Er sagt: ›Wenn wir diese Krise überstanden haben und Anleger ihre Portfolios anpassen, haben wir die Möglichkeit, eine nachhaltigere Welt zu schaffen‹. Dass sich BlackRock quasi an der Spitze dieser Bewegung sieht, ist für Fink keine Frage, der zugleich Werbung in eigener Sache macht: ›Man habe das größte Angebot an nachhaltigen ETFs aufgebaut, weil wir der Meinung sind, dass alle Anleger gleichen Zugang zu einer besseren Zukunft haben sollten.‹ Deshalb auch verpflichte sich der weltgrößte Vermögensverwalter, die Anzahl der nachhaltigen ETFs und Indexfonds, derer man schon jetzt mehr als 150 anbiete, in den nächsten Jahren zu verdoppeln« (Reiche, 2020). BlackRock Inc. ist eine 1988 in New York City gegründete Fondsgesellschaft. Mit 6,84 Billionen US-Dollar verwalteten Vermögens stellt sie den größten unabhängigen Vermögensverwalter weltweit dar. Ob die weltweit 15.000 Unternehmungen, an denen BlackRock aktuell beteiligt ist, diese Sätze in guter Erinnerung behalten dürften, bleibt abzuwarten. Wie ernst auch immer diese Aussagen gemeint waren, sie machen deutlich, dass der Finanzsektor ein Treiber für ein nachhaltigeres Wirtschaften von Unternehmungen sein wird. Vielleicht nicht immer im Geiste einer für das Gemeinwohl gültigen Nachhaltigkeit.

Standpunkt 41 | *Zukünftig werden Intermediäre (u. a. Banken, Versicherungen, Kapitalbeteiligungs- und Kapitalanlagegesellschaften sowie Rating-Agenturen) darüber entscheiden, was nachhaltig ist und was nicht. Und zwar nach ihrem Verständnis von Nachhaltigkeit!*

»Im Finanzwesen geht es darum, zukünftige potenzielle Gewinne bereits in der Gegenwart geltend zu machen. Besonders deutlich wird diese Logik in Verbriefungen, die als gebündelte Kredite oder Anleihen auf Sekundärmärkten gehandelt werden. Die temporale Dimension von Nachhaltigkeit gestaltet sich hingegen anders. Hier geht es nicht darum, die Zukunft für die Gegenwart verwertbar zu machen, sondern im Gegenteil darum, zukünftige Handlungsmöglichkeiten zu sichern.« (Adloff & Neckel, 2019) Die Prinzipien von Nachhaltigkeit könnten dadurch weitgehend korrodieren. Insbesondere dann, wenn sich die Deutungsmacht über Nachhaltigkeit auf Finanzmarktakteure überträgt und zunehmend Banken, Investoren und Ratingagenturen darüber urteilen, was als nachhaltig gilt und was nicht.

Bekenntnis

»Wir bringen Geld dorthin, wo es sozial-ökologische Bedürfnisse erfüllt. Das Bewusstsein dafür ist deutlich gewachsen. Fridays-for-Future ist auf den Straßen und Klimaschutz in aller Munde. Die Menschen fragen sich häufig auch, ob ihre Bank nicht etwas Sinnvolles mit ihrem Geld tun kann.« – Thomas Jorberg, Vorstand GLS-Bank

Es sind vor allem die inhabergeführten Unternehmungen, die nicht oder nicht in dem Maße von den Akteuren der Finanzmärkte getrieben sein werden. Weil die Anteile an ihren Unternehmungen nicht auf den Finanzmärkten gehandelt werden. Diese Unternehmer und Unternehmungen können Nachhaltigkeit als Unternehmensstrategie in den Organisationen implementieren, ohne unmittelbar dem Shareholder-Value ausgesetzt zu sein. Die zunehmende Entkopplung der Aktienmärkte von der Realwirtschaft, die wir weltweit und auch in Deutschland seit ein paar Jahren beobachten können, lässt den Schluss zu, dass die getätigten Anlagen Renditen erwirtschaften sollen. Nachhaltigkeit ist dabei keine – zumindest heute noch nicht – strenge Nebenbedingung.

Auch wenn es bereits gute Ansätze für die Verankerung von Nachhaltigkeit in den Investmentprozessen u. a. mit den ESG-Kriterien Environment (Umwelt), Social (Soziales) und Governance (Aufsichtsstrukturen) gibt, bleibt abzuwarten, wie stark sich die Renditeerwartungen institutioneller und privater Investoren nachhaltigeren Prinzipien anpassen werden. Dabei darf nicht verkannt werden, dass die Gelder der (institutionellen) Anleger bereits heute in Unternehmungen, Projekte und Regierungen investiert sind. Das bedeutet, dass ein nicht mehr als nachhaltig angesehenes Investment in ein nachhaltigeres Investment umgeschichtet werden müsste. Unter der Annahme, dass ein Verkäufer einer nicht nachhaltigen Anlage (z. B. bei einem Unternehmen der Kohleindustrie) keinen Verlust realisieren will, muss er einen Käufer finden, der die Anteile an dem Unternehmen übernimmt. Und dieser Käufer will ganz sicher auch keinen Verlust machen. Dieser Gedanke spiegelt sich auch in Kapitel 7, Szenarien & Transformationspfade, wider.

Warum Transformation organisiert werden sollte?

Weil ...

- Wandel immer stattfindet – gewollt oder ungewollt!
- Transformation einen grundlegenden Wandel bedeutet!
- viele Wege nach Rom führen!
- Transformation Veränderungsfähigkeit voraussetzt!
- Szenarien helfen, zukünftige Entwicklungen besser zu verstehen und die Zukunft antizipieren zu können!
- anderenfalls Widerstände und Konflikte entstehen!

8 Prozesse & Initiativen

Nachhaltigkeit als Unternehmensstrategie ist keine neue Managementdisziplin. In diesem Kapitel werden daher Prozesse und Initiativen aufgegriffen, die ein nachhaltigeres Wirtschaften in Unternehmungen unterstützen oder erst ermöglichen. Die Positionierung als nachhaltig wirtschaftende Unternehmung beginnt mit der Verankerung von Nachhaltigkeit als Unternehmensstrategie. Strategie- und Nachhaltigkeitsmanagement werden als Synonyme verwendet und beschreiben ein Vorgehens- und Ergebnismodell einer auf Nachhaltigkeit ausgerichteten Unternehmensstrategie und ihrer Implementierung. Dieses strategische Nachhaltigkeitsmanagement verfolgt über die Grenzen der Unternehmungen hinweg ökologische, soziale und ökonomische Ziele. Daneben werden Prozesse für die Identifikation und Gestaltung von Lösungen entlang der gesamten Wertkette (u. a. für die Gestaltung nachhaltigerer Produkte, Leistungen und Lösungen) betrachtet. Da das Denkmodell dem Management von Veränderungen entlehnt ist, werden hier auch Prozesse des Change-Managements betrachtet.

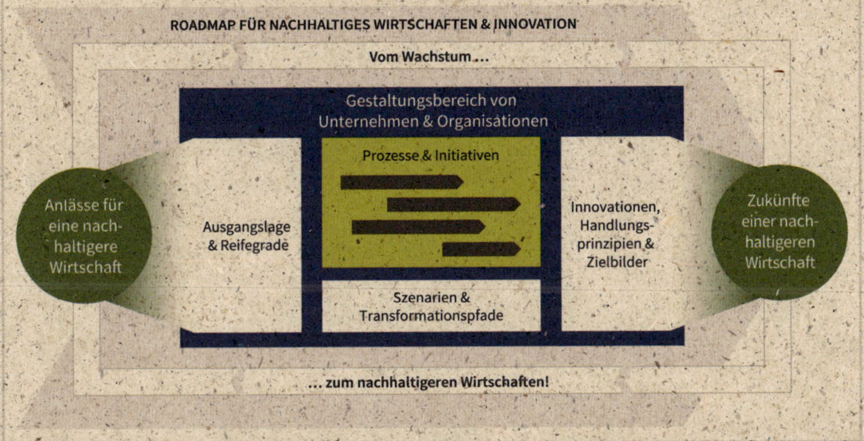

Abb. 46: Roadmap für nachhaltiges Wirtschaften & Innovation | Prozesse & Initiativen

Mit der Positionierung als nachhaltig wirtschaftende Unternehmung geht die Messung, Steuerung und Kommunikation der spezifischen betrieblichen Nachhaltigkeitsleistungen einher. Ihr Umfang wird durch die strategische Ausrichtung bestimmt. Ihre Glaubwürdigkeit und damit der Vorteil gegenüber anderen Wettbewerbern sowie schlussendlich der unternehmerische Erfolg werden durch die Art und Weise des Umgangs mit den Stakeholdern bestimmt.

! **Merkenswert**

Nachhaltigkeit ist eine Frage der Haltung, die sich in Handlungen und Praktiken widerspiegelt. In dem Prozess der Strategieentwicklung wird diese Haltung hervorgeholt, erarbeitet, präzisiert und in eine kommunikationsfähige Form gebracht.

Eine gute Strategie allein wirkt noch nicht, nur weil sie aufgeschrieben wurde. Sie muss implementiert werden. Deshalb wird in dem nachfolgenden Abschnitt zunächst der Prozess zur Entwicklung und Implementierung einer strategischen Ausrichtung erläutert.

8.1 Strategiemanagement

Strategiemanagement ist Nachhaltigkeitsmanagement. Nachhaltigkeit als Unternehmensstrategie basiert auf Werten, Überzeugungen und Praktiken, die grundlegend für ein nachhaltigeres Wirtschaften sind. Eine glaubwürdige Umsetzung einer darin zum Ausdruck kommenden Positionierung durch Nachhaltigkeit schafft Identität und erfordert Transparenz. Gestaltung, Messung, Steuerung, Controlling und Kommunikation von Nachhaltigkeitsleistungen sind Aufgaben des Strategiemanagements und damit Inputlieferanten für alle anderen Unternehmensprozesse. Da Nachhaltigkeit alle Bereiche in Unternehmungen betrifft, sollten auch alle Bereiche bei der Entwicklung bzw. Weiterentwicklung der Unternehmensstrategie eingebunden werden. Dabei gilt es, die Prozesse in allen Einzelschritten zu betrachten: von A wie Abfallmanagement über M wie Marketing und P wie Produktdesign bis hin zu Z wie Zentrallagerverwaltung.

Dieser Gedanke soll in Anlehnung an ein vom Bundesministerium für Arbeit und Soziales skizzierten Beispiel verdeutlicht werden, dem nachhaltigen Lieferkettenmanagement:

Ein Gedanken(bei)spiel: Lieferkettenmanagement

Nachhaltiges Lieferkettenmanagement reicht von der Beschaffung ökologisch und sozial unbedenklicher Vorprodukte bis zum fairen, auf Weiterentwicklung gerichteten Umgang mit Lieferanten. Es erfordert nicht nur Umstellungen im Bereich Einkauf & Beschaffung. Eventuell müssen Lagerungsmöglichkeiten oder die Produktion angepasst werden, Lieferwege erfordern eventuell mehr Zeit und somit eine langfristigere Planung anderer Unternehmensbereiche. Diese Überlegungen bieten zugleich die Gelegenheit, Effizienzpotenziale zu identifizieren und zu heben. Impulse für die Umstellung der Lieferkette können zudem aus dem Bereich Forschung & Entwicklung kommen. Materialien durch nachhaltigere Rohstoffe zu ersetzen, gibt Auftrieb für neue Ideen und Angebote. Nicht zuletzt erfor-

> dert die nachhaltige Ausrichtung des Einkaufs fähige Mitarbeiter. Begleitende Schulungen bauen wichtiges Wissen im Unternehmen auf und helfen dabei, wie Nachhaltigkeitskriterien in Ausschreibungen integriert werden können, welche Siegel es gibt, was sie aussagen und wo ihre Grenzen liegen. Zugleich bieten sie Entwicklungs- und Weiterbildungsmöglichkeiten, die Mitarbeiter motivieren, Fachkräfte binden und zu wichtigen Botschaftern für nachhaltiges Wirtschaften machen. (vgl. BMAS | Referat CSR, 2020)

Dieses Gedanken(bei)spiel zeigt, dass Nachhaltigkeit als Unternehmensstrategie ohne ein interdisziplinäres Denken der Unternehmer, Führungskräfte, Entscheider und Prozessverantwortlichen nicht auskommt. Bestenfalls wird auch die wirkungsvolle Zusammenarbeit zwischen den Bereichen und die Entwicklung von gemeinsamen Innovationen gefördert. Wenn Nachhaltigkeit nicht in der Unternehmensstrategie verankert ist, dann werden es die Mitarbeitenden schwer haben, die sich um Nachhaltigkeit kümmern sollen. Um eine solche Aufgabe erfüllen zu können, brauchen sie Akzeptanz auf breiter Ebene und Austausch und Dialog mit den Verantwortlichen aus den verschiedenen Bereichen.

Merkenswert !

Den Geschäftsleitern kommt dabei naturgemäß eine tragende Rolle zu. Sie repräsentieren strategische Entscheidungen und damit auch das Bekenntnis, Verantwortung für die gesellschaftlichen Wirkungen der Unternehmung übernehmen zu wollen.

Die Geschäftsleitung wirkt als Vorbild und treibt die Verbreitung des nachhaltigen Denkens und Handelns an allen Stellen voran. Damit sich ein Bewusstsein für die Verantwortung eines nachhaltigeren Wirtschaftens in allen Köpfen der Mitarbeitenden und Führungskräfte schärft, helfen ihnen Anreize und Belohnungssysteme. Diese lassen sich vielfältig gestalten, u. a. über das Vergütungssystem, wenn Zielvereinbarungen für Einzelne oder Teams Nachhaltigkeitsaspekte einschließen und dadurch etwa die Recyclingquote in dem eigenen Verantwortungsbereich erhöht wird. Aber auch die Anerkennung und Wertschätzung von Verantwortungsübernahme für eine nachhaltigeres unternehmerisches Engagement unterstützt die Beteiligten dabei, gemeinsame Lösungen zu entwickeln und Entscheidungen mit einem 360-Grad-Blick auf das Unternehmen und seine Stakeholder vorzubereiten. Wenn Teams nach ihrer Meinung und ihren Ideen gefragt werden und die Führung gleichzeitig mit gutem Beispiel vorangeht, kann Nachhaltigkeit als Unternehmensstrategie den Zusammenhalt stärken und die Arbeitgeberattraktivität durch das Gefühl von Sinnhaftigkeit und Identifizierung erhöhen.

Die Aufgaben des Strategiemanagements können auf fünf Handlungsebenen verteilt werden, die in der nachfolgenden Übersicht veranschaulicht sind.

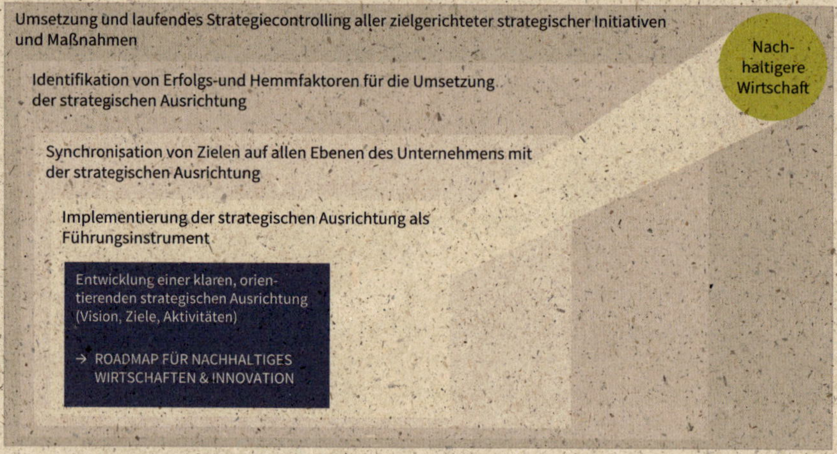

Abb. 47: Handlungsebenen im Strategiemanagement

Aufgabe des Strategiemanagements ist es nicht nur, eine gute Strategie zu entwickeln, sie zu implementieren und mit Zielen zu unterlegen. Aufgabe des Strategiemanagements ist zudem, die Erfolgs- und Hemmfaktoren für die Umsetzung der strategischen Ausrichtung zu identifizieren (siehe auch Kapitel 6.3: Erfolgsfaktoren und Hemmfaktoren). Für die Umsetzung eines nachhaltigeren unternehmerischen Engagements ist ein laufendes Strategiecontrolling der Umsetzung mit allen zielgerichteten strategischen Initiativen und Maßnahmen zwingend. Denn Ziele entfalten nicht selten erst dann ihre Wirkung, wenn sie smart sind (s = spezifisch, m = messbar, a = aktivierend, r = realistisch, t = terminiert) und überprüft werden. In einer arbeitsteiligen Wirtschaft sind alle zur Zusammenarbeit verpflichtet. Die Positionierung durch Nachhaltigkeit muss daher auch mit den Positionierungen der Geschäftspartner kompatibel sein (siehe auch Kapitel 7.2: Transformationspfade & Pfadabhängigkeiten).

Wenn eine gemeinsame Strategie, ein darin beschriebenes klares Zukunftsbild mit einem skizzierten Weg dorthin fehlen, dann fehlen Sinn und Orientierung. Dann beschäftigen sich eine Organisation, ein Team und darin jeder Einzelne nur mit sich selbst. Die Entwicklung einer klaren, orientierenden, strategischen Ausrichtung mit Nachhaltigkeit als handlungsleitendes Prinzip ist die Voraussetzung für ein wahrhaftig nachhaltigeres Wirtschaften. Eine lückenhafte oder schlecht gemachte Strategie findet keine Akzeptanz bei den Stakeholdern. Sie wird in der Folge auch nicht umgesetzt. Aber woran erkennt man eine gute Strategie?

Standpunkt 42 | *Eine gute Strategie setzt klare Orientierungspunkte für das Handeln und für die im Tagesgeschäft zu treffenden Entscheidungen!*

Das bedeutet in letzter Konsequenz, dass sich Unternehmer, Führungskräfte, Entscheider und Mitarbeitende nur noch mit den Themen beschäftigen, die einen unmittelbaren Bezug zur strategischen Ausrichtung haben. Alle Aktivitäten müssen in einem Erfolgsplan zur Umsetzung von Nachhaltigkeit als Unternehmensstrategie verankert sein. Eine Maßnahme, ein Projekt, dass nicht nachweislich auf die strategischen Ziele einzahlt, wird auch nicht durchgeführt. Auch bei laufenden Prozessen und Projekten muss immer wieder kritisch hinterfragt werden, ob das, was geplant ist, auch wirklich mit der strategischen Ausrichtung vereinbar ist. Auch wenn schon viel Energie und Geld in Projekte geflossen ist, rechtfertigt dieser Umstand nicht, weiter Energie und Geld nachzuschießen. Wenn diese Projekte nicht mehr zur strategischen Ausrichtung passen, dann müssen sie auch beendet werden. Sonst verlieren die handelnden Akteure an Glaubwürdigkeit.

Was kennzeichnet eine auf Nachhaltigkeit ausgerichtete Unternehmensstrategie?

Eine Strategie ist die Gesamtheit der Leitlinien, Vereinbarungen und Aktivitäten zur Festlegung und Erreichung langfristiger Ziele. Sie gibt Auskunft über das Warum und Wofür, das Wie und das Was. Die Strategie definiert den einzigartigen Weg einer Organisation zu einem nachhaltigeren Wirtschaften. In der Strategie wird festgelegt, wie sämtliche Energien einer Organisation zum Nutzen ihrer Stakeholder und damit zur Lösung gesellschaftlicher Herausforderungen eingesetzt werden sollen, um sich durch die Positionierung durch Nachhaltigkeit Wettbewerbsvorteile zu verschaffen und die Existenz des Unternehmens langfristig zu sichern.

Damit eine Strategie Orientierungspunkte für das Tagesgeschäft setzt, muss sie auf die wichtigsten Fragen Antworten geben können. Aus diesem Grund wird nachfolgend ein generisches und mit vielen bestehenden Modellen kompatibles Strategiemodell vorgestellt, das als Grundlage für die Entwicklung und Strukturierung einer strategischen Ausrichtung verwendet werden kann. Zuvor soll aber geklärt werden, ob überhaupt Handlungsbedarf besteht. Wenn Sie sich von den in der Checkliste getroffenen Aussagen nicht angesprochen fühlen, dann sollten Sie Ihre Strategie wirkungsvoller machen.

Checkliste: Ist Ihre Strategie vollständig und ganzheitlich?

- Sie haben eine klare, kommunizierte und von allen Beteiligten verstandene Strategie!
- Sie haben eine Strategie formuliert, die nicht nur auf Hochglanzbroschüren besteht!
- Sie haben in Ihrer Strategie den Unternehmenszweck, den ›höheren‹ Sinn oder auch Purpose nachvollziehbar erläutert!
- In Ihrer Strategie finden sich Aussagen, wie Sie Ihre Geschäftstätigkeit ökologisch(er) und sozial(er) gestalten wollen!

- Sie haben Nachhaltigkeit als Unternehmensstrategie definiert, in der Nachhaltigkeit mehr ist als nur eine Teilstrategie der strategischen Ausrichtung!
- Ihre Führungskräfte und Mitarbeitenden können die in der Strategie enthaltenen Aussagen als Orientierungspunkte für ihre täglichen Entscheidungen nutzen!
- Ihnen ist es stets wichtiger, strategische Überlegungen anzustellen, als ihr operatives Tagesgeschäft zu managen!
- Sie führen in Ihren Entscheidungsprozessen immer wieder motivierende und ergebnisorientierte Diskussionen über eine nachhaltigere Ausrichtung Ihres Unternehmens!
- Ihre Inhaber und Führungskräfte arbeiten mehr am als im Unternehmen!
- Sie reagieren auf stagnierende oder rückläufige Umsatz-, Kunden- und Ertragsentwicklungen mit bereits erarbeiteten Eventualstrategien. Sie haben eine klare Vorstellung davon, was nachhaltiger Wirtschaften für Sie bedeuten könnte!
- Sie beobachten, dass sich Ihre Wettbewerber auf die gleiche Weise, aber weniger erfolgreich mit Ihren innovativen Geschäftsmodellen und mit Nachhaltigkeit positionieren wollen!
- Sie geraten niemals in Verdacht, Greenwashing zu betreiben!

Wenn die überwiegende Anzahl der Aussagen nur mit nein oder nur teilweise beantwortet werden können, dann entfaltet Ihre strategische Ausrichtung nicht die Klarheit über das, was gewollt ist und was nicht. Bei einer unvollständigen oder fragmentierten Strategie sollte daher ein neuer Strategieentwicklungsprozess aufgesetzt werden, in dem u. a. geklärt werden kann, ob Nachhaltigkeit als Unternehmensstrategie zu dem Unternehmen oder zu der Organisation passt.

Checkliste: Folgen Ihrer Strategie auch Taten?

- Sie haben eine gute, auf Nachhaltigkeit ausgerichtete Strategie. Die entwickelte Strategie wird von allen beachtet, gelebt und umgesetzt!
- Sie haben bei der Entwicklung Ihrer strategischen Ausrichtung die Bedeutung von Nachhaltigkeit Ihrer relevanten Anspruchsgruppen einbezogen!
- Die Strategie wurde allen Stakeholdern präsentiert. Seitdem ist sie integraler Bestandteil der Unternehmenskommunikation. Immer wieder wird ein Bezug von konkreten Aktivitäten zur Strategie hergestellt!
- Ein Dialog und Austausch darüber, was unklar geblieben ist, was die getroffenen Aussagen für jeden Einzelnen bedeuten und was jeder Einzelne dafür braucht, die Strategie umsetzen zu können, wurde angemessen organisiert!
- Ihre Strategie wird als wirkungsvolles Führungsinstrument genutzt. Sie wird von den Führungskräften vorgelebt. Nachhaltiges Wirtschaften ist für alle Beteiligten ein handlungsleitendes Prinzip!
- Ihre Strategie ist mit messbaren ökologischen, sozialen und ökonomischen Zielen, Aktivitäten und Ressourcen unterlegt!

- Ihre Nachhaltigkeitsleistungen werden gemessen, gesteuert und transparent dargestellt!
- Alle im Unternehmen haben eine gemeinsame Vorstellung davon, was nachhaltiges Wirtschaften bedeutet. Die einzelnen Verantwortungsbereiche arbeiten interdisziplinär für ein nachhaltigeres Wirtschaften zusammen!

Wenn Sie diese Aussagen mehrheitlich mit Nein beantworten (müssen), dann sollten alle strategischen Projekte gestoppt und einem Strategie-Audit unterzogen werden. Ziel des Audits muss es sein, die limitierenden Engpässe für die Umsetzung der strategischen Ausrichtung zu identifizieren und zu beheben.

Der Strategieprozess ist mit dem Management nachhaltiger Innovation (siehe Kapitel 8.2) eng verwoben. Denn Innovationen können auf unterschiedlichen Ebenen ansetzen, u. a. auf der Ebene der Mission (langfristiger Zweck des Unternehmens), der Vision (langfristige Ausrichtung), der Erschließung neuer Geschäftsfelder innerhalb oder außerhalb der bestehenden Kernkompetenzen, der Angebote (Produkte, Leistungen und Lösungen) und der Prozesse (Verbesserung der Prozesse u. a. der Wertschöpfungskette). Sie sind somit integraler Bestandteil des Strategieprozesses, wenn auch in einem anderen Detaillierungsgrad. Bei der Gestaltung des Strategieprozesses (in Anlehnung an das Eltviller Modell, FMG) müssen grundsätzlich zwei Modelle unterschieden werden: das Ergebnismodell, in dem die vereinbarten Elemente strukturiert abgebildet werden. und das Vorgehensmodell zur Entwicklung der Strategie.

8.1.1 Das Ergebnismodell

Die strategische Ausrichtung von Unternehmungen soll insbesondere den internen Anspruchsgruppen Klarheit über das gegeben, was gewollt ist und was nicht. Sie soll Orientierungspunkte für das Handeln im Tagesgeschäft schaffen und dadurch einen Unterschied machen. Einen Unterschied machen bedeutet, dass Entscheidungen schnell und ohne Reibungsverluste getroffen werden können – beispielsweise bei der Auswahl von Zulieferern, bei der Verwendung von Materialien und Rohstoffen, bei der Nutzung von Energie oder im Umgang mit Verpackungsmaterialien. Alle unternehmerischen Aktivitäten für ein nachhaltigeres Wirtschaften müssen nachvollziehbar auf die strategischen Ziele einzahlen. Mit der strategischen Ausrichtung werden die Fragen beantwortet, die unbedingt geklärt werden müssen, damit Orientierung geschaffen werden kann. Die Fragen können aus der Analyse der Engpässe (siehe Kapitel 6.3), aus der Wesentlichkeitsanalyse (siehe Kapitel 6.2.2) oder aus der SWOT-Analyse (siehe Kapitel 6.2.2) abgeleitet werden. Die wesentlichen Leitfragen für die Gestaltung einer strategischen Ausrichtung sind:

- Was bestimmt grundlegend unser Handeln?
  (u. a. Motive, Werte, Anliegen und Glaubenssätze)

- Was ist unser Auftrag? Warum gibt es uns?
  (u. a. Unternehmenszweck, Zielgruppen, Lösungen und Geschäftsfelder)
- Wie sind wir in unseren Märkten positioniert?
  (u. a. Identität, Wettbewerbsvorteile, Alleinstellungsmerkmale, Image)
- Welche Kultur prägt unser Handeln?
  (u. a. Führungsleitlinien)
- Wer wollen wir sein und sind es heute noch nicht?
  (u. a. in Bezug auf Mission, Positionierung, Profitabilität, Geschäftsmodell)
- Woran stellen wir fest, dass wir der geworden sind, der wir sein wollen?
  (u. a. strategische, langfristige Ziele und Indikatoren für die Messung)
- Was müssen wir tun, um der zu werden, der wir sein wollen?
  (u. a. Aufgaben, Prozesse und Projekte, steuerungsrelevante Kennzahlen wie Key Performance Indicators (KPIs) und Strategie-Controlling)

In der nachfolgenden Abbildung ist ein Strukturvorschlag für ein Ergebnismodell enthalten. Wenn bereits eine – in Teilen fragmentierte – Strategie vorliegt, dann kann diese Struktur als Checkliste verwendet werden, um weiße Flecken zu identifizieren. In diesem Fall können die bisherigen strategischen Aussagen den jeweiligen Aspekten zugeordnet und geklärt werden, ob sie noch Gültigkeit haben.

Leitlinien: Was bestimmt unser Handeln? Was ist unser Auftrag? Wie sind wir positioniert?

Überzeugungen	Mission	Positionierung	Kultur	Führung
• Haltungen • Motive • Werte • Anliegen • Glaubenssätze	• Zweck der Organisation und gesellschaftlicher Beitrag • Wirkungen • Geschäftsfelder	• Markt | Bedarfe • Wettbewerb • Identität, Image & Marke • Wettbewerbsvorteile & Alleinstellungsmerkmale	• Selbstreflexion • Kommunikation & Vernetzung • Umgang mit Vielfalt und Paradoxien • Fehler-und Feedbackkultur	• Führungskultur • Führungskompetenzen • Führungsstrukturen und -prozesse • Managementprozesse

Vision: Wer wollen wir sein und sind es heute noch nicht? Zukunftsbild eines nachhaltigeren Wirtschaftens

Geschäftsmodell: Wie soll das Geschäft über die gesamte Wertkette betrieben werden?

Operationalisierung Geschäftmodell(e)		Kompetenzen	Strukturen	Stakeholder
• Zielgruppen • Kundenbeziehungen • Kanäle • Mehrwerte (Produkte, Leistungen & Lösungen)	• Schlüsselaktivitäten • Schlüsselressourcen • Partnerschaften • Umsatzerlöse • Kostenstruktur	• Management-Kompetenzen • fachliche Fähigkeiten • soziale Fähigkeiten	• Aufbauorganisation • Rollen & Verantwortlichkeiten • Projektstrukturen • kollaborative Zusammenarbeit • Netzwerke	• interne und externe Anspruchsgruppen • Eigentümer, FK & Mitarbeitende • Kunden, Gläubiger, Lieferanten • Staat, Gesellschaft

Aktivitäten: Was müssen wir tun, um der zu werden, der wir sein wollen?

Strategische Ziele	Prozessse	Projekte	Change-Konzept	Innovation
• Woran erkennen wir, dass wir der geworden sind, der wir sein wollen? • Key Performance Indicators (KPIs)	• Entwicklung (F&E) • Marketing • Vertrieb • Beschaffung • Produktion • Administration	• Handlungsstränge • abgeleitete strategischeProjekte • Vernetzungsmatrix • Projekt-Portfolio-management • Projekt-Controlling	• Umgang mit Veränderungsvorhaben • Bestimmung der Transformationspfade • Auswahl der Methoden	• Identifikation von Ideen (Potenziale) • Entwicklung von Innovationen • kontinuierliche Verbesserung

Abb. 48: Strategiemanagement | Ergebnismodell

8.1.2 Das Vorgehensmodell zur Entwicklung der Strategie

Das Vorgehensmodell zur Entwicklung einer auf Nachhaltigkeit ausgerichteten Unternehmensstrategie sollte sich auf die Elemente konzentrieren, zu denen wirklich Aussagen getroffen werden sollen. Um das herzufinden, ist ein mehrstufiger Prozess erforderlich, der beispielsweise in den nachfolgend kurz beschrieben Phasen durchlaufen werden kann.

Phase 1: Initialisierung
Zu Beginn des Strategieprozesses muss das bestehende Geschäftsmodell für alle Prozessbeteiligten möglichst transparent und das ›Projekt‹ mit seinen Details geplant sein. Hierzu gehören neben einer klaren Zieldefinition, der Projektstruktur mit den permanent und temporär Beteiligten sowie einer Meilensteinplanung vor allem die Beschreibung der Ergebnistypen. Oder mit anderen Worten: Was halten wir am Ende des Projektes in der Hand? Was wollen wir am Ende des Strategieprozesses erreicht haben?

Phase 2: Analyse und Research
In einer zweiten Phase des Strategieprozesses wird die Ausgangslage analysiert. Diese kann aus einer [1.] Umfeldanalyse (externe Analyse), einer [2.] Unternehmensanalyse (interne Analyse) und einer [3.] Analyse der Stakeholder-Erwartungen bestehen. Diese drei Analysefelder können in einer Wesentlichkeitsmatrix zusammengeführt werden (siehe Kapitel 6.2.2: Stakeholder-Orientierung). Bei der Wesentlichkeitsmatrix steht die Relevanz der Auswirkungen der unternehmerischen Geschäftstätigkeit auf ökologische, soziale und ökonomische Aspekte der Nachhaltigkeit in Verbindung mit dem Einfluss auf die Bewertungen der Stakeholder im Vordergrund.

Für die Entwicklung einer strategischen Ausrichtung ist aber auch die umgekehrte Perspektive wichtig: Welchen Einfluss haben Trends, Technologien und Themen der Zukunft auf das Unternehmen, damit diese Umfeldentwicklungen in der strategischen Ausrichtung antizipiert werden können. Um sich möglichst effizient mit dem Wesentlichen auseinanderzusetzen, werden daher in einem ersten Schritt die relevanten Strategiefragen (siehe Ergebnismodell im vorherigen Kapitel) priorisiert und in einem zweiten Schritt der Analyseumfang bestimmt (u. a. Umfang der Stakeholder-, Unternehmens- und Umfeldanalyse). Nur für die hoch relevanten Strategiefragen werden dann in der Folge systematisch Antwortoptionen erarbeitet.

Phase 3: Entwicklung und Evaluation
Auf Basis der Analyseergebnisse werden in dieser Phase des Strategieprozesses Projektionen und Szenarien zu den wahrscheinlichen und überraschenden Entwicklungen der Märkte mit ihren Auswirkungen entwickelt, die als Grundlage für die Bewertung der strategischen Ausrichtung herangezogen werden. Anschließend werden zu

den ausgewählten Strategiefragen theoretisch denkbare Antwortoptionen erarbeitet. Dabei handelt es sich um Chancen bzw. um Gestaltungsoptionen. Die Antwortoptionen können auch hier morphologisch aufbereitet werden. Idealerweise sind die Antwortoptionen so formuliert, dass sie die jeweils vorherigen miteinschließen und um einen weiteren Aspekt ergänzen.

! **Merkenswert**

In der Praxis hat sich bewährt, richtungsweisende und abgeleitete Strategiefragen zu unterscheiden. Wenn die Antwortoptionen zu den richtungsgebenden Fragen ausgewählt wurden, dann ergeben sich die Antwortoptionen zu den nachgelagerten Fragen fast automatisch.

In einem mehrstufigen Bewertungs- und Evaluationsprozess werden dann die Antwortoptionen ausgewählt und damit die strategische Ausrichtung festgelegt. Der Bewertungsprozess ist die Kür in dem Strategieprozess und sollte anhand von nachvollziehbaren Kriterien erfolgen. Er kann nicht von den Unternehmern, Führungskräften und Entscheidern an den Fachbereich delegiert werden.

In der Praxis hat sich zudem bewährt, die Kernelemente der strategischen Ausrichtung zu visualisieren. Das erleichtert später die Kommunikation und die Ableitung einer Change-Story. Zu allen Strategieelementen sollten in der Folge strategische Ziele definiert und mit messbaren Indikatoren unterlegt werden. In einem abschließenden Schritt innerhalb dieser Phase werden die strategischen Handlungsstränge mit ihren strategischen Initiativen, Prozessen und Projekten abgeleitet und auf die Roadmap der kommenden Jahre verteilt.

Phase 4: Implementierung

Nachdem alle Ergebnisse dokumentiert, präsentationsreif aufbereitet und dieser Stand bis auf Weiteres ›eingefroren‹ wurde, beginnt die Implementierung der strategischen Ausrichtung. In Anlehnung an die skizzierten fünf Handlungsebenen im Strategiemanagement (siehe Abb. 47) ist die Implementierung der strategischen Ausrichtung als Führungsinstrument eine wesentliche Voraussetzung für eine erfolgreiche Umsetzung. Eine nicht verstandene und nicht auf den eigenen Verantwortungsbereich reflektierte strategische Ausrichtung entfaltet keine Aktivitäten. Die Synchronisation von Zielen auf alle Ebenen des Unternehmens mit der strategischen Ausrichtung ist ebenso unerlässlich wie die Identifikation von Erfolgs- und Hemmfaktoren für die Umsetzung der strategischen Ausrichtung. Auch wenn diese Phase noch nicht vollständig durchlaufen wurde, kann mit der Umsetzung begonnen werden.

Phase 5: Umsetzung

Grundlage für die Umsetzung ist die erarbeitete Roadmap. Sie ist der Fahrplan für die kommenden Jahre und sollte fester Bestandteil der internen und externen Kommunikation sein. Die strategische Ausrichtung muss hinreichend konkret und flexibel genug sein, um auf Umfeldveränderungen agil reagieren zu können. Und sie muss die Möglichkeit eröffnen, Nachhaltigkeit als Unternehmensstrategie um weitere Elemente ergänzen zu können.

Merkenswert !

Unterschätzen Sie nicht den Aufwand an Zeit und Energie, der mit der Ausarbeitung einer strategischen Ausrichtung verbunden ist. Ein Regulativ ist die Anzahl der Strategiefragen, die am Anfang des Prozesses ausgewählt werden. Die Qualität der Ergebnisse sinkt in Abhängigkeit von der Anzahl der ausgewählten Fragen (Motto: Weniger ist mehr). Das Gleiche gilt für die Umsetzung. Die Motivation ist in der Regel zu Beginn sehr hoch und schwindet zusehends durch eine zu hohe Arbeitslast.

8.1.3 Wirkungen einer strategischen Ausrichtung

Die Wirkung einer klaren, orientierenden strategischen Ausrichtung mit Erfolgsplan ist die erfolgreiche Positionierung durch Nachhaltigkeit. Diese Wirkung drückt sich darin aus, dass

- die strategische Ausrichtung dokumentiert ist:
  Die Antworten auf die dringlichsten und wichtigsten Fragen u. a. in Bezug auf die Verankerung ökologischer, sozialer und ökonomischer Elemente in der Ausrichtung der Unternehmung sind strukturiert und adressatengerecht aufgeschrieben.
- ein gutes Gefühl vorherrscht, besser auf die Zukunft vorbereitet zu sein:
  Durch die systematische Auseinandersetzung mit den Chancen und Risiken einer Positionierung durch Nachhaltigkeit sind die strategischen Optionen identifiziert worden und ermöglichen ein schnelles Reagieren auf mögliche Marktveränderungen.
- eine klarere Vorstellung darüber besteht, was gewollt ist und was nicht:
  Die für die Unternehmung vorteilhaftesten strategischen Optionen wurden in dem Bewusstsein ausgewählt, dass die vorhandenen Energien auf die wirklich wichtigen Themen gelenkt werden, insbesondere auf ein nachhaltigeres Wirtschaften.
- das Zukunftsbild mit Zielen unterlegt und kommunikationsfähig ist:
  Durch die Strategie wird mehr Transparenz, Klarheit, Orientierung und Vertrauen in die Zukunftsfähigkeit des Unternehmens bei allen Stakeholdern geschaffen.
- die Ziele in einen Erfolgsplan übertragen und Verantwortlichkeiten für die Umsetzung definiert wurden:
  Die strategische Ausrichtung wurde nicht nur aufgeschrieben, sondern enthält verbindliche Vereinbarungen, wer was tun muss, um nachhaltigeres Wirtschaften auch umzusetzen.
- mehr Zeit für die Arbeit am Unternehmen vorhanden ist und es weniger Stress im Umgang mit Problemen und Konflikten gibt:

Die Führungskräfte nutzen ein effizientes Führungsinstrument, um besser führen und unternehmerisches Engagement für mehr Nachhaltigkeit vorleben zu können.

- Entscheidungen schneller, fundierter und nachvollziehbarer getroffen werden: Allen Beteiligten steht eine wirkliche Entscheidungshilfe für das operative Tagesgeschäft zur Verfügung.
- Führungskräfte und Mitarbeitende Verbündete in der Umsetzung sind: Führungskräfte und Mitarbeitende haben gemeinsam an dem Prozess der strategischen Ausrichtung mitgewirkt.
- vollständiger gedacht wurde, als es ein Einzelner jemals könnte: Wissen, Erfahrungen und Kreativität der Führungskräfte und Mitarbeitenden wurden bei der Entwicklung und Umsetzung der strategischen Ausrichtung genutzt.
- sich eine neue Veränderungskultur etabliert hat: Veränderung wird als ein kontinuierlicher Prozess verstanden und ist positiv belegt. Selbstreflexion, Experimentierfreudigkeit und der Umgang mit Vielfalt sind Elemente einer Kultur der Selbsterneuerung.
- die Wettbewerbsposition gefestigt oder ausgebaut werden konnte: Die auf Nachhaltigkeit ausgerichteten Produkten, Leistungen, Lösungen und Prozesse spiegeln die Bedarfe der Kunden und der Realitäten des Marktes besser als der Wettbewerb.
- nur Projekte initiiert wurden, die auch tatsächlich auf die Strategie und den Erfolgsplan einzahlen: Der Fortschritt der Projekte mit ihrer strategischen Relevanz wurde regelmäßig verifiziert und überwacht.

Standpunkt 43 | *Fokussiertes Strategiemanagement bedeutet, zehn Prozent der vorhandenen Energie auf die Strategieentwicklung und 90 Prozent auf die Kommunikation zu verwenden!*

Der Strategieprozess braucht vielfältige Inspirationen und ist aus diesem Grund eng mit dem Management nachhaltiger Innovation verwoben. Das Innovationsmanagement liefert quasi das Rohmaterial für die strategische Ausrichtung und ist gleichzeitig in der Umsetzung von strategischen Initiativen, Prozessen und Projekten gefordert.

8.2 Management nachhaltiger Innovation

Innovationsmanagement ist die systematische Planung, Steuerung und Kontrolle von Innovationen in Organisationen. Im Unterschied zum Kreativitätsmanagement, das sich mit der Entwicklung von Ideen beschäftigt, ist Innovationsmanagement auch auf die Verwertung von Ideen bzw. deren Umsetzung in wirtschaftlich erfolgreiche Produkte, Leistungen und Lösungen ausgerichtet. Das Management von Innovationen ist ein eigenständiger Prozess mit einer Schnittstelle zum Strategieprozess und kann sich auf Produkte, Dienstleistungen, Fertigungsprozesse, Organisationsstrukturen, Managementprozesse und vieles andere mehr beziehen.

Während Produktinnovationen in der Regel darauf abzielen, die Bedürfnisse von Kunden besser zu befriedigen, sind Prozessinnovationen meist auf die Verbesserung von Effektivität und Effizienz betriebsinterner Verfahren ausgerichtet. Der Begriff Innovationsmanagement wird traditionell vor allem auf innerbetriebliche und industrielle Vorgänge bezogen. In der wirtschaftswissenschaftlichen Forschung werden derzeit jedoch vermehrt auch die überbetrieblichen Aspekte von Innovationsmanagement untersucht. Betrachtungsobjekte sind u. a. Open Innovation, Systeminnovation, Innovationscluster oder innovative Regionen.

Auf der Suche nach Lösungsansätzen für ein nachhaltigeres Wirtschaften von Unternehmungen sind in erster Linie die nachfolgenden Fragen ausschlaggebend für das Mindset:

- Welche Handlungsprinzipien und Denkmodelle können für die Identifikation von Lösungsansätzen genutzt werden?
- Welche bestehenden Lösungsansätze können adaptiert werden?
- Welche ähnlich gelagerten Lösungsansätze können zu Clustern zusammengefasst werden?
- Wie plausibel und wirksam sind die identifizierten Lösungsansätze für ein nachhaltiges Wirtschaften?
- Zu welchen ursächlichen Problemen (siehe auch Kapitel 7.1.1: Ursächliche Faktoren für menschliches Wohlergehen) können keine Lösungsansätze gefunden werden?
- Welche Synergieeffekte gibt es zu anderen Lösungsansätzen?
- Welche (Ziel-)Konflikte gibt es zu anderen Lösungsansätzen? Wie lassen sich diese auflösen?
- Welche (neuen) Risiken entstehen durch die Umsetzung der Lösungsansätze?

Beim Innovationsmanagement für ein nachhaltigeres Wirtschaften geht es immer auch darum, Lösungen und Innovationen für die Herausforderungen unserer Gesellschaft zu finden. Die Vertreter der skizzierten Diskurspositionen (siehe Kapitel 4.3: Zukünfte einer nachhaltigeren Wirtschaft) sind oftmals in verschiedenen Suchfeldern aktiv. Diejenigen, die Nachhaltigkeit als Modernisierung favorisieren, sind absolut davon überzeugt, dass es für jedes Problem und jede Herausforderung eine technische Lösung gibt – auch wenn es die Technologie heute noch nicht gibt. Das Vertrauen in die Kreativität und in die Innovationskraft der Forschungseinrichtungen und Unternehmungen ist hoch und ungebrochen. Die Verfechter von Nachhaltigkeit als systemischer Ansatz sind auf der Suche nach Ideen für Innovationen, die nicht (nur) technologisch getrieben sind. Sie machen sich Gedanken darüber, wie und was die bisherige Maxime ›Wirtschaftswachstum‹ zumindest in Teilen ersetzen könnte. In den

Lösungsansätzen spielen weniger technische als vielmehr strukturelle Lösungen eine Rolle: beispielsweise bei der Gestaltung von Infrastrukturen (u. a. für Energie, Mobilität und Wohnen), von Verteilungsgerechtigkeit (u. a. Grund- und Maximaleinkommen) oder des sozialen Miteinanders. Auch in dem Verständnis von Nachhaltigkeit als Dystopie geht es nicht ohne Ideen für Innovationen. Nur sind diese nicht mehr auf die Lösung der Probleme aller Menschen ausgerichtet, sondern konzentrieren sich auf die Existenzsicherung ausgewählter, privilegierter Bevölkerungsgruppen.

Für die Gestaltung eines nachhaltigeren Wirtschaftens müssen Innovationen entwickelt werden, die Wettbewerbsvorteile versprechen und die wirtschaftliche Existenz der eigenen Unternehmung dauerhaft sichern sollen. Viele Unternehmungen haben aus diesem Grund spezifische Abteilungen installiert, die sich systematisch mit der Entwicklung von Ideen und ihrer Umsetzung beschäftigen.

!

Merkenswert

Nur mit einem permanenten Strom an neuen Ideen kann der in der strategischen Ausrichtung formulierte Anspruch erfüllt werden, sich durch Nachhaltigkeit zu positionieren und damit den Wettbewerbern immer eine Nasenlänge voraus zu sein.

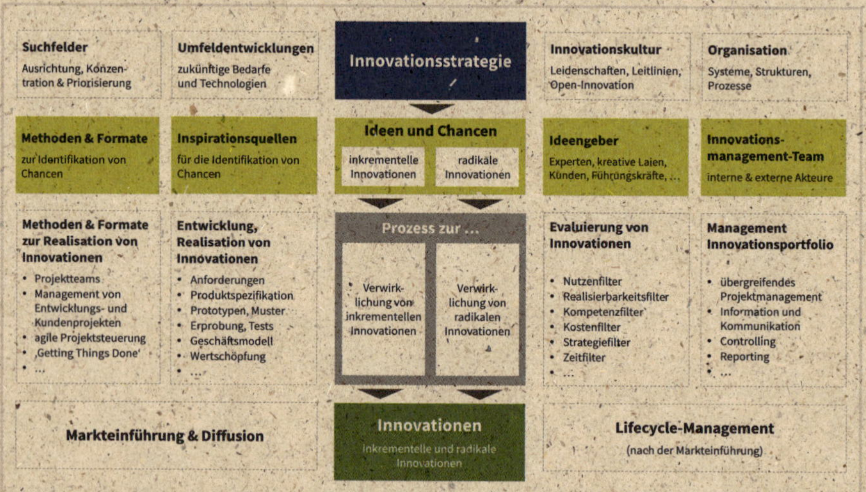

Abb. 49: Elemente eines Innovationsmanagements

In der Abbildung sind die zentralen Elemente eines Innovationsmanagement-Systems in einem zentralen Handlungsstrang von der auf Nachhaltigkeit ausgerichteten Innovationsstrategie hin zur Innovation selbst aufgeführt. Jeweils links und rechts davon sind alle weiteren Aspekte angeordnet, die ein Erfolg versprechendes Innovieren ausmachen. Für die Entwicklung von Ideen und Chancen für ein nachhaltigeres Wirtschaften sind insbesondere die hellgrün markierten Felder bedeutsam. Inkrementelle Innovationen entstehen vornehmlich aus dem Handlungsprinzip Öko-Effizienz. In dieser Disziplin sind viele deutsche Unternehmungen in ihren Märkten weltmeisterlich. Etwas zu verbessern liegt den Menschen, wenn sie dabei ein schon existierendes Anschauungsobjekt vor Augen haben. Im Gegensatz hierzu brauchen radikale Innovationen eine ganz andere Denkweite. Sie entstehen, wenn die Handlungsprinzipien Konsistenz und Suffizienz genutzt werden. Dahinter verbirgt sich die Frage, wie eigentlich Ideen für Innovationen entstehen. Und noch viel wichtiger ist die Frage: Wie entstehen Ideen für Innovationen, die uns in die Zukunft tragen und unsere Existenz dauerhaft sichern?

Standpunkt 44 | *Ideen für Innovationen entstehen nicht auf Knopfdruck. Sie entstehen aus Zufällen!*

Die Realisierung von Wettbewerbsvorteilen durch ein nachhaltigeres Wirtschaften braucht Ideen. Die Entwicklung von Ideen und ihre Weiterentwicklung zu Innovationen ist ein aufwendiger Prozess, bei dem ganz am Anfang die größte Herausforderung steht: die Kreation von Ideen für Innovationen. Es gibt eine Reihe von Leitlinien, die es dabei zu beachten gilt, damit diese Ideen überhaupt erst an die Oberfläche kommen können.

Leitlinien zum Entwickeln innovativer Ideen

- Quantität vor Qualität! Wer eine gute Idee erkennen will, muss zunächst einmal viele Ideen hervorbringen. Je mehr Ideen, desto größer die Chance, dass ein umsetzungsfähiger Treffer dabei ist.
- Denkweite statt Umsetzungsplanung! Energie und Fantasie sollten am Anfang in das Finden von Möglichkeiten investiert werden und noch nicht die Frage beantwortet werden, ob sie auch umgesetzt werden können.
- Kreation statt Kritik! Kreatives Denken und kritisches Hinterfragen neutralisieren sich gegenseitig. In der Findungsphase ist jegliche Kritik und Bewertung verboten. Zumal man einer Idee selten auf den ersten Blick ansieht, welches Potenzial in ihr steckt.
- Marktsicht statt Selbstbetrachtung! Die Chancen sind Handlungsoptionen für alle Akteure im Markt. Was Sie nicht verwirklichen (wollen), wird möglicherweise ein Wettbewerber tun.
- Wertschätzung statt Voreingenommenheit! Es ist keine intellektuelle Leistung, eine Idee im Keim zu ersticken. Vielmehr sollten diejenigen wertgeschätzt werden, die den Mut aufbringen, sie vorzustellen.

Jeder dumme Junge kann einen Käfer zertreten.
Aber alle Professoren der Welt können keinen herstellen!
Arthur Schopenhauer, deutscher Philosoph (1788-1860)

Viele Ideen für Innovationen, die es bis zur Marktreife geschafft haben, sind nicht in systematischen Innovationsprozessen entstanden – sondern vielmehr von einer Sekunde auf die andere. Menschen bringen nicht selten Ideen hervor, ohne eine bewusste Absicht gehabt zu haben. Sie sind von einem Moment auf den anderen einfach da. Viele solcher spontanen Ideen finden niemals den Weg in einen systematischen Innovationsprozess oder fließen nicht in einen kontinuierlichen Verbesserungsprozess ein. Hier ein paar Beispiele:

Die Erfindung des Teebeutels

Der Teebeutel wurde vor dem ersten Weltkrieg versehentlich von dem amerikanischen Teehändler Thomas Sullivan erfunden. Um Teeproben an die Kunden zu verschicken, füllte er sie in kleine Seidenbeutel ab, aber nur zu Transportzwecken. Die Empfänger aber nutzten die kleinen Beutel gleich so, wie wir das heute gewohnt sind und in dem Glauben, dass dies von Sullivan so gewollt war. Sie sparten sich die Prozedur des Abseihens und Umfüllens des Tees in eine zweite Kanne. Der heute übliche Teebeutel mitsamt einer Teebeutelpackmaschine wurde 1929 von Adolf Rambold von der Firma Teekanne erfunden. (vgl. WirtschaftsWoche, wiwo.de, 2014)

Post-it: Aus einer Fehlentwicklung wird ein Umsatzrenner

»Der 3M Wissenschaftler Dr. Spencer Silver entdeckte bei seinen Laboruntersuchungen einen Klebstoff, der zwar sicher auf Oberflächen anhaftete, sich aber auch leicht wieder lösen ließ. Darüber sagt er folgendes: ›Damals ging es uns darum, wirkungsvollere, stärkere und kräftigere Klebstoffe zu entwickeln. Diese neue Entdeckung entsprach den Vorgaben überhaupt nicht.‹ Silver hatte sogenannte Mikrosphären entdeckt, durch die Klebstoffe ihre Hafteigenschaften behalten, sich aber aufgrund ihrer speziellen Beschaffenheit leicht von Oberflächen lösen lassen. Dr. Silver suchte einige Jahre vergeblich nach einer Einsatzmöglichkeit für seine Erfindung. Der Durchbruch kam mit Art Fry, einem weiteren Wissenschaftler bei 3M. Er markierte jeden Mittwochabend während der Probe im Kirchenchor mit kleinen Papierstreifen im Gesangbuch die Kirchenlieder, die im nächsten Gottesdienst gesungen werden sollten. Am Sonntag waren sie jedoch schon alle wieder herausgefallen, was ihn ziemlich nervte. Er benötigte ein Lesezeichen, das auf dem Papier haften würde, ohne die Seiten zu beschädigen. Dann kam das Aha-Erlebnis! Er erinnerte sich wieder an sein Seminar zu den Mikrosphären von Dr. Silver, das bei ihm für den entscheidenden Impuls mit einem gehörigen Adrenalinschub sorgte. Gemeinsam mit Dr. Silver begab er sich an die Entwicklung eines neuen Produkts. Als sie anfingen, im Büro Mitteilungen auf die neuen Haftnotizen zu schreiben, wurde ihnen das Potenzial dieser neuen Idee bewusst: ›Da wurde mir klar, dass es sich nicht nur um ein einfaches Lesezeichen handelt‹, erzählt Fry. ›Sondern um ein neues Kommunikationsmedium‹.« (3M, 2017)

Viagra
»In den Neunzigerjahren suchten die Pharmazeuten des amerikanischen Konzerns Pfizer nach einem Medikament, das die Durchblutung des Herzmuskels verbessern sollte. Sie fanden den Wirkstoff Sildenafil. Zur großen Freude der Probanden durchblutete das Mittel nicht nur das Herz, sondern auch den Penis. Bei 70 Prozent der Männer mit Erektionsproblem hilft das Mittel. Am 27. März 1998 ließ die Arzneimittelbehörde der USA das Mittel unter dem Namen ›Viagra‹ zu. Es wurde schnell das erfolgreichste Medikament des Konzerns.« (WirtschaftsWoche, 2014)

Was lernen wir aus diesen Beispielen? Wir können daraus lernen, dass immer noch ein spezifischer Impuls vonnöten ist, damit aus einem Gedanken, einer Idee eine Innovation wird: das sogenannte Aha-Erlebnis. Leider haben Wissenschaftler noch nicht herausgefunden, unter welchen Bedingungen Menschen und vielleicht auch zukünftig Maschinen mit künstlicher Intelligenz in der Lage sind, diese Ideen mit einem großen Potenzial für die Zukunftssicherung von nachhaltig wirtschaftenden Unternehmungen zu produzieren. Offenkundig braucht es den Zufall als eine Verkettung von glücklichen Umständen. Erfahrungsgemäß kann man diese Verkettung von glücklichen Umständen nicht organisieren. Das Innovationsmanagement kann aber Anlässe, ein Mindset oder ein Framework schaffen, die die Wahrscheinlichkeit erhöhen, dass zufällige Ideen für Innovationen hervorgebracht werden können. Eine Garantie gibt es nicht. Die Beteiligten können nur so bedingungslos und offen wie möglich an die Sache herangehen. Das ist die eigentliche Herausforderung.

Standpunkt 45 | *Das Innovationsmanagement muss unaufhörlich Anlässe mit vielfältigen Variationen für ungeplante Aha-Effekte organisieren!*

Die Organisation von Anlässen, bei denen etwas einzigartig Neues entsteht, mit dem Unternehmungen ihre Zukunft für die kommenden Jahre sichern können, klingt vielversprechend, ist aber selten Realität und erfordert viel harte Arbeit. Die Aufgabe des Innovationsmanagement-Teams ist es daher, eine Gruppe von Menschen, Experten, kreativen Laien, Kunden, Führungskräften mittels ungewohnter Formate durch die gelingsichere Anleitung von Methoden mit unterschiedlichen Inspirationsquellen für die Identifikation von Ideen außerhalb ihres gewohntes Umfeldes zu bringen. In der Hoffnung, dass in der Interaktion der Beteiligten Synapsen entstehen, die sonst niemals entstehen würden. Die Bandbreite reicht von organisierten Business Walk & Talks über Workshops mit Kreativmethoden wie LEGO® Serious Play® oder Design Thinking bis hin zu Zukunftswerkstätten. Auch können die Denkmodelle in Kapitel 5.3 als Inspiration genutzt werden. Alles ist erlaubt, was die Chance verspricht, Neues denken zu können. Dabei sollte dem Kreieren von Aha-Effekten mindestens so viel Aufmerksamkeit geschenkt werden wie dem Zulassen von zunächst abwegig erscheinenden Ideen.

Die bereits angesprochene Vernetzung mit dem Strategiemanagement kommt auch hier wieder zum Tragen, wenn es um die Bewertung der identifizierten Ideen geht. Die Kriterien müssen in Einklang zu der strategischen Ausrichtung stehen und auch ökologische und soziale Aspekte berücksichtigen. Die weiteren Schritte in einem Innovationsprozess sind in vielen Unternehmungen fest etabliert und sollen aus diesem Grund hier nicht weiter betrachtet werden. Aber jede Innovation, insbesondere eine Nutzungs- und Systeminnovation, bewirkt Veränderungen und erfordert einen Wandel, eine Transformation von Unternehmungen und Gesellschaften. Den Umgang mit Veränderungen betrachten wir nun genauer.

8.3 Gestaltung von Veränderungsprozessen

Veränderung ist die einzig wirkliche Konstante in der heutigen Zeit. Um zu überleben, passen sich die Menschheit und die Ökosysteme den Veränderungen immer wieder an. Die Dynamik, die Gleichzeitigkeit vieler Veränderungen und deren Wechselwirkungen auf die Organisationen und die darin lebenden und arbeitenden Menschen erzeugen Unbeständigkeit, Unsicherheit, Komplexität, Mehrdeutigkeit und Stress, manchmal auch positiven. Die Psyche des Menschen präferiert Bekanntes, Sicheres und Bewährtes. Folglich haben die Menschen in einer beschleunigten, globalisierten Welt Anpassungsschwierigkeiten und können mit Veränderungen nicht gut umgehen. Und dennoch lässt es viele von uns ratlos zurück, wenn doch so Offensichtliches wie nachhaltigeres Wirtschaften so gar nicht angenommen oder sehr umweltschädliche Handlungen wider besseres Wissen weiter praktiziert werden.

Widerstände auflösen, den Menschen Zeit geben
Es sind aber in erster Linie Menschen, die Veränderungen vorantreiben und es sind in erster Linie Menschen, die von den Auswirkungen dieser Veränderungen betroffen sind. In Unternehmungen sind es die von den Veränderungen betroffenen Mitarbeitenden, die – emotional beteiligt oder auch nicht – Widerstand auf allen Ebenen leisten. Der Preis des Widerstands durch die daraus resultierenden Reibungsverluste ist enorm. Ein Grund dafür ist, dass viele Unternehmer und Führungskräfte der großen Illusion über das Erreichen von Veränderungszielen unterliegen. Sie sind davon überzeugt, dass eine geplante Veränderung, die zu einer neuen angestrebten Wirklichkeit führen soll, wie durch ein Wunder einfach so geschieht. Sie leben in einer gewünschten Welt, in der die Menschen die Notwendigkeit der Veränderung und den damit verbundenen Mehrwert auf Anhieb erkennen und keine Übergangszeit brauchen, um sich auf das Neue einzustellen.

Veränderung als emotionaler Prozess verstehen
Die Realität ist eine andere, denn Veränderung, Change, ist ein hochemotionaler Prozess. Das wusste auch schon Voltaire.

> *Menschen lieben den Fortschritt, hassen aber jede Veränderung.*
> Voltaire, französischer Philosoph (1694-1778)

Bei vielen Veränderungsvorhaben durchlaufen Menschen deshalb eine emotionale Achterbahnfahrt (in Anlehnung an John P. Kotter). Einem anfänglichen Schock (das kann nicht wahr sein) folgt die Ablehnung (das stimmt nicht), die bestenfalls später einer rationalen Einsicht (vielleicht doch) weicht. Die emotionale Akzeptanz (es stimmt eigentlich) führt über das Lernen (mal versuchen) zur Erkenntnis (es geht ja doch) und damit zur Integration in das eigene Handeln (es ist selbstverständlich). Dieser emotionale Prozess wird von den verschiedenen Mitgliedern einer Organisation zeitversetzt durchlaufen. Das Top-Management und direkt involvierte Mitarbeiter erleben diesen Prozess viel früher als das mittlere Management bzw. die Projektorganisation, bevor dann die Mitarbeitenden und Wertschöpfungspartner davon betroffen sind. Je größer der Zeitversatz ist, desto größer sind die emotionalen Distanzen aller Beteiligten. Diese emotionale Distanz ist ursächlich für viele Missverständnisse, Frustrationen und besagten Widerstand.

Bereitschaft zu Veränderung
Für die Gestaltung von Veränderungsprozessen ist neben dem guten Verständnis dieser emotionalen Prozesse eine hohe Veränderungsfähigkeit von Organisationen nötig. Wie bereit und kompetent sind aber der Einzelne, das Team, die Organisation, die Gesellschaft und die Menschheit insgesamt im Umgang mit den ökologischen und sozialen Herausforderungen und mit jeder einzelnen, damit verbundenen Veränderung? Fähigkeit ist mehr als nur theoretisches Wissen über Veränderungsprozesse. Sie umfasst auch erlebte Erfahrungen, praktisches Können und erfolgreiches Tun.

Merkenswert !

Veränderungskompetenz ist im Kontext nachhaltigeren Wirtschaftens eine, wenn nicht die zentrale, Kernkompetenz von Organisationen.

In der Praxis gibt es eine große Bandbreite an Anlässen und Motiven für Veränderungen. Diese zusammen mit ihren Veränderungswirkungen zu verstehen, ist ein elementares Grundprinzip für erfolgreiches Verändern. In Verbindung mit der bereits angesprochenen Veränderungsfähigkeit ergibt sich daraus nachfolgende Matrix. Sie ist grundlegend für ein besseres Verständnis von Veränderungsprozessen für eine nachhaltigere Wirtschaft.

Abb. 50: Veränderungsintensität und -fähigkeit

Unternehmungen können sich in dieser Matrix selbst positionieren. Die Fähigkeit zur Veränderung wird in der Regel von Mitgliedern einer Organisation anders eingeschätzt als von Außenstehenden. Sie erfordert eine ehrliche und manchmal schonungslose Selbstreflexion der handelnden Führungskräfte und Entscheider. Hinter den einzelnen Feldern der Matrix verbergen sich Managementkonzepte bzw. Veränderungskonzepte im Umgang mit den kleinen und großen Veränderungen von mehr oder weniger veränderungsfähigen Organisationen. Diese unterschiedlichen Veränderungskonzepte geben den Typus der Veränderung an. Sie beschreiben die Art (und Anstrengung) der Veränderung, um zu dem gewünschten Ziel zu kommen – nicht das Ziel selbst. Bei einem Veränderungsvorhaben geht es um den Zwischenraum, die Art der Reise, die es möglich machen soll, von der Ausgangslage zum Zielbild zu kommen. Die Managementaufgabe liegt darin, aus der Einschätzung von Markt- und Unternehmenssituation aktuelle Entwicklungsschwerpunkte für die Gestaltung von Veränderungsvorhaben zu erarbeiten. Es geht darum, sich selbst als Organisation zu verpflichten und 'ein stimmiges Change-Konzept auszuwählen und umzusetzen. Nachfolgend werden die beiden Achsen dieser Matrix erläutert. Die einzelnen Change-Konzepte sind im Glossar, Kapitel 11.2, kurz beschrieben.

Intensität von Veränderungen

Veränderungen mit einer inkrementellen und kontinuierlichen Charakteristik erfordern in der Regel kleinere Adaptionen innerhalb eines bestehenden Bezugsrahmens.

Diese Veränderungen folgen der Leitfrage: Tun wir die Dinge richtig? Das Neue resultiert in der Regel aus Maßnahmen, die aus dem Handlungsprinzip (Öko-)Effizienz abgeleitet wurden. Die Intensität der Veränderung ist vergleichsweise gering. Veränderungen mit einer disruptiven und volatilen Charakteristik erfordern hingegen weitreichendere Anpassungen auch außerhalb des bestehenden Bezugsrahmens. Diese Veränderungen folgen der Leitfrage: Tun wir die richtigen Dinge im Sinne eines nachhaltigeren Wirtschaftens? Das Neue resultiert aus Maßnahmen, die ergänzend aus den Handlungsprinzipen Suffizienz und Konsistenz abgeleitet wurden. Die Intensität der Veränderung ist u. a. dann sehr hoch, wenn die Unternehmung oder das Geschäftsmodell grundlegend transformiert werden müssen. Dazwischen gibt es eine große Bandbreite von Intensitätsstufen, die in Abhängigkeit von der Fähigkeit einen unterschiedlichen Umgang erfordern.

Fähigkeit zur Veränderung
Eine geringe Adaptivität bzw. Anpassungsfähigkeit deutet darauf hin, dass die Menschen in der Organisation mit dem Bestehenden eng verbunden sind und viele (innere) Widerstände überwunden werden müssen. Ein geringer Erfahrungshintergrund im Umgang mit Veränderungen spiegelt sich in einem reaktiven Agieren, in einem ›Erleiden‹ von Veränderungen und einem Mitlaufen wider. Eine hohe Adaptivität weist darauf hin, dass die Menschen offen sind für Neues und geringere Widerstände auch bei gefühlt größeren Veränderungen an den Tag legen. Ein hoher Erfahrungsschatz im Umgang mit Veränderungen spiegelt sich in einem proaktiven Agieren, in der Entwicklung von Innovationen und in der Umsetzung von Transformationsprozessen wider.

Die Fähigkeit zur Veränderung kann in mehreren Dimensionen gestärkt werden. Menschen ändern nachhaltig ihr Denken und Handeln, weil sie es wollen, können, dürfen oder sollen.

Fähigkeit zur Veränderung stärken

- Einsicht & Motivation führen zum Wollen: Ich weiß, warum ich mich verändern muss. Ich stimme zu und es ist sinnvoll für mich.
- Fähigkeiten & Kompetenzen im Umgang mit der neuen Wirklichkeit führen zum Können: Ich habe die Fähigkeit, mich auf die neue Art zu verhalten.
- Vorbilder & Kultur führen zum Dürfen: Wichtige Leute verhalten sich auf die neue Art und Weise.
- Strukturen & Zusammenarbeit führen zum Sollen: Ich werde von Strukturen, Prozessen und Systemen unterstützt.

Unternehmungen mit ihren darin agierenden Menschen sind soziale Systeme, also allzu menschlich und daher in ihrem Verhalten nicht eindeutig prognostizierbar. Die Einstellung von Mitarbeitenden gegenüber Veränderungen kann deshalb auch nicht pauschalisiert werden. Ein Mensch ist nicht prinzipiell gegen oder für etwas, sondern meist ist seine Haltung situations- und erfahrungsabhängig. Die Mitarbeitenden können bezüglich ihrer Einstellung zum Wandel beispielsweise in Aktive, Unterstützer, Mitwirkende, Passive und Gegner unterteilt werden. Allerdings ist ein Mensch nie immer prinzipiell dagegen oder dafür, sondern situationsabhängig und erfahrungsabhängig. Jeder einzelne Mitarbeitende selbst kann demnach – je nach Anlass – natürlich auch einer anderen Kategorie zugeordnet werden, er also mal ein Unterstützer und mal ein Gegner sein. Vermutlich ist die Klassifizierung der Mitarbeitenden nach diesen Kategorien in einer Organisation relativ konstant, auch wenn es immer wieder zu Verschiebungen zwischen den Kategorien kommt. Auch dürften die Anteile der Passiven und der Gegner in Organisationen verhältnismäßig hoch sein, weil Menschen, wie bereits erläutert, mit Veränderung per se nur schwer umgehen können.

Standpunkt 46 | *Mitarbeitende können Veränderungen besser ertragen, wenn sie dahinter die Sinnhaftigkeit des Neuen, das Warum und Wofür erkennen!*

Für Change-Agenten ist es wichtig zu wissen, wie sich die Anteile der Aktiven, Unterstützer und Mitwirkenden im Vergleich zu den Passiven und Gegnern verteilen. Denn die Zahl der nötigen Impulse, um einen Gegner zu motivieren, das Neue anzunehmen, ist um ein Vielfaches höher als bei einem Aktiven oder Unterstützer. Außerdem erfordert jeder Impuls Zeit für Dialog und Austausch und ist ein Investment in die entsprechende Personengruppe. Ein Investment, dass nicht immer eine positive Rendite verspricht. Denn die Rückfallquote in alte Muster ist bei den Gegnern und Passiven viel höher als bei jenen, die dem Neuen offen gegenüberstehen. Mit anderen Worten: Einem hohen zeitlichen Aufwand für die Gruppe der Passiven und Gegner stehen geringe Erfolgsaussichten gegenüber. Da der Faktor Zeit immer häufiger ein Engpassfaktor ist, müssen entweder ausreichend Kapazitäten für die Begleitung von Veränderungsprozessen zur Verfügung stehen oder aber es muss bewusst in Kauf genommen werden, dass nicht alle Menschen mitgenommen werden können oder wollen. Mittels des Ansatzes der systemischen Beratung in Verbindung mit Expertenwissen über Verhaltensmuster in Organisationen können allerdings Schwerpunkte gesetzt und Veränderungen mit hybrider Beratung effizient gestaltet werden.

Hybride ›Beratung‹

Bei der Gestaltung und Begleitung von Veränderungsprozessen hat sich das aus der systemischen Beratung über Jahrzehnte professionalisierte ›Arbeiten in Schleifen‹ bewährt, dass sich durch stetiges Beobachten und Anpassen des Vorgehens auszeichnet. Auf diese Weise wird sichergestellt, dass nicht der Plan, sondern die aktuellen Wirklichkeiten und deren Bedarfe die Maxime für situationsangemessenes Tun bestimmen. Ähnlich wie es beim Projektmanagement klassische und agile Methoden gibt, wird im Change-Management nicht nur der systemische Ansatz angewendet. Es werden auch Prinzipen für die Gestaltung von Veränderungsprozessen berücksichtigt, die auf Erfahrungen und Expertenwissen beruhen. Beide Denkrichtungen haben ihre Berechtigung und wahrscheinlich ist eine Kombination von beidem oftmals die beste Wahl – wohl wissend, dass es keine Chronologie für Veränderungen gibt und dass Veränderungen keineswegs einem linearen Input-Output-Denken folgen.

Angesichts dieser Herausforderungen sollte Veränderungsmanagement

- immer die Menschen im Fokus haben!
- den Sinn des Neuen und Nutzen erläutern (Change-Story)!
- ein integraler Bestandteil von professionell gestalteten Projekten sein – von Anfang an!
- Räume schaffen, um den Umgang mit dem Neuen erfahrbar zu machen und Vorbehalte abzubauen!
- harte Faktoren (u. a. Strategien, Strukturen, Prozesse, Systeme) und weiche Faktoren (u. a. Verhalten, Gefühle, Überzeugungen) integrieren!
- Beteiligung einfordern und Verantwortung für das Erreichen von Veränderungszielen einfordern!
- Energien erzeugen, Neugierde wecken und Lust auf Neues machen!
- Überzeugungen, Einstellungen, Haltungen und Werte antizipieren!
- das Managen (u. a. ausrichten, steuern, entscheiden), das Designen (u. a. analysieren, konzipieren, umsetzen) sowie das Ermöglichen von Veränderung (u. a. kommunizieren, befähigen) umfassen.
- nicht um jeden Preis und mit viel Energie versuchen, alle Mitarbeitenden ins Boot zu holen, sondern Raum für individuelle Neuausrichtungen innerhalb und außerhalb der Organisation zu ermöglichen!

Bei der Gestaltung von Veränderungsvorhaben kommt Führungskräften eine besondere Rolle zu. Sie sind Vorbilder für sowie Träger und Treiber von Veränderungen. In der Interaktion der Führungskräfte mit den Mitarbeitenden in der Organisation findet Veränderung statt. Um (Veränderungs-)Ziele zu erreichen, müssen Führungskräfte Einfluss auf Personen und Gruppen in ihrem Verantwortungsbereich nehmen.

Standpunkt 47 | *Der Umgang mit Veränderungen ist eine Führungsaufgabe! Und Führung ist nicht Management! Führung ist ein Prozess zur Verwirklichung einer auf Nachhaltigkeit ausgerichteten Unternehmensstrategie!*

Der ›Wert‹ einer Führungskraft bemisst sich daran, wie gut sie überzeugen kann. Betriebswirtschaftlich ist es nur sinnvoll, Führungskräfte zu beschäftigen, wenn sie ihre Mitarbeitenden so führen, dass der Zugewinn an Produktivität mindestens die Kosten für die Führungskraft selbst rechtfertigen. Soweit die Theorie. Führungskräfte sind aber besonders dann wichtig, wenn durch ihre Arbeit bessere, enkelgerechtere Entscheidungen getroffen werden und auch die Tätigkeit der Mitarbeitenden für ein nachhaltigeres Wirtschaften zielgerichteter, effektiver und effizienter wird. Gemeint ist nicht, Menschen dazu zu bringen, Dinge zu tun, die sie nicht tun wollen. Gemeint ist vielmehr, Menschen dazu zu befähigen, Dinge zu leisten, von denen sie niemals geglaubt haben, sie erzielen zu können. Für Führungskräfte bedeutet das, dass Führungskompetenz ihre zentrale Ressource ist, die sie pflegen und entwickeln müssen. Für eine bessere Führung von Mitarbeitenden stehen ihnen zahlreiche Werkzeuge zur Verfügung, die sie je nach Persönlichkeit und Situation entwickeln, auswählen und pflegen sollten.

Direkte Führungsinstrumente	Indirekte Führungsinstrumente
• Gestaltung von Besprechungen und Meetings • Arbeiten mit Fragen und Aufgaben • Delegation von Verantwortung und dem damit verbundenen Entscheidungsspielraum • Gestaltung von Mitarbeiter- und Zielgesprächen (u. a. Karriereplanung, Leistungsbeurteilung) • Partizipation bei Entscheidungen • Lob und Anerkennung • Feedback geben und nehmen • Aufbau von Vertrauen und Erwartungsmanagement • Persönliche Arbeitsmethodik und systematische Müllabfuhr • Aufgabenzuordnung (Rollenverteilung) und Einsatzsteuerung	• Personalauswahl • Teamgestaltung • Teamentwicklung • Wettbewerb zwischen Mitarbeitern (Marktplatz) • Zielvereinbarungen • Kontroll- und Anreizsysteme (Zeit, Geld, …) • Leitlinien, Regeln und Normen (z. B. für Arbeitsabläufe) • Gestaltung der Arbeitsumgebung • Budget und Budgetierung • Stellen- und Arbeitsgestaltung

Führungskräfte sind wie alle anderen Mitarbeitenden von den Veränderungen betroffen. Um ihrer Rolle gerecht zu werden, müssen sie ein hohes Frustrationspotenzial haben. Denn Mitarbeitende verknüpfen gelegentlich das eigene Wohlbefinden ausschließlich mit den Führungskompetenzen von Führungskräften und übersehen dabei ihren eigenen Anteil an der Gestaltung eines positiven Umfelds und Arbeitsklimas. Bei der Begleitung von Veränderungsprozessen können Führungskräfte Hilfestellungen geben und bestmöglich unterstützen, indem sie immer wieder auf der Basis der auf Nachhaltigkeit ausgerichteten Strategie argumentieren. Sie können und sollten aber nicht die Verantwortung für das Handeln der Mitarbeitenden übernehmen. Sollte dennoch ein Moment der Frustration aufkommen, dann sollten sich Führungskräfte an das Zitat von Heinz Goldmann erinnern:

Gesagt ist nicht gehört.
Gehört ist nicht verstanden.
Verstanden ist nicht einverstanden.
Einverstanden ist nicht behalten.
Behalten ist nicht angewandt.
Angewandt ist nicht beibehalten.

Heinz Goldmann, schweizerischer Schriftsteller
und Verkaufstrainer (1919-2005)

9 Kolloquium und Ausblick

Mit Blick auf die vorangegangenen Kapitel und Abschnitte soll zusammenfassend in einem Zwiegespräch geklärt werden, ob nachhaltigeres Wirtschaften per se ein Widerspruch ist. Im Kern geht es um die Frage, ob unternehmerischer Erfolg durch – und nicht trotz – nachhaltigerem Wirtschaften erreicht werden kann. Es geht darum, ob die Existenz von Unternehmungen langfristig besser durch ein nachhaltigeres Wirtschaften gesichert werden kann als ohne. In einer Art ›Argumentenbilanz‹ werden die Aspekte zusammengetragen, die dafür und dagegen sprechen. Dieses Buch ist während der Covid-19-Pandemie im Jahre 2020 entstanden. Weite Teile der Gesellschaft und der Wirtschaft wurden bereits oder werden voraussichtlich noch lahmgelegt, weltweit und mit teils dramatischen Auswirkungen. In einem Ausblick soll daher ein Blick auf die Frage geworfen werden, ob diese Pandemie die Kraft hat, unser Handeln wirklich nachhaltig zu verändern. Oder ob Nachhaltigkeit über viele Jahre ein Schattendasein fristen wird, weil die enormen wirtschaftlichen und kulturellen Folgen zunächst – zumindest halbwegs – behoben sein müssen, damit wir uns wieder den Luxus leisten können, nachhaltiger zu wirtschaften.

9.1 Nachhaltigeres Wirtschaften – ein Widerspruch?

Wirtschaftlich tätige Unternehmungen bewegen sich in einem Wirtschaftssystem, das auf Wachstum beruht. Wirtschaftswachstum war und ist der Garant für Wohlstand und menschliches Wohlergehen. Es liefert den Politikern, Wissenschaftlern und Unternehmern einen komfortablen Handlungsrahmen, um die ökologischen, sozialen und ökonomischen Belange der Mitglieder einer Gesellschaft zu gestalten. Wirtschaftswachstum bedeutet aber auch Klimawandel, soziale Verwerfungen und Verknappung natürlicher Ressourcen. Irgendwo auf der Welt zahlt immer jemand den Preis für ein Wirtschaftswachstum, von dem nicht alle Menschen in gleicher Weise profitieren. Ganz im Gegenteil: Gerade ärmere Länder mit einem verhältnismäßig geringen ökologischen Fußabdruck partizipieren nicht oder nur in einem sehr begrenzten Umfang von den Errungenschaften der auf Wachstum programmierten Gesellschaften.

Ein ungebremstes Wirtschaftswachstum wird den Planeten Erde in absehbarer Zeit überfordern und Prozesse wie den Klimawandel weiter forcieren. Vielen Menschen ist mittlerweile bewusst, dass es ein ›Weiter so‹ auf Dauer nicht mehr geben kann – zumal insbesondere die nachfolgenden Generationen mit den Konsequenzen der bisweilen wenig zukunftsintelligenten Entscheidungen längst konfrontiert sind und werden leben müssen. Dabei mangelt es nicht an denkbaren sowie bereits umgesetzten Lösungsansätzen: Je wirksamer sie für die Lösung unserer ökologischen und sozialen Herausforderungen sind, desto größer sind die Veränderungen, die an der Art und

Weise, wie wir Menschen leben und arbeiten, vorgenommen werden müssen. Versetzt man sich in die Lage von wirtschaftlich tätigen Unternehmungen, dann drängt sich früher oder später die Frage auf, ob ein auf Nachhaltigkeit ausgerichtetes Wirtschaften die Existenz langfristig wirklich sichert.

Standpunkt 48 | Unternehmenserfolg ist nur durch nachhaltigeres Wirtschaften – und nicht trotz – langfristig zu erreichen!

Es wäre vermessen zu behaupten, dass dieser Standpunkt für alle Unternehmungen in gleicher Weise zutrifft, zumindest nicht aus heutiger Sicht. Der Erfolg und damit auch der Wert eines Unternehmens drückt sich beispielsweise in seinen Aktienkursen aus. Diese spiegeln die Erwartungen der Marktteilnehmer wider, ob und in welchem Umfang das Unternehmen in der Lage ist, kurzfristig Gewinne zu erwirtschaften und damit den Renditewünschen der Anteilseigner entsprechen zu können. In den letzten Jahren ist vermehrt die Rede davon, dass sich die Entwicklungen an den Aktienmärkten von den Entwicklungen der realen Wirtschaft entkoppelt haben. Sie führen mittlerweile ein Eigenleben, abseits von den Vorstellungen einer nachhaltigeren Wirtschaft. Auch alle anderen – nicht an den Börsen gehandelten Unternehmungen – müssen Gewinne erwirtschaften, um Innovationen vorantreiben und den Interessen der Shareholder und Stakeholder gerecht werden zu können. Auch sie müssen je nach Größe und Rechtsform ihre geschäftliche Entwicklung offenlegen. Wenn sie keine Gewinne erwirtschaften, dann ist es eine Frage der Zeit, bis diese Unternehmungen aufhören zu existieren. Gewinne zu erwirtschaften ist demzufolge ein besonderes Anliegen von Unternehmungen, Unternehmern, Führungskräften und Entscheidern, um Beschäftigungsmöglichkeiten und Einkommen zu generieren. Ob und wie diese Gewinne erwirtschaftet werden, ist nahezu für alle Anspruchsgruppen von Bedeutung. Wenn es also für wirtschaftlich tätige Unternehmungen existenziell ist, Gewinne zu erwirtschaften, dann stellt sich unweigerlich die Frage, ob dies auch durch ein nachhaltigeres Wirtschaften, eine auf Nachhaltigkeit ausgerichteten Positionierung und infolgedessen mit einer dreidimensionalen Wertschöpfung gelingen kann.

Hypothese: Nachhaltigeres Wirtschaften ist kein Widerspruch!
In einem Zwiegespräch aus Pro- und Contra-Argumenten sollen nachfolgend die unterschiedlichen Aspekte dieser Hypothese beleuchtet werden.

1. **PRO:** Unternehmen mit primär nachhaltigeren Geschäftsmodellen sind wirtschaftlich erfolgreicher als ihre Wettbewerber. Sie unterscheiden sich in einer höheren Produktivität bzw. Profitabilität, einem fünfmal höheren Budget für Forschung und Entwicklung und einer ganz anderen Sprache (vgl. Dämon, 2016).
   CONTRA: Systemrelevante Unternehmungen wie u. a. Banken und Versicherungen, Automobilhersteller, Energieerzeuger, Mobilitätsanbieter, Fluggesellschaften, Versorgungsunternehmen und Infrastrukturbetriebe sind mit ihren vergleichsweise weniger nachhaltigen Geschäftsmodellen auch erfolgreich. Sie

werden in Krisenzeiten zudem vom Staat und von der Gesellschaft unterstützt, weil Arbeitsplätze in großem Umfang gefährdet werden könnten.

2. **PRO**: In einer nachhaltigeren Wirtschaft entstehen für Unternehmungen neue Innovationspotenziale. Durch die (Weiter-)Entwicklung neuer Technologien (Green Economy) und die Ablösung bzw. Anpassung bestehender Geschäftsmodelle von Infrastrukturbetrieben durch nachhaltigere Lösungen entstehen neue Märkte.
   CONTRA: Die Auflösung von Pfadabhängigkeiten ist zeit- und kostenintensiv. Aus diesem Grund werden die Innovationspotenziale nur langsam und nur mit hohem Aufwand erschlossen werden können. Zudem vollziehen sich Verhaltensänderungen nur sehr langsam. Investitionen erfordern deshalb einen langen Atem.
3. **PRO**: Das Image nachhaltiger wirtschaftender Unternehmungen ist positiver belegt und sie genießen eine höhere Reputation. Dies schafft Wettbewerbsvorteile und spiegelt sich in dem Verbraucherverhalten wider.
   CONTRA: Viele Kunden treffen nur Aussagen über ein zukünftig geplantes, nachhaltigeres Konsumverhalten. Auch wenn das Bewusstsein für einen nachhaltigeren Konsum mittlerweile gestiegen ist, führt dieses neue Bewusstsein noch nicht zwangsläufig zu nachhaltigeren Kaufentscheidungen oder gar zum Konsumverzicht.
4. **PRO**: Nachhaltigeres Wirtschaften ist auch heute schon erfolgreich möglich (vgl. ECOreporter, 2017). Unternehmer, Führungskräfte und Entscheider sind in ihren Entscheidungen frei. Sie müssen nicht abwarten, bis sie dazu gezwungen werden.
   CONTRA: Unternehmen müssen Gewinne erwirtschaften. Innovationen in nachhaltigere Geschäftsmodelle sind kosten- und zeitintensiv. Die Transformationspfade sind mit erheblichen Widerständen und Reibungsverlusten verbunden. Das Beibehalten des ›alten‹ Geschäfts verspricht in der Übergangszeit die notwendigen Gewinne.
5. **PRO**: Nachhaltigeres Wirtschaften ist immer dann besonders erfolgreich, wenn es von starken Unternehmerpersönlichkeiten in Unternehmensformen getragen wird, die nur begrenzt dem Shareholder Value unterliegen.
   CONTRA: In den Unternehmungen gibt es noch viel zu wenig Unternehmerpersönlichkeiten, die in der Lage sind, eine grundlegende Transformation einer Unternehmung zu initiieren und zu begleiten. Dies gilt auch für die Politik.
6. **PRO**: Eine auf nachhaltigeres Wirtschaften ausgerichtete Unternehmung gibt den Menschen einen Sinn. Menschen, die nach sinnvollen Beschäftigungsmöglichkeiten suchen, werden von diesen Unternehmungen angezogen. Nicht nachhaltig wirtschaftende Unternehmungen werden es zukünftig schwer haben, gute und qualifizierte Mitarbeitende zu finden.
   CONTRA: Viele Menschen arbeiten in erster Linie, um Einkommen zu erzielen, um ihre Existenz zu sichern. Auch wenn sie mit der Arbeit unzufrieden sind und sie nicht ihren Fähigkeiten entspricht, wechseln sie nicht den Arbeitgeber. Weil sie bequem sind und Angst vor der Veränderung haben.

7. **PRO:** Nachhaltigkeit als Modernisierung (u. a. Green Economy) ist der erklärte Entwicklungspfad der Bundesregierung, der EU, OECD und der Vereinten Nationen. Für viele Unternehmungen ist diese Tatsache Anlass, nachhaltiger zu wirtschaften, weil sie sich davon konkrete Vorteile versprechen (u. a. Fördermittel, Berücksichtigung in Ausschreibungen).
   CONTRA: Innovationspotenziale für sich nutzbar zu machen, gehört zu den Pflichtaufgaben von Unternehmungen, um im Wettbewerb bestehen zu können. Ein Bekenntnis zum nachhaltigeren Wirtschaften ist nur Mittel zum Zweck.
8. **PRO:** Für Verbraucher ist im B2C-Geschäft das Image einer auf Nachhaltigkeit ausgerichteten Unternehmung ein Hygienefaktor bei ihren Kaufentscheidungen. Im B2B-Geschäft sind es Nachhaltigkeitskriterien entlang der Lieferketten, die Geschäftspartner bereits im Vorfeld aussortieren.
   CONTRA: Die Vielfalt und Unübersichtlichkeit von Siegeln, Zertifikaten, Deklarationen und Ratings schafft eine Schutzzone für Unternehmungen, die kein wirklich und wahrhaftig nachhaltiges Wirtschaften betreiben wollen und müssen.
9. **PRO:** Institutionelle Anleger lenken die Geldströme in Märkte und in Unternehmungen, die für Dritte nachvollziehbar nachhaltiger wirtschaften. Sie desinvestieren in Unternehmungen mit nicht nachhaltigen Geschäftsmodellen und suchen nach neuen Anlagen.
   CONTRA: Institutionelle Anleger sind ihren Geldgebern verpflichtet und müssen Renditen erwirtschaften. Sie entscheiden, was aus ihrer Sicht nachhaltig ist, damit es in ihr Geschäftsportfolio passt.
10. **PRO:** Für ein nachhaltigeres Wirtschaften sind alle Denkmodelle, Instrumente und Bausteine vorhanden. Unternehmungen müssen keine Pioniere mehr sein, um sich mit Nachhaltigkeit in ihren Märkten zu positionieren. Viele Best-Practice-Beispiele haben dies bereits eindringlich gezeigt.
    CONTRA: Nachhaltigeres Wirtschaften bedeutet Verdrängungswettbewerb. Alte Geschäftsmodelle sollen durch neue substituiert werden. Der Erhalt alter Geschäftsmodelle wird subventioniert und die Entwicklung neuer Geschäftsmodelle ist zeit- und kostenintensiv. Der Verdrängungswettbewerb vollzieht sich über den Preis.

Fazit

Und noch ein letztes Mal: Unser heutiges Engagement für ein nachhaltigeres Wirtschaften beruht auf den Entscheidungen, die wir vor zehn, fünf oder zwei Jahren getroffen haben! Unser Engagement für ein nachhaltigeres Wirtschaften in drei, fünf oder zehn Jahren beruht auf den Entscheidungen, die wir heute treffen! Mit anderen Worten: Die Menschen sind für ihre Entscheidungen selbst verantwortlich. Ihre Entscheidungen sind im unternehmerischen Kontext (fast) immer in die Zukunft gerichtet. Also gestalten wir Menschen mit unseren Entscheidungen auch Zukunft – eine Zukunft im Gleichgewicht der drei Dimensionen Ökologie, Soziales und Ökonomie. Ein nachhaltigeres Wirtschaften ist auch für Unternehmungen alternativlos. Sie können langfristig nur ihre Zukunft sichern, wenn sie ihre Geschäftstätigkeit auf Nachhaltigkeit ausrichten und diese fundamental in ihren strategischen Ausrichtungen, in den Köpfen und Herzen sämtlicher Anspruchsgruppen verankern. Hierzu gehört eine dreidimensionale Wertschöpfung, die auf Wirtschaftswachstum verzichtet und erwirtschaftete Gewinne wieder an ihre Stakeholder zurückgibt. Ihre Geschäftstätigkeit ist von den Handlungsprinzipien Konsistenz und Suffizienz geprägt. Diese Unternehmungen halten einen großen Hebel für einen besseren Umgang mit unserer Umwelt in ihren Händen. Sie haben erkannt, dass ihr Einfluss auf das Leben der Menschen und auf das Ökosystem gewichtig ist und sie ihre Verantwortung wahrnehmen wollen.

Standpunkt 49 | *Nachhaltigeres Wirtschaften erfordert ein hohes Maß an Frustrationstoleranz. Ihre Wegbegleiter sind Ignoranz und Resignation!*

Unternehmungen sind selbst soziale Systeme und unverzichtbare Elemente des bestehenden Wirtschaftssystems. Sie haben im begrenzten Umfang die Möglichkeit und den Antrieb, das Wirtschaftssystem von innen heraus selbst zu verändern. Unternehmer, Führungskräfte und Entscheider müssen für die eigene Existenzsicherung ihren Handlungsrahmen ständig neu ausloten, Grenzen erkunden und wenn möglich verschieben. Diese Grenzen werden ihnen von neuen Technologien, Politikern und Verbrauchern gesetzt. Aber nicht alle Beteiligten ziehen immer am gleichen Strang: und zwar aus einem mangelnden Bewusstsein, getrieben von persönlicher Vorteilsnahme und einer unzureichenden Vorstellungskraft über die Zukünfte einer nachhaltigeren Wirtschaft. Der Transformationsprozess hin zu einer nachhaltigeren Wirtschaft wird sich dadurch verlängern. Solange, bis die Folgen eines ungebremsten Wirtschaftswachstums für uns Menschen spürbarer, greifbarer und erfahrbarer werden. Die Unternehmer, Führungskräfte und Entscheider, die sich bereits heute auf ein nachhaltigeres Wirtschaften konzentrieren, tun dies in der Regel aus Überzeugung und mit einem gehörigen Maß an Frustrationstoleranz: weil Veränderung ein emotionaler Prozess ist!

9.2 Auswirkungen der Covid-19-Pandemie

Wird es eine neue Wirtschaft nach der Covid-19-Pandemie geben? Werden das Bewusstsein und die Bereitschaft weiter gestiegen sein, einem ungebremsten Wirtschaftswachstum und einem ungezügelten Konsum Einhalt zu gebieten sowie eine ungesunde Globalisierung zurückzubauen? Hat die Covid-19-Pandemie das Potenzial, zu einem Ereignis zu werden, das grundlegende Überzeugungen und geübte Praktiken dauerhaft verändern kann? Das Coronavirus hat die Menschen und damit auch die deutsche Wirtschaft infiziert. Die Konjunkturprognosen trüben sich immer mehr ein, gerade wenn die Gesundheit der Menschen auf dem Spiel steht.

Die Pandemie offenbart nach Einschätzung von Reinhard Loske, Professor für Nachhaltigkeit und Präsident an der Cusanus Hochschule für Gesellschaftsgestaltung in Bernkastel-Kues, im Wesentlichen drei Learnings (vgl. Loske, 2020):

1. Zum einen ist offenkundig geworden, wie verletzbar unsere globalisierten und komplexen Lieferketten sind. Und wie Störungen dieser Lieferketten zu Engpässen und zu irrationalen Verbraucherreaktionen wie Hamsterkäufen führen können.
2. Das zweite Learning ist, dass Menschen sich in solchen Krisensituationen, wie wir sie jetzt erleben, stärker fragen, was sie wirklich brauchen und was wirklich wichtig für sie ist. Dauershopping, Hypermobilität oder auch die einseitige Ausrichtung auf Erwerbsstreben gehören demnach nicht zu den essenziellen Dingen des Lebens.
3. Zum dritten ist deutlich geworden, wie wichtig das Funktionieren der öffentlichen Infrastruktur und die sogenannte Care-Arbeit für unsere Gesellschaft sind. Unter Care-Arbeit fallen Kinderbetreuung, Altenpflege und Hausarbeit, die sich im Bruttoinlandsprodukt quasi gar nicht widerspiegelt, aber unglaublich relevant ist. Unter öffentliche Infrastruktur fallen das Gesundheits- und Bildungssystem, das Energie-, Verkehrs- und Wassersystem, nicht zuletzt auch die Kommunikation.

Der bisherige Umgang mit der Covid-19-Pandemie offenbart aber auch, dass die Rückkehr zu einer florierenden Wirtschaft oberste Priorität hat. Die Regierungsvertreter der einzelnen Bundesländer, des Staates und der Länder der Europäischen Union nehmen viel Geld in die Hand, um die wirtschaftlichen Folgen der Covid-19-Pandemie abzumildern. Mit Instrumenten wie Kurzarbeit, finanziellen Zuschüssen und Krediten wird der Versuch unternommen, die Zeit bis nach der Covid-19-Pandemie zu überbrücken. Eine Zeit, in der die Wirtschaft – wie nach der Finanzkrise von 2008/2009 – zu alter Stärke zurückfinden soll. Zu diesem Zweck setzt sich bei den Politikern in Deutschland immer mehr die Idee durch, dass der Staat vom Stahlkonzern über Eventagenturen bis zum Einzelhändler alle retten muss, ausnahmslos. Auch diejenigen, deren Geschäftsmodelle nicht mehr zeitgemäß oder durch eigenes Verschulden nicht mehr tragfähig sind. Private Verantwortung und privates Risiko werden dadurch zusehends entkoppelt mit dem Ergebnis, dass nahezu alle großen Lebensrisiken auf den Steuerzahler umgebucht werden. Hinzu kommt, dass die bislang umgesetzten Maßnahmen dazu führen, dass sich bei vielen Unternehmungen die Folgen der Krise (u. a. Umsatzrückgänge bei gleichbleibenden Fixkosten) erst zeitversetzt in ihren Büchern niederschlagen. Sie führen im schlimmsten Fall dazu, dass die Gläubiger dieser Unternehmungen und damit der Staat sowie eine ganze Branche mit Banken und Sparkassen diese Verluste werden tragen müssen. Mit unabsehbaren Folgen für die Wirtschaft und die Gesellschaft.

Die Hilfen für systemrelevante Unternehmungen (u. a. für die Lufthansa) und die initiierten Unterstützungsprogramme – auch für hoch verschuldete Länder der EU – sind allesamt davon geprägt, den Status quo aufrechtzuerhalten. Nur ansatzweise sind diese Hilfestellungen und finanziellen Zuschüsse an Bedingungen geknüpft. Bedingungen, die beispielsweise den Ausbau einer nachhaltigeren Wirtschaft fördern könnten. Wenn – zumindest aus heutiger Sicht – nicht auf den ersten Blick erkennbar ist, wie und in welchem Umfang eine nachhaltigere Wirtschaft bei den Entscheidungsfindungen von Politikern und Unternehmern, Führungskräften und Entscheidern eine Rolle spielt, dann ist es mehr als fraglich, ob die Covid-19-Pandemie das Potenzial hat, neue Grundprinzipien des Wirtschaftens zu etablieren.

Standpunkt 50 | *Die Covid-19-Pandemie hat nicht das Potenzial, das vorherrschende Wirtschaftssystem grundlegend zu reformieren. Ganz im Gegenteil: Sie fördert weiteres Wirtschaftswachstum!*

Alles andere – beispielsweise die Kopplung von ökologischen oder sozialen Bedingungen an die Vergabe von öffentlichen Zuschüssen und Förderkrediten – ist gewünscht. Die Covid-19-Pandemie bleibt aber auch nicht folgenlos, weil unsere Sinne geschärft werden für das, was passieren könnte. Damit ein Wirtschaftssystem mit dem Verzicht auf Wirtschaftswachstum neu ausgerichtet werden kann, müssen den Menschen erst ihre wesentlichen Lebensgrundlagen (u. a. die Absicherung im Krankheitsfall oder bei Verlust des Arbeitsplatzes, der uneingeschränkte Zugang zu Dingen des täglichen Bedarfs, die Teilhabe am politischen und sozialen Leben) entzogen worden sein. Oder aber es muss zumindest die Gefahr bestehen, dass dies alsbald möglich sein könnte. Die offensichtliche Verletzlichkeit des Wirtschaftssystems, die tolerierten Freiheits- und Kontaktbeschränkungen und die vielen Solidaritätserfahrungen stellen das Wirtschaftswachstum nicht in Frage, ganz im Gegenteil: Sie brauchen Wirtschaftswachstum, um mit den Folgen der Pandemie umgehen zu können. Just-in-time-Produktionen, die fast vollständige Abschaffung von Lagerhaltungen oder der Bezug von Waren und Dienstleistungen über den ganzen Globus manifestieren die Anfälligkeit des Systems. Wirtschaftswachstum und die einseitige Effizienzausrichtung gehen somit zu Lasten von Resilienz und Autonomie.

Merkenswert !

Eine Wirtschaft, die auf den Grundprinzipien von Nachhaltigkeit fußt, erfordert eine Re-Regionalisierung bzw. eine De-Globalisierung der Wirtschaftskreisläufe. Sie bedarf einer Entschleunigung von Gesellschaften und der Schaffung von Pufferkapazitäten.

Das zumindest hat uns die Covid-19-Pandemie bereits gezeigt, aber sie weist nicht auf die Lösung. Wegweisend ist nach wie vor der Klimawandel. Gerade jetzt müssten sehr viel mehr Energie und Geld in den Umbau von Land-, Forst- und Wasserwirtschaft sowie in den Umbau von Infrastrukturen als zentrale Elemente unserer Existenz fließen. Dies geschieht aber nicht.

Der Ruf nach handlungswilligen Politikern, nach einem handlungsfähigen Staat und nach einer transformationswilligen und -fähigen Wirtschaft sind sicher berechtigt. Sie alle werden aber zunächst nur Entscheidungen treffen, die den schwer kranken Patienten ›Wirtschaft‹ am Leben erhalten. Sie werden (noch) kein Rehaprogramm zur Verbesserung der Robustheit des ökonomischen Gesamtsystems aus einer Nachhaltigkeitsperspektive starten. Vergleichbar mit der Sanierung von Unternehmungen ist die Überwindung einer meist auch finanziellen Existenzkrise das oberste Gebot. Dies erfordert an erster Stelle die Sicherstellung der notwendigen Liquidität zur Fortführung des operativen Geschäfts. An zweiter Stelle steht eine sorgfältige, aber schnelle Analyse, welche Geschäfte weiter betrieben, welche aufgegeben bzw. abgegeben werden müssen und eine konsequente Umsetzung entsprechender Maßnahmen. Harte Schnitte müssen mit einem fokussierten Ressourcenmanagement (u. a. Personal, Kapital, Reputation) verknüpft werden. Dazu bedarf es oft einer eigenen, schlagkräftigen Krisenorganisation mit weitgehenden Befugnissen. Genau das geschieht aktuell.

Dennoch hat die Covid-19-Pandemie zu einem Umdenken geführt und auch ganz konkrete Verhaltensänderungen ausgelöst. Besonders durch Homeoffice und Videokonferenzen haben sich der Individualverkehr und die betrieblich veranlassten Geschäftsreisen deutlich reduziert, mit positiven Auswirkungen auf den CO_2-Ausstoß. Es spricht einiges dafür, dass auch nach der Covid-19-Pandemie diese Erfahrungen in den Arbeitsalltag integriert werden. Es bleibt allerdings abzuwarten, wie groß der Rebound-Effekt durch eine intensivere Nutzung des Internets ausfällt und gegebenenfalls sogar die CO_2-Einsparungen überkompensiert. Die Lufthansa jedenfalls plant bis auf Weiteres etwa zehn Prozent ihrer Flotte stillzulegen oder zu verkaufen (ca. 80 Flugzeuge) und rechnet damit, dass das Verkehrsaufkommen das vormalige Niveau nicht mehr erreichen wird. Auch die vermehrte Nutzung von selbst angebauten Lebensmitteln wird die Covid-19-Pandemie ebenso überdauern wie ein bewussterer Konsum.

! **Merkenswert**

Die Covid-19-Pandemie kann etwas Großes im Sinne der Nachhaltigkeit bewirken, wenn die Menschen die (halbwegs) positive Erfahrung machen, dass eine Wirtschaft auch mit Verzicht und Reduktion funktionieren kann. Und dass neben dem Grundprinzip Wirtschaftswachstum andere, gleichberechtigte Werte existieren können.

Ob nur gewünscht oder realistisch: Es wäre ein guter Motor für die anstehende Transformation hin zu einer nachhaltigeren Wirtschaft.

10 50 Standpunkte zu nachhaltigerem Wirtschaften

Die 50 Standpunkte sind als Thesen formuliert und basieren auf Wissen, Überzeugungen und Erfahrungen. Sie sind für sich genommen kleinste Geschichten im unerschöpflichen Strom von Wissen durch die Zeit. Alle Standpunkte wiederum ergeben zusammen die große Geschichte für Unternehmenserfolg durch nachhaltigeres Wirtschaften. Sie werden vielmehr aus der Perspektive eines Reisenden erzählt, der die Standpunkte als ›Learnings‹ für die eigene Reise nutzen kann. Sie sollen in Erinnerung bleiben und motivieren, die Dinge anders, neu oder besser zu machen. Die Reise vom Wirtschaftswachstum zum nachhaltigeren Wirtschaften beginnt genau in dem Augenblick und kann zu einer eigenen Erfolgsgeschichte werden. Daher sind in diesem Abschnitt nochmals alle Standpunkte entlang eines roten Fadens aufgelistet.

Nachhaltigkeit & Unternehmensstrategie

1. Standpunkt Nachhaltigkeit ist eine Haltung und nachhaltigeres Wirtschaften ein handlungsleitendes Prinzip! Beide Aspekte müssen in der Unternehmensstrategie verankert sein, um Wirkung entfalten zu können!
2. Wissen ist Mist! Denn dann haben wir keine Ausreden mehr und sind für unser Handeln selbst verantwortlich!

Transformationsdesign und die Suche nach Ausgängen

3. Die meisten Menschen können sich eine Gesellschaft ohne Wirtschaftswachstum schlicht nicht vorstellen. Und wenn Nicht-Wachstum mit Wohlstandsverlusten verknüpft wird, dann entstehen Ängste und Widerstand!

Verständnis von Nachhaltigkeit

4. Nachhaltigkeit bedeutet, die eigene Geschäftstätigkeit unter ökologischen, sozialen und ökonomischen Aspekten neu, anders, besser oder auch nicht mehr zu denken oder zu gestalten!
5. Nachhaltigkeit ist alles, nur nicht griffig! Nachhaltigkeit ist Vielfalt. Diese Vielfalt nutzen wir, uns unsere eigene Wirklichkeit zu kreieren. Eine Wirklichkeit mit bequemen Ausreden, nicht nachhaltig agieren zu müssen!
6. Der Weg zum nachhaltigeren Wirtschaften führt vom Shareholder-Value-Ansatz über den Stakeholder-Value-Ansatz zum System-Value-Ansatz!

Beteiligte, Rollen und Aufgaben

7. Unser Zukunfts-Ich handelt rational und vernünftig, unser Gegenwarts-Ich bequem und unvernünftig. Weil wir nach Wohlbefinden im Hier und Jetzt streben!
8. Menschen treffen andere, bessere Entscheidungen, wenn ihr Handeln für sie persönlich Konsequenzen hat!
9. Die Treiber für ein nachhaltigeres Wirtschaften sind Unternehmerpersönlichkeiten. Sie machen den Unterschied!

Anlässe für ein nachhaltigeres Wirtschaften

10. Die Wirkkräfte des ›Homo oeconomicus‹ waren nie so hoch wie heute. Die Anlässe für ein nachhaltigeres Wirtschaften sind der Bumerang des Erfolges!
11. Wachstum, Wirtschaftswachstum, bedeutet Klimawandel. Wirtschaftswachstum bedeutet soziale Verwerfungen und Verknappung natürlicher Ressourcen!
12. Viele Menschen streben nach mehr, nach mehr Erfolg und noch mehr Anerkennung. Sie verlieren dabei aber das Warum und Wofür immer mehr aus den Augen!

Ungebremstes Wirtschaftswachstum – Was passiert, wenn nichts passiert?

13. Menschen neigen dazu, Unangenehmes (un)bewusst zu verdrängen. Dieser Abwehrmechanismus ist gut für unser seelisches Überleben und schlecht für unseren Planeten Erde!
14. »Es ist das Ende der Welt, wie wir sie kennen, und jetzt können wir deprimiert sein oder neue Chancen erkennen und anpacken!« (Minsch, 2016)

Zukünfte einer nachhaltigeren Wirtschaft

15. Diskurspositionen der Nachhaltigkeit sind Imaginationen über Zukünfte, die bei uns allein schon durch die Vorstellung Unwohlsein und Widerstand auslösen!
16. Es ist menschlich und mehr als verständlich, auf Nachhaltigkeit als Modernisierung zu setzen. Alle anderen Wege erfordern fundamentale und teils schmerzhafte Veränderungen!

Nachhaltigkeit als Modernisierung

17. Die Imaginationen einer Green Economy lösen Wohlbehagen aus. Und dennoch bleibt das ungute Gefühl, dass es nicht für alle Probleme dieser Welt eine technologische Lösung gibt!

Nachhaltigkeit als systemischer Ansatz

18. Durch die Imaginationen der GWÖ können ganz konkrete Praktiken abgeleitet werden, die wiederum für Politik und Wirtschaft handlungsleitend werden können!

Einschätzungen zu den Diskurspositionen

19. In den Diskurspositionen zu den Zukünften einer nachhaltigeren Wirtschaft ist der höhere Sinn (Purpose) von wirtschaftenden Unternehmungen verankert!

Wirksamkeit nachhaltiger Innovationen

20. Menschen zahlen letztlich immer nur für Wirkungen! Daher wird jeder Markt früher oder später nur noch die wirklich von den Kunden gewünschten Wirkungen hervorbringen. (vgl. Micic, 2012)
21. Genauso, wie wir nicht nicht kommunizieren können, können wir auch nicht nicht ökologische und soziale Dienste nutzen. Aber wie wir sie nutzen, macht einen erheblichen Unterschied!

Handlungsprinzip Öko-Effizienz

22. Die Digitalisierung ist nur dann eine Schlüsseltechnologie für eine nachhaltigere Wirtschaft, wenn sie mehr ökologische und soziale Herausforderungen löst, als neue schafft!

Handlungsprinzip Suffizienz

23. Suffizienz bedeutet Verhaltensänderungen. Manifestierte Praktiken und liebgewonnene Errungenschaften des Wohlstands müssen grundlegend angepasst werden!

Handlungsprinzip Konsistenz

24. Die Umsetzung des Handlungsprinzips Konsistenz ist alternativlos. Der Beitrag für eine nachhaltigere Wirtschaft ist vergleichsweise am größten und dauert am längsten!

Die verschiedenen Ansatzpunkte der Handlungsprinzipien

25. Menschen werden auch zukünftig nicht vorausschauend und zukunftsintelligent handeln. Sie handeln, weil sie die aus früheren, nicht nachhaltigen Entscheidungen resultierenden Probleme korrigieren müssen!

Denkmodelle als Inspirationsquelle

26. Denkmodelle sind Umparkhilfen. Denkmodelle lösen Blockaden. Denkmodelle bieten Raum, um Neues zu denken!
27. Sprache hilft, die Realität zu strukturieren! Fragen helfen, die Sprache zu strukturieren!

Nachhaltigkeitspositionierung

28. Wahrhaftig nachhaltig wirtschaftende Unternehmungen erkennt man daran, dass sie ihr Engagement transparent und für Dritte glaubwürdig darstellen!
29. Eine auf nachhaltigeres Wirtschaften ausgerichtete Positionierung von Unternehmungen in der Öffentlichkeit und in ihren Märkten wird zukünftig zum Hygienefaktor!

Entwicklungsstufe 1: Greenwashing & Klimaneutralität

30. Unternehmungen, die Greenwashing betreiben, haben erkannt, dass allein das Reden über ein grünes und auf Nachhaltigkeit ausgerichtetes Engagement Wettbewerbsvorteile bringt!
31. »Nachhaltigkeit zur Normalität zu machen ist das Beste, was Greenwashing im Laufe der Zeit zum gesellschaftlichen Wandel beitragen kann.« (Holmes, 2017)!

Entwicklungsstufe 2: Stakeholder-Orientierung

32. Die richtige Anwendung der Wesentlichkeitsmatrix ist ein Indikator für die angestrebte Nachhaltigkeitspositionierung und gibt Auskunft über den Reifegrad und die Motivlage!

Entwicklungsstufe 3: Partielle Verankerung von Nachhaltigkeit

33. Durch die Messung und Kommunikation von Nachhaltigkeitsleistungen wird der eigene Anteil an den Dysbalancen transparent. Und schafft Bewusstsein für nachhaltigeres Wirtschaften!

Erfolgsfaktoren und Hemmfaktoren

34. Nachhaltigeres Wirtschaften ist erst möglich, wenn die limitierenden Engpässe eines Systems bestimmt und aufgelöst wurden!

Szenarien für ein nachhaltigeres Wirtschaften

35. Wir sind immer dann bereit, unser Handeln grundlegend zu verändern, wenn sich Katastrophen mit großer Wirkung auf unsere Gesellschaft und unser Wirtschaftssystem ereignet haben!

Kreatives Szenario: Die Konsumpyramide und ihre Auswirkungen

36. Nur positive Imaginationen von einem nachhaltigeren Konsum führen auch bei Unternehmungen zu einem Umdenken. Sie bieten aber gleichzeitig eine große Angriffsfläche für die Befürworter eines fortwährenden Wirtschaftswachstums!

Transformationspfade & Pfadabhängigkeiten

37. Shareholder Value bedeutet, ein nicht nachhaltiges Kerngeschäft trotz besseren Wissens und besserer Alternativen solange zu betreiben, bis es nicht mehr rentabel ist!

Indikatorenbericht als Treiber für eine nachhaltigere Entwicklung

38. Wirtschaftswachstum ist weiterhin das übergeordnete und alles bestimmende Handlungsprinzip. Es ist fundamental in der Green Economy verankert!

Verbraucherverhalten als Treiber für nachhaltigeres Wirtschaften

39. Die Halbwertzeit unseres nachhaltigeren Verhaltens in der Zukunft beträgt weniger als sechs Monate!

Gesetze und Regularien (Standards) als Bezugsrahmen

40. Eine Gesellschaft, die ihren überdurchschnittlichen Wohlstand ihrem Wirtschaftswachstum verdankt, wird diesen nicht freiwillig auf ein nachhaltigeres Niveau reduzieren!

Sustainable Finance als Treiber für nachhaltigeres Wirtschaften

41. Zukünftig werden Intermediäre (u.a. Banken, Versicherungen, Kapitalbeteiligungs- und Kapitalanlagegesellschaften sowie Rating-Agenturen) darüber entscheiden, was nachhaltig ist und was nicht. Und zwar nach ihrem Verständnis von Nachhaltigkeit!

Strategiemanagement

42. Eine gute Strategie setzt klare Orientierungspunkte für das Handeln und für die im Tagesgeschäft zu treffenden Entscheidungen!

Wirkungen einer strategischen Ausrichtung

43. Fokussiertes Strategiemanagement bedeutet, zehn Prozent der vorhandenen Energie auf die Strategieentwicklung und 90 Prozent auf die Kommunikation zu verwenden!

Management nachhaltiger Innovation

44. Ideen für Innovationen entstehen nicht auf Knopfdruck. Sie entstehen aus Zufällen!
45. Das Innovationsmanagement muss unaufhörlich Anlässe mit vielfältigen Variationen für ungeplante Aha-Effekte organisieren!

Gestaltung von Veränderungsprozessen

46. Mitarbeitende können Veränderungen besser ertragen, wenn sie dahinter die Sinnhaftigkeit des Neuen, das Warum und Wofür erkennen!
47. Der Umgang mit Veränderungen ist eine Führungsaufgabe! Und Führung ist nicht Management! Führung ist ein Prozess zur Verwirklichung einer auf Nachhaltigkeit ausgerichteten Unternehmensstrategie!

Nachhaltigeres Wirtschaften – ein Widerspruch?

48. Unternehmenserfolg ist nur durch nachhaltigeres Wirtschaften – und nicht trotz – langfristig zu erreichen!
49. Nachhaltigeres Wirtschaften erfordert ein hohes Maß an Frustrationstoleranz. Ihre Wegbegleiter sind Ignoranz und Resignation!

Auswirkungen der Covid-19 Pandemie

50. Die Covid-19-Pandemie hat nicht das Potenzial, das vorherrschende Wirtschaftssystem grundlegend zu reformieren. Ganz im Gegenteil: Sie fördert weiteres Wirtschaftswachstum!

11 Anhang

11.1 CrossNachhaltigkeits-Check

Der gemeinsam mit der moraleda GmbH entwickelte CrossNachhaltigkeits-Check soll Ihnen und Ihrem Unternehmen helfen, Ihren Standort auf dem Weg zu einem nachhaltigeren Wirtschaften besser bestimmen zu können. Ihre Antworten liefern Ihnen wertvolle Hinweise, wo Sie ansetzen, welche weiteren Schritte Sie initiieren und auf welche Ziele Sie sich fokussieren können. Auf den nachfolgenden Seiten finden sie einen in zehn Kategorien unterteilten Fragenkatalog mit jeweils vier Fragen. Diese Kategorien folgen einem Prozessmodell:

- Drei Kategorien sind den Managementprozessen zugeordnet: In den Managementprozessen wird die strategische Ausrichtung eines Unternehmens oder einer Organisation festgelegt. Sie bilden eine Klammer über alle weiteren Geschäftsprozesse und umfassen alle strategischen und operativen Planungs-, Steuerungs- und Controllingaktivitäten zu deren optimaler Ausrichtung.
- Vier weitere Kategorien sind den Kernprozessen zugeordnet: In den Kernprozessen findet das ›Geschäft‹ der Organisation statt und wird von den Kunden wahrgenommen. Kernprozesse werden von den Stakeholdern spontan mit einer Organisation verbunden. Ideal konfigurierte Wertschöpfungsprozesse machen die Individualität, die Wirtschaftlichkeit und damit auch die Wettbewerbsfähigkeit einer Organisation aus.
- Drei Kategorien sind den Unterstützungsprozessen zugeordnet: Die Unterstützungsprozesse tragen nur mittelbar zur Wertschöpfung bei. Von den externen Kunden werden die unterstützenden Aktivitäten am wenigsten wahrgenommen. Sie sind jedoch unerlässlich, um die Wertschöpfung zu erbringen und stellen ihre qualitativ hochwertige Erfüllung sicher.

Sie benötigen ca. zehn bis 15 Minuten, um die 40 Fragen zu beantworten. Für die Beantwortung der Fragen stehen Ihnen sechs Antwortoptionen zur Verfügung. Es gibt keine richtigen oder falschen Antworten.

Den Fragebogen können Sie auch online nutzen und auswerten: Gehen Sie hierzu auf die Website www.enkelgerecht-wirtschaften.de und rufen Sie in der Rubrik ›Werkstatt‹ den CrossNachhaltigkeits-Check auf. Dort finden Sie eine PDF-Version zum Ausdrucken und von dort aus gelangen Sie auch zum Login der interaktiven Version. Das bietet sich immer dann an, wenn mehrere Unternehmer, Führungskräfte und Entscheider in einer Organisation eine Einschätzung über die Verankerung von Nachhaltigkeit als Unternehmensstrategie vornehmen sollen. Nach einer kurzen Registrierung per E-Mail-Adresse und Passwort erhalten Sie in der Onlineversion auch umfangreiche

Erläuterungen zu den einzelnen Fragen, auf die, ebenso wie auf die Auswertung, in der nachfolgenden Darstellung verzichtet wurde.

Grundsätzlich können alle Fragen mit ›ja‹, ›teilweise – mit Fokus auf ökologische Aspekte‹ oder ›teilweise – mit Fokus auf soziale Aspekte‹, mit ›nein‹, ›nicht relevant‹ (für Ihre Unternehmung) oder mit ›kann nicht beurteilt werden‹ (aus Ihrer persönlichen Sicht) beantwortet werden.

01 | Strategie & Führung

Der Managementprozess Strategie & Führung umfasst die Entwicklung, Implementierung und Erreichung eines langfristig ausgerichteten Zielbildes. Führung ist ein Prozess, um die definierten Ziele auf Basis der Mission, der Vision und der geplanten Umsetzungsmaßnahmen zu erreichen.

1. Sind in Ihrer Unternehmensstrategie Aussagen zu Ihrem ökologischen und sozialen Engagement enthalten?
2. Haben Sie zur Umsetzung Ihres ökologischen und sozialen Engagements Nachhaltigkeitsziele mit verbindlichen Verantwortlichkeiten für alle Führungskräfte festgelegt?
3. Sind Ihre Führungskräfte Ihren Mitarbeitenden Vorbild und leben sie das ökologische und soziale Engagement Ihres Unternehmens spürbar vor?
4. Informieren Sie regelmäßig alle Interessengruppen Ihres Unternehmens über Ihr ökologisches und soziales Engagement (Absichten, Ziele, Umsetzung, Wirkungen)?

02 | Controlling & Steuerung

Der Managementprozess Controlling & Steuerung umfasst die zielgerichtete Planung, Steuerung und Kontrolle aller Unternehmensbereiche zur Umsetzung der definierten strategischen Ausrichtung.

1. Steht für Ihr Nachhaltigkeitsmanagement eine performante Infrastruktur zur Verfügung?
2. Werden die definierten Kennzahlen für die Umsetzung Ihrer Nachhaltigkeitsziele regelmäßig transparent gemacht?
3. Werden in Ihrem Unternehmen in den Entscheidungsprozessen, bei der Planung, dem Controlling und der Steuerung von Aufgaben, Prozessen und Projekten ökologische und soziale Aspekte berücksichtigt?
4. Sind alle für die Planung, das Controlling und die Steuerung verantwortlichen Mitarbeitenden und Führungskräfte mit den für Ihr Unternehmen relevanten ökologischen und sozialen Aspekten der Nachhaltigkeit vertraut?

03 | Personal

Der Managementprozess Personal umfasst die Gewinnung, Entwicklung und Qualifizierung von Führungskräften und Mitarbeitenden sowie die Gestaltung der betrieblichen Arbeitsbedingungen.

1. Haben Sie in Ihrem Unternehmen für alle Mitarbeitenden und Führungskräfte gerechte, flexible und tragfähige Arbeitsbedingungen geschaffen?
2. Führen Sie regelmäßig angemessene Qualifizierungsmaßnahmen zu ökologischen und sozialen Aspekten der Nachhaltigkeit durch, an denen grundsätzlich alle Mitarbeitenden und Führungskräfte teilnehmen können?
3. Betreiben Sie ein betriebliches Gesundheitsmanagement, um die Arbeitsprozesse und das Verhalten am Arbeitsplatz gesundheitsförderlich zu gestalten?
4. Sind alle für das Personalmanagement verantwortlichen Mitarbeitenden und Führungskräfte mit den ökologischen und vor allem sozialen Aspekten der Nachhaltigkeit vertraut?

04 | Forschung & Entwicklung

Der Kernprozess Forschung & Entwicklung umfasst die anwendungsorientierte Erforschung von denkbaren oder möglichen Lösungsansätzen und ihre systematische Weiterentwicklung zu innovativen und mehrwertstiftenden Produkten, Leistungen und Lösungen.

1. Entwickeln Sie Produkte, Leistungen und Lösungen für eine nachhaltigere Wirtschaft und berücksichtigen Sie dabei ökologische und soziale Aspekte?
2. Ermutigen Sie Ihre Mitarbeitenden und Führungskräfte regelmäßig, Ideen und Vorschläge mit ökologischen und sozialen Aspekten zur Produktentwicklung einzubringen?
3. Haben Sie einen Innovationsprozess eingeführt, bei dem ökologische und soziale Aspekte bei der Gestaltung von Produkten, Leistungen und Lösungen explizit berücksichtigt werden?
4. Fließen in Ihren Innovationsprozess die Nachhaltigkeitsziele der Vereinten Nationen (UN Sustainable Development Goals | SDGs) ein?

05 | Kunden & Verkauf

Der Kernprozess Kunden & Verkauf umfasst im Kern die Gestaltung der Kundenbeziehungen und der Verkaufskanäle. Dabei stehen die Kundenorientierung, Kundenzufriedenheit, Kundenbindung und der Kundenwert besonders im Fokus.

1. Bieten Sie Ihren Kunden Schulungen und Informationen zur nachhaltigen Nutzung Ihrer Produkte, Leistungen und Lösungen an?
2. Bieten Sie Ihren Kunden Hilfestellungen bzw. Services oder Zusatzprodukte an, die eine optimale Nutzung Ihrer Produkte, Leistungen oder Lösungen ermöglichen?

3. Bieten Sie Ihren Kunden an, aktiv an der Verbesserung oder Entwicklung Ihrer Produkte, Leistungen und Lösungen mitzuwirken?
4. Sind alle Mitarbeitenden und Führungskräfte in Verkauf und Service mit den für sie relevanten ökologischen und sozialen Aspekten bei der Nutzung Ihrer Produkte, Leistungen und Lösungen vertraut?

06 | Produktion

Der Kernprozess Produktion umfasst alle Aufgaben und Abläufe der betrieblichen Leistungserstellung für die Herstellung von Produkten, Leistungen und Lösungen.

1. Berücksichtigen Sie bei der Herstellung Ihrer Produkte, Leistungen und Lösungen ökologische und soziale Aspekte?
2. Überwachen Sie die Einhaltung von ökologischen und sozialen Aspekten bei Ihren Lieferanten und Dienstleistern?
3. Informieren Sie regelmäßig mit aussagefähigen Kennzahlen zur Umsetzung von ökologischen und sozialen Aspekten bei der Herstellung Ihrer Produkte und Leistungen?
4. Sind alle für die Produktion verantwortlichen Mitarbeitenden und Führungskräfte mit den ökologischen und sozialen Aspekten bei der Herstellung Ihrer Produkte vertraut?

07 | Logistik & Services

Der Kernprozess Logistik & Services umfasst alle Teilschritte von der Lagerung und Zwischenlagerung über den Transport, das Umschlagen, das Kommissionieren, Sortieren, Verpacken bis hin zum Verteilen von Produkten, Leistungen und Lösungen bis zum Endverbraucher.

1. Sind Ihre Lieferketten nach ökologischen und sozialen Aspekten nachhaltig gestaltet?
2. Prüfen Sie beim Eingang der von Ihnen bezogenen Waren und Dienstleistungen die von Ihnen definierten ökologischen und sozialen Anforderungen?
3. Informieren Sie Ihr Umfeld regelmäßig mit aussagefähigen Kennzahlen über die Umsetzung ökologischer und sozialer Aspekte in Ihren Lieferketten und Services?
4. Sind alle für die Logistik- und Serviceprozesse verantwortlichen Mitarbeitenden und Führungskräfte mit den für sie relevanten ökologischen und sozialen Aspekten beim Transport von Waren und Dienstleistungen vertraut?

08 |PR & Marketing

Der Unterstützungsprozess Öffentlichkeitsarbeit & Marketing umfasst alle Aufgaben und Abläufe, die sich auf den Absatz von Produkten, Leistungen und Lösungen beziehen (inkl. der Erkundung, Gestaltung und Erschließung von Absatzmärkten).

1. Berichten Sie zusätzlich zu Ihrem Geschäftsbericht regelmäßig über Ihr ökologisches und soziales Engagement für eine nachhaltigere Wirtschaft?
2. Informieren Sie Ihr Umfeld über Ihre Richtlinien für ein ethisches Marketing und klären Sie Ihre Kunden wahrheitsgemäß über die relevanten ökologischen und sozialen Aspekte auf?
3. Zertifizieren neutrale, unabhängige Dritte regelmäßig Ihr ökologisches und soziales Engagement?
4. Nutzen Sie für Werbung, Information und Kommunikation vorwiegend Methoden und Materialien, die ökologische und soziale Aspekte berücksichtigen?

09 | Einkauf & Beschaffung

Der Unterstützungsprozess Einkauf & Beschaffung umfasst den Einkauf und die Beschaffungslogistik von Materialien (Roh-, Hilfs- und Betriebsstoffe) zur Weiterverarbeitung in den Produktionsprozessen oder zum Weiterverkauf von Handelswaren.

1. Achten Sie bei der Beschaffung von Produkten und Roh-, Hilfs- und Betriebsstoffen darauf, dass Ihr Lieferant nach ökologischen und sozialen Aspekten produziert?
2. Nutzen Sie bei der Beschaffung von Waren oder bei der Vergabe von Dienstleistungen bevorzugt (lokale) Anbieter, die im besonderen Maße ökologische und soziale Aspekte berücksichtigen?
3. Beziehen bzw. produzieren Sie Ihre Energie für Strom und Wärme überwiegend aus erneuerbaren Energiequellen?
4. Sind alle für Einkauf und Beschaffung verantwortlichen Mitarbeitenden und Führungskräfte mit den für sie relevanten ökologischen und sozialen Aspekten bei dem Bezug von Waren und Dienstleistungen vertraut?

10 | Infrastruktur, IT, Netzwerke & Instandhaltung

Der Unterstützungsprozess Infrastruktur, IT, Netzwerke & Instandhaltung umfasst alle Aufgaben und Abläufe, die einen ordnungsgemäßen, sicheren und stabilen Geschäftsbetrieb ermöglichen (inkl. Personalverwaltung).

1. Achten Sie bei der Zusammenarbeit mit IT-Dienstleistern und Rechenzentren im besonderen Maße auf die Einhaltung von ökologischen und sozialen Aspekten?
2. Nutzen Sie für die eigene Betriebs- und Geschäftsausstattung vor allem Produkte, Leistungen und Lösungen, die im besonderen Maße ökologischen und sozialen Aspekten genügen?
3. Hinterlassen Sie in den Arbeitsprozessen Ihrer Verwaltung einen vergleichsweise geringen ökologischen Fußabdruck?
4. Führen Sie die Instandhaltung von Maschinen, Anlagen und Gebäuden nach ökologischen und sozialen Aspekten aus?

11.2 Glossar

1,5-Grad-Ziel: Unter dem 1,5-Grad-Ziel versteht man das Ziel, den menschengemachten globalen Temperaturanstieg durch den Treibhauseffekt auf 1,5 Grad Celsius zu begrenzen. Nach einem Sonderbericht des Weltklimarats hat das 1,5-Grad-Ziel gegenüber dem 2-Grad-Ziel deutliche Vorteile. Fast alle Staaten der Erde haben mit dem Übereinkommen von Paris einen Vertrag unterzeichnet, laut dem sie Anstrengungen zum Erreichen des 1,5-Grad-Ziels unternehmen wollen.

Ambidextrie: (Organisationale) Ambidextrie beschreibt die Fähigkeit von Organisationen, gleichzeitig effizient und flexibel zu sein. Ambidextrie bedeutet Beidhändigkeit und soll im Rahmen der organisationalen Ambidextrie die Wichtigkeit der Integration von Exploitation (Ausnutzung von Bestehendem) und Exploration (Erkundung von Neuem) verdeutlichen.

Agile Entwicklungsprozesse als Change-Konzept: Dieser Ansatz sieht die Unternehmung mit seinem Umfeld als ko-evolutionierendes System. Nicht Anpassung, sondern Mitgestaltung ist das Prinzip. Erste Ansätze dieses Konzeptes nannten sich in den frühen 1990er Jahren ›Lernende Organisation‹. In einer zunehmend komplexer wahrgenommenen Welt erhält die Suche nach Organisationsformen, die sich den Veränderungen auf Dauer stellen und stetige Veränderung in ihrer DNA tragen, einen verstärkten Antrieb. Als agile Organisationen werden jene verstanden, die sich u. a. an folgenden Prinzipien ausrichten: Orientierung am Purpose/Sinn, verteilte Verantwortung, flexible Formen der Zusammenarbeit, neue Meetingformate und agile Steuerung. Auch Steuerung und Führung sind selbst Thema. Daher braucht es einen Rahmen, eine Meta-Kompetenz, die das Feld absteckt, in dem die Experimente stattfinden und über Reflexion weiterentwickelt werden können.

Anschlussfähigkeit: siehe Ausführungen in Kapitel 4.3.1

Biodiversität, schrumpfende: Das Ökosystem der Erde hat in Milliarden von Jahren einen enormen biologischen Reichtum geschaffen. Diese Artenvielfalt ist einer der größten Werte und Aktivposten der Menschheit, ob im biologischen Sinne, für die Medizin oder als Wirtschaftsfaktor. In den letzten Jahrzehnten ist die weltweite Artenvielfalt einem dramatischen Massensterben ausgesetzt. Unzählige Tier- und Pflanzenarten sind bereits ausgelöscht, zehntausende akut vom Aussterben bedroht. Die Überfischung der Weltmeere ist ein Beispiel dafür. Tierische Rohstoffe werden knapper.

Blue Economy: siehe Ausführungen in Kapitel 4.3.1

Brundtland-Kommission und **Brundtland-Bericht**: Als Brundtland-Bericht wird ein Bericht mit dem Titel ›Our Common Future‹ (›Unsere gemeinsame Zukunft‹) bezeichnet, den 1987 die Weltkommission für Umwelt und Entwicklung der Vereinten Nationen (Brundtland-Kommission) veröffentlichte. Die ehemalige norwegische Ministerpräsidentin Gro Harlem Brundtland hatte in dieser Kommission den Vorsitz. Der Bericht ist für seine Definition des Begriffs ›Nachhaltige Entwicklung‹ bekannt.

Bruttoinlandsprodukt (BIP): Das BIP gibt Auskunft über den Gesamtwert aller Güter, d. h. aller Waren und Dienstleistungen (nach Abzug aller Vorleistungen), die während eines Jahres innerhalb der Landesgrenzen einer Volkswirtschaft als Endprodukte hergestellt wurden.

Buen Vivir zielt vereinfacht dargestellt auf materielle, soziale und spirituelle Zufriedenheit für alle Mitglieder der Gemeinschaft, jedoch nicht auf Kosten anderer Mitglieder und nicht auf Kosten der natürlichen Lebensgrundlagen, und kann als ›Zusammenleben in Vielfalt und Harmonie mit der Natur‹ verstanden werden, wie es in der Präambel der ecuadorianischen Verfassung heißt.

Business Model Canvas ist ein Framework für die Visualisierung und Strukturierung von Geschäftsmodellen. Das Framework wurde vom Schweizer Alexander Osterwalder entwickelt und 2008 in seinem Buch ›Business Model Generation‹ veröffentlicht. Seitdem wird es bei der strategischen Planung und Entwicklung von Geschäftsmodellen immer häufiger eingesetzt.

Business-as-usual-Szenario: siehe Ausführungen in Kapitel 4.2

Business Process Engineering als Change-Konzept: Ziel von Business Process Engineering ist die Erhöhung der Kundenzufriedenheit und Leistungsfähigkeit des Unternehmens in einer revolutionären Größenordnung. Kosten, Qualität und Schnelligkeit sollen durch Erneuerungen, Vereinfachungen und Neugestaltungen radikal gesenkt, verbessert und gesteigert werden. Oft wird auch von einem ›Greenfield Approach‹ gesprochen, um radikales Um- und Neudenken anzuregen. Dieser Ansatz ist auch als Reengineering bekannt und beruht auf einem ingenieurmäßigen Ansatz. Die Konzeption ist in ihrer grundlegenden Ausprägung Experten- und Top-down-orientiert und scheint vor allem dort Erfolg versprechend, wo hoher Veränderungsbedarf besteht und der Organisation eine Selbsttransformation nicht zugetraut wird oder das Neue/Andere schon vorentwickelt vorhanden ist.

Carlowitz, Freiherr von: Hans Carl von Carlowitz (1645-1714) war ein deutscher Kameralist, königlich-polnischer und kurfürstlich-sächsischer Kammer- und Bergrat sowie Oberberghauptmann des Erzgebirges. Er schrieb mit der ›Sylvicultura oeconomica oder Haußwirthliche Nachricht und Naturmäßige Anweisung zur Wilden Baum-Zucht‹ 1713 das erste geschlossene Werk über die Forstwirtschaft und gilt als wesentlicher Schöpfer des forstlichen Nachhaltigkeitsbegriffs.

Change-Agent: Ein Change Agent (oder Change-Management-Berater, auch Erneuerer, Betreiber des Wandels) ist ein Experte für die konstruktive Herbeiführung von Klärungen in Entscheidungs- und Konfliktsituationen sowie von Innovationen bzw. Neuerungen und Veränderungen im persönlichen, organisatorischen, wirtschaftlich-technologischen oder politisch-sozialen Bereich. Er bewirkt dies entweder durch absichtsvolles Handeln zur direkten Einwirkung auf das Verhalten anderer Personen oder als mittelbare Auslösung von Reaktionen auf die Art seines Verhaltens oder auf dazu herbeigeführte Ereignisse.

Change-Management: Unter Veränderungsmanagement lassen sich alle Aufgaben, Maßnahmen und Tätigkeiten zusammenfassen, die eine umfassende, bereichsübergreifende und inhaltlich weitreichende Veränderung – zur Umsetzung neuer Strategien, Strukturen, Systeme, Prozesse oder Verhaltensweisen – in einer Organisation bewirken sollen. Mit der Verfolgung von Änderungen an Produkten befasst sich das Änderungswesen.

Climate Security: siehe Ausführungen in Kapitel 4.3.3

Club of Rome: Der Club of Rome ist ein Zusammenschluss von Experten verschiedener Disziplinen aus mehr als 30 Ländern und wurde 1968 gegründet. Die gemeinnützige Organisation setzt sich für eine nachhaltige Zukunft der Menschheit ein. Mit dem 1972 veröffentlichten Bericht ›Die Grenzen des Wachstums‹ erlangte er große weltweite Beachtung. Seitdem kämpft der Club of Rome für nachhaltige Entwicklung und setzt sich für den Schutz von Ökosystemen ein. Seit 2008 hat die Organisation ihren Sitz in Winterthur, Schweiz.

CO2-/Biodiversitäts-Offsets: Offsets und ökologische Ausgleichsmaßnahmen für den Verlust von Biodiversität werden zunehmend zum Erreichen von Nachhaltigkeitszielen genutzt. Offsets sind ein Verfahren, mit dem die Akteure den durch ihre Tätigkeit verursachten Umweltschaden ausgleichen sollen: Im Rahmen von CO_2-Offsets investieren die Akteure beispielsweise in Waldschutz- und Aufforstungsmaßnahmen als Ausgleich für die durch Treibhausgasemissionen verursachten Schäden. Im Rahmen von Biodiversitäts-Offsets unterstützen die Akteure mit ihren Investitionen die Schaffung von äquivalenten Lebensräumen für eine bestimmte Art an einem anderen Ort.

Corporate Social Responsibilty (CSR): CSR oder unternehmerische Gesellschaftsverantwortung umschreibt den freiwilligen Beitrag von Unternehmungen zu einer nachhaltigen Entwicklung, der über die gesetzlichen Anforderungen hinausgeht. CSR steht für verantwortliches unternehmerisches Handeln von der eigenen Geschäftstätigkeit (Markt) über ökologisch relevante Aspekte (Umwelt) bis hin zu den Beziehungen mit Mitarbeitern (Arbeitsplatz) und dem Austausch mit den relevanten Anspruchs- bzw. Interessengruppen (Stakeholdern).

Cradle to Cradle: siehe Ausführungen in Kapitel 5.3.5

Create Shared Values: Die Schaffung von gemeinsamen Werten (Create Shared Values) ist ein Geschäftskonzept, das als Verbindung zwischen Wettbewerbsvorteil und sozialer Verantwortung von Unternehmen dienen soll. Die zentrale Erkenntnis für die Schaffung eines gemeinsamen Wertes ist, dass sich die Wettbewerbsfähigkeit eines Unternehmens und die Unversehrtheit der angrenzenden, regionalen Gesellschaft (u. a. andere Unternehmen, Gemeinden, Sozialsysteme) gegenseitig bedingen. Diese Zusammenhänge können genutzt werden, um den gesellschaftlichen und wirtschaftlichen Fortschritt zu gestalten und dadurch den Kapitalismus neu zu definieren.

CSR-Berichterstattung: Das Europäische Parlament und die Mitgliedstaaten der EU haben 2014 eine Richtlinie zur Erweiterung der Berichterstattung von großen kapitalmarktorientierten Unternehmen, Kreditinstituten, Finanzdienstleistungsinstituten und Versicherungsunternehmen verabschiedet (sog. CSR-Richtlinie). Ziel der Richtlinie ist es insbesondere, die Transparenz über ökologische und soziale Aspekte von Unternehmen in der EU zu erhöhen. Dabei geht es um Informationen zu Umwelt-, Sozial- und Arbeitnehmerbelangen sowie die Achtung der Menschenrechte und die Bekämpfung von Korruption und Bestechung. Deutschland hat die Richtlinie in nationales Recht umgesetzt (CSR-Richtlinie-Umsetzungsgesetz). Das CSR-Richtlinie-Umsetzungsgesetz (CSR-USG) ist seit dem Geschäftsjahr 2017 auf Lageberichte anwendbar. Siehe auch Kapitel 6.2.3

CSR-Rating: Ein Rating ist ein Verfahren zur Einschätzung oder Beurteilung von Personen, Gegenständen oder Situationen. Es ist ein durch Symbole bzw. Zeichen oder Zeichenfolgen ausgedrücktes Urteil einer Beurteilungsinstanz (Ratingagentur) über ein bestimmtes Merkmal eines Unternehmens, einer öffentlichen Einrichtung oder eines Landes. Das Ergebnis wird auf Skalen abgebildet. CSR-Ratings erfüllen derzeit primär im Rahmen von ethischen bzw. nachhaltigen Kapitalanlagen eine Informationsfunktion mit Bezug zur Nachhaltigkeit bzw. CSR. Nachhaltigkeitsratings werden auch in erheblichem Umfang durch spezialisierte Analysten in Kreditinstituten durchgeführt. In Analogie zur Ermittlung der Kreditwürdigkeit können Nachhaltigkeitsbewertungen von Kreditinstituten durch ihre internen Analyseabteilungen als ›Nachhaltigkeits-Würdigkeitsprüfungen‹ verstanden werden.

CSR-USG (USG = Umsetzungsgesetz): siehe Ausführungen in Kapitel 6.2.3

Dekarbonisierung, auch Entkarbonisierung, bezeichnet die Umstellung der Wirtschaftsweise, speziell der Energiewirtschaft, in Richtung eines niedrigeren Umsatzes von Kohlenstoff. Das theoretische Ziel ist auf Dauer die Schaffung einer kohlenstofffreien Wirtschaft.

Design Thinking ist ein Ansatz, der zum Lösen von Problemen und zur Entwicklung neuer Ideen führen soll. Ziel ist es, Lösungen zu finden, die aus Anwendersicht (Nutzersicht) überzeugend sind. Im Gegensatz zu anderen Innovationsmethoden kann bzw. wird Design Thinking teilweise nicht als Methode oder Prozess, sondern als Ansatz beschrieben, der auf den drei gleichwertigen Grundprinzipien Team, Raum und Prozess besteht.

Deutscher Nachhaltigkeitskodex (DNK): siehe Ausführungen in Kapitel 6.2.3

Diskursströmungen & Diskurspositionen: siehe Ausführungen in Kapitel 4.3 und folgende

Dreidimensionale Wertschöpfung: Unternehmen verfolgen nicht nur ökonomische, ökologische und soziale Ziele, sondern sie verfolgen auch eine dreidimensionale Wertschöpfung. Um diese Ziele zu erreichen, werden Nachhaltigkeitsstrategien und -pläne verfolgt, die mittels Nachhaltigkeits-Managementsystemen umgesetzt werden und über deren Erfolg differenziert Bericht erstattet wird. Siehe auch Kapitel 6.1

Earth Overshoot Day ist in einer jährlichen Kampagne der Organisation Global Footprint Network der Tag des laufenden Jahres, an dem die menschliche Nachfrage nach nachwachsenden Rohstoffen das Angebot und die Kapazität der Erde zur Reproduktion dieser Ressourcen in diesem Jahr übersteigt.

Eco-Management and Audit Scheme (EMAS): siehe Ausführungen in Kapitel 6.2.3

Energy Harvesting: siehe Ausführungen in Kapitel 5.3.7

Engpassorientierung (Minimumgesetz): siehe Ausführungen in Kapitel 6.3

Erdgipfel von Rio: siehe UNCED

Erfolgs- und Hemmfaktoren: siehe Ausführungen in Kapitel 6.3

Ethik: Die Ethik ist jener Teilbereich der Philosophie, der sich mit den Voraussetzungen und der Bewertung menschlichen Handelns befasst und ist das methodische Nachdenken über die Moral. Im Zentrum der Ethik steht das spezifisch moralische Handeln, insbesondere hinsichtlich seiner Begründbarkeit und Reflexion.

Fridays for Future (FFF): »FFF (›Freitage für [die] Zukunft‹, auch FridaysForFuture, ›Schulstreik für das Klima‹ oder ›Klimastreik‹) ist eine globale soziale Bewegung ausgehend von Schülern und Studierenden, welche sich für möglichst umfassende, schnelle und effiziente Klimaschutz-Maßnahmen einsetzen, um das auf der Weltklimakonferenz in Paris 2015 (COP 21) im Weltklimaabkommen beschlossene 1,5-Grad-Ziel der Vereinten Nationen noch einhalten zu können. Nach dem Vorbild der Initiatorin Greta Thunberg gehen Schülerinnen und Schüler freitags während der Unterrichtszeit auf die Straßen und protestieren. Der Protest findet weltweit statt und wird von den Schülern und Studenten organisiert; so sollen beispielsweise am ersten weltweit organisierten Klimastreik am 15. März 2019 fast 1,8 Mio. Menschen an den Demonstrationen von FFF teilgenommen haben. Fridays for Future ist in Deutschland als nicht rechtsfähige Personenvereinigung organisiert und versteht sich selbst als basisdemokratische Graswurzelbewegung.« (Wikipedia, 2020a)

Gemeinwohlökonomie: siehe Ausführungen in Kapitel 4.3.2

Geoengineering: Der Sammelbegriff Geoengineering bezeichnet vorsätzliche und großräumige Eingriffe mit technischen Mitteln in geochemische oder biogeochemische Kreisläufe der Erde. Als Ziele derartiger Eingriffe werden hauptsächlich das Abbremsen der anthropogenen, globalen Erwärmung, etwa durch den Abbau der CO_2-Konzentration in der Atmosphäre, oder die Verringerung der Versauerung der Meere genannt.

Globale Apartheit: siehe Ausführungen in Kapitel 4.3.3

Grad der Nachhaltigkeit: siehe Ausführungen in Kapitel 4.3.2

Green Economy (oder auch Green Growth): siehe Ausführungen in Kapitel 4.3.1

Greenwashing: siehe Ausführungen in Kapitel 6.2.1

Grüner Kapitalismus: siehe Ausführungen in Kapitel 4.3.1

Handlungsprinzipien für ein nachhaltigeres Wirtschaften, siehe Ausführungen in Kapitel 5.2

Industriedesign: Die Dienstleistung ›Industriedesign‹ befasst sich mit dem Entwurf serieller und/oder industrieller Produkte. Im Allgemeinen werden dabei zwei Arbeitsbereiche unterschieden: das Gestalten von Konsumgütern und das Gestalten von Investitionsgütern. Als Ergebnis der Arbeitsteilung arbeitet der Designer häufig in einem interdisziplinären Team, seine Aufgaben umfassen je nach Betätigungsfeld die Formfindung, beispielsweise unter dem Aspekt der formalen Schlüssigkeit, der Fertigungsgerechtigkeit oder der Zielgruppenbedürfnisse. Der Designer ist nicht Gestalter von Unikaten, sondern von Produkten, die in einer seriellen (Massen-)Produktion hergestellt werden.

Innovation, inkrementelle & radikale: siehe Ausführungen in Kapitel 8.2

Intergovernmental Panel on Climate Change (IPCC): siehe Ausführungen in Kapitel 3.2 und 7.2

Klimaneutralität: siehe Ausführungen in Kapitel 6.2.1

Kleine und mittlere Unternehmen (KMU): Kleinstunternehmen sind Unternehmen, die weniger als zehn Mitarbeiter und einen Jahresumsatz oder eine Jahresbilanzsumme von höchstens zwei Mio. Euro haben. Kleine Unternehmen sind Unternehmen, die weniger als 50 Mitarbeiter und einen Jahresumsatz oder eine Jahresbilanzsumme von höchstens zehn Mio. Euro haben. Mittlere Unternehmen sind Unternehmen, die weniger als 250 Mitarbeiter und einen Jahresumsatz von höchstens 50 Mio. Euro oder eine Jahresbilanzsumme von höchstens 43 Mio. Euro haben.

Kollaboration bezeichnet die ideelle Zusammenarbeit zwischen Personen oder Gruppen von Personen. Insbesondere ist damit die Zusammenarbeit mit dem Wettbewerber gemeint.

Kommunikationsdesign: Kommunikationsdesigner agieren in einem breiten Spektrum. Sie planen und realisieren Entwürfe, um Informationen aller Art visuell und verbal auf intelligente und ästhetisch ansprechende Weise zu kommunizieren.

Konsistenz als Handlungsprinzip: siehe Ausführungen in Kapitel 5.2.4

Kontinuierlicher Verbesserungsprozess (KVP) als Change-Konzept: Aufbauend auf den Grundlagen des Qualitätsmanagements setzt sich KVP nicht nur die Verbesserung der Leistungen, sondern auch der Leistungsfähigkeit des Systems selbst zum Ziel. KVP ist auf reale Tätigkeiten und das reale Wissen fokussiert und entwickelt Führungs- und Organisationsmethoden für ein aktives, transparentes und wertschöpfungsorientiertes Selbstmanagement von Einzelnen und Teams.

Kyoto-Protokoll: Das Protokoll von Kyoto zum Rahmenübereinkommen der Vereinten Nationen über Klimaänderungen (kurz: Kyoto-Protokoll, benannt nach dem Ort der Konferenz Kyoto in Japan) ist ein am 11. Dezember 1997 beschlossenes Zusatzprotokoll zur Ausgestaltung der Klimarahmenkonvention der Vereinten Nationen (UNFCCC) mit dem Ziel des Klimaschutzes. Das am 16. Februar 2005 in Kraft getretene Abkommen legt erstmals völkerrechtlich verbindliche Zielwerte für den Treibhausgas-Ausstoß – der Hauptursache der globalen Erwärmung – in den Industrieländern fest.

Leitplankenmodell: siehe Ausführungen in Kapitel 3.2.1

Menschliches Wohlergehen: siehe Ausführungen in Kapitel 3.2, 5.1 und 7.1.1

Modelle der Nachhaltigkeit: siehe Ausführungen in Kapitel 3.2.1

Nachhaltigkeitsleistungen: siehe Ausführungen in Kapitel 6.2.3

Nachhaltigkeitsstrategie der Bundesregierung: siehe Ausführungen in Kapitel 7.3.3

Naturentfremdung ist abstrakt formuliert ein wachsender Verlust an physischen, psychischen und mentalen Beziehungen zur äußeren Natur. Mit äußerer Natur ist wiederum der Gegensatz zu dem Teil der Natur gemeint, den wir selber darstellen.

Nutzungsinnovationen sind Innovationen, die vorhandene Objekte und Infrastrukturen neu oder anders nutzen. Beispiele sind tauschen und teilen.

Öko-Effizienz: siehe Ausführungen in Kapitel 5.2.2

Ökologischer Fußabdruck: siehe Ausführungen in Kapitel 6.2.3

Ökosystem: Ein Ökosystem ist ein dynamischer Komplex von Gemeinschaften aus Pflanzen, Tieren und Mikroorganismen sowie deren nicht lebender Umwelt, die als funktionelle Einheit in Wechselwirkung stehen.

Ökosystemmanagement: Mit einem Ökosystemmanagement soll die Energie- und Ressourceneffizienz weiter gesteigert und das Naturkapital besser genutzt werden. Es ist ein Prozess zur Erhaltung wichtiger ökologische Dienstleistungen und Wiederherstellung natürlicher Ressourcen bei gleichzeitiger Erfüllung der sozioökonomischen, politischen und kulturellen Bedürfnisse heutiger und zukünftiger Generationen. Ihr Hauptziel ist die effiziente Wartung von und ein ethischer Umgang mit natürlichen Ressourcen.

Ökosystemleistung: Ökosystemleistungen bezeichnet die ›Nutzenstiftungen‹ bzw. Vorteile, die Menschen von Ökosystemen beziehen. Beispiele für Ökosystemleistungen sind das Bestäuben von Obstblüten durch Insekten, die Bereitstellung von nutzbarem Bewässerungs- und Trinkwasser durch natürliche Filtration von Niederschlag, die Reproduktion von Fischpopulationen als Nahrungsmittel sowie die Bereitstellung von frischer Luft und einer ansprechenden Umwelt für Freizeit, Erholung und ästhetischen Genuss.

Open Innovation: ›Offene Innovation‹ bezeichnet die Öffnung des Innovationsprozesses von Organisationen und damit die aktive strategische Nutzung der Außenwelt zur Vergrößerung des Innovationspotenzials. Das Open-Innovation-Konzept beschreibt die zweckmäßige Nutzung von in das Unternehmen ein- und ausdringendem Wissen unter Anwendung interner und externer Vermarktungswege, um Innovationen zu generieren.

Organisationsentwicklung als Change-Konzept: Dieser Ansatz setzt bei den Problem- und Chancenwahrnehmungen der Mitarbeitenden und Führungskräfte an. Auf Grundlage einer Diagnose der Auswirkungen von Veränderungen für die Betroffenen werden Maßnahmen entwickelt, die sowohl die Arbeitsresultate als auch die Arbeitszufriedenheit verbessern sollen. Während Arbeitszufriedenheit in vielen anderen Konzepten als notwendige Bedingung für Leistungs- und Entwicklungsfähigkeit angesehen wird, wird sie hier zum Ausgangspunkt und zur Triebfeder für Veränderung. Betroffene zu Beteiligten zu machen, ist die Devise und gute Beteiligungsprozesse der Erfolgsfaktor.

Pay-per-Use (nutzen statt kaufen): siehe Ausführungen in Kapitel 5.3.2

Pfadabhängigkeit: Das Konzept der Pfadabhängigkeit beschreibt Prozessmodelle, deren Verlauf einem Pfad ähnelt. Wie bei einem Pfad gibt es dort Anfänge und Kreuzungen, an denen mehrere Alternativen zur Auswahl stehen. An diesen Kreuzungspunkten verhalten sich pfadabhängige Prozesse nicht deterministisch, sondern chaotisch. Ein kleiner Einfluss kann hier einen großen Effekt haben und zu einem ganz anderen Ausgang führen. Ein einmal eingeschlagener Pfad wird von positiven Rückkopplungseffekten verstärkt. Kleinere Einflüsse bewirken kaum mehr eine Richtungsabweichung. Waren andere Alternativen am Kreuzungspunkt noch relativ mühelos erreichbar, wird ein bewusstes Umschwenken in der stabilen Phase deutlich aufwendiger. So wird an einem Pfad unter Umständen selbst dann festgehalten, wenn sich später herausstellt, dass eine Alternative überlegen gewesen wäre. Pfadabhängige Prozesse sind also nicht selbstkorrigierend, sondern verfestigen u. a. auch Fehler.

Planetary Boundaries: Als ›planetare Grenzen‹ werden ökologische Grenzen der Erde bezeichnet, deren Überschreitung die Stabilität des Ökosystems und die Lebensgrundlagen der Menschheit gefährdet.

Postwachstumsökonomie (Degrowth): siehe Ausführungen in Kapitel 4.3.2

Postkapitalismus: siehe Ausführungen in Kapitel 4.3.2

Produktinnovationen sind Innovationen, die aufgrund von Forschung und Entwicklung oder technischem Fortschritt ein völlig neues oder wesentlich verändertes, bestehendes Produkt hervorbringen. Pendant sind im Finanzwesen die Finanzinnovationen.

Projektion: Eine Projektion ist eine fundierte, subjektive Aussage über den wahrscheinlichen Zustand eines Beobachtungsobjektes zu einem bestimmten Zeitpunkt in der Zukunft.

Qualitätsmanagement (QM) als Change-Konzept: QM orientiert sich an den Erwartungen der Kunden und setzt auf ein durchgängiges Management der Qualität von Produkten und Prozessen. Ausgangspunkt ist eine klare Qualitätsstrategie, die durch organisatorische (Qualitätssicherungs-System, Qualitätsmanagement-Handbuch) und partizipative (Qualitätszirkel, Projektteams, Verantwortungsdelegation) Elemente wirksam wird. Notwendiger Rahmen hierfür ist eine stetige und durchgeplante Personalentwicklung. QM startet und endet mit Training und braucht eine kooperative und konsequente Unternehmenskultur.

Rebound-Effekt: siehe Ausführungen in Kapitel 5.2.2

Reduce-Reuse-Recycle (RRR): Reduce, Reuse und Recycle (Reduzierung, Wiederverwendung und Recycling) sind drei wesentliche Merkmale eines umweltverträglichen Verbraucherverhaltens. Die Begriffsgruppe wird auch als Abfallhierarchie bezeichnet.

Resilienz: Die Resilienz ist die Widerstandsfähigkeit eines Lebewesens, eines Systems gegen schädliche Einflüsse der Umwelt (z. B. Parasiten, Infektionen, Krankheiten, Klima), bei Tier- und Pflanzenschädlingen auch gegen angewandte Bekämpfungsmittel, sowie bei Bakterien und Viren gegen Medikamente. Resilienz oder psychische Widerstandsfähigkeit ist die Fähigkeit, Krisen zu bewältigen und sie durch Rückgriff auf persönliche und sozial vermittelte Ressourcen als Anlass für Entwicklungen zu nutzen. Mit Resilienz verwandt sind Entstehung von Gesundheit (Salutogenese), Widerstandsfähigkeit (Hardiness), Bewältigungsstrategie (Coping) und Selbsterhaltung (Autopoiesis). In der Medizin bezeichnet Resilienz auch die Aufrechterhaltung bzw. rasche Wiederherstellung der psychischen Gesundheit während oder nach stressvollen Lebensumständen und wird als Ergebnis der Anpassung an Stressoren definiert. Das Gegenteil von Resilienz ist Verwundbarkeit (Vulnerabilität).

Ressourcenkonflikt: Der Zugang zu bestimmten Ressourcen wird sich angesichts von Bevölkerungswachstum, Rohstoffknappheit und dem Aufstieg neuer Wirtschaftsmächte zunehmend problematisch und konfliktbeladen gestalten. Wirtschaftliche, politische und womöglich gewaltsame Konflikte werden nicht nur um Öl geführt werden, sondern auch um Trinkwasser und Nahrungsmittel. Für hochentwickelte Länder erlangt der Zugang zu seltenen mineralischen Rohstoffen kritische Bedeutung, vor allem im Bereich der Zukunftstechnologien.

Rio+20: UN Conference on Sustainable Development (UNCSD): Die Konferenz der Vereinten Nationen über nachhaltige Entwicklung (United Nations Conference on Sustainable Development, UNCSD) fand vom 20. bis 22. Juni 2012 in Rio de Janeiro statt. Kurz als Rio 2012 bezeichnet sollte die UNCSD die drei folgenden Ziele erreichen:

[1.] Sicherstellung erneuerten politischen Engagements für nachhaltige Entwicklung, [2.] Erfassung des Fortschritts sowie anhaltender Probleme bei der Umsetzung bereits beschlossener Ziele und [3.] Adressierung neuer und entstehender Herausforderungen. An der Konferenz nahmen rund 190 Staaten teil.

Rio-Konferenz: siehe UNCED

Sanierungsmanagement als Change-Konzept: Die Überwindung einer – meist auch finanziellen – Existenzkrise ist das Ziel. Dies erfordert an erster Stelle die Sicherstellung der notwendigen Liquidität zur Fortführung des operativen Geschäfts. An zweiter Stelle steht eine sorgfältige, aber schnelle Analyse, welche Geschäfte weiter betrieben, welche aufgegeben bzw. abgegeben werden müssen und eine konsequente Umsetzung entsprechender Maßnahmen. Harte Schnitte müssen mit einem fokussierten Ressourcenmanagement (Personal, Kapital, Reputation) verknüpft werden. Dazu bedarf es oft einer eigenen, schlagkräftigen Krisenorganisation mit weitgehenden Befugnissen. Der aktuelle Veränderungsbedarf im Unternehmen ist hinsichtlich operativer Erfolgskennzahlen (u. a. ROI, ROS, Cashflow) und die Veränderungsfähigkeit des Systems hinsichtlich ihrer personellen und organisatorischen Kompetenzen und Motivationen zu bestimmen.

Shareholder Value: siehe Ausführungen in Kapitel 3.2.2

Siegel (Gütesiegel oder Label): siehe Ausführungen in Kapitel 6.2.3

Social Entrepreneurship: Unter Sozialunternehmertum bzw. sozialem Unternehmertum (Social Entrepreneurship) wird eine unternehmerische Tätigkeit verstanden, die sich innovativ, pragmatisch und langfristig für die Lösung sozialer Probleme oder allgemeiner für einen wesentlichen, positiven Wandel einer Gesellschaft (für sog. metaökonomische Oberziele) einsetzen will. Ein Unternehmer, der eine solche Tätigkeit leitet, wird Social Entrepreneur genannt. Gebiete, auf denen sich ein Social Entrepreneur engagiert, sind zum Beispiel Bildung, Umweltschutz, Arbeitsplatzschaffung für Menschen mit Behinderungen, Armutsbekämpfung oder Menschenrechte. Der Profitgedanke steht für Social Entrepreneurs im Hintergrund, weshalb viele dieser Unternehmer in Non-Profit-Organisationen organisiert sind, andere Rechtsformen leiten oder unterstützen.

Solidarische Ökonomie: siehe Ausführungen in Kapitel 4.3.2

Soziale Dienste: Soziale Dienste beschreiben Leistungen, die für die Gesellschaft erbracht werden, um allgemeines menschliches Wohlergehen zu ermöglichen und im Idealfall zu erhalten. Beispiele für soziale Dienste sind u. a. medizinische Versorgung, Pflege und Vorsorge, Bildungsmöglichkeiten, Mobilitätsangebote, Versorgungssicherheit, Gleichheit, Freizeitangebote, soziale und politische Mitwirkung, Schaffung von Beschäftigungsmöglichkeiten.

Steady-State-Economy: siehe Ausführungen in Kapitel 4.3.2

Stage-Gate-Prozess: Der Stage-Gate-Prozess unterteilt ein Entwicklungsvorhaben in mehrere Abschnitte und sogenannte Tore (Gates). Die Einteilung in die einzelnen Abschnitte erfolgt dabei sachlogisch, so dass eine Innovation zu Beginn des Stage-Gate-Prozesses zunächst im Hinblick auf ihre technische und betriebswirtschaftliche Güte analysiert wird, ehe sie an die Entwicklung übergeben wird. Anschließend wird die Innovation serienreif weiterentwickelt und im Markt eingeführt. Die Anzahl der Abschnitte variiert in Abhängigkeit von den Bedürfnissen der Branche bzw. der einzelnen Unternehmen. So sind bei Aggregatprojekten in der Automobilindustrie zehn Abschnitte keine Seltenheit, während der Standard bei vier bis sechs Abschnitten liegt. Zentraler Bestandteil sind darüber hinaus Tore, welche zwischen den einzelnen Abschnitten positioniert sind und als Meilenstein fungieren. Bevor ein Projektteam die Aufgaben des nächsten Abschnitts in Angriff nehmen kann, wird im Rahmen der Gates eine Entscheidung getroffen, ob das Projekt fortgeführt oder abgebrochen wird. Dabei wird das Projekt an vorzuweisenden, vorab definierten Resultaten und Kriterien bemessen. Üblicherweise erfolgt diese Projektbewertung durch vorgesetzte Manager der verschiedenen Bereiche, die jene erforderlichen Mittel kontrollieren, die vom Projektteam für den nächsten Abschnitt benötigt werden.

Stakeholder Value: siehe Ausführungen in Kapitel 3.2.2

Strategiemanagement: siehe Ausführungen in Kapitel 8.1

Suffizienz als Handlungsprinzip: siehe Ausführungen in Kapitel 5.2.3

Sustainable Development Goals (17 SDGs): siehe Ausführungen in Kapitel 5.1

Systeminnovationen sind technologisch basierte Innovationen, die sich in wirtschaftlich tragfähige und gesellschaftlich akzeptierte Produkte oder Dienstleistungen umsetzen lassen, wenn es gelingt, die notwendigen Komponenten und Kompetenzen in funktionierende Systemarchitekturen einzubinden. Sie überwinden Pfadabhängigkeiten, organisatorische und fachliche Grenzen, sind geprägt durch ein funktionierendes Zusammenwirken unterschiedlicher Stakeholder entlang von Wertschöpfungsprozessen und ermöglichen Geschäftsmodelle, die erst durch die Akzeptanz der relevanten Akteure und Akteurinnen zum Erfolg geführt werden können (z. B. nicht Auto verbessern, sondern Mobilität neu denken).

System Value: siehe Ausführungen in Kapitel 3.2.2

Transformation als Change-Konzept: Dieser Ansatz ist ähnlich radikal wie das Business (Process) Engineering, richtet sich jedoch stärker auf die eigene Ressourcennutzung und Selbstorganisation im Handeln aus. Der wesentliche Unterschied liegt in der Annahme, durch eine grundsätzliche Neuausrichtung des Geschäfts neue Kunden und Leistungsfelder zu erschließen und damit eine erfolgreiche Nutzung der Ressourcen des Unternehmens in neuer Form zu ermöglichen. Die Gestaltung von Veränderungsprozessen ist strategisch Top- down orientiert. Operativ sind jedoch die frühzeitige Involvierung, hohe Selbstorganisation und die eigenverantwortliche Entwicklung von Detaillösungen Erfolgsprinzipien.

Transition-Town-Initiative: siehe Ausführungen in Kapitel 4.3.2

Treibhauseffekt: Der Treibhauseffekt ist die Wirkung von Treibhausgasen in einer Atmosphäre auf die Temperatur der Planetenoberfläche wie die der Erde. Er bewirkt dort eine Temperaturerhöhung. Der Effekt entsteht dadurch, dass die Atmosphäre weitgehend transparent für die von der Sonne ankommende, kurzwellige Strahlung ist, jedoch wenig transparent für die langwellige Infrarotstrahlung, die von der warmen Erdoberfläche und von der erwärmten Luft emittiert wird. Die Analogie zwischen dem atmosphärischen Treibhauseffekt und einem Gewächshaus besteht in der Gemeinsamkeit, dass Licht nahezu ungehindert in das System eindringt, während die daraus entstehende Wärme das System weniger leicht verlassen kann. Je stärker der Wärmefluss nach draußen gedämmt wird, desto höher steigt im Inneren die Temperatur, bis ein Gleichgewicht zwischen umgewandelter Lichtenergie und Wärmeverlust erreicht wird. Die Mechanismen sind dabei verschieden: Im Gewächshaus kann die vom Boden aufsteigende Warmluft durch die Glaswände nicht nach draußen entweichen. Als Folge steigt die Lufttemperatur so weit an, bis die erwärmten Glaswände die entsprechende Wärmeleistung an die Umgebung abgeben. In der Atmosphäre beruht der Effekt dagegen auf Wärmestrahlung und der Rückstreuung durch Treibhausgase.

Umweltpsychologie: Die Umweltpsychologie (auch ökologische Psychologie) befasst sich mit Mensch-Umwelt-Wechselwirkungen, den Einflüssen der Umwelt auf den Menschen und dem Verhalten und den Handlungen des Menschen gegenüber der Umwelt. Die Umwelt wirkt sich auf das Erleben und Verhalten des Menschen aus und der Mensch gestaltet und beeinflusst die Umwelt in Abhängigkeit von seinem Erleben und Verhalten. Dabei ist der Umweltbegriff breit gefasst von der natürlichen Umwelt bis zu soziokulturellen Umwelten wie Siedlungen, Lernumgebungen und Informationswelten. Neue Arbeitsgebiete in diesem Bereich sind Fragestellungen zu Globalisierung und nachhaltiger Entwicklung.

Umweltstandards sind Rechts- und Verwaltungs- bzw. zivilrechtliche Vorschriften, die dazu beitragen, den noch unbekannten Rechtsbegriff des Umweltschutzes durch Operationalisierung und Standardisierung in eine messbare Größe mit definierten

Normen umzuwandeln. Das Erreichen von Umweltstandards ist ein komplexer und langwieriger Prozess, der wissenschaftliche Erkenntnisse verschiedener Forschungsbereiche, Überzeugungen und Werte, sowie den allgemeinen sozialen Kontext berücksichtigt. Die verschiedenen Umweltaktivitäten haben unterschiedliche Ziele und damit unterschiedliche Standards.

UNCED – United Nations Conference on Environment and Development: Die Konferenz der Vereinten Nationen über Umwelt und Entwicklung (United Nations Conference on Environment and Development, UNCED), auch Erdgipfel oder Rio-Konferenz, fand vom 3. bis 14. Juni 1992 in Rio de Janeiro statt. Sie gilt als Meilenstein für die Integration von Umwelt- und Entwicklungsbestrebungen und war seit der Konferenz der Vereinten Nationen über die Umwelt des Menschen in Stockholm (1972) die erste größere internationale Konferenz, die Umweltfragen in einem globalen Rahmen diskutierte. Wichtige Ergebnisse der UNCED sind die Agenda 21, die Rio-Erklärung über Umwelt und Entwicklung, die Klimarahmenkonvention, die ›Forest Principles‹ und die Biodiversitätskonvention. Im Nachfolgeprozess der Rio-Konferenz wurde die Kommission für Nachhaltige Entwicklung (Commission on Sustainable Development, CSD) gegründet, die den Umsetzungsprozess der Konferenzergebnisse überwacht. Als Nachfolgekonferenzen fanden 1997 die Konferenz Rio+5 in New York und 2002 der Weltgipfel für nachhaltige Entwicklung in Johannesburg statt. Vom 20. bis 22. Juni 2012 fand mit Rio+20 erneut ein Gipfeltreffen in Brasilien statt, das unter dem Titel Konferenz der Vereinten Nationen über nachhaltige Entwicklung lief.

United Nations Millennium Declaration: Am 8. September 2000 wurden – nach einem dreitägigen Millennium-Gipfel der UN-Generalversammlung mit Regierungsvertretern aus der ganzen Welt in New York, am Sitz der gesammelten Vereinten Nationen – die rund 60 Ziele u. a. in Bezug auf Frieden, Entwicklung, Menschenrechte angenommen. Sie wird deshalb auch als Millenniumserklärung (Resolution 55/2) bezeichnet.

Unternehmens-/Nachhaltigkeitsstrategie: siehe Ausführungen in Kapitel 1

Upcycling: siehe Ausführungen in Kapitel 5.3.8

Veränderungsintensität: siehe Ausführungen in Kapitel 8.3

Veränderungsfähigkeit: siehe Ausführungen in Kapitel 8.3

Welt im Wandel – Gesellschaftsvertrag für eine Große Transformation (WBGU-Gutachten): ›Welt im Wandel‹ ist der Titel des Hauptgutachtens des Wissenschaftlichen Beirats der Bundesregierung Globale Umweltveränderungen aus dem Jahr 2011. Es wurde im Vorfeld der Konferenz der Vereinten Nationen über nachhaltige Entwicklung 2012 erstellt. Hauptanliegen der Autoren ist es, eine weltweite Transformation zu einer klimaverträglichen Gesellschaft ohne Nutzung fossiler Brennstoffe in Gang zu setzen bzw. zu beschleunigen. Der WBGU spricht sich dabei unter anderem für den Ausbau erneuerbarer Energien und gegen die Nutzung der Kernenergie aus.

Wesentlichkeitsmatrix: siehe Ausführungen in Kapitel 6.2.2

World Conservation Strategy (WCS): Die Welt-Naturschutz-Strategie ist eine von der International Union for Conservation of Nature and Natural Resources (IUCN) in enger Kooperation mit dem United Nations Environment Programme (UNEP) und dem World Wide Fund for Nature (WWF) entwickelte Strategie zur Durchführung eines weltweiten Natur- und Artenschutzes. Das Strategiepapier wurde von der UNEP in Auftrag gegeben und zusammen mit dem WWF finanziert. Der letzte Entwurf des 77-seitigen Papiers wurde der UNEP, dem WWF und auch der Food and Agriculture Organization of the United Nations (FAO) und der United Nations Educational, Scientific and Cultural Organization (UNESCO) zur Begutachtung vorgelegt, mit signifikanten Beiträgen versehen und in seiner endgültigen Form 1980 veröffentlicht.

Zero Waste: (null Müll/null Verschwendung) ist eine nach Nachhaltigkeit strebende Philosophie. Sie verfolgt das Ziel, ein Leben zu führen, bei dem möglichst wenig Abfall produziert und Rohstoffe nicht vergeudet werden. Das Ziel soll insbesondere durch Konsumverweigerung, Abfallvermeidung, Reparaturen, Wiederverwendung, Kompostierung und Recycling erreicht werden.

Zertifikate: siehe Ausführungen in Kapitel 6.2.3

11.3 Literaturverzeichnis

3M, 3. C. ©. (2017): Die Geschichte der Marke Post-it®; https://www.3mdeutschland.de/3M/de_DE/post-it-notes/contact-us/about-us/ (Abruf: 03.05.2020)

3SAT (2020): Greenwashing: Konsum gegen den Klimawandel? https://www.3sat.de/wissen/wissenschaftsdoku/greenwashing-konsum-gegen-den-klimawandel-100.html (Abruf: 24.10.2020).

Adidas (2020): PARLEY OCEAN PLASTIC®; https://www.adidas.de/sustainability-parley-ocean-plastic (Abruf: 21.07.2020).

Adloff, F. / Neckel, S. (2019): Modernisierung, Transformation oder Kontrolle? Die Zukünfte der Nachhaltigkeit. In: Große Transformation? Zur Zukunft moderner Gesellschaften. Dörre et al (Hrsg.). Springer Fachmedien, Wiesbaden, S. 167-180.

AKB | Aargauische Kantonalbank (2019): Nachhaltigkeitsbericht 2019; https://www.akb.ch/die-akb/engagements/nachhaltigkeit (Abruf: 02.11.2020).

APHORISMEN.de (2020): 14 Zitate von Perikles; https://www.aphorismen.de/suche?f_autor=2936_Perikles (Abruf: 24.10.2020).

ARTE (2018): Starbucks ungefiltert – Die bittere Wahrheit hinter dem Erfolg; https://www.youtube.com/watch?v=hC65nHwAg9.g (Abruf: 23.07.2020).

Bayer (2020): Ratings, Rankings und Auszeichnungen; https://www.bayer.de/de/auszeichnungen.aspx (Abruf: 30.07.2020).

Bryan Lufkin (2017): Why ›hydro-politics‹ will shape the 21st Century. In: BBC FUTURE; https://www.bbc.com/future/article/20170615-why-hydro-politics-will-shape-the-21st-century (Abruf: 14.07.2020).

Behrendt, Siegfried / Göll, Edgar / Korte, Friederike (2018): Effizienz, Konsistenz, Suffizienz – Strategieanalytische Betrachtung für eine Green Economy, IZT – Institut für Zukunftsstudien und Technologiebewertung gemeinnützige GmbH.

Berens, C. (2019): Die Wesentlichkeitsanalyse: Was sie beinhaltet und wie sie die CSR-Kommunikation unterstützt; https://www.net-federation.de/blog/blogposts/idx/110/die-wesentlichkeitsanalyse-was-sie-beinhaltet-und-wie-sie-die-csr-kommunikation-unterstuetzt (Abruf: 22.07.2020).

Berlin.de (2020): Lifestyle; https://www.berlin.de/special/sharing/4763927-4762435-gemeinschaftsgaerten.html (Abruf: 20.07.2020).

Bertelsmann-Stiftung (2016): 2050: Die Zukunft der Arbeit; https://www.bertelsmann-stiftung.de/de/publikationen/publikation/did/2050-die-zukunft-der-arbeit/ (Abruf: 25.10.2020).

Beyeler, S. & Leutwyler, S. (2016): Nachhaltigkeit und Wirtschaftswachstum – Ein Widerspruch? In: Forum für Universität und Gesellschaft, Bern; https://www.forum.unibe.ch/forumsprojekte/abgeschlossene_projekte/2016_nachhaltigkeit_und_wirtschaftswachstum/ (Abruf: 25.10.2020) .

Bibliographisches Institut GmbH (2020): Nachhaltigkeit; https://www.duden.de/rechtschreibung/Nachhaltigkeit (Abruf: 24.06.2020).

Bundesimmobiliengesellschaft BIG (2020): Nachhaltigkeit in der BIG, https://nachhaltigkeit.big.at/nachhaltigkeitsbericht/nachhaltigkeitsmanagement (Abruf: 23.07.2020).

Blick.ch (2018): IKEA-Häuser für Flüchtlinge; https://www.blick.ch/news/schweiz/mittelland/17-5-quadratmeter-fuer-1000-euro-ikea-haeuser-fuer-fluechtlinge-id4227224.html (Abruf: 26.08.2020)

BloombergNEF (2019): New Energy Outlook 2019 (NEO); https://about.bnef.com/blog/solar-wind-batteries-attract-10-trillion-2050-curbing-emissions-long-term-will-require-technologies/ (Abruf: 21.07.2020).

BMAS | Referat CSR (2020): CSR-Management; https://www.csr-in-deutschland.de/DE/Unternehmen/CSR-Management/CSR-als-Querschnittsaufgabe/csr-als-querschnittsaufgabe.html (Abruf: 31.07.2020).

BMAS (2020): Unternehmenswerte | CSR Made in Germany; https://www.csr-in-deutschland.de/DE/Unternehmen/unternehmen.html (Abruf: 28.07.2020).

BÖRSE Online, 2020: Verfahren gegen Winterkorn in Stuttgart vorläufig eingestellt; https://www.boerse-online.de/nachrichten/aktien/verfahren-gegen-winterkorn-in-stuttgart-vorlaeufig-eingestellt-1029721337 (Abruf: 26.10.2020)

BP energy economics (2018): BP Energy Outlook; https://www.bp.com/content/dam/bp/business-sites/en/global/corporate/pdfs/energy-economics/energy-outlook/bp-energy-outlook-2018.pdf (Abruf: 15.07.2020).

BR24 (2020): Globaler E-Waste-Monitor 2020; https://www.br.de/nachrichten/wissen/globaler-e-waste-monitor-2020-viel-mehr-elektroschrott-weltweit,S3ZvJab (Abruf: 17.07.2020).

Brockhaus, Sarah (2019): Umweltpsychologie: Die Psychologie zur Beziehung zwischen Mensch und Natur. In: Utopia; https://utopia.de/ratgeber/umweltpsychologie-die-psychologie-zur-beziehung-zwischen mensch-und-natur/ (Abruf: 24.10.2020)

Brundtland-Bericht (1987): Unsere gemeinsame Zukunft; https://sustainabledevelopment.un.org/content/documents/5987our-common-future.pdf (Abruf: 22.10.2020).

Bundesanzeiger Verlag (2017): Gesetz zur Stärkung der nichtfinanziellen Berichterstattung der Unternehmen in ihren Lage- und Konzernlageberichten (CSR-Richtlinie-Umsetzungsgesetz), § 289c, Absatz 3; https://www.bgbl.de/xaver/bgbl/start.xav?startbk=Bundesanzeiger_BGBl&start=//*%5b@attr_id=%27bgbl117s0802.pdf%27%5d#__bgbl__%2F%2F*%5B%40attr_id%3D%27bgbl117s0802.pdf%27%5D__1603961227316 (Abruf: 20.10.2020).

Bundesministerium für Bildung und Forschung (2020): Green Economy; https://www.bmbf.de/de/green-economy-gesellschaftlicher-wandel-564.html (Abruf: 15.07.2020).

Bundesregierung, D., 2018. Deutsche Nachhaltigkeitsstrategie | Aktualisierung 2018; https://www.bundesregierung.de/breg-de/themen/nachhaltigkeitspolitik/eine-strategie-begleitet-uns/die-deutsche-nachhaltigkeitsstrategie (Abruf: 24.10.2020).

Bundesumweltamt (2019): Mehrweg statt Einweg für Kaffee und Co; https://www.umweltbundesamt.de/presse/pressemitteilungen/mehrweg-statt-einweg-fuer-kaffee-co (Abruf: 23.07.20209.

Bundesvereinigung Lebenshilfe e. V. (2018): Jahres- und Wirkungsbericht 2018 – Was wir und und was wir bewirken; https://www.lebenshilfe.de/fileadmin/Redaktion/PDF/Ueber_uns/JWB_2018_final_Internet.pdf (Abruf: 24.10.2020)

Conrad, A., König, J. & Benedikt, H.-P. (2018): Nachhaltige Ökonomie. In: Der Mensch im globalen Ökosystem. oekom-Verlag, München.

Dämon, K. (2016): Nachhaltige Unternehmen sind erfolgreicher. In: WirtschaftsWoche; https://www.wiwo.de/erfolg/management/nachhaltigkeit-nachhaltige-unternehmen-sind-erfolgreicher/13826034.html (Abruf: 11.08.2020).

Der Spiegel (2020): Nachhaltig reisen: Die Welt sehen und besser machen; https://www.spiegel.de/gutscheine/magazin/nachhaltig-reisen (Abruf: 25.10.2020).

DESTATIS | Statistisches Bundesamt (2018): Nachhaltige Entwicklung in Deutschland – Indikatorenbericht 2018; https://www.destatis.de/DE/Themen/Gesellschaft-Umwelt/Nachhaltigkeitsindikatoren/Publikationen/Downloads-Nachhaltigkeit/indikatoren-0230001189004.html (Abruf: 20.10.2020).

Deutsche Gesellschaft für die Vereinten Nationen e. V. (2015): Ziele für nachhaltige Entwicklung; https://nachhaltig-entwickeln.dgvn.de/agenda-2030/ziele-fuer-nachhaltige-entwicklung/ (Abruf: 24.06.2020).

Deutsche Stiftung Weltbevölkerung (2019): Die Welt – Ein Dorf; https://www.presseportal.de/pm/24571/4474860 (Abruf: 10.05.2020).

Deutsche Umwelthilfe (2018): Klimaneutral – was bedeutet das eigentlich? https://www.duh.de/presse/pressemitteilungen/pressemitteilung/klimaneutral-was-bedeutet-das-eigentlich/ (Abruf: 21.07.2020).

DNR | Deutscher Naturschutzring (2020): Transition Towns; https://www.dnr.de/sozial-oekologische-transformation/akteure-projekte/bewegungen/transition-towns/?L=374 (Abruf: 15.07.2020).

Dolinga, S. (2019): NACH(HALTIG)-GEDACHT; http://nach-haltig-gedacht.de/2019/03/14/wir-sind-hier-wir-sind-laut-weil-ihr-uns-die-zukunft-klaut/ (Abruf: 10.08.2020).

Döring, R. & Ott, K. (2001): Zur Wahl des ›besseren‹ Konzeptes: schwache versus starke Nachhaltigkeit. In: ZfWU – Zeitschrift für Wirtschafts- und Unternehmensethik, S. 320.

DSW | Deutsche Stiftung Weltbevölkerung (2018): Im Jahr 2050 werden zwei Drittel der Weltbevölkerung in Städten leben; https://www.dsw.org/projektionen-urbanisierung/ (Abruf: 14.07.2020).

Dyllick, Thomas, Prof. Dr. (2015): Die Suche nach echter Nachhaltigkeit; https://www.nzz.ch/wirtschaft/wirtschaftspolitik/die-suche-nach-echter-nachhaltigkeit-1.18663657?reduced=true (Abruf: 14.07.2020).

Dyllick, Thomas, Prof. Dr. (2016): Little Green Bags: Was ist echte unternehmerische Nachhaltigkeit? https://www.youtube.com/watch?v=8rwjMc-Ziug (Abruf: 28.07.2020).

ecogood (2020): Gemeinwohlökonomie – Die Bewegung; https://web.ecogood.org/de/die-bewegung/ (Abruf: 16.07.2020).

ECOreporter (2017): LLBW-Studie: Nachhaltige Unternehmen sind erfolgreicher; https://www.ecoreporter.de/artikel/llbw-studie-nachhaltige-unternehmen-sind-erfolgreicher-12-12-2017/ (Abruf: 21.07.2020).

Efficiency for Access Coalition (2019): Appropriately-designed; highly energy-efficient appliance technologies are essential to accelerating global energy access efforts. In: Global Leap Awards, https://globalleapawards.org/about (Abruf: 21.07.2020).

Elder-Vass, D. (2017): Material Parts in Social Structures. In: De Gruyter | Journal of Social Ontology, S. 89-105; https://repository.lboro.ac.uk/articles/Material_parts_in_social_structures/9475199 (Abruf: 06.06.2020).

eLIFE (2020): Rebound-Effekt: Erhöht Energieeffizienz den Energieverbrauch? https://elife.vattenfall.de/sparen/rebound-effekt-erhoeht-energieeffizienz-den-energieverbrauch/ (Abruf: 09.06.2020).

Ellen MacArthur Foundation (2016): The new plastics economy – Rethinking the Future of plastics; https://www.ellenmacarthurfoundation.org/assets/downloads/publications/EllenMacArthurFoundation_TheNewPlasticsEconomy_19012016.pdf (Abruf: 07.14.2020).

Europäisches Parlament (2020): Verlust der Biodiversität: Ursachen und folgenschwere Auswirkungen; https://www.europarl.europa.eu/news/de/headlines/society/20200109STO69929/verlust-der-biodiversitat-ursachen-und-folgenschwere-auswirkungen (Abruf: 14.07.2020).

Felber, C. (2018): Gemeinwohl-Ökonomie. Piper-Verlag, München.

Feld, T. Y. & Taubken, N. D. (2017): Über die verschenkten Potenziale einer Wesentlichkeitsanalyse; https://www.csr-berichte.de/verschenkte-potenziale-einer-wesentlichkeitsanalyse/ (Abruf: 22.07.2020).

Fernau, L. (2017): Ressourcen aufgebraucht: Ab heute bräuchten wir eine zweite Erde; https://www.geo.de/natur/nachhaltigkeit/16910-rtkl-earth-overshoot-day-ressourcen-aufgebraucht-ab-heute-braeuchten-wir (Abruf: 10.05.2020).

FMG (2020): Leader's Foresight | Polarisierung des Wohlstands; https://www.leadersforesight.com/trend/polarisierung-des-wohlstands/ (Abruf: 14.07.2020).

Foer, J. S. (2019): Wir sind das Klima. Verlag Kiepenheuer & Witsch, 2. Auflage, Köln.

Foodwatch (2020a). Dreisteste Werbelüge 2020 gesucht; https://www.n-tv.de/ratgeber/Dreisteste-Werbeluege-2020-gesucht-article21967641.html (Abruf: 24.08.2020).

Foodwatch (2020b): »Grünländer Käse« von Hochland erhält den Goldenen Windbeutel 2020; https://www.foodwatch.org/de/aktuelle-nachrichten/2020/gruenlaender-kaese-von-hochland-erhaelt-den-goldenen-windbeutel-2020/ (Abruf: 24.10.2020).

Fraunhofer | IGD (2018): Fraunhofer-Institut für Graphische Datenverarbeitung IGD – Mit Fraunhofer in die Selbstständigkeit; https://www.igd.fraunhofer.de/presse/jahresberichte/2018/mit-fraunhofer-die-selbststaendigkeit (Abruf: 11.08.2020).

Fraunhofer (2020): Über Fraunhofer | Profil und Struktur; https://www.fraunhofer.de/de/ueber-fraunhofer/profil-struktur.html (Abruf: 11.08.2020).

Frommherz, C. & Monnet, A. (2012): Nachhaltige Entwicklung – Modelle. In: Stiftung Umweltbildung Schweiz (SUB).

Für Gründer (2020): Die Produkt Markt Matrix nach Ansoff; https://www.fuer-gruender.de/wissen/geschaeftsidee-finden/geschaeftsidee-suchen/produkt-markt-matrix/ (Abruf: 11.08.2020).

Gabler Wirtschaftslexikon (2018): Anschlussfähigkeit; https://wirtschaftslexikon.gabler.de/definition/anschlussfaehigkeit-27059/version-250722 (Abruf: 15.07.2020).

GemüseAckerdemie (2019): Wirkung – Das bewirkt die AckerSchule; https://www.gemueseackerdemie.de/ackerschule/wirkung/ (Abruf: 24.10.2020).

Geschäftsstelle der Initiative Energieeffizienznetzwerke (2020): Was ist ein Energieeffizienz-Netzwerk? https://www.effizienznetzwerke.org/initiative/hintergrund/ (Abruf: 24.10.2020).

GFZ (2020): 2.495 Liter Wasser zur Herstellung eines T-Shirts. In: Helmholtz-Zentrum Potsdam – Deutsches GeoForschungsZentrum GFZ; https://www.eskp.de/klimawandel/2495-liter-wasser-zur-herstellung-eines-t-shirts-935646/ (Abruf: 26.08.2020).

Gillis, J. (2018): A Spy's Guide to Climate Change. In: The New York Times; https://www.nytimes.com/2018/02/15/opinion/guide-climate-change.html (Zugriff: 16.07.2020).

GLS Bank (2020): So wirkt grünes Geld – Wohnen, so muss die Zukunft aussehen; https://www.gls.de/mitglieder/wirkung/ueberblick-wirkung/wohnen/ (Abruf: 24.10.2020).

Global Footprint Network (2020a): Earth Overshoot Day Fell On August 22; https://www.footprintnetwork.org/ (Abruf: 26.08.2020).

Global Footprint Network (2020b): Earth Overshoot Day; https://www.footprintnetwork.org/our-work/earth-overshoot-day/ (Abruf: 10.05.2020).

Göpel, M. (2020): Unsere Welt neu denken – Eine Einladung. Ullstein Buchverlage, Berlin.

Gore (2020): About Gore | A commitment to innovation shapes everything we do; https://www.gore.com/about (Abruf: 11.08.2020).

Gran, C. (2017): Perspektiven einer Wirtschaft ohne Wachstum. Adaption des kanadischen Modells LowGrow an die deutsche Volkswirtschaft. In: Hochschulschriften Band 155, Marburg.

GSM (2020): Green Startup Monitor 2020. In: Borderstep Institut für Innovation und Nachhaltigkeit gemeinnützige GmbH mit Bundesverband Deutsche Startups e. V.; https://deutschestartups.org/wp-content/uploads/2020/04/Green-Startup-Monitor-2020.pdf (Abruf: 27.08.2020).

Haas, M. (2018): Wie bringt man Menschen dazu, ihr Verhalten zu ändern? https://sz-magazin.sueddeutsche.de/die-loesung-fuer-alles/wie-bringt-man-menschen-dazu-ihr-verhalten-zu-aendern-85973 (Abruf: 05.07.2020).

Holmes, A. (2017): Earth911 – Kann Greenwashing jemals gut sein? https://earth911.com/business-policy/greenwashing-good/ (Abruf: 23.07.2020).

Ibisch, P. L. & Luthardt, V. (2014): MARISCO: Adaptives Management von Risiken und Vulnerabilitäten an Naturschutzorten, Gekürzte Beschreibung der Methodik; https://cdn.website-start.de/proxy/apps/aek2oo/uploads/gleichzwei/instances/16ED4F9A-0368-4AFA-B702-643D366B4350/wcinstances/epaper/001c522a-19d5-420b-8277-92d8471ab518/pdf/MARISCO_Beschreibung_2016-03-09.pdf (Abruf: 02.08.2020).

Ibisch, Pierre-L., Prof. Dr. (2018): Die Biosphäre: ein kurzer Bericht zur Lage der Erde. In: Der Mensch im globalen Ökosystem, S. 21. oekom-Verlag, München.

IfBB, 2018. Biopolymers | facts and statistics, Hannover: Hochschule Hannover | Fakultät II Maschinenbau und Bioverfahrenstechnik.

Institute for Health Metrics and Evaluation (IHME), 2020. Fertility, mortality, migration, and population scenarios for 195 countries and territories from 2017 to 2100, s.l.: Published online July 14, 2020.

IÖW & future e.V. (2018): Studie zur CSR-Berichtspflicht; https://www.ioew.de/news/article/studie-zur-csr-berichtspflicht-viele-unternehmen-muessen-nachlegen/ (Abruf: 23.07.2020).

IPCC | Intergovernmantal Panel of Climate Change (2018): 1,5 °C globale Erwärmung; https://www.de-ipcc.de/256.php (Abruf: 10.05.2020).

IRP | Internationales Ressourcenpanel (2019): Global Ressources Outlook 2019 | Natural Resources for the Future we want; https://wedocs.unep.org/bitstream/handle/20.500.11822/27518/GRO_2019_SPM_EN.pdf?sequence=1&isAllowed=y (Abruf: 10.08.2020).

Johnston, I. (2017): Seven in 10 Brits support ‹world government' to protect humanity from global catastrophes; https://www.independent.co.uk/News/uk/home-news/climate-change-global-warming-nuclear-war-asteroid-pandemic-volcano-global-catastrophe-a7752171.html (Abruf: 16.07.2020).

Kambly, O. (2016): Nachhaltigkeit und Wirtschaftswachstum – ein Widerspruch? Universität Bern | Forum für Universität und Gesellschaft, Bern.

Kern, S. (2014): Wie viel ist genug? https://www.rnz.de/panorama/magazin_artikel,-Magazin-Wie-viel-ist-genug-_arid,20959.html (Abruf: 08.05.2020).

Kharas, Homi (2017): THE UNPRECEDENTED EXPANSION OF THE GLOBAL MIDDLE CLASS – AN UPDATE; https://www.brookings.edu/wp-content/uploads/2017/02/global_20170228_global-middle-class.pdf (Abruf: 14.07.2020).

Kollmann, T. & Noller, S. (2019): Klimaeinfluss der Digitalisierung – Die Digitalbranche sitzt in der Greta-Falle; https://www.manager-magazin.de/unternehmen/artikel/klimaeinfluss-der-digitalisierung-co2-verbrauch-bei-servern-hoch-a-1290602.html (Abruf: 08.06.2020)

Kühn, D. (2019): Fragwürdiges Nachhaltigkeitslabel – Der Betrug mit dem Grünen Knopf; https://www.schweizer-illustrierte.ch/style/lifestyle/der-betrug-mit-dem-grunen-knopf (Abruf: 21.07.2020).

life PR (2020): foodwatch: Bayer-Monsanto, BASF und Syngenta müssen Export hochgiftiger Pestizide stoppen! https://www.lifepr.de/inaktiv/foodwatch-ev/foodwatch-Bayer-Monsanto-BASF-und-Syngenta-muessen-Export-hochgiftiger-Pestizide-stoppen/boxid/795235 (Abruf: 30.07.2020).

Loske, R. (2020): Neue Wirtschaft nach Corona? »Ungesunde Globalisierung zurückbauen«; https://www.n-tv.de/wirtschaft/Ungesunde-Globalisierung-zurueckbauen-article21950926.html (Abruf: 12.08.2020).

Lufthansa (2020): CO_2-neutrales Fliegen; https://www.lufthansa.com/xx/de/co2-neutrales-fliegen (Abruf: 24.08.2020).

Mason, P. (2016): Postkapitalismus | Grundrisse einer kommenden Ökonomie. Suhrkamp-Verlag, Deutsche Erstausgabe, Berlin.

MCC | Mercator Research Institute on Global Commons and Climate Change gGmbH (2020): So schnell tickt die CO2-Uhr; https://www.mcc-berlin.net/de/forschung/co2-budget.html (Zugriff: 10.05.2020).

McKinsey & Company (2018): Alarmierende Zahlen – 2030 wird es weltweit 80 Prozent mehr Plastikmüll geben als heute; https://www.mckinsey.de/news/presse/2018-12-19-plastikmuell (Abruf: 15.07.2020).

McKinsey Global Institute (2017): Harnessing automation for a future that works; https://www.mckinsey.com/featured-insights/digital-disruption/harnessing-automation-for-a-future-that-works (Abruf: 17.07.2020).

Meadows, D., Meadows, C., Zahn, E., Milling, P. (1972): Die Grenzen des Wachstums. In: Bericht des Club of Rome zur Lage der Menschheit, S. 180. Deutsche Verlagsanstalt, Stuttgart.

Micic, P., Dr. (2014): Wie wir uns täglich die Zukunft versauen. Ullstein Buchverlage, Berlin.

Minsch, J., Dr. (2016): Nachhaltigkeit und Wirtschaftswachstum – ein Widerspruch? Universität Bern | Forum für Universität und Gesellschaft, Bern.

Molitor, H. & Ibisch, P. L. (2018): Nachhaltigkeit als Reaktion: Was bisher geschah. In: Der Mensch im globalen Ökosystem, S. 51 ff, oekom-Verlag, München.

Netzwerk Oekonoimischer Wandel (NOW) (2018): Solidarische Ökonomie; https://www.netzwerk-oekonomischer-wandel.org/ueber-now/solidarische-oekonomie/ (Abruf: 23.10.2020).

Naidoo, P. (2019): Africa May Have 90 % of the World's Poor in Next 10 Years, World Bank Says; https://www.bloomberg.com/news/articles/2019-10-09/africa-may-have-90-of-the-world-s-poor-by-2030-world-bank-says?utm_source=google&utm_medium=bd&cmpId=google (Abruf: 15.07.2020).

OECD and International Transport Forum (2017): ITF Transport Outlook 2017 – Summary; https://www.itf-oecd.org/transport-outlook-2017 (Abruf: 20.10.2020).

Osterwalder, A. & Pigneur, Y. (2012): Business Model Generation. Campus-Verlag, Frankfurt/New York.

Paulus, S. (2015): Methodologische Überlegungen und methodisches Vorgehen bei einer intersektionalen Dispositivanalyse. In: FQS Forum: Qualitative Sozialforschung, Social Research, Volume 16, S. 14.

Pennekamp, J. (2020): Grüner Kapitalismus – Der grüne Kapitalismus ist alternativlos; https://www.faz.net/aktuell/wirtschaft/klima-energie-und-umwelt/wie-gruener-kapitalismus-die-welt-retten-soll-16625391.html (Abruf: 15.07.2020).

Porter, M. E. (1986): Wettbewerbsvorteile (Competitive Advantage) – Spitzenleistungen erreichen und behaupten. Campus-Verlag, Frankfurt.

PWC | The World in 2050 (2017): The Long View How will the global economic order change by 2050? http://www.pwc.com/gx/en/world-2050/assets/pwc-the-world-in-2050-full-report-feb-2017.pdf (Abruf: 14.07.2020).

PWC (2016): Climate change and resource scarcity; https://www.pwc.co.uk/issues/megatrends/climate-change-and-resource-scarcity.html#1 (Abruf: 14.07.2020).

Rat für nachhaltige Entwicklung (2020): RNE Online-Konferenz und Online-Foren 2020; https://www.nachhaltigkeitsrat.de/termine/online-konferenz-und-online-foren-2020/ (Abruf: 01.07.2020).

Rau, T. & Oberhuber, S. (2018): Material Matters. Ullstein Buchverlage, Berlin.

Reiche, L. (2020): Darum sieht der Blackrock-Chef in der Krise eine große Chance; https://www.manager-magazin.de/finanzen/artikel/blackrock-larry-fink-sieht-in-der-corona-krise-eine-grosse-chance-a-1305864.html (Zugriff: 28.07.2020).

RESET (2020): Greenwashing – Die dunkle Seite der CSR; https://reset.org/knowledge/greenwashing-%E2%80%93-die-dunkle-seite-der-csr (Abruf: 23.07.2020).

Reuter, A., Prof. Dr. (2020): Reform des Unternehmensstrafrechts: Schutz für Täter? In: Gabor Steingart | Das Morning Briefing, 07.05.2020.

Roland Berger (2016): Roland Berger Trend Compendium 2030 – Trend 3: Scarcity of resources; https://www.rolandberger.com/de/Publications/Trend-Compendium-2030-Megatrend-3.html (Abruf: 20.10.2020).

Rößer, M. (2020): W&W – Wie Corona uns nachhaltiger konsumieren lässt; https://www.wuv.de/marketing/wie_corona_uns_nachhaltiger_konsumieren_laesst (Abruf: 28.07.2020).

Schmid, M. (2017): 13 Coaching-Mythen: 2 Der Frosch im Topf; https://www.trend.at/branchen/karrieren/coaching-mythen-frosch-topf-8436837 (Zugriff: 10.05.2020).

Schmidt, E. (2019): Klickscham statt Flugscham? Internet produziert so viel CO2 wie Flugverkehr; https://www.zdf.de/nachrichten/heute/klickscham-wie-viel-co2-e-mails-und-streaming-verusachen-100.html (Abruf: 09.06.2020).

Schulz, R. (2013): Der Uhrknall; https://sz-magazin.sueddeutsche.de/wissen/der-uhrknall-79553 (Abruf: 10.05.2020).

Schutzgemeinschaft Deutscher Wald (2018): Wald Weltweit; https://www.sdw.de/bedrohter-wald/wald-weltweit/index.html (Abruf: 14.07.2020).

Scuffham, Paul A. (2017): Economic Burden of Obesity: A Systematic Literature Review; https://www.ncbi.nlm.nih.gov/pmc/articles/PMC5409636/ (Abruf: 15.07.2020).

SHIFT (2019): SHIFT Wirkungsbericht – 4 Jahre SHIFTPHONE. Was haben wir erreicht? https://www.shiftphones.com/downloads/SHIFT-wirkungsbericht-2019-05-10.pdf (Abruf: 24.10.2020).

Sinek, S. (2014): Frag immer erst: Warum. Redline Verlag, München.

SINUS (2020): Sinus Jugendstudie 2020; https://www.sinus-institut.de/veroeffentlichungen/meldungen/detail/news/jetzt-erhaeltlich-sinus-jugendstudie-2020/news-a/show/news-c/NewsItem/ (Abruf: 28.07.2020).

Smarticular (2020): Die sieben Stufen des nachhaltigen Konsums; https://www.smarticular.net/nachhaltig-leben-und-konsumieren-einkaufen-pyramide-tipps-fuer-den-alltag/ (Abruf: 27.08.2020).

Statista | DossierPlus (2020): Statista Dossierplus zu ökologischer Nachhaltigkeit in deutschen Unternehmen; https://de.statista.com/statistik/studie/id/71935/dokument/green-economy/ (Abruf: 20.10.2020).

Statista Research Department (2020a): Wirtschaftswachstum in Deutschland (BIP); https://de.statista.com/statistik/daten/studie/2112/umfrage/veraenderung-des-bruttoinlandprodukts-im-vergleich-zum-vorjahr/ (Abruf: 10.05.2020).

Statista Research Department (2020b): Prognose zur Entwicklung der Weltbevölkerung von 2010 bis 2100 (in Milliarden); https://de.statista.com/statistik/daten/studie/1717/umfrage/prognose-zur-entwicklung-der-weltbevoelkerung/ (Abruf: 10.05.2020).

Statista Research Department (2020c): Prognose zum weltweiten Kohlendioxid-Ausstoß bis 2050; https://de.statista.com/statistik/daten/studie/28937/umfrage/prognose-zur-kohlendioxid-emission-weltweit-bis-2030/ (Abruf: 14.07.2020).

Statista Research Department (2019): Unternehmen in Deutschland: Anzahl der rechtlichen Einheiten* in Deutschland nach Beschäftigtengrößenklassen im Jahr 2018; https://de.statista.com/statistik/daten/studie/1929/umfrage/unternehmen-nach-beschaeftigtengroessenklassen/ (Abruf: 22.07.2020).

Steinke, K.H.; Schulze, M.; Berlin, S.; Stehle, A.; Georg, J. (2014): Green Controlling, Leitfaden für die erfolgreiche Integration ökologischer Zielsetzungen in Unternehmensplanung und -steuerung. In: Internationaler Controller Verein (Hrsg.), Haufe-Verlag, München.

Stengel, O. (2011): Suffizienz | Die Konsumgesellschaft in der ökologischen Krise. Oekom Verlag, München.

Steverman, B. (2019): World's Retirees Risk Running Out of Money a Decade Before Death; https://www.bloomberg.com/news/articles/2019-06-13/world-s-retirees-risk-running-out-of-money-a-decade-before-death (Abruf: 15.07.2020).

Stibbe, R. (2017): Globales Life-Cycle-Controlling, Footprinting in der Praxis, Springer-Gabler, Berlin.

Strelecky, J. (2017): Das Café am Rande der Welt. 34. Auflage, Deutsche Erstausgabe 2007, Hrsg.: dtv Verlagsgesellschaft mbH & Co. KG, München.

Stiftung Deutscher Nachhaltigkeitspreis (2020): Die Finalisten; https://www.nachhaltigkeitspreis.de/unternehmen/finalisten/ (Abruf: 24.10.2020).

Stiftung Umweltbildung Schweiz (2012): Nachhaltige Entwicklung Modelle. In: Beilage umweltbildung.ch Nr. 1/2012; http://www.education21.ch/sites/default/files/uploads/pdf-d/BNE-Artikel_Umweltbildung-ch_2012-2.pdf (Abruf: 05.08.2020).

Stuttgarter Nachrichten (2019): Alterung der Weltbevölkerung schreitet voran; https://www.stuttgarter-nachrichten.de/inhalt.demografischer-wandel-alterung-der-weltbevoelkerung-schreitet-voran.a79a32e9-121e-486a-b8b3-aaf4858c3af0.html (Abruf: 14.07.2020).

Sühlmann-Faul, Felix / Rammler, Stephan (2018): Digitalisierung und Nachhaltigkeit; https://www.wwf.de/aktiv-werden/bildungsarbeit-lehrerservice/digitalisierung-und-nachhaltigkeit/ (Abruf: 08.06.2020).

SV Group (2017): One – Two – We; https://www.one-two-we.ch/de/onetwowe/# (Abruf: 26 08 2020).

Tagesschau.de (2020a): Asphalt statt Schienen in Deutschland; https://www.tagesschau.de/inland/bahn-auto-ausbau-101.html (Abruf: 23 06 2020).

Tagesschau.de (2020b): Was ein Lieferkettengesetz bringen soll; https://www.tagesschau.de/wirtschaft/lieferkettengesetz-faq-101.html (Abruf: 28 07 2020).

Taylor, C. (2019): Global tension is hampering our ability to fight climate change, Davos survey warns, In: CNBC; https://www.cnbc.com/2019/01/16/davos-founders-warn-of-rising-tension-between-the-worlds-superpowers.html (Abruf: 16.07.2020).

Terra Institute (2016): Studie über Erfolgsfaktoren für Nachhaltigkeit in Schweizer Grossunternehmen veröffentlicht, In: öbu | Verband für nachhaltiges Wirtschaften, https://www.oebu.ch/de/news/aktuelle-news/studie-ueber-erfolgsfaktoren-fuer-nachhaltigkeit-in-schweizer-grossunternehmen-veroeffentlicht-1340.html (Abruf: 21.07.2020).

The Blue Economy (2020): The Blue Economy | Principles; https://www.theblueeconomy.org/principles.html (Abruf: 17.07.2020).

The World Bank (2019a). Bevölkerung, weltweit; https://data.worldbank.org/indicator/SP.POP.TOTL (Abruf: 16.07.2020).

The World Bank (2019b): Bruttoinlandsprodukt (BIP); https://data.worldbank.org/indicator/NY.GNP.MKTP.CD (Abruf: 16.07.2020).

Transition Initiativen D-AT-CH (2020): Philosophie: Transition Charta; https://www.transition-initiativen.org/unsere-philosophie-transition-charta (Abruf: 15.07.2020).

Trends der Zukunft (2020): Regenwälder: Die Lunge der Erde verliert ihre Pufferfähigkeit; https://www.trendsderzukunft.de/regenwaelder-die-lunge-der-erde-verliert-ihre-pufferfaehigkeit (Abruf: 15.07.2020).

TU Graz (2020): SPI on Web; https://spionweb.tugraz.at/de/spi (Abruf: 26.08.2020).

Uken, M. (2012): Bill McKibben‹s Mathematikstunde zur Erderwärmung; https://blog.zeit.de/gruenegeschaefte/2012/10/30/bill-mckibben%C2 %B4s-mathematikstunde-zur-erderwarmung/ (Abruf: 10.05.2020).

Umicor (2020): Umicor | Über | Investoren, https://www.umicore.com/en/ (Abruf: 11.08.2020).

Umweltbundesamt (2020): Erneuerbare Energien; https://www.umweltbundesamt.de/themen/klima-energie/erneuerbare-energien/erneuerbare-energien-in-zahlen#uberblick (Abruf: 10.06.2020).

UNEP & Interpol (2016): Strategic report – Environment, peace and security, a convergence of threats; https://wedocs.unep.org/handle/20.500.11822/17008 (Abruf: 25.10.2020).

United Nations (2016): The World's Cities in 2016; https://www.un.org/en/development/desa/population/publications/pdf/urbanization/the_worlds_cities_in_2016_data_booklet.pdf (Abruf: 15.07.2020).

Urbansky, F. (2018): 2050 wird der Kühlbedarf größer als der Heizbedarf sein, In: Springer Professional; https://www.springerprofessional.de/energienutzung/energieeffizienz/2050-wird-der-kuehlbedarf-groesser-als-der-heizbedarf-sein/16318904 (Abruf: 15.07.2020).

Utopia (2018): Greenwashing oder Kehrtwende? Shell investiert in Solarenergie; https://utopia.de/partner/greenwashing-oder-kehrtwende-shell-investiert-in-solarenergie (Abruf: 30.07.2020).

Utopia (2019): Postwachstumsökonomie: Geht es auch ohne Wirtschaftswachstum? https://utopia.de/ratgeber/postwachstumsoekonomie-geht-es-auch-ohne-wirtschaftswachstum (Abruf: 16.07.2020).

Utopia (2020): Kreislaufwirtschaft: Das steckt dahinter; https://utopia.de/ratgeber/kreislaufwirtschaft-das-steckt-dahinter (Abruf: 20.07.2020).

Vion N.V. (2020): Responsibility; https://www.vionfoodgroup.com/de/responsibility (Abruf: 22.07.2020).

Wackernagel, M. / Hanscom, L. / Lin, D. (2017): Die Ziele für nachhaltige Entwicklung mit Nachhaltigkeit in Einklang bringen; https://www.frontiersin.org/articles/10.3389/fenrg.2017.00018/full?utm_source=Global+Footprint+Network+Newsletter (Abruf: 10.05.2020).

water footprint network (2020): Water footprint; https://waterfootprint.org/en/water-footprint/ (Abruf: 26.08.2020).

Watts, J. (2017): Ein Drittel des Erdbodens wird durch die Landwirtschaft akut abgebaut, In: The Guardian vom 12 09.2017; https://www.theguardian.com/environment/2017/sep/12/third-of-earths-soil-acutely-degraded-due-to-agriculture-study (Abruf: 25.10.2020).

Weilhofen, S. (2019): Foodprinting-Ansätze auf Produktebene, In: Wellge, S. (Hrsg.): Betriebliche Nachhaltigkeitsleistung messen und steuern, S. 83-96. UTB-Verlag, Stuttgart.

Weinhold, N. (2019): Erneuerbare Energien; https://www.erneuerbareenergien.de/2030-klafft-riesige-oekostromluecke (Abruf: 15.07.2020).

WELT.de (2004): Müntefering: Opposition ist Mist; https://www.welt.de/politik/article301337/Muentefering-Opposition-ist-Mist.html (Abruf: 23.06.2020).

Welzer, H. / Sommer, B. (2020): Agenda Design; https://agenda.design/transformationsdesign (Abruf: 15.05.2020).

Weser-Kurier (2020): Die Langzeitfolgen von Corona; https://www.weser-kurier.de/deutschland-welt/deutschland-welt-politik_artikel,-die-langzeitfolgen-von-corona-_arid,1905457.html (Abruf: 20.07.2020).

Wikipedia (2020a): Fridays for Future; https://de.wikipedia.org/wiki/Fridays_for_Future (Abruf: 25.10.2020).

Wikipedia (2020b): Nachhaltigkeit; https://de.wikipedia.org/wiki/Nachhaltigkeit (Abruf: 13.05.2020).

Wikipedia(2020c). Heuristik; https://de.wikipedia.org/wiki/Heuristik (Abruf:24.06.2020).

Wikipedia (2020d): Minimumgesetz; https://de.wikipedia.org/wiki/Minimumgesetz (Abruf: 11.08.2020).

WILO (2020): Gebäudetechnik; https://wilo.com/de/L%C3%B6sungen/Geb%C3%A4udetechnik/ (Abruf: 24.10.2020).

Winder, D. (2017): Is the future of cyber crime a nightmare scenario? http://raconteur.net/business/is-future-cyber-crime-a-nightmare-scenario (Abruf: 14.07.2020).

WirtschaftsWoche (2014): Zehn zufällige Erfindungen; https://www.wiwo.de/technologie/forschung/glueck-missgeschick-vergesslichkeit-zehn-zufaellige-erfindungen/7042042.html (Abruf: 03.05.2020).

Wiseman, C. (2014): Saving One River: Hoh Steelhead in Decline, Patagonia; https://eu.patagonia.com/de/de/stories/saving-one-river-hoh-steelhead-in-decline/story-73320.html (Abruf: 30.06.2020).

Wissenschaftlicher Beirat der Bundesregierung Globale Umweltveränderungen, WBGU (2011): Welt im Wandel | Gesellschaftsvertrag für eine Große Transformation. Berlin. WBGU.

Wolf, F. (2020): FUNKE DIGITAL GmbH, Redaktion wmn, 7 Greenwashing Strategien, auf die wir alle reinfallen; https://www.wmn.de/lifestyle/nachhaltigkeit/die-dreistesten-greenwashing-beispiele-id5122 (Abruf: 21.01.2020).

WWF Deutschland (2019): RISIKO DÜRRE | Der weltweite Durst nach Wasser in Zeiten der Klimakrise; https://www.wwf.de/fileadmin/fm-wwf/Publikationen-PDF/WWF_Duerrebericht_DE_WEB.pdf (Abruf: 14.07.2020).

11.4 Der Autor

Bernd Hinrichs ist seit vielen Jahren als Berater, Moderator, Coach und Mediator tätig. Seine Mission ist es, mit und für Unternehmen und Organisationen gute, umsetzbare Strategien für unternehmerisches, nachhaltigeres Wirtschaften zu entwickeln und wirksam zu machen. In vielen Jahren hat er Erfahrungen in unterschiedlichsten Unternehmungen und in verschiedensten Rollen gesammelt und sich somit ein vielschichtiges Rüstzeug für die Führung von Unternehmungen und Menschen in Unternehmungen angeeignet. Sein Vergangenheits-ICH ist die Summer seiner bisherigen Erfahrungen:

> 25 Jahre	Berufserfahrung in der Beratung	> 14 Jahre	mit Führungsverantwortung	vertraut mit	verschiedenen Öko-Systemen & Netzwerken
> 200	interne & externe Projekte	fast immer	in der Rolle des Projektleiters	agierend wie ein	Unternehmer im Unternehmen
Stratege	Zukunftsmanager	Mediator	allparteilicher Organisator von Kommunikation	Mentor & Coach	für Führungskräfte
Student	Diplom-Kaufmann	Prüfer	Bilanzprüfung EDV-Revision	Banker	Bankkaufmann Diplom-Bank-Betriebswirt

Abb. 51: Das Vergangenheits-ICH

Sein Zukunfts-ICH baut auf diesen Erfahrungen auf. Mit dem besonderen Fokus auf ein nachhaltigeres Wirtschaften ist Bernd Hinrichs zukünftig noch intensiver tätig als

- Berater, Moderator, Coach, Mediator und Experte für strategisches Nachhaltigkeitsmanagement,
- aktives Mitglied der Bewegung Gemeinwohlökonomie (GWÖ) und zertifizierter Gemeinwohlberater,
- Auditor von Umwelt- und Energiemanagement-Systemen,
- Dozent an der Hochschule Darmstadt für Ökologie im Industrie- und Kommunikationsdesign (Fachbereich Gestaltung),
- Organisator der Learning Journey Pro Enkelgerechtes Wirtschaften
- Redner, Referent, Sparringspartner und Impulsgeber für nachhaltigeres Wirtschaften,

- »Vernetzer« von Interessierten und potenziellen Partnern für ein nachhaltigeres Wirtschaften,
- Gestalter von Anlässen für Dialog und »ungeplante« Innovationen.

Nachhaltigkeit ist für ihn eine Herzensangelegenheit und ein Prozess. Wer einmal damit anfängt, kann schwer wieder damit aufhören. Unternehmer, Führungskräfte und Entscheider dabei zu unterstützen, ihre Hebel für ein nachhaltigeres Wirtschaften zu nutzen, treibt ihn an.

Abbildungsverzeichnis

Stichwortverzeichnis

Mit digitalen Extras:

Exklusiv für Buchkäufer!

Ihre Arbeitshilfen zum Download:

▶ **http://mybook.haufe.de/**

▶ **Buchcode:** BLR-4994
